高等学校计算机教育系列教材

离散数学解题指导

（第3版）

贡可荣 袁景凌 谢茜 编著

清華大學出版社
北 京

内 容 简 介

本书是根据高等学校计算机教育系列教材《离散数学(第 3 版)》(主教材)编写的配套指导用书。全书分为 10 章,每章包含内容提要、例题精选、应用案例、习题解答、编程答案 5 部分。内容提要简述本章的主要定义、定理和重要公式等;例题精选包括一些典型题目及其详细的分析解答;应用案例阐明相应章节的知识可以解决什么样的典型应用问题;习题解答包含与主教材配套的章后习题及答案;编程答案是第 3 版新增的内容。

本书既可以作为主教材的配套教学用书,也可以单独使用,为学习离散数学的读者在解题能力和技巧训练方面提供有益帮助。

图书在版编目(CIP)数据

离散数学解题指导/贲可荣,袁景凌,谢茜编著. —3 版. —北京:清华大学出版社,2023.6
高等学校计算机教育系列教材
ISBN 978-7-302-63618-2

Ⅰ.①离… Ⅱ.①贲… ②袁… ③谢… Ⅲ.①离散数学—题解—高等学校—教材 Ⅳ.①O158-44

中国国家版本馆 CIP 数据核字(2023)第 094054 号

责任编辑:张瑞庆
封面设计:常雪影
责任校对:韩天竹
责任印制:丛怀宇

出版发行:清华大学出版社
网　　址:http://www.tup.com.cn, http://www.wqbook.com
地　　址:北京清华大学学研大厦 A 座　　**邮　　编**:100084
社 总 机:010-83470000　　**邮　　购**:010-62786544
投稿与读者服务:010-62776969, c-service@tup.tsinghua.edu.cn
质量反馈:010-62772015, zhiliang@tup.tsinghua.edu.cn
课件下载:http://www.tup.com.cn,010-83470236
印 装 者:三河市龙大印装有限公司
经　　销:全国新华书店
开　　本:185mm×260mm　　**印　　张**:17　　**字　　数**:420 千字
版　　次:2012 年 6 月第 1 版　2023 年 7 月第 3 版　　**印　　次**:2023 年 7 月第 1 次印刷
定　　价:56.00 元

产品编号:084441-01

第3版前言

FOREWORD

席南华院士在一次报告中提出：数学的美的含义无疑和其他的美（如艺术等）在形式美上有一些共性，但更多的还是一种思维和逻辑的美，智慧的美，有自己的特质。每个人对数学的美的理解是不一样的，但下面的看法有助于把握数学的美的部分含义：①形式方面清晰、简洁、简单、原创、新颖、优美；② 内涵方面深刻、重要、基本、蕴意丰富；③证明方面清晰、干净利落、巧妙。

离散数学是研究离散量的结构及其相互关系的数学学科。基于离散数学结构，研究基于离散量的结构和相互间的关系，具备上述数学的美的特征。离散数学是计算机类专业的重要理论基础，也是计算机类专业的专业课程的先修课程。通过学习数理逻辑、集合论、代数系统和图论的基本概念和基本原理，使学生理解离散结构之间的关系和基于这些离散结构的算法，建立起现代数学关于离散结构的观点，掌握处理离散量的一些数学方法，并形成逻辑推理和抽象思维的能力，以及用计算机算法描述世界的建模能力，为"数据结构"和"算法设计与分析"课程奠定坚实的基础，为学习"数字逻辑""数据库系统原理""操作系统""计算机网络""人工智能"等课程提供数学处理工具。

关于抽象

数学思维的抽象，在于剥离具体。数学研究从公理出发，可以变成纯思维的活动，和具体的现实脱离关系。数学上人为的"定义"和"创造"，就是为了尽可能地给出范围明确、不冗余的信息抽象。然后再利用这些信息，通过逻辑证明，得出范围明确、不冗余的抽象结论，接着这些结论就扩展了人为的"定义"和"创造"，以后就可以推理、证明出更多的结论，如此反复。可见，数学需要的是一个自洽的信息结构和关系，并且这些信息是架空具体和现实的。虽然，数学在极力地探索结构、寻找关系，但这个行为发生在有限范围内，即发生在由层层已知的定义和定理圈定的护栏内。

计算思维的抽象，在于两个A（abstraction 和 automation）。计算思维的第一个A是指对现实世界的模型化和数字化；第二个A是对问题求解的计算过程自动化。第一个A可以理解为是在数学思维的基础上，为第二个A做了适当的专门设计，是数学思维的应用；第二个A可以理解为现实问题的、在相应数学模型约束下的求解过程自动化。计算机是用来模拟现实和解决现实问题的。所以，计算思维是和现实极为紧密的，而现实的关系又是错综复杂的。我们无法避免信息的冗余，乱入的信息会随机出无法意料的自由组合。这也就是为什么说数学的正确和错误清晰而明确，但计算机却无法保证绝对的正确，只能说目前没有错误——缺陷（Bug）会永远存在，且需要不断地修复。因为现实变化了，计算机映射的思维模型就必须跟着变化。

可见，**数学思维的抽象——服务于寻找逻辑和证明猜想，而计算思维的抽象——服务于解决现实问题和提高模拟现实的程度**。这两种抽象思维的相似之处都是为了找到事物之间的本质关联；而不同之处就在于，计算思维需要有对生活的理解，有对现实问题的体验经历，并且和个人品位生活的能力息息相关，而数学思维则对现实生活的要求不高。

关于编程和数学

成为伟大的程序员是计算机专业学生的终极目标。伟大的程序员必须具备深厚的数学功底。从广义上说,程序设计必须包含4方面:①模糊现实问题的形式化和精确定义,我们称之为现实问题向计算问题的转化;②严格数学模型的建立,我们称之为数据结构的理论建模;③数学模型上的规律运用和问题求解,我们称之为算法设计的“不忘初心”;④精简代码的实现,我们称之为自动计算的依据。在这4方面中,数学的奠基性作用毋庸置疑。

编程和数学在思维的本源上有相似性和共同性——编程语言与数学语言。但编程和数学不同的思维模型,说明了它们在上层需要构建各自不同的技能树。而学习和掌握一个技能点需要花时间练习,从而在大脑中训练出特定的结构。所以,编程与数学不可能做到学一个,另一个就自然而然地掌握了。但两者的依赖关系是:**编程强依赖数学,数学弱依赖编程。**

另外,纵然数学是工具,是基础,是上层的依赖,但并不是说,数学就高于一切,优于一切,是最强大的。

本书第3版增加了编程内容。在课程实践中主要强化两方面:①传统“离散数学”的课程作业以推导公式,以解决小规模问题为主。在智能时代,数据集规模和问题的复杂程度都急剧增加,学生需掌握利用计算机解决复杂问题,以及推导证明的能力。以计算为模型学习离散数学知识。②“离散数学”是多门学科的先修课程,课程所学知识也将应用于后续专业课程的学习。在教学过程中需从数学的应用和专业课需求两方面寻找结合点,强化数学课程对专业课的支撑作用。以离散数学为模型解决应用问题。

Python语言具有简洁性、易读性、可扩展性,并带有一定的函数式程序设计特点。在教学过程中,可以使用Python语言加强离散数学的学习效果。教师可将计算作为认知的方法,包括:①在计算表征方面,Python表征概念、运算、关系;②在计算认知方面,Python随机生成对象、计算判断性质、计算验证定理;③通过Python编程加深理解数学语言。

开设建议

“离散数学”是计算机类专业的一门重要的专业基础课程。它在计算机类专业中有着广泛的作用,是计算机类专业的必修课。各高校在开设该课程时可以根据生源质量及培养目标、培养方案调整以下教学内容。

(1) 依据学生的培养目标和从事的岗位,对数学基础知识的掌握程度有所区分。侧重研究的学生(或专业)可适当增加“离散数学”课程的课时,强化图论、代数系统、数论等方面的知识,并提高学生对定理证明和逻辑推导的要求;侧重工程的学生(或专业)需加强离散数学应用、问题求解的能力要求,降低对定理证明的要求;侧重应用的学生(或专业)可将离散数学的知识点与计算机语言相结合,通过Python等语言解决数学问题,对于定理证明不做过多要求。

(2) 从培养方案的角度,“离散数学”应结合各专业的课程设置调整内容。智能计算中的应用实例应结合后续课程选择。另一方面,后续课程中将详细讲解的内容(如图论、概率等)可以适当减少课时。

增加编程实践,能够使学生具有4个优势:①有了较为深入的问题求解、算法和代码的经验;②已经涉足一些重要的计算机科学概念,例如递归、排序、搜索以及基本的数据结构;③初步掌握了相关计算机科学知识,包括一些启发性的例子,或者其他容易理解的简单例子;④深刻理解数学概念、数学模型和数学规律在计算机上的运行。

本书第3章、第4章和第7章由袁景凌编写,谢茜参与了部分应用案例的编写;其余章节由贲可荣、谢茜编写;编程答案由谢茜完成;贲可荣组织了本书的编写,并进行统稿和定稿。南京大学陶先平教授对全书进行了审读,提出了许多建设性意见,参与了第3版序的撰写,总结了本书特色,特此致谢。感谢参考文献的相关作者,欢迎读者对本书提出修改建议。

贲可荣

2023年1月6日

第2版前言

FOREWORD

张恭庆院士在“数学的意义”一文中指出：数学既是一种文化、一种“思想的体操”，更是现代理性文化的核心。数学的基本特征是高度的抽象性和严密的逻辑性，应用的广泛性与描述的精确性，以及研究对象的多样性与内部的统一性。

数学是一门“研究数量关系与空间形式”的学科。通常根据问题的来源把数学分为纯粹数学与应用数学。研究其自身提出的问题的数学是纯粹数学；研究来自现实世界中的数学问题的数学是应用数学。利用建立数学“模型”，使得数学研究的对象在“数”与“形”的基础上又有扩充。各种“关系”，如“语言”“程序”“DNA排序”“选举”“动物行为”等都能作为数学研究的对象。纯粹数学与应用数学的界限有时也并不那么明显。一方面，由于纯粹数学中的许多对象追根溯源是来自解决外部问题时提出来的；另一方面，为了研究从外部世界提出的数学问题有时需要从更抽象、更纯粹的角度来考察才有可能解决。

数学作为现代理性文化的核心，提供了一种思维方式。这种思维方式包括：抽象化、运用符号、建立模型、逻辑分析、推理、计算，不断地改进、推广，更深入地洞察内在的联系，在更大范围内进行概括，建立更为一般的统一理论等一整套严谨的、行之有效的科学方法。按照这种思维方式，数学使得各门学科的理论知识更加系统化、逻辑化。

离散数学是数学里专门用来研究离散对象的一个数学分支，是计算机专业一门重要的基础课。它所研究的对象是离散的数量关系和离散的数学结构模型。全书共10章，主要包含数理逻辑、集合与关系、函数、图和树、组合计数、离散概率、数论与递归关系、代数系统、自动机、文法和语言等内容。基本涵盖了计算机专业必须掌握的数学内容。“离散数学”这门课程，主要介绍各分支的基本概念、基本理论和基本方法，这些知识将应用于“数字电路”“编译原理”“数据结构”“操作系统”“数据库原理”“算法分析与设计”“人工智能”“软件工程”“计算机网络”等专业课程中。

电子计算机从设想、理论设计、研制一直到程序存储等过程，数学家在其中都起到决定性的主导作用。从理论上哥德尔创建了可计算理论和递归理论，图灵第一个设计出通用数字计算机，他们都是数学家。冯·诺依曼是第一台电子计算机的研制者，是程序和存储的创建人，也是数学家。

信息科学与数学的关系最为密切。信息安全、信息传输、计算机视觉、计算机听觉、图像处理、网络搜索、商业广告、反恐侦破、遥测遥感等都大量地运用了数学技术。高性能科学计算被认为是最重要的科学技术进步之一，也是21世纪发展和保持核心竞争力的必需科技手段。例如，核武器、流体、星系演化、新材料、大工程等的计算机模拟都要求高性能的科学计算。应用好高性能计算机解决科学问题，基础算法与可计算建模是关键。

信息的“加密”与“解密”是一种对抗，而这种对抗力量的表现全在所依靠的数学理论之上。例如，公开密钥算法大多基于计算复杂度很高的难题，要想求解，需要在高速计算机上耗费许多时日才能得到答案。这些方法通常来自于数论。RSA源于整数因子分解问题，DSA源于离散对数问题，而近年发展快速的椭圆曲线密码学则基于与椭圆曲线相关的数学问题。

人们利用观察和试验手段获取数据，利用数据分析方法探索科学规律。数理统计学是一门研究如何有效地收集、分析数据的学科,它以概率论等数学理论为基础,是“定量分析”的关键学科。大数据事实上已成为信息主权的一种表现形式,将成为继边防、海防、空防之后大国博弈的另一个空间。“大数据”的核心是将数学算法运用到海量数据上,预测事情发生的可能性。

数学与国民经济中的很多领域紧密相关。互联网、计算机软件、高清晰电视、手机、便携式计算机、游戏机、动画、指纹扫描仪、汉字印刷、监测器等在国民经济中占有相当大的比重,成为世界经济的重要支柱产业。其中互联网、计算机核心算法、图像处理、语音识别、云计算、人工智能等IT业主要研发领域都是以数学为基础的。

严加安院士在文章“数学的奇妙:我们身边的概率和博弈问题”中介绍了“在猜奖游戏中改猜是否增大中奖概率”问题。

这一问题出自美国的电视游戏节目“Let's make a deal”。问题的名字来自该节目的主持人蒙提·霍尔。20世纪90年代曾在美国引起广泛和热烈的讨论。假定在台上有三扇关闭的门,其中一扇门后面有一辆汽车,另外两扇门后面各有一只山羊。主持人是知道哪扇门后面有汽车的。当竞猜者选定了一扇门但尚未开启它的时候,节目主持人去开启剩下两扇门中的一扇,露出的是山羊。主持人会问参赛者要不要改猜另一扇未开启的门。问题是:改猜另一扇未开启的门是否比不改猜赢得汽车的概率要大?答案是:改猜能增大赢得汽车的概率,从原来的1/3增大为2/3。也许有人对此答案提出质疑,认为改猜和不改猜赢得汽车的概率都是1/2。为消除这一质疑,不妨考虑有10扇门的情形,其中一扇门后面有一辆汽车,另外9扇门后面各有一只山羊。当竞猜者猜了一扇门但尚未开启时,主持人去开启剩下9扇门中的8扇,露出的全是山羊。显然:原先猜的那扇门后面有一辆汽车的概率只是1/10,这时改猜另一扇未开启的门赢得汽车的概率是9/10。

在离散数学教学中我们发现,通过一些应用问题的引入和求解分析,学生能够对离散数学产生兴趣,并留下深刻印象。借修订本书之际,我们对每一章均增加了应用案例,以说明相应章节知识的学习可以解决什么样的典型应用问题。

值得指出的是,我们在撰写函数、离散概率及图论章节应用案例时,选用了美国伊利诺大学刘炯朗教授“魔术中的数学”(2015年中国计算机大会报告)中的例子。命题逻辑部分的应用案例选自我的老师康宏逵先生翻译的《这本书叫什么》。

全书分为10章,每章包含内容提要、例题精选、应用案例和习题解答4部分。“命题逻辑”中的应用案例包括:克雷格探长案卷录,忘却林中的艾丽丝(狮子与独角兽、斤斤计与斤斤较);“谓词逻辑”中的应用案例包括:电路领域的知识工程,基于逻辑的财务顾问;“集合与关系”中的应用案例包括:同余关系在出版业中的应用,拓扑排序在建筑工序中的应用,等价关系在软件测试等价类划分中的应用;“函数”中的应用案例包括:逢黑必反魔术,生成函数在解决汉诺塔问题过程中的应用;“组合计数与离散概率”中的应用案例包括:大使馆通信的码字数,条条道路通罗马;“图论”中的应用案例包括:网络爬虫,读心术魔术,高度互联世界的行为原理;“树及其应用”中的应用案例包括:Huffman压缩算法的基本原理,一字棋博弈的极大、极小过程;“代数系统”中的应用案例包括:物理世界中群的应用,群码及纠错能力;“自动机、文法和语言”中的应用案例包括:奇偶校验机,地址分析,语音识别;“初等数论”中的应用案例包括:密码系统与公开密钥,单向陷门函数在公开密钥密码系统中的应用。

本书既可以作为主教材的配套教学用书,也可以单独使用,为学习离散数学的其他读者在解题能力和技巧训练方面提供帮助。

本书第3章、第4章和第7章由袁景凌编写,谢茜参与了部分应用案例的编写,其余章节由贲可荣、高志华编写。于嘉维绘制了部分图形,曾杰参与了样稿校对。贲可荣组织了本书的编写,南京大学陶先平教授对全书进行了审读。本书撰写过程中参考了许多资料,特别感谢参考文献中的相关作者。同时,也欢迎读者对本书提出修改建议。

贲可荣

2016年3月30日

第1版前言

FOREWORD

丁石孙(北京大学原校长)在《数学与文化》(齐民友著)序中写道“钱学森同志认为在人类整个知识系统中,数学不应被看成自然科学的一个分支,而应提高到与自然科学和社会科学同等重要的地位。”“数学不仅在自然科学的各个分支中有用,同时在社会科学的很多分支中也有用。近期随着科学的飞速发展,不仅数学的应用范围日益广泛,同时数学在有些学科中的作用也愈来愈深刻。事实上,数学的重要性不只在于它与科学的各个分支有着广泛而密切的联系,而且数学自身的发展水平也在影响着人们的思维方式,影响着人文科学的进步。总之,数学作为一门科学有其特殊的重要性。”

理性探索有一个永恒的主题“认识宇宙,也认识人类自己。”在这个探索中数学有着特别的作用。没有任何一门科学能像数学那样泽被天下。数学是现代科学技术的语言和工具,它的思想是许多物理学说的核心,并为它们的出现开辟了道路。现代科学之所以成为现代科学,第一个决定性的步骤是使自己数学化。

因为数学在人类理性思维活动中有一些特点。这些特点的形成离不开各个时代总的文化背景,同时又是数学影响人类文化最突出之点。

首先,它追求一种完全确定、完全可靠的知识。产生这个特点的原因可以由其对象和方法两方面来说明。从希腊的文化背景中形成了数学的对象并不只是具体问题,数学所探讨的不是转瞬即逝的知识,不是服务于某种具体物质需要的问题,而是某种永恒不变的东西。所以,数学的对象必须有明确无误的概念,而且其方法必须由明确无误的命题开始,并服从明确无误的推理规则,借以达到正确的结论。通过纯粹的思想竟能在认识宇宙上达到如此确定无疑的地步,当然会给一切需要思维的人以极大的启发。人们自然会要求在一切领域中这样去做。一切事物的概念都应该明确无误,绝对不允许偷换概念,作为推理出发点的一组命题必须清晰,推理过程的每一步骤都不容许有丝毫含混,整个认识和理论必须前后一贯而不允许自相矛盾。正是因为这样,而且也仅仅因为这样,数学方法既成为人类认识方法的一个典范,也成为人在认识宇宙和人类自己时必须持有的客观态度的一个标准。就数学本身而言,达到数学真理的途径既有逻辑的方面,也有直觉的方面。但是,就其与其他科学比较而言,就其影响人类文化的其他部门而言,数学的逻辑方法是最突出的。这个方法发展成为人们常说的公理方法。迄今为止,人类知识还没有哪一个部门应用公理方法获得像数学那样大的成功。当然,我们也看不出为什么其他知识部门需要这样高标准的公理化。

数学作为人类文化组成部分的另一个特点是它不断追求最简单的、最深层次的、超出人类感官所及的宇宙的根本。所有这些研究都是在极抽象的形式下进行的。这是一种化繁为简、以求统一的过程。从古希腊起,人们就有一个信念,冥冥之中最深处宇宙有一个伟大的、统一的而且简单的设计图,这是一个数学设计图。在一切比较深入的科学研究后面,必定有一种信念驱使我们。这个信念就是:世界是合理的、简单的,因而是可以理解的。对于数学研究则要加上一点:这个世界的合理性,首先在于它可以用数学来描述。我们为世界图景的精巧和合理而欣喜而惊异。这种感情正是人类文化精神的结晶。数学正是在这样的文化气氛中成长的,而反过来推动这种文化气氛的发展。

数学的再一个特点是它不仅研究宇宙的规律,而且也研究它自己。在发挥自己力量的同时又研究自己的局限性,从不担心否定自己,而是不断反思、不断批判自己,并且以此开辟自己前进的道路。它不断致力于分析自己的概念,分析自己的逻辑结构(如希腊人把一切几何图形都分解为点、线、面,把所有几何命题的相互关系分解为公理、公设、定义、定理)。它不断地反思:自己的概念、自己的方法能走多远?大家都说,数学在证明一串串的定理,数学家就要问什么叫证明?数学越发展,取得的成就越大,数学家就越要问自己的基础是不是巩固。越是在表面上看来没有问题的地方,越要找出问题来。乘法明明是可以交换的,偏偏要研究不可交换的乘法。唯有数学,时常是在理性思维感到有了问题时就要变。而且,其他科学中"变"的倾向时常是由数学中的"变"直接或间接引起的。当然,数学中许多重要的变是由于直觉地感到有变的必要,感到只有变才能直视宇宙的真面目。但无论如何,是先从思维的王国里开始变,即否定自己。这种变的结果时常是"从一无所有之中创造了新的宇宙"。

到了最后,数学开始怀疑起自己的整体,考虑自己的力量界限何在。大概到了19世纪末,数学向自己提出的问题是:"我真是一个没有矛盾的体系吗?我真正提供了完全可靠、确定无疑的知识吗?我自认为是在追求真理,可是'真'究竟是指什么?我证明了某些对象的存在,或者说我无矛盾地创造了自己的研究对象,可是它们的确存在吗?如果我不能真正地把这些东西构造出来,又怎么知道它是存在的呢?我是不是一张空头支票,一张没有银行的支票呢?"

总之,数学是一株参天大树,它向天空伸出自己的枝叶,吸收阳光。它不断扩展自己的领地,在它的树干上有越来越多的鸟巢,它为越来越多的科学提供支持,也从越来越多的科学中吸取营养。它又把自己的根伸向越来越深的理性思维的土地中,使它越来越牢固地站立。从这个意义上来讲,数学是人类理性发展最高的成就。

人总有一个信念:宇宙是有秩序的。数学家更进一步相信,这个秩序是可以用数学表达的。因此,人应该去探索这种深层的内在秩序,以此来满足人的物质需要。

离散数学用数学语言来描述离散系统的状态、关系和变化过程,是计算机科学与技术的形式化描述语言,也是进行数量分析和逻辑推理的工具。

"离散数学"是计算机科学与技术专业的核心基础课,在计算机科学与技术专业课程体系中起到重要的基础理论支撑作用。学习离散数学不仅能够帮助学生更好地理解与掌握专业课程的教学内容,同时也为学生在将来的计算机科学技术的研究和工程应用中打下坚实的理论基础。随着计算机科学与技术的日益成熟,越来越完善的分析技术被用于实践,为了更好地理解将来的计算机科学技术,学生需要对离散结构有深入的理解。

通过离散数学的学习有利于培养学生的学科素质,进一步强化对计算机科学与技术学科方法的训练。通过离散数学的教学,对培养学生获取知识、应用知识的能力,对创新思维的培养有着重要的作用。

本书与《离散数学(第2版)》相配套,主要包含数理逻辑、集合与关系、函数、组合计数、图和树、代数系统、自动机和初等数论等内容。全书分为10章,每章包含内容提要、例题精选和习题解答3部分。内容提要总结本章的主要定义、定理、重要的结果等;例题精选包含与上述内容配套的典型例题;习题解答与配套教材的习题对应。

本书既可以作为主教材的配套教学用书,也可以单独使用,为学习离散数学的读者在解题能力和技巧训练方面提供帮助。

本书第3章、第4章和第7章由袁景凌编写,其余章节由贲可荣、高志华编写。贲可荣组织了本书的编写,南京大学陶先平教授对全书进行了审读。

本书编写中参考了许多离散数学教材和相关资料,出版中得到清华大学出版社编辑认真细致的加工,在此一并表示感谢。本书有些方面仍感不足,错漏在所难免。敬请读者予以斧正,以便今后补充修改。

贲可荣

2011年12月12日

目　录

CONTENTS

第 1 章 命题逻辑

1.1 内容提要

命题 命题是一个可以判断真假的陈述句。

真值 作为命题的陈述句所表达的判断结果称为命题的真值，用 T 表示命题的真值为真，用 F 表示命题的真值为假。

原子命题 不能分解为更简单的命题称为原子命题。

复合命题 由联结词、标点符号和原子命题复合构成的命题称为复合命题。

命题联结词

(1) 设 p 为命题，复合命题“非 p”(或“p 的否定”)称为 p 的否定式，记作$\neg p$，符号$\neg$称为否定联结词。并规定$\neg p$ 为真当且仅当 p 为假。

(2) 设 p、q 为二命题，复合命题“p 并且 q”(或“p 与 q”)称为 p 与 q 的合取式，记作 $p \wedge q$，$\wedge$ 称为合取联结词。并规定 $p \wedge q$ 为真当且仅当 p 与 q 同时为真。

(3) 设 p、q 为二命题，复合命题“p 或 q”称为 p 与 q 的析取式，记作 $p \vee q$，$\vee$ 称为析取联结词。并规定 $p \vee q$ 为假当且仅当 p 与 q 同时为假。

(4) 设 p、q 为二命题，复合命题“如果 p，则 q”称为 p 与 q 的蕴涵式，记作 $p \rightarrow q$，$\rightarrow$称为蕴涵联结词。并规定 $p \rightarrow q$ 为假当且仅当 p 为真 q 为假。$p \rightarrow q$ 的逻辑关系表示 q 是 p 的必要条件。

(5) 设 p、q 为二命题，复合命题“p 当且仅当 q”称为 p 与 q 的等值式，记作 $p \leftrightarrow q$，$\leftrightarrow$称为等价联结词。并规定 $p \leftrightarrow q$ 为真当且仅当 p 与 q 同时为真或同时为假。$p \leftrightarrow q$ 的逻辑关系为 p 与 q 互为充分必要条件。

命题常项 有确定真值的命题称为命题常项。T、F 也是命题常项。

命题变项 命题变项取值为 T 或 F。

命题公式

(1) 单个命题常项和命题变项是合式公式，并称为原子命题公式。

(2) 若 A 是合式公式，则$(\neg A)$也是合式公式。

(3) 若 A、B 是合式公式，则$(A \wedge B)$、$(A \vee B)$、$(A \rightarrow B)$、$(A \leftrightarrow B)$也是合式公式。

(4) 只有有限次地应用(1)～(3)形式的符号串才是合式公式。合式公式也称为命题公式或命题形式，简称公式。

公式的赋值 设 $p_1, p_2, \cdots, p_n$ 是出现在公式 A 中的全部命题符号，给 $p_1, p_2, \cdots, p_n$ 各指定一个真值，称为对 A 的一个赋值或解释。若指定的一组值使 A 的真值为 T，则称这

组值为 A 的成真赋值;若使 A 的真值为F,则称这组值为 A 的成假赋值。

真值表 命题公式 A 在所有赋值下取值情况所列成的表称为 A 的真值表。构造真值表,首先要找出公式 A 中所含的全体命题变项 $p_1,p_2,\cdots,p_n$,列出 2^n 个赋值。本书规定,赋值从 TT…T 开始,依次列出所有赋值,直到 FF…F 为止。然后,对应各赋值,计算出公式的真值列写成真值表。

命题公式的类型 设 A 为任一命题公式。

(1) 若 A 在它的各种赋值下取值均为真,则称 A 是重言式或永真式。

(2) 若 A 在它的各种赋值下取值均为假,则称 A 是矛盾式或永假式。

(3) 若 A 至少存在一个成真赋值,则称 A 是可满足式。

逻辑等价 设 A:$A(p_1,p_2,\cdots,p_n)$,B:$B(p_1,p_2,\cdots,p_n)$两个命题公式,这里 $p_i(i=1,2,\cdots,n)$不一定在两公式中同时出现;如果 $A\leftrightarrow B$ 是重言式,即 A 与 B 对任何指派都有相同的真值,则称 A 与 B 逻辑等价(等值),记作 $A\Leftrightarrow B$,也称为逻辑等价式。

等值演算

(1) 双重否定律 $A\Leftrightarrow\neg\neg A$

(2) 幂等律 $A\Leftrightarrow A\vee A$,$A\Leftrightarrow A\wedge A$

(3) 交换律 $A\vee B\Leftrightarrow B\vee A$,$A\wedge B\Leftrightarrow B\wedge A$

(4) 结合律 $(A\vee B)\vee C\Leftrightarrow A\vee(B\vee C)$ $(A\wedge B)\wedge C\Leftrightarrow A\wedge(B\wedge C)$

(5) 分配律 $A\vee(B\wedge C)\Leftrightarrow(A\vee B)\wedge(A\vee C)$ ($\vee$对$\wedge$的分配律)

$A\wedge(B\vee C)\Leftrightarrow(A\wedge B)\vee(A\wedge C)$ ($\wedge$对$\vee$的分配律)

(6) 德·摩根律 $\neg(A\vee B)\Leftrightarrow\neg A\wedge\neg B$ $\neg(A\wedge B)\Leftrightarrow\neg A\vee\neg B$

(7) 吸收律 $A\vee(A\wedge B)\Leftrightarrow A$ $A\wedge(A\vee B)\Leftrightarrow A$

(8) 零律 $A\vee \mathrm{T}\Leftrightarrow \mathrm{T}$ $A\wedge \mathrm{F}\Leftrightarrow \mathrm{F}$

(9) 同一律 $A\vee \mathrm{F}\Leftrightarrow A$ $A\wedge \mathrm{T}\Leftrightarrow A$

(10) 排中律 $A\vee\neg A\Leftrightarrow \mathrm{T}$

(11) 矛盾律 $A\wedge\neg A\Leftrightarrow \mathrm{F}$

(12) 蕴涵律 $A\rightarrow B\Leftrightarrow\neg A\vee B$

(13) 等价律 $(A\leftrightarrow B)\Leftrightarrow(A\rightarrow B)\wedge(B\rightarrow A)$

(14) 假言易位律 $A\rightarrow B\Leftrightarrow\neg B\rightarrow\neg A$

(15) 等价否定律 $A\leftrightarrow B\Leftrightarrow\neg A\leftrightarrow\neg B$

(16) 归谬律 $(A\rightarrow B)\wedge(A\rightarrow\neg B)\Leftrightarrow\neg A$

对偶式 在仅含有联结词$\neg$、$\vee$、$\wedge$的命题公式 A 中,将$\vee$换成$\wedge$,将$\wedge$换成$\vee$,同时 T 和 F 互相替代,所得公式 A^* 称为 A 的对偶式。显然 A 是 A^* 的对偶式。

定理 1.1 A 和 A^* 是互为对偶式,$p_1,p_2,\cdots,p_n$ 是出现在 A 和 A^* 的原子变元,则

$$\neg A(p_1,p_2,\cdots,p_n)\Leftrightarrow A^*(\neg p_1,p_2,\cdots,\neg p_n)$$

$$A(\neg p_1,p_2,\cdots,\neg p_n)\Leftrightarrow\neg A^*(p_1,p_2,\cdots,p_n)$$

即公式的否定等值于其变元否定的对偶式。

定理 1.2 设 A^* 和 B^* 分别是 A 和 B 的对偶式,如果 $A\Leftrightarrow B$,则 $A^*\Leftrightarrow B^*$。

简单析取式与简单合取式 命题变项及其否定统称为文字。仅有有限个文字构成的析取式称为简单析取式。仅有有限个文字构成的合取式称为简单合取式。

定理 1.3

(1) 一个简单析取式是重言式当且仅当它同时含有某个命题变项及它的否定式。

(2) 一个简单合取式是矛盾式当且仅当它同时含有某个命题变项及它的否定式。

范式

(1) 由有限个简单合取式构成的析取式称为析取范式。

(2) 由有限个简单析取式构成的合取式称为合取范式。

(3) 析取范式与合取范式统称为范式。

定理 1.4

(1) 一个析取范式是矛盾式当且仅当它的每个简单合取式都是矛盾式。

(2) 一个合取范式是重言式当且仅当它的每个简单析取式都是重言式。

定理 1.5(范式存在定理) 任一命题公式都存在着与之等值的析取范式与合取范式。

极小项与极大项 在含有 n 个命题变项的简单合取式(简单析取式)中,若每个命题变项和它的否定式不同时出现,而二者之一必出现且仅出现一次,且第 i 个命题变项或它的否定式出现在从左算起的第 i 位上(若命题变项无角标,就按字典顺序排列),称这样的简单合取式(简单析取式)为极小项(极大项)。

主析取范式与主合取范式 设由 n 个命题变项构成的析取范式(合取范式)中所有的简单合取式(简单析取式)都是极小项(极大项),则称该析取范式(合取范式)为主析取范式(主合取范式)。

定理 1.6 设 m_i 与 M_i 是命题变项 $p_1,p_2,\cdots,p_n$ 形成的极小项和极大项,则 $\neg m_i \Leftrightarrow M_i$,$\neg M_i \Leftrightarrow m_i$。

定理 1.7 任何命题公式都存在着与之等值的主析取范式和主合取范式,并且是唯一的。永真式的主合取范式记作 T,永假式的主析取范式记作 F。

联结词的完备集 设 S 是一些联结词组成的非空集合,如果任何的命题公式都可以用仅包含 S 中的联结词的公式表示,则称 S 是联结词完备集。特别的,若 S 是联结词完备集且 S 的任何真子集都不是完备集,则称 S 是最小完备集,又称最小联结词组。

与非和或非 设 p、q 为两个命题,复合命题“p 与 q 的否定式”(“p 或 q 的否定式”)称为 p、q 的与非式(或非式),记作 $p \uparrow q$($p \downarrow q$)。符号 $\uparrow$($\downarrow$)称为与非联结词(或非联结词)。$p \uparrow q$ 为真当且仅当 p 与 q 不同时为真($p \downarrow q$ 为真当且仅当 p 与 q 同时为假)。

有效推理 设 $A_1,A_2,\cdots,A_n,B$ 都是命题形式,称推理“$A_1,A_2,\cdots,A_n$ 推出 B”是有效的或正确的,如果对 $A_1,A_2,\cdots,A_n,B$ 中出现的命题变项的任一指派,若 $A_1,A_2,\cdots,A_n$ 都真,则 B 亦真,并称 B 是有效结论,记作 $\{A_1,A_2,\cdots,A_n\} \vDash B$。否则,称“由 $A_1,A_2,\cdots,A_n$ 推出 B”是无效的或不合理的,记作 $\{A_1,A_2,\cdots,A_n\} \nvDash B$。

定理 1.8 命题公式 $A_1,A_2,\cdots,A_k$ 推 B 的推理正确当且仅当 $(A_1 \wedge A_2 \wedge \cdots \wedge A_k) \rightarrow B$ 为重言式。

P 规则 前提在推导过程中的任何时候都可以引入使用。

T 规则 在推导中,如果有一个或多个公式,重言蕴涵着公式 S,则公式 S 可以引入推导中。

形式系统 一个形式系统 Ⅰ 由下面 4 部分组成。

(1) 非空的字符表集,记作 A。

(2) A 中符号构造的合式公式集,记作 E。

(3) E 中一些特殊的公式组成的公理集,记作 A_X。

(4) 推理规则集,记作 r。

可以将Ⅰ记作$\langle A,E,A_X,r\rangle$。其中,$\langle A,E\rangle$是Ⅰ的形式语言系统,$\langle A_X,r\rangle$为Ⅰ的形式演算系统。

命题演算系统　命题演算系统 P1 定义如下。

(1) 字母表。

① 命题变项符号:$p,q,r,\cdots$。

② 联结词符号:$\neg,\rightarrow$。

③ 括号和逗号:(,),,。

(2) 合式公式参见定义 1.7,但限制联结词为$\neg$和$\rightarrow$。

(3) 命题公理 Ax Ⅰ　$\alpha\rightarrow(\beta\rightarrow\alpha)$。

Ax Ⅱ　$(\alpha\rightarrow(\beta\rightarrow\gamma))\rightarrow((\alpha\rightarrow\beta)\rightarrow(\alpha\rightarrow\gamma))$。

Ax Ⅲ　$(\neg\alpha\rightarrow\beta)\rightarrow((\neg\alpha\rightarrow\neg\beta)\rightarrow\alpha)$。

(4) 推理规则(MP):由 α 及$\alpha\rightarrow\beta$ 推得β。

在命题演算系统 P1 中,以 Φ 中的公式为前提,应用公理和 MP 规则,推出 α,记作$\Phi\vdash\alpha$。

定理 1.9(命题演算系统 P1 是可靠的)　Φ 为有穷公式集,$\Phi\vdash\alpha\Rightarrow\Phi=\alpha$。

定理 1.10(命题演算系统 P1 是一致的)　如果 Φ 是可满足公式集,则 Φ 是一致的。

定理 1.11(命题演算系统 P1 是完备的)　Φ 为有穷公式集,$\Phi\vDash\alpha\Rightarrow\Phi\vdash\alpha$。特别地,$\vDash\alpha\Rightarrow\vdash\alpha$。

自然推理系统　自然推理系统 P2 定义如下。

(1) 字母表。

① 命题变项符号:$p,q,r,\cdots,p_i,q_i,r_i,\cdots$。

② 联结词符号:$\neg,\wedge,\vee,\rightarrow,\leftrightarrow$。

③ 括号和逗号:(,),,。

(2) 合式公式。

① 单个命题常项和命题变项是合式公式,并称为原子命题公式。

② 若 A 是合式公式,则$(\neg A)$也是合式公式。

③ 若 A、B 是合式公式,则$(A\wedge B)$、$(A\vee B)$、$(A\rightarrow B)$、$(A\leftrightarrow B)$也是合式公式。

④ 只有有限次地应用①~③形式的符号串才是合式公式。

(3) 推理规则。

① 前提引入规则:在证明的任何步骤上都可以引入前提。

② 结论引入规则:在证明的任何步骤上所得到的结论都可以作为后继证明的前提。

③ 置换规则:在证明的任何步骤上,命题公式中的子公式都可以用与之等值的公式置换,得到公式序列中的又一个公式。

④ 假言推理规则(或称分离规则):由 $A\rightarrow B$ 和 A,可得 B。

⑤ 附加规则:由 A,可得 $A\vee B$。

⑥ 化简规则:由 $A\wedge B$,可得 A。

⑦ 拒取式规则：由 $A \to B$ 和 $\neg B$，可得 $\neg A$。

⑧ 假言三段论规则：由 $A \to B$ 和 $B \to C$，可得 $A \to C$。

⑨ 析取三段论规则：由 $A \vee B$ 和 $\neg B$，可得 A。

⑩ 构造性二难推理规则：由 $A \to B$、$C \to D$ 和 $A \vee C$，可得 $B \vee D$。

⑪ 破坏性二难推理规则：由 $A \to B$、$C \to D$ 和 $\neg B \vee \neg D$，可得 $\neg A \vee \neg C$。

⑫ 合取引入规则：由 A 和 B，可得 $A \wedge B$。

子句与子句集 一个子句(clause)是一组文字的析取，一个文字或者是一个原子(正文字)，或者是一个原子的否定(负文字)。一个子句的合取范式（CNF 形式）常常表示为一个子句的集合，称为子句集。

子句上的归结 命题逻辑的归结规则可以陈述为：设有两个子句 $C_1 = P \vee C_1'$ 和 $C_2 = \neg P \vee C_2'$（其中 C_1'、C_2' 是子句，P 是文字），从中消去互补对(即 P 和 $\neg P$)，所得的新子句 $R(C_1, C_2) = C_1' \vee C_2'$ 称为子句 C_1、C_2 的归结式，原子 P 称为被归结的原子。这个过程称为归结。没有互补对的两个子句没有归结式。

定理 1.12 子句 C_1 和 C_2 的归结式是 C_1 和 C_2 的逻辑推论。

归结反演 为了从一个合式公式集合 KB 中证出某一公式 w，可以采用下述归结反演过程。

(1) 把 KB 中的合式公式转换成子句形式，得到子句集合 S_0。

(2) 把待验证的结论 w 的否定转换为子句形式，并加入子句集合 S_0 中得到新的子句集合 S。

(3) 反复对 S 中的子句应用归结规则，并且把归结式也加入 S 中，直到再没有子句可以进行归结，如果产生空子句，则说明可以从 KB 可以推出 w，否则说明 KB 无法推出 w。

(4) 证毕。

定理 1.13 归结反演是合理的。

定理 1.14 归结反演是完备的。即从 $S \vDash \alpha$ 可推出 $S \vdash \alpha$，其中 α 为一公式，S 为子句集。

1.2 例题精选

例 1.1 判断下列语句哪些是命题。在是命题的语句中，哪些是真命题？哪些是假命题？

(1) 5 是素数吗？

(2) 13 只能被 1 和它本身整除。

(3) 请勿吸烟！

(4) $2+3=6$。

(5) 宇宙间只有地球上有生命。

(6) $x+2=9$。

解：命题是一个可以判断真假的陈述句。本题中(1)是疑问句，不是陈述句，所以不是命题。(2)是命题，并且是真命题。(3)是祈使句，不是陈述句，所以不是命题。(4)是命题，并且是假命题，因为 $2+3 \neq 6$。(5)是具有唯一真值的陈述句，所以它是命题。虽然它的真值现在还不能确定，但随着科学的发展，它的真值一定会知道。(6)是句子，但它没有确定的真值,当 $x=7$ 时,$7+2=9$ 为真,而 $x\neq7$ 时,$x+2=9$ 为假,故它是真值不确定的陈述句,所以不是命题。

例 1.2 关于物质有以下两种定义。

(1) 占据空间、有质量并且不断变化的客体称为物质。

(2) 占据空间的有质量的客体称为物质,而物质是不断变化的。

请问关于物质的这两种定义有什么区别?试用命题逻辑进行分析。

解:用命题逻辑进行分析应先将其符号化,就是要把这个命题表达成合乎规定的命题公式,首先要列出原子命题,然后根据给定命题的含义,把原子命题用适当的联结词联结起来。

设命题 P:它占据空间;Q:它有质量;R:它不断变化;S:它是物质。

定义(1)符号化为:$(P\wedge Q\wedge R)\leftrightarrow S$。

定义(2)符号化为:$((P\wedge Q)\leftrightarrow S)\wedge(S\rightarrow R)$。

这两种定义的不同点在于:定义(2) 含有"如果 $P\wedge Q$ 为真,则必有 R 为真"的意思,即"占据空间并且有质量的客体一定是不断变化的客体",而定义(1) 没有这层意思。

例 1.3 用等值演算法证明下面重言式。

(1) $(P\rightarrow Q)\rightarrow(\neg Q\rightarrow\neg P)$。

(2) $((\neg P\vee Q)\wedge(Q\rightarrow R))\rightarrow(\neg P\vee R)$。

证明:在演算中写出每步所用的演算规律。

(1) $(P\rightarrow Q)\rightarrow(\neg Q\rightarrow\neg P)$

$\Leftrightarrow\neg(\neg P\vee Q)\vee(\neg\neg Q\vee\neg P)$ (蕴涵律)

$\Leftrightarrow(P\wedge\neg Q)\vee(Q\vee\neg P)$ (德·摩根律、双重否定律)

$\Leftrightarrow((P\wedge\neg Q)\vee Q)\vee\neg P$ (结合律)

$\Leftrightarrow((P\vee Q)\wedge(\neg Q\vee Q))\vee\neg P$ (分配律)

$\Leftrightarrow((P\vee Q)\wedge \mathrm{T})\vee\neg P$ (排中律)

$\Leftrightarrow P\vee Q\vee\neg P$ (同一律)

$\Leftrightarrow(P\vee\neg P)\vee Q$ (交换律、结合律)

$\Leftrightarrow \mathrm{T}\vee Q$ (排中律)

$\Leftrightarrow \mathrm{T}$ (零律)

(2) $((\neg P\vee Q)\wedge(Q\rightarrow R))\rightarrow(\neg P\vee R)$

$\Leftrightarrow\neg((\neg P\vee Q)\wedge(\neg Q\vee R))\vee(\neg P\vee R)$ (蕴涵律)

$\Leftrightarrow(P\wedge\neg Q)\vee(Q\wedge\neg R))\vee\neg P\vee R$ (德·摩根律)

$\Leftrightarrow((P\wedge\neg Q)\vee\neg P)\vee((Q\wedge\neg R)\vee R)$ (交换律、结合律)

$\Leftrightarrow(\neg Q\vee\neg P)\vee(Q\vee R)$ (分配律、排中律、同一律)

$\Leftrightarrow(\neg Q\vee Q)\vee\neg P\vee R$ (交换律、结合律)

$\Leftrightarrow \mathrm{T}\vee\neg P\vee R$ (排中律)

$\Leftrightarrow \mathrm{T}$ (零律)

例 1.4 求命题公式 $\neg P\wedge(Q\rightarrow R)$ 的主合取范式。

解:求给定命题的主析取范式与主合取范式,通常有两种方法,即等值演算法和真值表法。

方法一：等值演算法。

$\neg P \wedge (Q \to R)$

$\Leftrightarrow \neg P \wedge (\neg Q \vee R)$

$\Leftrightarrow (\neg P \vee (Q \wedge \neg Q) \vee (R \wedge \neg R)) \wedge ((P \wedge \neg P) \vee (\neg Q \vee R))$

$\Leftrightarrow (\neg P \vee Q \vee R) \wedge (\neg P \vee Q \vee \neg R) \wedge (\neg P \vee \neg Q \vee R) \wedge (\neg P \vee \neg Q \vee \neg R) \wedge (P \vee \neg Q \vee R) \wedge (\neg P \vee \neg Q \vee R)$

$\Leftrightarrow (\neg P \vee Q \vee R) \wedge (\neg P \vee Q \vee \neg R) \wedge (\neg P \vee \neg Q \vee R) \wedge (\neg P \vee \neg Q \vee \neg R) \wedge (P \vee \neg Q \vee R)$

$\Leftrightarrow M_4 \wedge M_5 \wedge M_6 \wedge M_7 \wedge M_2 \Leftrightarrow \prod(2,4,5,6,7)$

方法二：真值表法。真值表如表 1-1 所示。

表 1-1　真值表

P	Q	R	$Q \to R$	$\neg P \wedge (Q \to R)$
T	T	T	T	F
T	T	F	F	F
T	F	T	T	F
T	F	F	T	F
F	T	T	T	T
F	T	F	F	F
F	F	T	T	T
F	F	F	T	T

$\neg P \wedge (Q \to R) \Leftrightarrow \prod(2,4,5,6,7)$。

例 1.5　用表 1-2 定义三元联结词 f。

表 1.2　定义三元联结词

P	Q	R	$f(P,Q,R)$
T	T	T	F
T	T	F	T
T	F	T	T
T	F	F	T
F	T	T	F
F	T	F	F
F	F	T	T
F	F	F	T

(1) 证明：联结词 f 是全功能的，即联结词集合$\{\neg, \vee\}$可由该联结词表示。

(2) 用该联结词表示命题公式$(P \to R) \wedge Q$。

解：(1) 根据 f 的运算表知，$\neg P \Leftrightarrow f(P,P,P)$ 且 $P \vee Q \Leftrightarrow f(\neg P, \neg P, \neg Q)$。所以联结词集合$\{\neg, \vee\}$可以由该联结词 f 表示，而联结词集合$\{\neg, \vee\}$是全功能的，故$\{f\}$是全功能的。

(2) 因为 $P \lor Q \Leftrightarrow f(\neg P, \neg P, \neg Q)$,所以$\neg P \lor Q \Leftrightarrow f(P, P, \neg Q)$;又因为 $P \land Q \Leftrightarrow \neg(\neg P \lor \neg Q)$,所以 $P \land Q \Leftrightarrow \neg f(P, P, Q) \Leftrightarrow \neg f(Q, Q, P)$。

$(P \rightarrow R) \land Q \Leftrightarrow (\neg P \lor R) \land Q \Leftrightarrow f(P, P, \neg R) \land Q \Leftrightarrow \neg f(Q, Q, f(P, P, \neg R)) \Leftrightarrow \neg f(Q, Q, f(P, P, f(R, R, R)))$。

令 $A = f(Q, Q, f(P, P, f(R, R, R)))$,则有$(P \rightarrow R) \land Q \Leftrightarrow f(A, A, A)$。

例 1.6 甲、乙、丙、丁 4 人有且仅有 2 人参加围棋优胜比赛。关于谁参加比赛,以下 4 种判断都是正确的。

(1) 甲和乙只有 1 人参加。

(2) 丙参加,丁必参加。

(3) 乙或丁至多参加 1 人。

(4) 丁不参加,甲也不参加。

请推出哪 2 人参加了围棋优胜比赛。

解:这是一个逻辑推理的题目,要求从 4 人中推断出其中参加比赛的 2 人。为了要推证结果,需先将其符号化,再化为主析取范式,这样每个极小项就是一种可能产生的结果。由于题目条件是有且仅有 2 人参加比赛,故在主析取范式中,将不符合题意的极小项删除,剩下的即为所求的可能结果。

设 A:甲参加了比赛;B:乙参加了比赛;C:丙参加了比赛;D:丁参加了比赛。

依题意有$((A \land \neg B) \lor (\neg A \land B)) \land (C \rightarrow D) \land (\neg B \lor \neg D) \land (\neg D \rightarrow \neg A) \Leftrightarrow \mathrm{T}$。

$$
\begin{aligned}
&((A \land \neg B) \lor (\neg A \land B)) \land (C \rightarrow D) \land (\neg B \lor \neg D) \land (\neg D \rightarrow \neg A) \\
\Leftrightarrow &((A \land \neg B) \lor (\neg A \land B)) \land (\neg C \lor D) \land (\neg B \lor \neg D) \land (D \lor \neg A) \\
\Leftrightarrow &(A \land \neg B \land \neg C \land D) \lor (A \land \neg B \land D) \lor (\neg A \land B \land \neg C \land \neg D)
\end{aligned}
$$

由于题目条件是有且仅有 2 人参加比赛,故$(\neg A \land B \land \neg C \land \neg D)$为 F。所以只有$(A \land \neg B \land \neg C \land D) \lor (A \land \neg B \land D)$为 T。即甲和丁参加了比赛。

1.3 应用案例

1.3.1 克雷格探长案卷录

英国伦敦警察厅刑事部莱斯利·克雷格探长慨然同意公开他的几个案史,以飨关注如何用逻辑破案的诸君。【来源:*Raymond M Smullyan*. 这本书叫什么?——奇谲的逻辑谜题. 康宏逵,译. 上海:上海辞书出版社,2011.】

【案例 1-1】 孪生兄弟案。

英国伦敦发生一起盗窃案。三个出了名的嫌疑犯 A、B、C 被抓来盘问。A 与 C 正好是孪生兄弟,很少有人分得清他们谁是谁。警方有这三人的详细履历,很了解他们的个性和习惯。特别要指出,那对孪生兄弟胆子很小,没有搭档都是从不作案的。相反,B 胆子特大,向来不屑于邀人作搭档。同时,有几个证人作证,盗窃案发生时,他们看见孪生兄弟里的一个人在多佛城某酒吧里喝酒,但不知是哪一个人。

仍假定 A、B、C 以外没有人参与盗窃。那么哪几个人有罪?哪几个人无罪?

【案例 1-2】 克雷格探长问麦克弗森警官怎么看如下 4 个事实。

(1) 如果 A 有罪而 B 无罪,那么 C 有罪。

(2) C 从不单干。

(3) A 从不跟 C 合干。

(4) A、B、C 以外没有人参与,而这三人中至少一人有罪。

警官搔搔头说:“恐怕看不出多少东西,长官。从这些事实,你就能推断出哪几个人有罪、哪几个人无罪吗?”

“不行!”克雷格答道,“但是这里有足够的材料,可以毫不犹豫地指控其中一人了。”

哪一个人必然有罪?

【案例 1-3】 麦格雷戈商店案。

英国伦敦某店主麦格雷戈先生打电话报告伦敦警察厅刑事部,他的商店被盗了。三名嫌疑犯 A、B、C 被抓来盘问。确定了如下事实。

(1) 盗窃案发生之日,A、B、C 三人都到过店里,没有别人到过店里。

(2) 如果 A 有罪,他恰好有一个搭档。

(3) 如果 B 无罪,C 也无罪。

(4) 如果恰好两人有罪,A 是其中之一。

(5) 如果 C 无罪,B 也无罪。

克雷格探长指控谁?

【案例 1-4】 4 人案。

这一次是一起盗窃案,抓了 4 个嫌疑犯来盘问。确知其中至少一个人有罪,这 4 人以外没有人参与。弄清了以下事实。

(1) A 无罪。

(2) 如果 B 有罪,他恰好有一个搭档。

(3) 如果 C 有罪,他恰好有两个搭档。

克雷格探长尤其关心的是了解 D 有罪还是无罪,因为他是个特别危险的犯罪分子。所幸上述事实足以确定这一点了。D 有没有罪?

【案例 1-5】 这么说是否明智?

在一座小岛上,某人因一罪案受审。法院知道,被告是在邻近的君子小人岛上土生土长的。(大家还记得吧,君子小人岛上住的要么是君子,要么是小人;君子永远讲真话,小人永远撒谎。)他们只准被告做一个陈述来替自己申辩。他想了一会儿,冒出了这么一句话:“真正犯了罪的那个人是小人。”

他这么说明智吗?这对他的案子是有利?还是反而坏事?还是无所谓?

【案例 1-6】 身份不明的检察官。

还有一回,也在这座岛上,两个人 X、Y 因一罪案受审。这个案子最古怪的地方是大伙儿知道检察官不是君子便是小人。他在法庭上做了如下两个陈述。

(1) X 有罪。

(2) X 与 Y 并非都有罪。

假使你在陪审席上,你怎么看他的话?关于 X 或 Y 有没有罪,你能得出什么结论?关于检察官诚实不诚实,你的看法如何?

【案例 1-7】 情景同上,把假定改成检察官做了如下两个陈述:

(1) X或Y有罪。

(2) X没有罪。

你有何结论?

【案例1-8】 情景相同,把假定改成检察官做了如下两个陈述。

(1) 或者X无罪或者Y有罪。

(2) X有罪。

你有何结论?

【案例1-9】 这个案子发生在君子小人凡夫岛上。大家还记得,君子永远讲真话,小人永远撒谎,凡夫时而撒谎、时而讲真话。

三个岛民A、B、C因一罪案受审。知道其中只有一人犯了罪。又知道犯罪的是君子,而且是他们中间唯一的君子。三名被告做了如下陈述。

A:我无罪。

B:这是实话。

C:B不是凡夫。

哪一个有罪?

【案例1-10】 这是个有趣的案子,表面上跟前一个案子类似,其实根本不同。它也是发生在君子小人凡夫岛上的。

这案子里主要演员是被告、检察官和辩护律师。大伙儿只知道其中一人是君子、一人是小人、一人是凡夫,不知道何人是何种人。这是头一桩伤脑筋的事。还有更奇特的。法院知道,如果被告没有罪,那么有罪的不是检察官便是辩护律师。他们还知道,有罪的不是小人。这三个人在法庭上做了如下陈述。

被告:我无罪。

辩护律师:我的当事人的确无罪。

检察官:不对,被告是有罪的。

这些话看来真是自然之极。陪审团开了会,但做不出任何裁决;上述证据不足为凭。可巧这座岛当时还是英国领地,因此政府致电英国伦敦警察厅刑事部,问他们能否派克雷格探长前来协助定案。

数周之后克雷格探长到了,再次开庭审理。克雷格心想:"我非弄个水落石出不可!"他不但想知道谁有罪,还想知道哪个人是君子、哪个人是小人、哪个人是凡夫。他决定不多提问题,只要刚好够查清这两件事就行了。他先问检察官:"有罪的那个人没准儿就是你吧?"检察官答了话。克雷格探长思索片刻,又问被告:"检察官有罪吗?"被告也答了话,克雷格探长就什么都知道了。

谁有罪?谁是君子,谁是小人,谁是凡夫?

解答:

案例1-1:姑且假定B无罪。既然如此,孪生兄弟里必有一个有罪。这个人必定有搭档。这个搭档不会是B,因此必定是孪生兄弟里的另外一个。这不可能,因为当时孪生兄弟里有一个在多佛城。所以,B有罪。既然B永远单干,那么两个孪生兄弟无罪。

案例1-2:B必定有罪。下边两种论证,随你用哪一种都能证明。

论证一:姑且假定B无罪。这时假定A有罪,根据(1),C也该有罪。可是这意味着A

跟C合干，与(3)有矛盾。所以，A只能无罪。这样一来，C就成了唯一有罪的人，与(2)又有矛盾。所以，B是有罪的。

论证二：更直接的证法是：(a)假定A有罪。根据(1)，B与C不可能都无罪，因此A必定是有搭档的。根据(3)，这个搭档不会是C，因此只能是B。可见，如果A有罪，B也有罪。(b)假定C有罪。根据(2)，他有搭档。根据(3)，这个搭档不会是A，因此只能又是B。(c)如果A和C都没有罪，B一定有罪。

案例1-3：克雷格探长指控麦格雷戈先生，理由是他佯称有过盗窃案，事实上不可能有罪！克雷格的推理如下。

第1步：姑且假定A有罪。根据(2)，他恰好有一个搭档。如此说来，B、C之中一个人有罪，一个人无罪。这与(3)和(5)有矛盾，要知道，(3)和(5)合在一起蕴涵着B、C要么都有罪、要么都无罪。所以，A只能无罪。

第2步：仍然根据(3)和(5)，B、C或者都有罪，或者都无罪。假使他们都有罪，那么由于A无罪，便只有他们是有罪的人了。这样，有罪的人恰好是两个，根据(4)，这理应蕴涵A有罪。这是一个矛盾，因为A无罪。所以，B、C都无罪。

第3步：现在，A、B、C都无罪已成定论。可是，根据(1)，盗窃案发生之日，除了A、B、C，没有人到过店里，没有人能盗窃。故原无盗窃案，麦格雷戈撒了谎。

收场白：面对克雷格不容辩驳的逻辑，麦格雷戈垮了，承认他的确撒了谎，目的是骗取保险金。

案例1-4：如果B有罪，根据(2)，恰好有过两人参与盗窃；如果C有罪，根据(3)，恰好有过三人参与盗窃。这两种情况不能并存，因此B、C之中至少要有一个无罪。A又无罪，足见至多只有两个有罪的人。所以，C不曾跟两个搭档一起盗窃。根据(3)，C必定无罪。如果B有罪，他恰好有一个搭档，此人只能是D，因为A、C都无罪。如果B无罪，A、B、C就统统无罪了，这种情况下，D必定有罪。总之，不管B有罪还是无罪，D都有罪。所以，D是有罪的。

案例1-5：是的，这么说是明智的；一说他就脱身了。因为，假定被告是君子，他的陈述就是真的，有罪的那个人理应是小人，因此被告必定无罪。反之，假定被告是小人，他的陈述就是假的，那个罪犯其实应该是君子，被告又无罪。

案例1-6：姑且假定检察官是小人。这时，(1)和(2)都应该是假的。既然(1)是假的，X无罪。既然(2)是假的，X、Y都有罪，因此X有罪。这是一个矛盾。可见，检察官只能是君子。因此，X确实有罪。既然这两个人并非都有罪，Y必定无罪。所以，X有罪，Y无罪；检察官是君子。

案例1-7：假定检察官是小人，实际情况就该是：(1)X与Y都无罪；(2)X有罪。这又是一个矛盾。所以，检察官是君子；X无罪，Y有罪。

案例1-8：一如旧例，姑且假定检察官是小人。那么(1)该假，其实X有罪而Y无罪，因此X有罪。可是，(2)也是假的，因此X无罪。又出现矛盾，足见检察官仍是君子。所以，根据(2)，X有罪。既然X并非无罪，根据(1)，Y必定有罪。原来这次X与Y都有罪了。

案例1-9：A不可能是君子，因为，不然的话，他该有罪，决不会谎称无罪的。A也不可能是小人，因为，不然的话，他的陈述该是假的，他该有罪，反倒理应是君子了。所以，A是凡夫，因而无罪。既然A无罪，B的陈述便是真的。所以，B不是小人；他是君子或凡夫。姑且假定B是凡夫。C的陈述成了假的,他理应是小人或凡夫。果然如此,A、B、C就没有一个人是君子,也就没有一个人犯过罪,这违反了预定条件。所以,B不可能是凡夫,必定是君子,因此他才有罪。

案例1-10:令A是被告,B是辩护律师,C是检察官。克雷格抵达之前,首先,A不可能是小人,因为假定他是小人,他的陈述该是假的,他该有罪,违反了小人没有罪这个预定条件。所以,A或者是君子或者是凡夫。

第一种可能:A是君子。这时他的陈述是真的,他理应无罪。于是B的陈述也是真的,他理应是君子或凡夫。但君子是A,可见B是凡夫。只剩下C是小人了。既然知道小人没有罪,可见B是有罪的。

第二种可能:A是凡夫而又无罪。这时B的陈述又是真的。由于凡夫是A,B理应是君子。既然A无罪,而C身为小人也无罪,那么B就有罪。

第三种可能:A是凡夫而又有罪。这时检察官C的陈述是真的。由于凡夫是A,C不会也是凡夫,可见C只能是君子。只剩下B是小人了。

我们总结出三种可能,如表1-3所示。

表1-3　案例1-10的三种可能

角　色	(1)	(2)	(3)
被告	无罪君子	无罪凡夫	有罪凡夫
辩护律师	有罪凡夫	有罪君子	无罪小人
检察官	无罪小人	无罪小人	无罪君子

表1-3中的三种可能跟克雷格抵达之前的陈述都是相容的。

克雷格抵达之后:克雷格先问检察官是不是有罪。其实,克雷格已经知道检查官无罪了(因为按上述三种可能检察官都无罪)。要检察官回答,只是想了解他是君子还是小人。倘若他据实答了"不",露出了君子本相,克雷格就知道事实上只有(3)才是可能的,他就不会再提别的问题了。可是,检察官答话之后,克雷格是提了别的问题的。所以,检察官答了"是",他必定是小人。至此,克雷格知道(3)可能该淘汰,只剩下(1)和(2)了。这意味着事实上辩护律师才是有罪的,但是依然不知道被告与辩护律师中哪个是君子、哪个是凡夫。克雷格于是又问被告,检察官是不是有罪。被告答话之后,他就知道了全部情况。对这个问题,君子只会答"不",凡夫则既可答"是"又可答"不"。倘若答话是"不",克雷格无法知道被告是君子还是凡夫。然而,克雷格知道了,可见他必定听到了对方答"是"。所以,被告是凡夫,辩护律师是君子,尽管他是个有罪的君子。

1.3.2　忘却林中的艾丽丝(狮子与独角兽)

本节取材于刘易斯·卡罗尔的童话《穿过镜子》(1871年)。主角是艾丽丝,艾丽丝是在她家镜子背后的棋盘国里漫游。按"棋子人"红皇后的安排,她穿越了棋盘上一个又一个方格,与斤斤兄弟相遇于第四格,与鼓肚肚、矮胖胖相遇于第六格,与白国王、狮子和独角兽相遇于第七格。到第八格时她变成皇后了,但随即在一场大混乱中脱离梦境,发现她手里抓着的红皇后竟是她的小黑猫!

艾丽丝进了忘却林之后,不是样样事都忘记,只是忘了某些事而已。她常常忘了自己叫什么,而最易忘的还是星期几。这工夫,狮子和独角兽是林中常客。两个都是怪里怪气的动物。狮子是每逢星期一、星期二、星期三撒谎,别的日子讲真话。独角兽是星期四、星期五、星期六撒谎,别的日子讲真话。

【案例 1-11】 有一天,艾丽丝遇见狮子和独角兽在树下休息。它们做了如下陈述。

狮子:昨天是我的撒谎日。

独角兽:昨天也是我的撒谎日。

从这两个陈述,艾丽丝——她是个很机灵的姑娘——就有本事推出当天是星期几了。那么,当天是星期几?

【案例 1-12】 还有一回,艾丽丝跟狮子单独相遇。它做了如下两个陈述。

(1) 我昨天撒谎。

(2) 我大后天还要撒谎。

当天是星期几?

【案例 1-13】 每一周的哪几天狮子有可能做如下两个陈述。

(1) 我昨天撒谎。

(2) 我明天还要撒谎。

【案例 1-14】 每一周的哪几天狮子有可能做如下的单个陈述:"我昨天撒谎并且我明天还要撒谎。"要当心,答案跟前一题不一样。

解答:

案例 1-11:狮子能说"昨天我撒谎"的日子只有星期一、星期四。独角兽能说"昨天我撒谎"的日子只有星期四、星期日。所以,它们都能说这句话的日子只有星期四。

案例 1-12:狮子的第一个陈述蕴涵当天是星期一或星期四。第二个陈述蕴涵当天不是星期四。因此,当天是星期一。

案例 1-13:哪天都不可能!它只有星期一、星期四能做第一个陈述,只有星期三、星期日能做第二个陈述,所以没有一天能两句话都说。

案例 1-14:情况大不一样!这个例子很能说明,分别做两个陈述不同于合取两者做一个陈述。不错,任给两个陈述 X、Y,如果单个陈述"X 并且 Y"是真的,当然能推出 X、Y 各自是真的;但是,如果合取句"X 并且 Y"是假的,只能推出其中至少有一个是假的。

"狮子昨天撒谎并且明天还要撒谎"只有一天能够是真的,就是星期二(这一天也只有这一天是介乎狮子的两个撒谎日之间)。这样看来,狮子哪天说了这句话,那天就不会是星期二,因为这个陈述在星期二是真的,但狮子在星期二并不做真陈述。所以,那天不是星期二。因此,狮子的那个陈述总是假的,说明狮子那天在撒谎。所以,那天只能是星期一或星期三。

1.3.3 忘却林中的艾丽丝(斤斤计与斤斤较)

一个月之间,狮子和独角兽竟从忘却林中消失了。它们换地方了,还在为争夺王位频频格斗。

然而,斤斤计和斤斤较仍是林中常客。说来也巧,这两位中,一个像狮子,星期一、星期二、星期三撒谎,别的日子讲真话;另外那个像独角兽,星期四、星期五、星期六撒谎,别的日子讲真话。谁像狮子,谁像独角兽,艾丽丝可不知道。还有更糟糕的,这兄弟俩长得太像了,艾丽丝连他俩谁是谁也分不出来(除非他俩戴上绣了记号的领圈,可是他俩很少戴)。总之,可怜的艾丽丝觉得局面乱得简直没法再乱啦！下面是艾丽丝奇遇斤斤计和斤斤较的几个场景。

【案例 1-15】 一天，艾丽丝遇见兄弟俩在一块。他们做了如下陈述。

甲：我是斤斤计。

乙：我是斤斤较。

究竟谁是斤斤计、谁是斤斤较？

【案例 1-16】 同一周的另外一天，兄弟俩做了如下陈述。

甲：我是斤斤计。

乙：如果这真的是实话，我就是斤斤较了！

谁是谁？

【案例 1-17】 还有一回，艾丽丝遇见兄弟俩。她问其中一个人："你星期日撒谎吗？"他答："是。"她又向另外一个人提出同样的问题。他做何回答？

【案例 1-18】 还有一回，兄弟俩做了如下陈述。

甲：我星期六撒谎；我星期日撒谎。

乙：我明天要撒谎。

当天是星期几？

【案例 1-19】 有一天，艾丽丝只碰到一个兄弟。他做了如下陈述："我今天撒谎并且我是斤斤较。"

说话的是谁？

【案例 1-20】 改一下，假定他说："我今天撒谎或者我是斤斤较。"有可能确定他是谁吗？

【案例 1-21】 有一天，艾丽丝碰到兄弟俩。他们做了如下陈述。

甲：如果我是斤斤计，他就是斤斤较。

乙：如果他是斤斤较，我就是斤斤计。

有可能确定谁是谁吗？有可能确定当天是星期几吗？

【案例 1-22】 这一回了不起，艾丽丝一举揭开了三大秘密。她碰到兄弟俩在树下露着牙呵呵笑，心想这次相逢她得把三件事情弄清楚：①当天是星期几；②他俩谁是斤斤计；③斤斤计撒谎的习惯像狮子还是像独角兽（这件事她早就想知道了）。

妙啊，兄弟俩做了如下陈述。

甲：今天不是星期日。

乙：事实上今天是星期一。

甲：明天是斤斤较的撒谎日。

乙：狮子昨天撒谎。

艾丽丝高兴得拍巴掌。疑团顿时全解开了。怎么解开的？

解答：

案例 1-15：如果甲的陈述真，那么甲确实是斤斤计，乙理应是斤斤较，乙的陈述也真。如果甲的陈述假，那么甲其实是斤斤较，乙则是斤斤计，因而乙的陈述也假。所以，这两个陈述或者都真或者都假。它们不会都假，因为兄弟俩从不同天撒谎。所以，这两个陈述只能都真。这样看来，甲是斤斤计，乙是斤斤较。另外，相逢之日必定是星期日。

案例 1-16：乙的陈述一定是真的。可是，我们约定了跟前一题是在同一周而不在同一天，足见当天不是星期日。因此这两个陈述不会都真，甲的陈述只能是假的。所以，甲是斤斤较，乙是斤斤计。

案例 1-17：头一个人的回答分明是谎话，因此这件事必定不是星期日发生的。所以，另外那个人必定据实回答说："不。"

案例 1-18：甲的陈述②分明假。既然陈述①出在同一天，它也假。所以，甲并非星期六撒谎，乙才是星期六撒谎。这一天既然甲在撒谎，乙就在讲真话，可见是星期一、星期二或星期三。这几天里，"乙明天要撒谎"只有在星期三才是真话。所以，当天是星期三。

案例 1-19：他的陈述一定假（因为假定它真，他今天就撒谎了，这是一个矛盾）。所以，两个分句"我今天撒谎"和"我是斤斤较"之中至少必有一假。前一个分句"我今天撒谎"是真的，所以后一个分句必定是假的。可见，他是斤斤计。

案例 1-20：是的，有可能。假定他今天在撒谎，析取句的前一个分句就成了真的，整个陈述也就成了真的，这是一个矛盾。所以，他今天是在讲真话。既然如此，他的陈述是真的：或者他今天撒谎或者他是斤斤较。由于他今天不撒谎，他该是斤斤较。

案例 1-21：这两个陈述显然都真，足见当天是星期日。不可能确定谁是谁。

案例 1-22：首先，星期日不可能有哪个兄弟撒谎说当天不是星期日。所以，今天总不会是星期日。这样看来，甲是在讲真话；而由于今天并非星期日，乙就该撒谎了。乙说今天是星期一，但他是在撒谎，可见今天也不是星期一。

其次，乙还讲了"狮子昨天撒谎"这句谎话，因此昨天其实是狮子的老实日。这意味着昨天是星期四、星期五、星期六或星期日，今天则是星期五、星期六、星期日或星期一。我们已经把星期日和星期一排除掉了，可见今天只能是星期五或星期六。

接下去又看出，明天是斤斤较的撒谎日（因为甲是这么说的，他又在说真话）。所以，今天不会是星期六，理应是星期五。

由此进一步推出斤斤较星期六撒谎，因此他像独角兽。另外，甲今天讲真话，今天是星期五，因此他是斤斤计。样样都查清了。

1.4 习题解答

1.1 何谓命题？下列陈述是否是命题？如果是命题，是否是复合命题？将其中的命题符号化，并指出真值。

(1) $\sqrt{3}$是无理数。

(2) 7 能被 2 整除。

(3) 什么时候开会？

(4) $2x+3<4$。

(5) 3 是素数当且仅当四边形内角和为 360 度。

(6) 吃一堑，长一智。

解：(1) 是命题，真值为真。

(2) 是命题，真值为假。

(3) 不是命题。

(4) 不是命题。

(5) 是命题,真值为真。符号化为 $A\leftrightarrow B$,其中 A、B 真值均为真。

(6) 是命题,真值为真。符号化为 $A\rightarrow B$。

1.2 下述句子哪些是命题?哪些不是命题?为什么?

(1)"我说的都是谎言"。

(2)"我正在说谎"。

(3)"公民有劳动的权利和义务。"

(4)"张三表扬且仅表扬那些不自我表扬的人。"

(5) 在前一句的条件下,"张三不自我表扬。"

解:(1) 是命题。是假命题。

(2) 不是命题,是悖论。

(3) 是命题。

(4) 是命题,是假命题。

(5) 不是命题,是悖论。

1.3 以 C、D、E、I、N 分别表示 conjuction(合取)、disjunction(析取)、equivalence(等价)、implication(蕴涵)、negation(否定),将下列各式写成仅含 C、D、E、I、N 的公式(称为 Polish 记法)。例如,$p\rightarrow(q\rightarrow(r\rightarrow p))$可写为 $IpIqIrp$。

(1) $p\leftrightarrow(p\wedge\neg(\neg q\leftrightarrow q))$。

(2) $(p\rightarrow q)\rightarrow((q\rightarrow r)\rightarrow(\neg r\rightarrow\neg p))$。

解:(1) $EpCpNENqq$。

(2) $IIpqIIqrINrNp$。

1.4 将下列无括号公式写成有括号公式(要求与题 1.3 相反)。

(1) $DDCpqCpNqDCNpqCNpNq$。

(2) $ECpDqrDCpqCpr$。

(3) $IIpqINqNp$。

(4) $DCpqNNDqNr$。

(5) $INCpqCNpq$。

解:(1) $((p\wedge q)\vee(p\wedge\neg q))\vee((\neg p\wedge q)\vee(\neg p\wedge\neg q))$。

(2) $p\wedge(q\vee r)\leftrightarrow((p\wedge q)\vee(p\wedge r))$。

(3) $(p\rightarrow q)\rightarrow(\neg q\rightarrow\neg p)$。

(4) $(p\wedge q)\vee\neg\neg(q\vee\neg r)$。

(5) $\neg(p\wedge q)\rightarrow(\neg p\wedge q)$。

1.5 设命题:"马路上骑自行车不许带人,不许闯红灯,不许逆行,否则罚款 5～10 元。"利用下列符号:M:某人在马路上骑自行车;P:某人骑车带人;R:某人骑车逆行;Q:某人骑车闯红灯;S:某人被罚款 5～10 元。请用给定的符号表示上述命题。

解:$(M\rightarrow\neg P\wedge\neg Q\wedge\neg R)\wedge(M\wedge(P\vee Q\vee R)\rightarrow S)$。

1.6 将下列语句翻译成命题公式。

(1) 只有你通过了英语六级考试而且不是英语专业的学生,才可以选修这门课。

(2) 凡进入机房者,必须刷卡,换拖鞋;否则拒绝进入。

解：(1) 设 p：通过了英语六级考试；q：是英语专业的学生；r：选修这门课。

则原句翻译成命题公式是：$r \rightarrow (p \land \neg q)$。

(2) 设 p：进入机房；q：刷卡；r：换拖鞋。

则原句翻译成命题公式是：$(p \rightarrow q \land r)$。

1.7 符号化下列命题，并判断其真值。

(1) 如果一自然数 a 是素数，那么，如果 a 是合数，则 a 等于 4。

(2) 如果一自然数 a 能被 3 整除，那么，如果 a 不能被 3 整除，则 a 被 5 整除。

(3) 如果一自然数能同时被 3 和 5 整除，那么，如果 a 不能被 3 整除，则 a 不能被 5 整除。

(4) 如果一自然数 a 能同时被 2 和 7 整除，那么，如果 a 不能被 7 整除，则 a 被 3 整除。

(5) 如果"或直线 L 平行于直线 M 或直线 P 不平行于直线 M"不真，那么，或者直线 L 不平行于 M，或者 P 平行于 M。

(6) 如果 John 不懂逻辑，那么如果 John 懂逻辑，则 John 出生于公元前 4 世纪。

解：(1) 令 p：自然数 a 是素数；q：a 等于 4；r：a 是合数，$r = \neg p$。$p \rightarrow (r \rightarrow q)$，真。

(2) 令 p：自然数 a 能被 3 整除；q：自然数 a 能被 5 整除。$p \rightarrow (\neg p \rightarrow q)$，真。

(3) 令 p：自然数 a 能被 3 整除；q：自然数 a 能被 5 整除。$(p \land q) \rightarrow (\neg p \rightarrow \neg q)$，真。

(4) 令 p：自然数 a 能被 2 整除；q：自然数 a 能被 7 整除；r：自然数 a 能被 3 整除。$(p \land q) \rightarrow (\neg q \rightarrow r)$，真。

(5) 令 p：直线 L 平行于直线 M；q：直线 P 平行于直线 M。$\neg(p \lor \neg q) \rightarrow (\neg p \lor q)$，真。

(6) 令 p：John 懂逻辑；q：John 出生于公元前 4 世纪。$\neg p \rightarrow (p \rightarrow q)$，真。

1.8 证明下列各式是重言式。

(1) $p \rightarrow p$。

(2) $p \rightarrow (q \rightarrow p)$。

(3) $p \rightarrow (q \rightarrow p \land q)$。

(4) $(p \rightarrow (q \rightarrow r)) \rightarrow ((p \rightarrow q) \rightarrow (p \rightarrow r))$。

(5) $p \leftrightarrow \neg\neg p$。

(6) $p \lor \neg p$。

(7) $\neg(p \land \neg p)$。

(8) $\neg(p \land q) \leftrightarrow (\neg p \lor \neg q)$。

(9) $\neg(p \lor q) \leftrightarrow (\neg p \land \neg q)$。

(10) $(p \rightarrow q) \leftrightarrow (\neg q \rightarrow \neg p)$。

(11) $((p \rightarrow q) \rightarrow p) \rightarrow p$。

(12) $(p \rightarrow q) \leftrightarrow (\neg p \lor q)$。

(13) $(\neg p \rightarrow p) \rightarrow p$。

(14) $\neg p \rightarrow (p \rightarrow q)$。

(15) $(p \land q) \rightarrow p$。

(16) $p \rightarrow (p \lor q)$。

(17) $((p \land q) \rightarrow r) \leftrightarrow (p \rightarrow (q \rightarrow r))$。

(18) $(p \vee (q \vee r)) \leftrightarrow ((p \vee q) \vee r)$。

(19) $(p \wedge (q \wedge r)) \leftrightarrow ((p \wedge q) \wedge r)$。

(20) $(p \wedge (q \vee r)) \leftrightarrow ((p \wedge q) \vee (p \wedge r))$。

(21) $(p \vee (q \wedge r)) \leftrightarrow ((p \vee q) \wedge (p \vee r))$。

(22) $((p \rightarrow q) \wedge \neg q) \rightarrow \neg p$。

(23) $((p \rightarrow q) \wedge p) \rightarrow q$。

解:由真值表可证以上命题公式都是重言式(证明略)。

1.9 求下列公式的真值表,并求成真赋值和成假赋值。

(1) $p \wedge q \wedge r$。

(2) $(p \wedge \neg p) \leftrightarrow (q \wedge \neg q)$。

(3) $\neg(p \rightarrow q) \wedge q \wedge r$。

(4) $p \vee (q \wedge r)$。

(5) $p \rightarrow (p \rightarrow r)$。

(6) $p \rightarrow (q \leftrightarrow r)$。

解:真值表如表 1-4 所示。

表 1-4 真值表

p	q	r	(1)	(2)	(3)	(4)	(5)	(6)
T	T	T	T	T	F	T	T	T
T	T	F	F	T	F	T	F	F
T	F	T	F	T	F	T	T	F
T	F	F	F	T	F	T	F	T
F	T	T	F	T	F	T	T	T
F	T	F	F	T	F	F	T	T
F	F	T	F	T	F	F	T	T
F	F	F	F	T	F	F	T	T

1.10 下列各式是否是重言式?并说明理由。

(1) $((p \vee q) \wedge \neg p) \rightarrow q$。

(2) $(p \rightarrow q) \rightarrow ((p \wedge r) \rightarrow q)$。

(3) $(p \rightarrow q) \rightarrow (p \rightarrow (q \vee r))$。

(4) $p \rightarrow (\neg p \vee q)$。

(5) $((p \vee q) \wedge (p \rightarrow q)) \rightarrow (q \rightarrow p)$。

(6) $p \vee ((\neg p \wedge q) \vee (\neg p \wedge \neg q))$。

(7) $\neg(p \wedge (\neg p \wedge q))$。

(8) $p \rightarrow ((\neg q \wedge q) \rightarrow r)$。

(9) $((p \rightarrow q) \wedge (q \rightarrow p)) \rightarrow (p \vee q)$。

(10) $((p \vee q) \rightarrow (p \vee \neg q)) \rightarrow (\neg p \vee q)$。

(11) $((p \wedge q) \vee (p \rightarrow q)) \rightarrow (p \rightarrow q)$。

(12) $((p\to q)\wedge(q\to r))\to(p\to r)$。

(13) $((p\to q)\wedge(r\to s))\to(p\vee r\to q\vee s)$。

(14) $((p\wedge q)\to r)\to((p\to r)\wedge(q\to r))$。

(15) $((p\to q)\wedge(r\to s))\to((p\wedge r)\to(q\wedge s))$。

(16) $((p\wedge q)\to r)\wedge((p\vee q)\to\neg r)\to(p\wedge q\wedge r)$。

(17) $(p\to(q\to r))\leftrightarrow(q\to(p\to r))$。

(18) $(p\vee q\vee r)\to(\neg p\to((q\vee r)\wedge\neg p))$。

(19) $(\neg(p\to q)\wedge(q\to p))\to(p\wedge\neg q)$。

(20) $((p\to q)\wedge(r\to s))\to((p\wedge s)\to(q\wedge r))$。

(21) $((p\to q)\wedge(q\to r))\to((r\to p)\to(q\to p))$。

(22) $(p\to q)\leftrightarrow((p\wedge q)\leftrightarrow p)$。

(23) $((p\to q)\vee(p\to r)\vee(p\to s))\to(p\to(q\vee r\vee s))$。

(24) $((p\to q)\vee(r\to q)\vee(s\to q))\to((p\wedge r\wedge s)\to q)$。

(25) $(((p\wedge q)\to r)\wedge((p\wedge q)\to\neg r))\to(\neg p\wedge\neg q\wedge\neg r)$。

(26) $((\neg p\wedge q)\vee(p\wedge\neg q))\to((p\to(q\vee r))\to(p\to r))$。

(27) $((p\vee q)\wedge(r\vee s))\to(((p\to q)\vee(p\to r))\wedge((q\to p)\vee(q\to r)))$。

(28) $((p\to q)\wedge(r\to s)\wedge(t\to u))\to((p\wedge r\wedge t)\to(q\wedge s\wedge u))$。

(29) $((p\vee q)\to r)\to((p\to r)\vee(q\to r))$。

解：这里仅用等值演算法证明小题(1)、(3)、(5)，其他小题的证明方法类似。

(1) $((p\vee q)\wedge\neg p)\to q\Leftrightarrow\neg((p\wedge\neg p)\vee(q\wedge\neg p))\vee q\Leftrightarrow\neg q\vee p\vee q\Leftrightarrow \mathrm{T}$，故是重言式。

(3) $(p\to q)\to(p\to(q\vee r))\Leftrightarrow\neg(\neg p\vee q)\vee(\neg p\vee q\vee r)\Leftrightarrow(p\wedge\neg q)\vee(\neg p\vee q\vee r)\Leftrightarrow \mathrm{T}$，故是重言式。

(5) $((p\vee q)\wedge(p\to q))\to(q\to p)\Leftrightarrow\neg((p\vee q)\wedge(\neg p\vee q))\vee(\neg q\vee p)\Leftrightarrow(\neg p\wedge\neg q)\vee(p\wedge\neg q)\vee(p\vee\neg q)\Leftrightarrow((\neg p\vee p)\wedge\neg q)\vee(p\vee\neg q)\Leftrightarrow\neg q\vee(p\vee\neg q)\Leftrightarrow p\vee\neg q$，故不是重言式。

(1) 是。	(2) 是。	(3) 是。	(4) 不是。	(5) 不是。	(6) 是。
(7) 是。	(8) 是。	(9) 不是。	(10) 不是。	(11) 是。	(12) 是。
(13) 是。	(14) 不是。	(15) 是。	(16) 不是。	(17) 是。	(18) 是。
(19) 是。	(20) 是。	(21) 是。	(22) 是。	(23) 是。	(24) 是。
(25) 不是。	(26) 是。	(27) 不是。	(28) 是。	(29) 是。	

1.11 用等值演算法证明下面等值式。

(1) $(\neg p\vee q)\wedge(p\to r)\Leftrightarrow(p\to(q\wedge r))$。

(2) $(p\wedge q)\vee\neg(\neg p\vee q)\Leftrightarrow p$。

解：(1) $(\neg p\vee q)\wedge(p\to r)\Leftrightarrow(\neg p\vee q)\wedge(\neg p\vee r)\Leftrightarrow\neg p\vee(q\wedge r)\Leftrightarrow(p\to(q\wedge r))$。

(2) $(p\wedge q)\vee\neg(\neg p\vee q)\Leftrightarrow(p\wedge q)\vee(p\wedge\neg q)\Leftrightarrow p$。

1.12 证明：如果 Ψ 是重言式，则公式 $\Psi_1\to(\Psi_2\to\cdots\to(\Psi_n\to\Psi)\cdots)$ 是重言式。

证明：证明一 $\Psi_1\to(\Psi_2\to\cdots\to(\Psi_n\to\Psi)\cdots)\Leftrightarrow(\Psi_1\wedge\Psi_2\wedge\cdots\wedge\Psi_n)\to\Psi$。

Ψ 是重言式，$\Phi\to\Psi$ 必为重言式。

证明二 假设不成立，即 Ψ_1 真，$(\Psi_2\to\Psi_3\to\cdots\to(\Psi_n\to\Psi)\cdots)$ 假，进一步，有 Ψ_2 真，

$(\Psi_3 \to \cdots \to (\Psi_n \to \Psi)\cdots)$，最后推出 Ψ 为假。矛盾。

1.13 证明：如果 Ψ 是重言式，则公式 $\neg\Psi \to (\Psi_1 \to (\Psi_2 \to \cdots \to (\Psi_{n-1} \to \Psi_n)\cdots))$ 也是重言式。

证明：记 $\Psi_1 \to (\Psi_2 \to \cdots \to (\Psi_{n-1} \to \Psi_n)\cdots)$ 为 Φ。因 Ψ 恒为 T，从而，$\neg\Psi$ 恒为 F，$\neg\Psi \to \Phi$ 为恒 T 式。

1.14 考虑形如 $\underbrace{((\cdots((p \to p) \to p) \to p)\cdots) \to p}_{n\text{个}p}$ 的表达式，对怎样的 n 此式是重言式？

解：(1) 当 n 是偶数时，上式是重言式。

下面归纳证明此结论：当 $n=2$ 时，$p \to p$ 是恒 T 式。

假设 $n=2m$ 时，结论成立。对 $n=2(m+1)$ 情况，$(\Phi \to p) \to p$，其中 Φ 是重言式。

如果 p 取值"T"，此式恒 T。

如果 p 取值"F"，$\Phi \to p$ 为 F，$(\Phi \to p) \to p$ 为 T。

(2) 当 n 是奇数时，上式不是重言式。从上面的证明可以看出，原式等价于 p。

1.15 证明：如果一表达式中仅含联结词 $\leftrightarrow$，则将此式中括号做位置变动所得的式子与原式等价。

证明：任意表达式只要含 2 个或 2 个以上 $\leftrightarrow$，即可写为 $(\Phi \leftrightarrow p) \leftrightarrow \Psi$ 或 $\Phi \leftrightarrow (p \leftrightarrow \Psi)$，因此只需证 $(\Phi \leftrightarrow p) \leftrightarrow \Psi \Leftrightarrow \Phi \leftrightarrow (p \leftrightarrow \Psi)$，其中 p 是命题变元，Φ 和 Ψ 是仅含 $\leftrightarrow$ 的命题公式。不妨设该式中命题符号为 $p_1, p_2, \cdots, p_n$（其中 $p_1 = p$），则考察真值表中的每一行。Φ、p、Ψ 取值恰为偶数个 F 时，左右式恰好为 T。

1.16 证明：仅由命题变元通过联结词 $\leftrightarrow$ 所构造的公式是重言式当且仅当每个变元在其中出现偶数次。

证明：易证 (1) $(p \leftrightarrow q) \leftrightarrow (q \leftrightarrow p)$ 是重言式。

(2) $((p \leftrightarrow q) \leftrightarrow r) \leftrightarrow (p \leftrightarrow (q \leftrightarrow r))$ 是重言式。

(3) 如果 Φ 是重言式，则 $\Phi \leftrightarrow \Psi$ 是重言式当且仅当 Ψ 是重言式。

充分性：假设公式 Φ 中出现的变元为 $p_1, p_2, \cdots, p_n$，且每个变元出现偶数次。设 $\Phi = \Phi_1 \leftrightarrow \Phi_2$，$p_1$ 在 Φ_1、Φ_2 中各出现奇数次，则可以做变换，使得 $\Phi = \Phi_1' \leftrightarrow \Phi_2'$，且 p_1 在 Φ_1'，Φ_2' 中各出现偶数次。进一步，p_1 仅出现在形如 $(p_1 \leftrightarrow p_1)$ 的子公式中，此式是重言式。通过归纳法，容易证明，Φ 是重言式。

必要性：如果有一变元 p_1 出现奇数次，则 Φ 可化为 $p_1 \leftrightarrow \Psi$，其中，变元 $p_1, p_2, \cdots, p_n$ 在 Ψ 中出现偶数次。由上述证明 Ψ 是重言式，于是 Φ 不是重言式。

1.17 证明：如果蕴涵式 $p_1 \to q_1, p_2 \to q_2, \cdots, p_n \to q_n$ 真，同时，命题 $(p_1 \lor p_2 \lor \cdots \lor p_n)$ 和 $\neg(q_i \land q_j)$ 也真 $(i \neq j)$，则蕴涵式 $q_1 \to p_1, q_2 \to p_2, \cdots, q_n \to p_n$ 亦真。

证明：$p_1 \lor p_2 \lor \cdots \lor p_n$ 真，至少存在一个 p_i 为真，假设这些为真的 p_i 中的最小 i 为 i_0，因为 $p_{i_0} \to q_{i_0}$ 真，所以 q_{i_0} 为真，从而对 $i \neq i_0$，q_i 假。因 $\forall i$，$p_i \to q_i$ 真，所以对 $i \neq i_0$，p_i 假。$q_{i_0} \to p_{i_0}$ 真，这是因为 p_{i_0} 和 q_{i_0} 都真。$i \neq i_0$，$q_i \to p_i$ 也真，这是因为 p_i 和 q_i 均假。

1.18 用 $\mathrm{lh}\varphi$ 表示 φ 的长度。先给出公式长度的归纳定义：①命题变元的长为 1。②如果 $\mathrm{lh}\varphi = a$，$\mathrm{lh}\psi = b$，则 $\mathrm{lh}(\varphi \land \psi) = \mathrm{lh}(\varphi \lor \psi) = \mathrm{lh}(\varphi \to \psi) = a + b + 1$，　$\mathrm{lh}(\neg\varphi) = \mathrm{lh}\varphi + 1$。

对于下面给出的公式，求与之等价的最短公式。

(1) $(p \land q \land r) \lor (p \land \neg q \land \neg r) \lor (p \land q \land \neg s) \lor (p \land r \to q)$。

(2) $\neg p \wedge \neg\neg q$。

(3) $(p \wedge q) \vee (\neg p \rightarrow q)$。

(4) $(p \wedge r \wedge s \wedge \neg q) \vee (p \wedge \neg q \wedge \neg p) \vee (r \wedge s)$。

解：(1) $\neg p \vee q \vee \neg r$。　(2) $\neg p \wedge q$。　(3) $p \vee q$。　(4) $r \wedge s$。

1.19 写出一个命题公式，当三个命题变元 p、q、r 中有且仅有两个为真时，该命题公式为真。

解：$(p \wedge q \wedge \neg r) \vee (p \wedge \neg q \wedge r) \vee (\neg p \wedge q \wedge r)$。

1.20 设 A、B、C 为任意的命题公式。

(1) 已知 $A \vee C \Leftrightarrow B \vee C$，$A \Leftrightarrow B$ 一定成立吗？

(2) 已知 $A \wedge C \Leftrightarrow B \wedge C$，$A \Leftrightarrow B$ 一定成立吗？

(3) 已知$\neg A \Leftrightarrow \neg B$，$A \Leftrightarrow B$ 一定成立吗？

解：(1) 不一定成立。取 $A=\mathrm{F}$，$B=C$，则 $A \vee C \Leftrightarrow B \vee C$，但 $A \Leftrightarrow B$ 不成立。

(2) 不一定成立。取 $A=\mathrm{T}$，$B=C$，则 $A \wedge C \Leftrightarrow B \wedge C$，但 $A \Leftrightarrow B$ 不成立。

(3) 一定成立。如果$\neg A \Leftrightarrow \neg B$，则$\neg A$ 与$\neg B$ 真值相同，从而 A 与 B 真值相同，故 $A \Leftrightarrow B$。

1.21 求$\neg p \vee (q \wedge r) \rightarrow (p \vee q) \wedge \neg r$ 的对偶式。

解：原式$=(p \wedge (\neg q \vee \neg r)) \vee ((p \vee q) \wedge \neg r)$；原式的对偶式$=(p \vee (\neg q \wedge \neg r)) \wedge ((p \wedge q) \vee \neg r)$。

1.22 给定某公式 A 的对偶式 A^* 的真值表如表 1-5 所示，求该公式 A 的主析取范式。

表 1-5　真值表

p	q	A^*	p	q	A^*
T	T	F	F	T	F
T	F	T	F	F	F

解：$A*=p \wedge \neg q$，

$A=p \vee \neg q \Leftrightarrow (p \wedge q) \vee (p \wedge \neg q) \vee (\neg p \wedge \neg q)$。

1.23 给定如下三个公式：

(1) $(p \rightarrow q) \rightarrow (\neg q \rightarrow \neg p)$。

(2) $\neg(p \rightarrow q) \wedge r \wedge q$。

(3) $(p \rightarrow q) \wedge \neg p$。

(i) 用等值演算法来判断上述公式的类型。

(ii) 用主析取范式法判断上面公式的类型，并求公式的成真赋值。

(iii) 求上面三个公式的主合取范式，并求公式的成假赋值。

解：(i) 公式(1)为永真式。公式(2)为永假式。公式(3)为可满足式。

(ii) 公式(1)主析取范式为$(p \wedge q) \vee (p \wedge \neg q) \vee (\neg p \wedge q) \vee (\neg p \wedge \neg q)$，成真赋值为 TT、TF、FT、FF。

公式(2)主析取范式为 F，无成真赋值。

公式(3)主析取范式为$(\neg p \wedge q) \vee (\neg p \wedge \neg q)$，成真赋值为 FT、FF。

(iii) 公式(1)主合取范式为 T，无成假赋值。

公式(2)主合取范式为$(p \vee q \vee r) \wedge (p \vee q \vee \neg r) \wedge (p \vee \neg q \vee r) \wedge (p \vee \neg q \vee \neg r) \wedge (\neg p$

$\vee q \vee r) \wedge(\neg p \vee q \vee \neg r) \wedge(\neg p \vee \neg q \vee r) \wedge(\neg p \vee \neg q \vee \neg r)$，成真赋值为 TTT、TTF、TFT、TFF、FTT、FTF、FFT、FFF。

公式(3)主合取范式为$(\neg p \vee q) \wedge(\neg p \vee \neg q)$，有两个成假赋值 TF、TT。

1.24 设命题公式 $A=(p \rightarrow(p \wedge q)) \vee r$。

(1) A 的主析取范式中含有几个极小项?

(2) A 的主合取范式中含有几个极大项?

解：$(p \rightarrow(p \wedge q)) \vee r \Leftrightarrow(\neg p \vee(p \wedge q)) \vee r \Leftrightarrow((\neg p \vee p) \wedge((\neg p \vee q)) \vee r \Leftrightarrow \neg p \vee q \vee r \Leftrightarrow M_4 \Leftrightarrow m_0 \vee m_1 \vee m_2 \vee m_3 \vee m_5 \vee m_6 \vee m_7$。

(1) A 的主析取范式中含有 7 个极小项。

(2) A 的主合取范式中含有 1 个极大项。

1.25 已知命题公式 A 中含三个命题变项 p、q、r，并知道它的成真赋值分别为 FFT、FTF、TTT，求 A 的主析取范式和主合取范式。

解：主析取范式 $m_1 \vee m_2 \vee m_7$。主合取范式 $M_0 \wedge M_3 \wedge M_4 \wedge M_5 \wedge M_6$。

1.26 求下列公式的主析取范式，并求成真赋值。

(1) $(\neg p \rightarrow q) \rightarrow(\neg q \vee p)$。

(2) $\neg(\neg p \vee q) \wedge q$。

(3) $(p \vee(q \wedge r)) \rightarrow(p \vee q \vee r)$。

解：(1) $(\neg p \rightarrow q) \rightarrow(\neg q \vee p)$

$\Leftrightarrow \neg(p \vee q) \vee(\neg q \vee p)$

$\Leftrightarrow \neg q \vee p$

$\Leftrightarrow(\neg p \wedge \neg q) \vee(p \wedge \neg q) \vee(p \wedge q)$

$\Leftrightarrow m_0 \vee m_2 \vee m_3$

成真赋值为 FF、TF、TT。

(2) $\neg(\neg p \vee q) \wedge q$

$\Leftrightarrow p \wedge \neg q \wedge q$

$\Leftrightarrow p \wedge \mathrm{F}$

$\Leftrightarrow \mathrm{F}$

该公式为矛盾式，故无成真赋值。

(3) $(p \vee(q \wedge r)) \rightarrow(p \vee q \vee r)$

$\Leftrightarrow \neg(p \vee(q \wedge r)) \vee(p \vee q \vee r)$

$\Leftrightarrow \neg p \wedge(\neg q \vee \neg r) \vee p \vee q \vee r$

$\Leftrightarrow(\neg p \wedge \neg q) \vee(\neg p \wedge \neg r) \vee(p \vee q) \vee r$

$\Leftrightarrow(\neg(p \vee q) \vee(p \vee q)) \vee(\neg p \wedge \neg r) \vee r$

$\Leftrightarrow \mathrm{T} \vee(\neg p \wedge \neg r) \vee r$

$\Leftrightarrow \mathrm{T}$

$\Leftrightarrow m_0 \vee m_1 \vee m_2 \vee m_3 \vee m_4 \vee m_5 \vee m_6 \vee m_7$

该公式为重言式，全部赋值都是成真赋值。

1.27 求题 1.26 中各小题的主合取范式，并求成假赋值。

解：由题 1.26 可知，

(1) $(\neg p \to q) \to (\neg q \vee p) \Leftrightarrow m_0 \vee m_2 \vee m_3 \Leftrightarrow M_1$，成假赋值为 FT。

(2) $\neg(\neg p \vee q) \wedge q \Leftrightarrow \mathrm{F} \Leftrightarrow M_0 \wedge M_1 \wedge M_2 \wedge M_3$，成假赋值为 FF、FT、TF、TT。

(3) $(p \vee (q \wedge r)) \to (p \vee q \vee r) \Leftrightarrow \mathrm{T}$，该公式为重言式，无成假赋值。

1.28 求下列公式的主析取范式，再用主析取范式求主合取范式。

(1) $(p \wedge q) \vee r$。

(2) $(p \to q) \wedge (q \to r)$。

解：(1) $(p \wedge q) \vee r$

$\Leftrightarrow (p \wedge q \wedge r) \vee (p \wedge q \wedge \neg r) \vee (\neg p \wedge \neg q \wedge r) \vee (\neg p \wedge q \wedge r) \vee (p \wedge \neg q \wedge r)$
$\vee (p \wedge q \wedge r)$

$\Leftrightarrow m_1 \vee m_3 \vee m_5 \vee m_6 \vee m_7$

$\Leftrightarrow M_0 \wedge M_2 \wedge M_4$

(2) $(p \to q) \wedge (q \to r)$

$\Leftrightarrow (\neg p \vee q) \wedge (\neg q \vee r)$

$\Leftrightarrow (\neg p \wedge \neg q \wedge \neg r) \vee (\neg p \wedge \neg q \wedge r) \vee (\neg p \wedge q \wedge r) \vee (p \wedge q \wedge r)$

$\Leftrightarrow m_0 \vee m_1 \vee m_3 \vee m_7$

$\Leftrightarrow M_2 \wedge M_4 \wedge M_5 \wedge M_6$

1.29 用主析取范式判断下列公式是否等值。

(1) $p \to (q \to r)$ 与 $q \to (p \to r)$。

(2) $(p \to q) \to r$ 与 $q \wedge p \to r$。

解：因为任何命题公式的主析取范式都是唯一的，因而 $A \Leftrightarrow B$ 当且仅当 A 与 B 有相同的主析取范式和主合取范式。设 $A = p \to (q \to r)$，$B = q \to (p \to r)$，$C = (p \to q) \to r$，$D = q \wedge p \to r$，先求出 A、B、C、D 的主析取范式，方法可以不限。

$A = p \to (q \to r) \Leftrightarrow \neg p \vee \neg q \vee r \Leftrightarrow m_0 \vee m_1 \vee m_2 \vee m_3 \vee m_4 \vee m_5 \vee m_7$

$B = q \to (p \to r) \Leftrightarrow \neg q \vee \neg p \vee r \Leftrightarrow m_0 \vee m_1 \vee m_2 \vee m_3 \vee m_4 \vee m_5 \vee m_7$

$C = (p \to q) \to r \Leftrightarrow (p \wedge \neg q) \vee r \Leftrightarrow m_1 \vee m_3 \vee m_4 \vee m_5 \vee m_7$

$D = q \wedge p \to r \Leftrightarrow \neg p \vee \neg q \vee r \Leftrightarrow m_0 \vee m_1 \vee m_2 \vee m_3 \vee m_4 \vee m_5 \vee m_7$

由以上结果可知，A、B、D 有相同的主析取范式，所以 $A \Leftrightarrow B \Leftrightarrow D$，故(1)中两公式等值；(2)中两公式不等值。

1.30 求公式 $(p \to \neg q) \wedge r$ 在以下各联结词完备集中与之等值的一个公式。

(1) $\{\neg, \wedge, \vee\}$。

(2) $\{\neg, \wedge\}$。

(3) $\{\neg, \vee\}$。

(4) $\{\neg, \to\}$。

(5) $\{\uparrow\}$。

解：(1) $(\neg p \vee \neg q) \wedge r$。

(2) $\neg(p \wedge q) \wedge r$。

(3) $\neg(p \vee \neg r) \vee \neg(q \vee \neg r)$。

(4) $(\neg p \to \neg r) \to \neg(\neg q \to \neg r)$。

(5) $((p \uparrow q) \uparrow r) \uparrow ((p \uparrow q) \uparrow r)$。

1.31 用① $x\vee y$;②$\neg x\vee y$;③$x\vee\neg y$;④$\neg x\vee\neg y$ 的合取式表达以下公式。

例如,若$\neg x$,则答②∧④。

(1) $\neg x\to\neg y$　　答________。

(2) $x\wedge y$　　答________。

(3) $x\leftrightarrow\neg y$　　答________。

解:(1) ③。　(2) ①∧②∧③。　(3) ①∧④。

1.32 证明:→不能用¬和↔来推得,因而{¬,↔}不是功能完全的。

证明:递归定义一个公式集 Φ:①$P,Q\in\Phi$;②如果 $\alpha\in\Phi$,则$\neg\alpha\in\Phi$;如果 $\alpha,\beta\in\Phi$,则 $\alpha\leftrightarrow\beta\in\Phi$。

对任意 $\alpha\in\Phi$,α 都是由 P、Q 经过¬和↔得到。我们断言,$\alpha\in\Phi\Rightarrow\alpha$ 的真值表末列有偶数个 T,偶数个 F。下面证明此结论。

① P 是 2 个 T,2 个 F,Q 亦是。

② 若 α 是偶数个 T,偶数个 F,则$\neg\alpha$ 也是。若 α、β 是偶数个 T,偶数个 F,则 $\alpha\leftrightarrow\beta$ 也是。

事实上,若其中一个取 4 个 T,则 $\alpha\leftrightarrow\beta$ 中 T 的个数与另一个中 T 的个数相同,为偶数个。若其中一个取 4 个 F,则 $\alpha\leftrightarrow\beta$ 中 T 的个数与另一个中 F 的个数相同,为偶数个。两个式子 α、β 各有两个 T,两个 F,可能的组合情况见表 1-6,β 的 6 种情况用 $\beta_1\sim\beta_6$ 表示。

表 1-6 真值表

α	β_1	β_2	β_3	β_4	β_5	β_6
T	T	T	T	F	F	F
T	T	F	F	T	T	F
F	F	T	F	T	F	T
F	F	F	T	F	T	T

可逐个验证 $\alpha\leftrightarrow\beta$ 有偶数个 T,偶数个 F。因为 $P\to Q$ 的真值表中有奇数个 T,奇数个 F。所以没有 $\alpha\in\Phi$ 与 $P\to Q$ 等值,→不能用¬和↔来推得,因而{¬,↔}不是功能完全的。

1.33 写出 $p\wedge q\to r$ 的 5 个逻辑等价式(要求含有两个以上→或一个↔,p、q、r 可根据需要使用)。

解:设 $\alpha=p\wedge q\to r$,则有

(1) $\neg(p\to\neg q)\to r$。

(2) $\alpha\wedge(p\to p)$。

(3) $\alpha\wedge(q\to q)$。

(4) $\alpha\wedge(r\leftrightarrow r)$。

(5) $\alpha\vee\neg(p\leftrightarrow p)$。

1.34 试说明下列各题中的联结词是否足够,即用它(它们)是否可以表示命题演算中的全部 5 个联结词(¬、∨、∧、→、↔)。

(1) ↑(与非联结词)。　(2) ¬,→。　(3) ∧,∨。　(4)→。

解:(1) 足够。已知{¬,∧,∨}为联结词完备集,其中的每个联结词都可以由↑定义。$\neg p\Leftrightarrow\neg(p\wedge p)\Leftrightarrow p\uparrow p$。

$p \wedge q \Leftrightarrow \neg\neg(p \wedge q) \Leftrightarrow \neg(p \uparrow q) \Leftrightarrow (p \uparrow q) \uparrow (p \uparrow q)$。

$p \vee q \Leftrightarrow \neg\neg(p \vee q) \Leftrightarrow \neg(\neg p \wedge \neg q) \Leftrightarrow \neg p \uparrow \neg q \Leftrightarrow (p \uparrow p) \uparrow (q \uparrow q)$。

(2) 足够。已知$\{\neg, \wedge, \vee\}$为联结词完备集，$p \wedge q \Leftrightarrow \neg\neg(p \wedge q) \Leftrightarrow \neg(\neg p \vee \neg q)$，所以$\{\neg, \vee\}$为联结词完备集，而 $p \rightarrow q \Leftrightarrow \neg(p \vee q)$，所以$\{\neg, \rightarrow\}$为联结词完备集。

(3) 不足够。无法表示$\neg$。当 p 为真时，通过 p 及$\wedge$、$\vee$构造出的公式必为真，此时$\neg p$为假。

(4) 不足够。无法表示$\neg$。当 p 为真时，通过 p 及$\rightarrow$构造出的公式必为真，此时$\neg p$为假。

1.35 设 $H(p,q)$是一个二元真值函数，且所有真值函数可用 H 定义，证明 $H(p,q)$是与非函数$\neg(p \wedge q)$或者是或非函数$\neg(p \vee q)$。

证明：$H(p,q)$等价类至多有 16 种，如表 1-7 所示。

表 1-7 $H(p,q)$等价类的 16 种情况

p、q	$F_0^{(2)}$	$F_1^{(2)}$	$F_2^{(2)}$	$F_3^{(2)}$	$F_4^{(2)}$	$F_5^{(2)}$	$F_6^{(2)}$	$F_7^{(2)}$
T T	F	T	F	T	F	T	F	T
T F	F	F	T	T	F	F	T	T
F T	F	F	F	F	T	T	T	T
F F	F	F	F	F	F	F	F	F
P、q	$F_8^{(2)}$	$F_9^{(2)}$	$F_{10}^{(2)}$	$F_{11}^{(2)}$	$F_{12}^{(2)}$	$F_{13}^{(2)}$	$F_{14}^{(2)}$	$F_{15}^{(2)}$
T T	F	T	F	T	F	T	F	T
T F	F	F	T	T	F	F	T	T
F T	F	F	F	F	T	T	T	T
F F	T	T	T	T	T	T	T	T

$F_0^{(2)}$、$F_{15}^{(2)}$分别是恒假、恒真函数；$F_1^{(2)}$ 为 $p \wedge q$；$F_2^{(2)}$ 为$\neg(p \rightarrow q)$；$F_3^{(2)}$ 为 p；$F_4^{(2)}$ 为$\neg(q \rightarrow p)$；$F_5^{(2)}$ 为 q；$F_6^{(2)}$ 为$\neg(p \leftrightarrow q)$；$F_7^{(2)}$ 为 $p \vee q$；$F_8^{(2)}$ 为$\neg(p \vee q)$；$F_9^{(2)}$ 为$(p \leftrightarrow q)$；$F_{10}^{(2)}$ 为$\neg q$；$F_{11}^{(2)}$ 为 $q \rightarrow p$；$F_{12}^{(2)}$ 为$\neg p$；$F_{13}^{(2)}$ 为 $p \rightarrow q$；$F_{14}^{(2)}$ 为$\neg(p \wedge q)$。

与题 1.34 类似，可以证明 $F_0^{(2)}$、$F_{15}^{(2)}$、$F_1^{(2)}$、$F_3^{(2)}$、$F_5^{(2)}$、$F_7^{(2)}$、$F_9^{(2)}$、$F_{10}^{(2)}$、$F_{11}^{(2)}$、$F_{12}^{(2)}$、$F_{13}^{(2)}$ 不是功能完全的。

题 1.32 已经证明 $F_6^{(2)}$ 不是功能完全的。

题 1.34 已证明 $F_{14}^{(2)}$ 功能完全，类似证明 $F_8^{(2)}$ 功能完全。

下面证明 $F_2^{(2)}$ 不是功能完全的（注：与 $F_4^{(2)}$ 证明相同）。定义 $p * q$ 为$\neg(p \rightarrow q)$。

递归定义一个公式集 Φ：①$p \in \Phi$；②如果 $\alpha, \beta \in \Phi$，则 $\alpha * \beta \in \Phi$。

对任意 $\alpha \in \Phi$，α 都是由 p 经过①和②得到。

我们断言，$\neg p$ 与 Φ 中的任一公式不等价。下面证明此结论。

当 p 为 F，$p * q$ 为 F。可以归纳证明，此时 Φ 中的任一公式为 F。但是$\neg p$ 为 T。

注意，按 $\alpha * \beta$ 的长度，使用第二归纳法。长度为 3，成立。设长度小于或等于 k 时成立，考虑长度为 $k+1$ 的情况。$\alpha * \beta$ 中 α 及 β 长度小于或等于 k，根据归纳假设，α 及 β 均为 F，因此，$\alpha * \beta$ 也为 F。

1.36 某电路中有一个灯泡和三个开关 A、B、C。已知在且仅在下述4种情况下灯亮。

(1) C 的扳键向上,A、B 的扳键向下。

(2) A 的扳键向上,B、C 的扳键向下。

(3) B、C 的扳键向上,A 的扳键向下。

(4) A、B 的扳键向上,C 的扳键向下。

设 G 为 T 表示灯亮,p、q、r 分别表示 A、B、C 的扳键向上。

(a) 求 G 的主析取范式。

(b) 在联结词集合$\{\neg,\wedge\}$上构造 G。

(c) 在联结词集合$\{\neg,\leftrightarrow\}$上构造 G。

解:(a) G 的主析取范式$=(\neg A\wedge\neg B\wedge C)\vee(\neg A\wedge B\wedge C)\vee(A\wedge\neg B\wedge\neg C)\vee(A\wedge B\wedge\neg C)$。

(b) $\neg(\neg(\neg A\wedge C)\wedge\neg(A\wedge\neg C))$。

(c) $\neg(A\leftrightarrow C)$。

1.37 联结词"不可兼析取"记作"$\bar{\vee}$",其真值表如表1-8所示。

表1-8 真值表

P	Q	$P\bar{\vee}Q$	P	Q	$P\bar{\vee}Q$
T	T	F	F	T	T
T	F	T	F	F	F

给出与 $P\bar{\vee}Q$ 等价的命题公式 A,使得

(1) A 中仅含联结词$\neg$、$\wedge$和$\vee$。

(2) A 中仅含联结词$\neg$、$\wedge$和$\rightarrow$。

解:(1) $(\neg P\vee\neg Q)\wedge(Q\vee P)$。

(2) $(P\rightarrow\neg Q)\wedge(\neg P\rightarrow Q)$。

1.38 判断下面推理是否正确。先将简单命题符号化,再写出前提、结论、推理的形式结构和判断过程。

(1) 若今天是星期一,则明天是星期三。今天是星期一,所以,明天是星期三。

(2) 若今天是星期一,则明天是星期二。明天是星期二,所以,今天是星期一。

(3) 若今天是星期一,则明天是星期三。明天不是星期三,所以,今天不是星期一。

(4) 若今天是星期一,则明天是星期二。今天不是星期一,所以,明天不是星期二。

(5) 今天是星期一当且仅当明天是星期三。今天不是星期一,所以,明天不是星期三。

解:令 P:今天是星期一;Q:明天是星期三;R:明天是星期二。

(1) 前提:$P\rightarrow Q$,P;结论:Q。

(2) 前提:$P\rightarrow R$,R;结论:P。

(3) 前提:$P\rightarrow Q$,$\neg Q$;结论:$\neg P$。

(4) 前提:$P\rightarrow R$,$\neg P$;结论:$\neg R$。

(5) 前提:$P\leftrightarrow Q$,$\neg P$;结论:$\neg Q$。

其中,(2)和(4)推理错误。

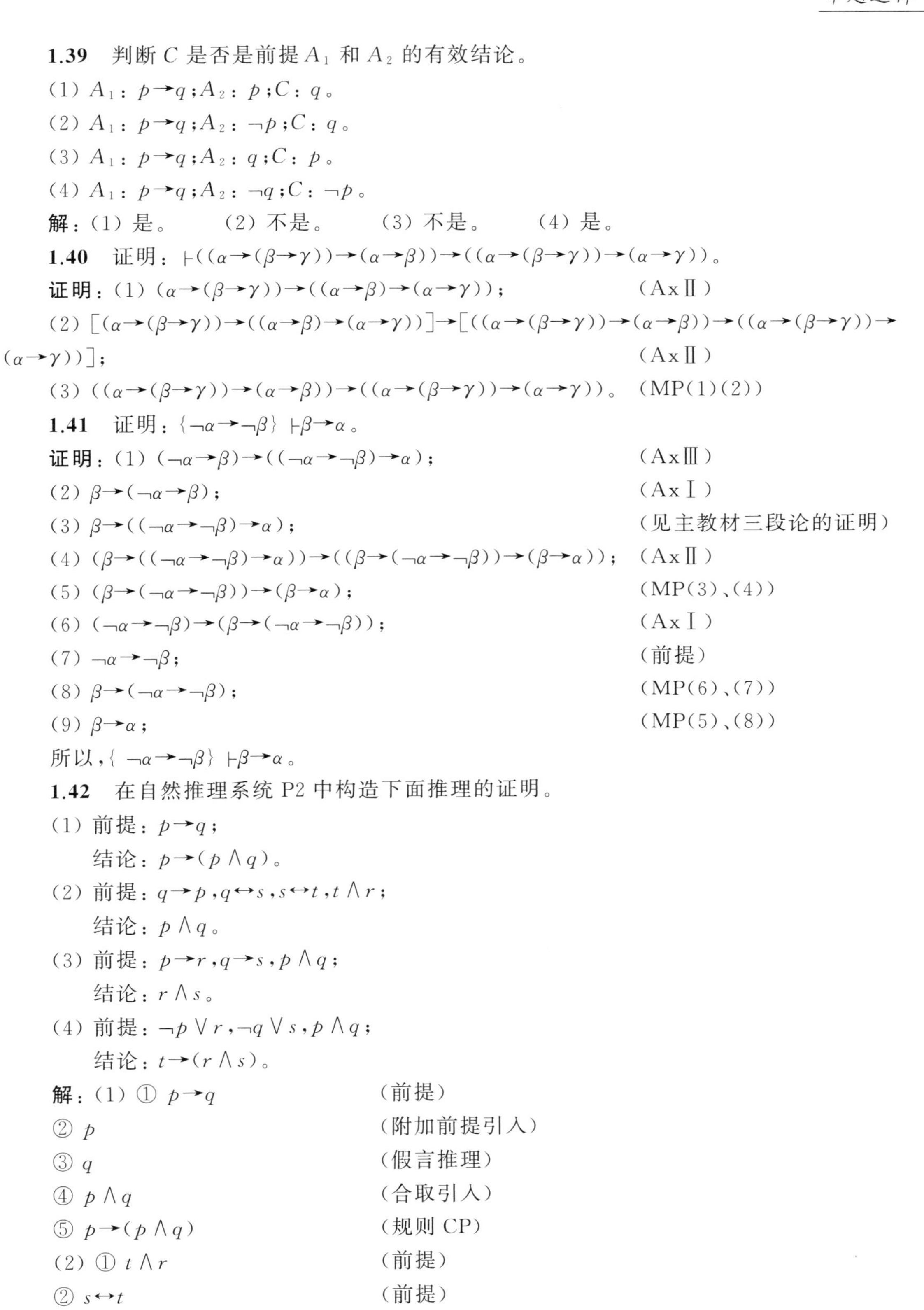

1.39 判断 C 是否是前提 A_1 和 A_2 的有效结论。

(1) A_1：$p\to q$；A_2：p；C：q。

(2) A_1：$p\to q$；A_2：$\neg p$；C：q。

(3) A_1：$p\to q$；A_2：q；C：p。

(4) A_1：$p\to q$；A_2：$\neg q$；C：$\neg p$。

解：(1) 是。　(2) 不是。　(3) 不是。　(4) 是。

1.40 证明：$\vdash((\alpha\to(\beta\to\gamma))\to(\alpha\to\beta))\to((\alpha\to(\beta\to\gamma))\to(\alpha\to\gamma))$。

证明：(1) $(\alpha\to(\beta\to\gamma))\to((\alpha\to\beta)\to(\alpha\to\gamma))$；　(AxⅡ)

(2) $[(\alpha\to(\beta\to\gamma))\to((\alpha\to\beta)\to(\alpha\to\gamma))]\to[((\alpha\to(\beta\to\gamma))\to(\alpha\to\beta))\to((\alpha\to(\beta\to\gamma))\to(\alpha\to\gamma))]$；　(AxⅡ)

(3) $((\alpha\to(\beta\to\gamma))\to(\alpha\to\beta))\to((\alpha\to(\beta\to\gamma))\to(\alpha\to\gamma))$。　(MP(1)(2))

1.41 证明：$\{\neg\alpha\to\neg\beta\}\vdash\beta\to\alpha$。

证明：(1) $(\neg\alpha\to\beta)\to((\neg\alpha\to\neg\beta)\to\alpha)$；　(AxⅢ)

(2) $\beta\to(\neg\alpha\to\beta)$；　(AxⅠ)

(3) $\beta\to((\neg\alpha\to\neg\beta)\to\alpha)$；　(见主教材三段论的证明)

(4) $(\beta\to((\neg\alpha\to\neg\beta)\to\alpha))\to((\beta\to(\neg\alpha\to\neg\beta))\to(\beta\to\alpha))$；　(AxⅡ)

(5) $(\beta\to(\neg\alpha\to\neg\beta))\to(\beta\to\alpha)$；　(MP(3)、(4))

(6) $(\neg\alpha\to\neg\beta)\to(\beta\to(\neg\alpha\to\neg\beta))$；　(AxⅠ)

(7) $\neg\alpha\to\neg\beta$；　(前提)

(8) $\beta\to(\neg\alpha\to\neg\beta)$；　(MP(6)、(7))

(9) $\beta\to\alpha$；　(MP(5)、(8))

所以，$\{\neg\alpha\to\neg\beta\}\vdash\beta\to\alpha$。

1.42 在自然推理系统 P2 中构造下面推理的证明。

(1) 前提：$p\to q$；

　结论：$p\to(p\wedge q)$。

(2) 前提：$q\to p, q\leftrightarrow s, s\leftrightarrow t, t\wedge r$；

　结论：$p\wedge q$。

(3) 前提：$p\to r, q\to s, p\wedge q$；

　结论：$r\wedge s$。

(4) 前提：$\neg p\vee r, \neg q\vee s, p\wedge q$；

　结论：$t\to(r\wedge s)$。

解：(1) ① $p\to q$　(前提)

② p　(附加前提引入)

③ q　(假言推理)

④ $p\wedge q$　(合取引入)

⑤ $p\to(p\wedge q)$　(规则 CP)

(2) ① $t\wedge r$　(前提)

② $s\leftrightarrow t$　(前提)

③ $(s\to t)\wedge(t\to s)$　(置换规则)

④ $t \to s$　(化简规则)
⑤ t　(由①化简规则)
⑥ s　(由④和⑤假言推理)
⑦ $q \leftrightarrow s$　(前提)
⑧ $(q \to s) \wedge (s \to q)$　(置换规则)
⑨ $s \to q$　(化简规则)
⑩ q　(假言推理⑥和⑨)
⑪ $q \to p$　(前提)
⑫ p　(假言推理)
⑬ $p \wedge q$　(合取引入)

(3) ① $p \wedge q$　(前提)
② p　(化简规则①)
③ $p \to r$　(前提)
④ r　(由②和③假言推理)
⑤ q　(化简规则①)
⑥ $q \to s$　(前提)
⑦ s　(由⑤和⑥假言推理)
⑧ $r \wedge s$　(由④和⑦合取引入)

(4) ① $p \wedge q$　(前提)
② p　(化简规则①)
③ $\neg p \vee r$　(前提)
④ r　(由②和③析取三段论)
⑤ q　(化简规则①)
⑥ $\neg q \vee s$　(前提)
⑦ s　(由⑤和⑥析取三段论)
⑧ $r \wedge s$　(由④和⑦ 合取引入)
⑨ $\neg t \vee (r \wedge s)$　(析取引入⑧)
⑩ $t \to (r \wedge s)$　(置换规则)

1.43　在自然推理系统 P2 中构造下面推理的证明。

(1) 如果小王是理科学生,他必须学好数学;如果小王不是文科生,他必是理科生。小王没学好数学,所以,小王是文科生。

(2) 明天是晴天,或是雨天;若明天是晴天,我就去看电影;若我看电影,我就不看书。所以,如果我看书,则明天是雨天。

解:(1) 设命题 P:小王是理科学生;命题 Q:小王学好数学;命题 R:小王是文科生。
前提:$P \to Q, \neg R \to P, \neg Q$;
结论:R。

证明:① $P \to Q$　(前提)
② $\neg Q$　(前提)
③ $\neg P$　(由①和②拒取式)

④ $\neg R \to P$ （前提）

⑤ $R \vee P$ （由④蕴涵律）

⑥ R （由③和⑤析取三段论）

（2）设命题 P：明天是晴天；命题 Q：明天是雨天；命题 R：我看电影；命题 M：我看书。

前提：$P \vee Q, P \to R, R \to \neg M, M$；

结论：Q。

证明：① $R \to \neg M$ （前提）

② M （前提）

③ $\neg R$ （由①和②拒取式）

④ $P \to R$ （前提）

⑤ $\neg P$ （由③和④拒取式）

⑥ $P \vee Q$ （前提）

⑦ Q （由⑤和⑥析取三段论）

1.44 某校规定，一个学生至少要满足下列条件中的一个条件时一门课程才算通过。

（1）在期中或期末考试中有一次得 B 或 B 以上，一次得 A。

（2）在期中和期末考试中都得 B 或 B 以上，并且担任了班以上的学生干部。

（3）在期中考试中得 B 或 B 以上，期末考试得 B，并且认真完成了所布置的全部平时作业。

用下面的命题作为变量，请写出描述一门功课通过的条件的逻辑表达式，并简化所得的逻辑表达式。

a：在期中考试得 A； b：在期中考试得 B；

c：在期末考试得 A； d：在期末考试得 B；

e：担任了班以上的学生干部； f：认真完成所布置的全部平时作业。

写出简化以后的布尔表达式所对应的条件。

解：$[(a \vee b) \wedge (c \vee d) \wedge (a \vee c)] \vee [(a \vee b) \wedge (c \vee d) \wedge e] \vee [(a \vee b) \wedge d \wedge f]$

$\Leftrightarrow (a \vee b) \wedge [((c \vee d) \wedge (a \vee c \vee e)) \vee (d \wedge f)]$。

对应的条件：在期中考试中得 B 或 B 以上，并且下列两条件之一成立：

（1）在期末考试中得 B 或 B 以上，而且要么在期中或期末考试中有一次得 A，要么担任了班以上的学生干部。

（2）在期末考试得 B，而且认真完成所布置的全部平时作业。

1.45 符号化下面命题，并用推理规则证明之。

前提：如果某人 x 不生活在法国，则他不说法语。x 不开凯夫罗雷特车。若 x 生活在法国，则他骑自行车。或者 x 说法语，或者他开凯夫罗雷特车。结论：x 骑自行车。

解：假设 A：x 不生活在法国；B：x 不说法语；C：x 不开凯夫罗雷特车；D：x 骑自行车。

前提：$A \to B, C, \neg A \to D, \neg B \vee \neg C$；

结论：D。

① C （前提）

② $\neg B \vee \neg C$ （前提）

③ $\neg B$ （由①和②析取三段论）

④ $A \to B$　　(前提)

⑤ $\neg A$　　(由③和④拒取式规则)

⑥ $\neg A \to D$　　(前提)

⑦ D　　(由⑤和⑥假言推理)

1.46　试用命题演算解决下面的问题。

某天三位任课教师各需给某班辅导,其中英语教师希望排在第1节或第2节;力学教师希望排在第1节或第3节;而数学教师希望排在第2节或第3节,能否同时满足教师们的要求?若能,试写出可行方案。

解:P、Q、R 分别表示英语、力学、数学,P_1、P_2 表示英语课在第1节和第2节,Q_1、Q_3 表示力学课在第1节和第3节,R_2、R_3 表示数学课在第2节和第3节,则

$(P_1 \bar{\vee} P_2) \wedge (Q_1 \bar{\vee} Q_3) \wedge (R_2 \bar{\vee} R_3) \wedge \neg(P_1 \wedge Q_1) \wedge \neg(P_2 \wedge R_2) \wedge \neg(Q_3 \wedge R_3)$

$\Leftrightarrow (P_1 \wedge Q_3 \wedge R_2) \vee (P_2 \wedge Q_1 \wedge R_3) \vee \cdots$

有以下两种可行方案:

(1) 英语第1节,力学第3节,数学第2节。

(2) 英语第2节,力学第1节,数学第3节。

1.47　(1) 试将下列证明符号化。

星期天若不下雨且能买到车票,我就去计算机展览会参观。我没有去参观计算机展览会,所以星期天下雨了。

(2) 试问(1)中的结论是否为有效结论?为什么?

解:(1) p:星期天不下雨;q:能买到车票;r:去计算机展览会参观。

前提:$(p \wedge q) \to r$,$\neg r$;

结论:$\neg p$。

(2) 不是有效结论,因为$\neg r \to \neg p \vee \neg q$,所以有可能是$\neg q$,即不能买到车票。

1.48　符号化下列命题,并证明其有效性。

我今天或上街,或访友。如果我看书,则我不上街;如果我不看书,则我去看电影。今天我不去看电影,因此我去访友。

解:设命题 P:我今天上街;命题 Q:我今天访友;命题 R:我今天看书;命题 S:我今天看电影。

前提:$P \vee Q$,$R \to \neg P$,$\neg R \to S$,$\neg S$;

结论:Q。

证明:① $\neg R \to S$　　(前提)

② $\neg S$　　(前提)

③ R　　(由①和②拒取式)

④ $R \to \neg P$　　(前提)

⑤ $\neg P$　　(由③和④假言推理)

⑥ $P \vee Q$　　(前提)

⑦ Q　　(由⑤和⑥析取三段论)

1.49　"甲说乙在说谎,乙说丙在说谎,丙说甲、乙都在说谎。"究竟谁说的是真话?谁说的是假话?

解：乙说的是真话。

设 A：甲说的是真话；B：乙说的是真话；C：丙说的是真话。依题意有 $(A\leftrightarrow\neg B)\wedge(B\leftrightarrow\neg C)\wedge(C\leftrightarrow(\neg A\wedge\neg B))$ 为真。因为 $(A\leftrightarrow\neg B)\wedge(B\leftrightarrow\neg C)\wedge(C\leftrightarrow(\neg A\wedge\neg B))\Leftrightarrow((A\rightarrow\neg B)\wedge(\neg B\rightarrow A))\wedge((B\rightarrow\neg C)\wedge(\neg C\rightarrow B))\wedge((C\rightarrow(\neg A\wedge\neg B))\wedge((\neg A\wedge\neg B)\rightarrow C))\Leftrightarrow(\neg A\vee\neg B)\wedge(B\vee A)\wedge(\neg B\vee\neg C)\wedge(C\vee B)\wedge((\neg C\vee(\neg A\wedge\neg B))\wedge(\neg(\neg A\wedge\neg B)\vee C))\Leftrightarrow(\neg A\vee\neg B)\wedge(B\vee A)\wedge(\neg B\vee\neg C)\wedge(C\vee B)\wedge(\neg C\vee\neg A)\wedge(\neg C\vee\neg B)\wedge(A\vee B\vee C)$。假设 $\neg B$，由 $B\vee A$，得 A。由 $C\vee B$，得 C。由 $\neg C\vee\neg A$，得 $\neg A$。矛盾。所以 B。进一步，由 $\neg A\vee\neg B$，得 $\neg A$，由 $\neg B\vee\neg C$，得 $\neg C$。最后得 $\neg A\wedge B\ \neg C$。故乙说的是真话，甲和丙说的是假话。

1.50 有甲、乙、丙三人对一块矿石进行判断，每人判断两次。甲认为这块矿石不是铁，也不是铜；乙认为这块矿石不是铁，是锡；丙认为这块矿石不是锡，是铁。已知老工人两次判断都对，普通队员两次判断一对一错，实习生两次判断都错。此矿石是什么矿？甲、乙、丙三人的身份各是什么？

解：设 A：矿石是铁矿；B：矿石是铜矿；C：矿石是锡矿。则甲：$\neg A\wedge\neg B$；乙：$\neg A\wedge C$；丙：$A\wedge\neg C$。若甲是老工人，则 $\neg A\wedge\neg B$ 为真，即矿石是锡矿，不是铁矿，也不是铜矿，这意味着乙的两次判断也都对，乙也是老工人，矛盾。若乙是老工人，同理可以推出甲也是老工人这样的矛盾。故丙是老工人，即 $A\wedge\neg C$ 为真。可得此矿石是铁矿。甲、乙、丙三人的身份分别是普通队员、实习生、老工人。

1.51 某人在看一幅肖像画。有人问他："你在看谁的像？"他说："我没有兄弟姐妹，但这男子的父亲是我父亲的儿子。"这男子在看谁的像？

解：男子在看他儿子的像。

1.52 假定情景同题 1.51，但看画人改为另一种回答："我没有兄弟姐妹，而这男子的儿子是我父亲的儿子。"现在这人在看谁的像？

解：父亲。

1.53 三个人 A、B、C，个个非君子即小人。A、B 做了如下陈述。

A：我们全是小人。

B：我们当中恰好有一个是君子。

问：A、B、C 是何种人？

解：A、C 是小人，B 是君子。

1.54 假定下面两个陈述为真。

(1) 我爱慧慧或者我爱婷婷。

(2) 如果我爱慧慧，那么我爱婷婷。

能必然推出我爱慧慧吗？能必然推出我爱婷婷吗？

解：推不出我爱慧慧，推得出我爱婷婷。

用 P 和 Q 分别表示"我爱慧慧"和"我爱婷婷"，从前提 $P\vee Q$，$P\rightarrow Q$，可推出结论 Q；但是，从前提 $P\vee Q$，$P\rightarrow Q$，推不出 P。

1.55 假定某人问我："据说你爱慧慧那么你也爱婷婷，这究竟是不是真的？"我答道："如果这是真的，那么我爱慧慧。"那么能推出我爱慧慧吗？能推出我爱婷婷吗？

解：推得出我爱慧慧，不能确定我不爱婷婷。

1.56 现在你要从三姐妹 A、B、C 当中选一个人娶作妻子。你知道其中一个人是君子(君子永远讲真话),一个人是小人(小人永远撒谎),一个人是凡夫(凡夫时而撒谎,时而讲真话)。可是,你还知道(叫你不寒而栗!)那个凡夫是狼精,另外两个不是狼精。就算你娶了小人也不在乎,但娶狼精总太过分了吧!人家允许你从三姐妹里任选一人,向她提你任选的一个问题,不过必须能用"是"或"不是"回答。你该怎么问?

解:从她们当中挑一个人,如 A,然后问她:"B 比 C 等级低吗?"这里等级从高到低分为君子、凡夫、小人。

A 回答"是",就娶 B 作为你的妻子。

A 回答"不是",就娶 C 作为你的妻子。

1.57 君子、小人、凡夫的概念同题 1.56。

(1) 你最少要做多少真陈述才能让别人相信你是凡夫?

(2) 你最少要做多少假陈述才能让别人相信你是凡夫?

解:都只要做一个陈述就够了。

(1) 真陈述是:"我不是君子"。

(2) 假陈述是:"我是小人"。

1.58 接题 1.57,要你做一陈述,让别人相信你是凡夫,但不知道你这陈述是真是假。

解:令 P:我是凡夫;Q:现在我的口袋里带着 11 块钱;R:我是小人。

陈述:$(P \wedge Q) \vee R$。

1.59 某人问 A:"你是君子么?"A 答道:"如果我是君子,那么我愿吃掉我的帽子!"证明 A 非吃掉他的帽子不可(只考虑君子和小人)。

证明:先证明 A 不可能是小人。反证,如果是小人,他说的话为假,从而得到"我是君子,并且我不愿吃掉我的帽子",与假设矛盾。所以,A 是君子,他说真话,推出 A 非吃掉他的帽子不可。

1.60 甲走到一个岔路口 C 处,他不知道哪一条路是到达 A 处的。在 C 处他见到乙和丙两个人,甲知道这两个人是相互了解的朋友,其中一个是撒谎者,另一个是老实人,但他不知道哪一个是撒谎者,哪一个是老实人。他向其中一人提出一个问题(回答只能为"是"或"不是"),听到回答后,甲就能顺利到达 A 处,你能想到甲提出的是什么问题吗?

解:所问问题显然应当将"是否说真话"与"该向哪里走"紧密联系起来。设 p:你是老实人;q:这条路是去 A 处的。问:$p \leftrightarrow q$?若得到回答"是",可向设问方向走;若得到回答"不是",可向设问的反方向走。这是因为当问到老实人时,他的回答与 q 同真假;当问到撒谎者时,他的回答也与 q 同真假(p 假,q 真,则 $p \leftrightarrow q$ 假,回答应为真;若 p 假,q 假,则 $p \leftrightarrow q$ 真,回答应为假)。

另外一种更加直接的提问如下。

甲指一条路对乙说:"如果我问丙'此路是否去 A 处',他如何回答?"回答"是",另外一条路去 A 处。回答"不是",此条路去 A 处。

1.61 (知道问题)教师手中握有一副牌(黑桃 5、黑桃 4、黑桃 8、黑桃 J;红心 A、红心 Q、红心 4;方块 A、方块 5;梅花 K、梅花 Q、梅花 5、梅花 4),他想好一张牌,并将该牌的花色告诉学生甲,将该牌的点数告诉学生乙。甲说:我敢肯定你不知道这张牌。

乙说:那么我现在知道了。

甲说：那么我也知道了。

这张牌是什么牌？

解：这张牌是方块5。

从甲的第一句话推知，不是黑桃，例如若是黑桃8则乙必定知道，同理不是梅花。从乙的第一句话推知，不是A(从红心、方块中选中)。从甲的第二句话推知，不是Q、4，否则甲未必知道。

1.5 编程答案

1.1 已知命题 P 和 Q 的真值，求它们的合取、析取、异或、蕴涵和等价命题的真值。

解答：将问题理解为从键盘输入两个命题变元 P 和 Q 的真值(0或1)，如果不符合输入值需要重新输入，在此基础上求两个命题变元 P 和 Q 的合取、析取、异或、蕴涵和等价命题的真值。

样例输入：

```
P的值：1
Q的值：0
```

样例输出：

```
"P合取Q"的值：0
"P析取Q"的值：1
"P异或Q"的值：1
"P蕴涵Q"的值：0
"P等价Q"的值：0
```

有关编程提示：

① 对输入内容进行判断，如果不符合0或1，则这种输入值需要重新输入。

② 两个命题变元 P 和 Q 的合取可以理解为：如果命题变元 P 的真值为1且命题变元 Q 的真值也为1，那么 $P \wedge Q$ 的真值才为1；其他情况下，只要命题变元 P 或 Q 中有一个的真值为0，那么 $P \wedge Q$ 的真值就为0，可以采用if…else的分支结构。析取、异或、蕴涵和等价命题的真值也可以采用相同方式处理。

编程题1.1
代码样例

计算机编程题的代码样例可以通过扫描相应的二维码获取。

1.2 已知两个长度为 n 的位串，求它们的按位AND、按位OR及按位XOR。

解答：将问题理解为从键盘输入两个位串(0或1的组合)，在此基础上求它们的按位AND、按位OR及按位XOR。

样例输入：

```
第一个位串：101
第二个位串：011
```

样例输出：

```
AND操作结果为：001
OR操作结果为：111
XOR操作结果为：110
```

编程题1.2
代码样例

1.3 请编写一段程序求解下面问题：甲、乙、丙、丁4人有且仅有2人参加围棋优胜比赛。关于谁参加比赛，以下4种判断都是正确的。

(1) 甲和乙只有1人参加。

(2) 丙参加，丁必须参加。

(3) 乙或丁至多参加1人。

(4) 丁不参加，甲也不参加。

请问哪2人参加了围棋优胜比赛。

编程题1.3
代码样例

解答：该问题使用4个变量分别表示甲、乙、丙、丁4人，1表示参赛，0表示没参赛，共计16种参赛组合。使用逻辑表达式表示题目中的4个判别条件，即在16种参赛组合中寻找4个判别条件全满足并且有且只有2人参赛的组合结果。

结果输出：

```
1 0 0 1
```

也就是甲和丁参赛。

1.4 给定一个复合命题表达式(只包含否定、合取、析取和蕴涵，可以带圆括号)，输出该表达式的真值表，并判定该表达式否为重言式、矛盾式以及可满足公式。

解答：本题设计参考的原文链接为 https://blog.csdn.net/qq_44299157/article/details/103539406/。

(1) 将输入复合命题表达式，使用集合去掉相同的变量。

(2) 根据列表里面的字符使用内置函数 exec()生成对应的变量。

(3) 把得到每一个变量字符对应生成一个 Variable 对象，然后都添加到一个列表中。

(4) 提取出每一个变量，使用递归对列表里面的每一个对象的 value 属性进行赋值，同时输出真值表。其中递归的结束条件是最后一个元素也完成了枚举。

样例输入：

```
请输入一个复合命题表达式，只包含否定、合取、析取和蕴涵，可带圆括号，其中：
否定    ~
合取    &
析取    |
蕴涵    >
```

输入复合命题表达式：

```
p&(q>p)
```

样例输出：

```
p  q  p&(q> p)
0  0  0
0  1  0
1  0  1
1  1  1
```

判断该合式公式为可满足式。

输入复合命题表达式：

```
p&(q>r)
```

样例输出：

```
p  q  r  p&(q>r)
0  0  0  0
0  0  1  0
0  1  0  0
0  1  1  0
1  0  0  1
1  0  1  1
1  1  0  0
1  1  1  1
```

判断该合式公式为可满足式。
复合命题表达式：

```
p&~p
```

样例输出：

```
p  p&~p
0  0
1  0
```

判断该合式公式为矛盾式。
复合命题表达式：

```
(p&q)>p
```

样例输出：

```
p  q  (p&q)>p
0  0  1
0  1  1
1  0  1
1  1  1
```

编程题 1.4
代码样例

判断该合式公式为可满足式。
同时该合式公式还为重言式。

第 2 章 谓词逻辑

2.1 内容提要

个体词 所研究对象中可以独立存在的具体的或抽象的客体。将表示具体或特定的客体的个体词称为个体常项，一般用小写英文字母 a、b、c……表示；而将表示抽象或泛指的个体词称为个体变项，常用小写英文字母 x、y、z……表示。

个体域 个体变项的取值范围，又称论域。

谓词 用来刻画个体词性质以及个体词之间相互关系的词。

量词 用来约束谓词中个体词的数量。量词可分全称量词和存在量词两种。称量词符号化为∀。用 $\forall x$ 表示个体域里的所有个体，而用 $\forall xF(x)$ 表示个体域里所有个体都有性质 F。存在量词符号化为∃。并用 $\exists x$ 表示个体域里有某个个体，而用 $\exists xF(x)$ 表示个体域里存在个体具有性质 F。

一阶语言的字母表定义如下。

(1) 个体变元符号：用小写的英文字母 x、y、z(或加下标)等表示。

(2) 个体常元符号：用小写的英文字母 a、b、c(或加下标)等表示。

(3) 函数符号：用小写的英文字母 f、g、h(或加下标)等表示。

(4) 谓词符号：用大写的英文字母 P、Q、R(或加下标)等表示。

(5) 量词符号：∃、∀。

(6) 联结词符号：¬、∧、∨、→、↔。

(7) 辅助符号：逗号“,”和圆括号“()”等。

项 项的递归定义如下。

(1) 任意个体常量或个体变量是项；

(2) 若 f 是 n 元函数符号，$t_1,t_2,\cdots,t_n$ 是项，则 $f(t_1,t_2,\cdots,t_n)$ 仍然是项；

(3) 只有有限次使用(1)和(2)生成的符号串才是项；

原子公式 若 P 是 n 元谓词符号，$t_1,t_2,\cdots,t_n$ 是项，则 $P(t_1,t_2,\cdots,t_n)$ 为原子公式。

谓词逻辑公式 谓词逻辑合式公式(简称合式公式)的递归定义如下。

(1) 原子公式是合式公式；

(2) 若 A、B 是合式公式，则 $\neg A$、$A\wedge B$、$A\vee B$、$A\rightarrow B$、$A\leftrightarrow B$ 亦然；

(3) 若 A 是合式公式，则 $\forall xA$，$\exists xA$ 亦然。

(4) 只有有限次使用(1)、(2)、(3) 生成的符号串才是合式公式(也称谓词公式)。

自由变元与约束变元 在合式公式 $\forall xA$ 和 $\exists xA$ 中，x 是指导变元，A 为相应量词的作用域或辖域。在辖域中 x 的出现称为 x 在公式 A 中的约束出现；约束出现的变元称为约束变元；A 中不是约束出现的其他变元称为该变元的自由出现，自由出现的变元称为自由变元。

闭公式 设 A 是任意的公式，若 A 中不含有自由出现的个体变项，则称 A 为封闭的公式，简称闭式。

谓词公式的赋值 谓词公式的赋值是对以下一些符号进行指定，谓词公式 A 的个体域为 D(这也必须指定)。

(1) 每一个个体常项指定 D 中的一个元素。

(2) 每一个 n 元函数指定 D^n 到 D 的一个映射。

(3) 每一个 n 元谓词指定 D^n 到 $\{T,F\}$ 的一个映射。

谓词公式的分类 设 A 为一公式，若 A 在任何解释下均为真，则称 A 为永真式(或称逻辑有效式)。若 A 在任何解释下均为假，则称 A 为矛盾式(或称永假式)。若至少存在一个解释使 A 为真，则称 A 为可满足式。

代换实例 设命题式 A_0，命题变项为 $P_1,P_2,\cdots,P_n$，而 $A_1,A_2,\cdots,A_n$ 是谓词公式，用 A_i 代换所有 $P_i(1\leqslant i\leqslant n)$ 所得的公式称为 A_0 的代换实例。

谓词逻辑等值演算

(1) 在命题逻辑中成立的基本等价式和基本蕴涵式及其代换实例都是谓词逻辑的等价式和蕴涵式。

(2) 量词与否定的交换：

① $\neg\forall xA(x)\Leftrightarrow\exists x\neg A(x)$。

② $\neg\exists xA(x)\Leftrightarrow\forall x\neg A(x)$。

(3) 量词辖域的扩张和收缩(B 中不含指导变元 x)：

① $\forall x(A(x)\vee B)\Leftrightarrow\forall xA(x)\vee B$。

② $\forall x(A(x)\wedge B)\Leftrightarrow\forall xA(x)\wedge B$。

③ $\exists x(A(x)\vee B)\Leftrightarrow\exists xA(x)\vee B$。

④ $\exists x(A(x)\wedge B)\Leftrightarrow\exists xA(x)\wedge B$。

⑤ $\forall x(A(x)\rightarrow B)\Leftrightarrow\exists xA(x)\rightarrow B$。

⑥ $\forall x(B\rightarrow A(x))\Leftrightarrow B\rightarrow\forall xA(x)$。

⑦ $\exists x(A(x)\rightarrow B)\Leftrightarrow\forall xA(x)\rightarrow B$。

⑧ $\exists x(B\rightarrow A(x))\Leftrightarrow B\rightarrow\exists xA(x)$。

(4) 量词和联结词的关系的等值式：

① $\forall xA(x)\wedge\forall xB(x)\Leftrightarrow\forall x(A(x)\wedge B(x))$。

② $\exists xA(x)\vee\exists xB(x)\Leftrightarrow\exists x(A(x)\vee B(x))$。

③ $\forall xA(x)\vee\forall xB(x)\Leftrightarrow\forall x\forall y(A(x)\vee B(y))$。

④ $\exists xA(x)\wedge\exists xB(x)\Leftrightarrow\exists x\exists y(A(x)\wedge B(y))$。

⑤ $\exists x(A(x)\rightarrow B(x))\Leftrightarrow\forall xA(x)\rightarrow\exists xB(x)$。

(5) 量词和联结词的重言蕴涵式：

① $\forall xA(x)\vee\forall xB(x)\Rightarrow\forall x(A(x)\vee B(x))$。

② $\exists x(A(x)\wedge B(x))\Rightarrow\exists xA(x)\wedge\exists xB(x)$。

置换规则 设$\Phi(A)$是含公式A的公式,$\Phi(B)$是用公式B取代$\Phi(A)$中所有的A之后的公式,若$A\Leftrightarrow B$,则$\Phi(A)\Leftrightarrow\Phi(B)$。

换名规则 设A为一公式,将A中某量词辖域中某约束变项的所有出现及相应的指导变元都改成该量词辖域中未曾出现过的某个体变项符号,公式的其余部分不变,设所得公式为A',则$A'\Leftrightarrow A$。

代替规则 设A为一公式,将A中某个自由出现的个体变项的所有出现用A中未曾出现过的个体变项符号代替,A中其余部分不变,设所得公式为A',则$A'\Leftrightarrow A$。

谓词逻辑前束范式 设A为一个一阶逻辑公式,若A具有如下形式$Q_1x_1Q_2x_2\cdots Q_kx_kB$,则称$A$为前束范式,其中$Q_i(1\leqslant i\leqslant k)$为$\forall$或$\exists$,$B$为不含量词的公式。如果$B$为析取范式(合取范式),称该前束范式为前束析取范式(前束合取范式)。

定理2.1(前束范式存在定理) 一阶逻辑中的任何公式都存在与之等值的前束范式。

全称量词消去规则:

$$\frac{\forall xA(x)}{\therefore A(y)} \quad 或 \quad \frac{\forall xA(x)}{\therefore A(c)}$$

两式成立的条件是:

(1) 在第一式中,取代x的y应为任意的不在$A(x)$中约束出现的个体变项。

(2) 在第二式中,c为任意个体常项。

(3) 用y或c去取代$A(x)$中自由出现的x时,一定要在x自由出现的一切地方进行取代。

全称量词引入规则:

$$\frac{A(y)}{\therefore \forall xA(x)}$$

该式成立的条件是:

(1) 无论$A(y)$中自由出现的个体变项y取何值,$A(y)$应该均为真。

(2) 取代自由出现的y的x也不能在$A(y)$中约束出现。

存在量词引入规则:

$$\frac{A(c)}{\therefore \exists xA(x)}$$

该式成立的条件是:

(1) c是特定的个体常项。

(2) 取代c的x不能在$A(c)$中出现过。

存在量词消去规则:

$$\frac{\exists xA(x)}{\therefore A(c)}$$

该式成立的条件是:

(1) c是使A为真的特定的个体常项。

(2) c不在$A(x)$中出现。

(3) 若$A(x)$中除自由变元x外,还有其他自由变元时,则此规则不能使用。

谓词演算公理系统 F1

AX1 命题公理(1) $\alpha\rightarrow(\beta\rightarrow\alpha)$。

(2) $\alpha\rightarrow(\beta\rightarrow\gamma)\rightarrow((\alpha\rightarrow\beta)\rightarrow(\alpha\rightarrow\gamma))$。

(3) $(\neg\alpha\rightarrow\beta)\rightarrow((\neg\alpha\rightarrow\neg\beta)\rightarrow\alpha)$。

AX2 $\forall x(\alpha\rightarrow\beta)\rightarrow(\forall x\alpha\rightarrow\forall x\beta)$。

这里 α、β 是任何 L 公式,x 是任何变项。

AX3 $\alpha\rightarrow\forall x\alpha$。

这里 α 是任何 L 公式,变项 x 在 α 中不自由。

AX4 $\forall x\alpha\rightarrow\alpha(x/t)$。

这里 α 是任何 L 公式,t 是对 α 中 x 自由的任何 L 项。

AX5 $t=t$。

这里 t 是任何 L 项。

AX6 $t_1=t_{n+1}\rightarrow\cdots\rightarrow t_n=t_{2n}\rightarrow ft_1t_2\cdots t_n=ft_{n+1}t_{n+2}\cdots t_{2n}$。

这里 f 是 L 的任何 n 元函数符号,t_1、t_2、…、t_{2n} 是任何 L 项。

AX7 $t_1=t_{n+1}\rightarrow\cdots t_n=t_{2n}\rightarrow P\ t_1t_2\cdots t_n\rightarrow P\ t_{n+1}t_{n+2}\cdots t_{2n}$。

这里 P 是 L 的任何 n 元谓词符号,t_1、t_2、…、t_{2n} 是任何 L 项。

AX8 上述各项公理的所有概括。

推理规则(MP):由 α 及 $\alpha\rightarrow\beta$ 推得 β。

α 在上述各项公理系统中得到证明,记作 $\vdash\alpha$。

自然推理系统 F2

自然推理系统 F2 定义如下。

(1) 字母表。同一阶语言的字母表。

(2) 合式公式。同一阶语言的合式公式的定义。

(3) 推理规则:

① 前提引入规则。 ② 结论引入规则。

③ 置换规则。 ④ 假言推理规则(或称分离规则)。

⑤ 附加规则。 ⑥ 化简规则。

⑦ 拒取式规则。 ⑧ 假言三段论规则。

⑨ 析取三段论规则。 ⑩ 构造性二难推理规则。

⑪ 破坏性二难推理规则。 ⑫ 合取引入规则。

⑬ 全称量词消去规则。 ⑭ 全称量词引入规则。

⑮ 存在量词消去规则。 ⑯ 存在量词引入规则。

推理规则中①～⑫同命题逻辑推理规则。

Skolem 标准型 通过 Skolem 函数,删去前束范式中的所有存在量词之后得到的公式称为合式公式的 Skolem 标准型。

定理 2.2 令 S 为公式 G 的 Skolem 标准型,则 G 是不可满足的,当且仅当 S 是不可满足的。

置换 置换是形为$\{t_1/v_1,t_2/v_2,\cdots,t_n/v_n\}$的有限集合,其中 $v_1,v_2,\cdots,v_n$ 是互不相同的变量,t_i 是不同于 v_i 的项(可以为常量、变量、函数)($1\leqslant i\leqslant n$)。t_i/v_i 表示用 t_i 置换

v_i,不允许 t_i 与 v_i 相同,也不允许 v_i 循环地出现在另一个 t_j 中。

令 $\theta=\{t_1/v_1,t_2/v_2,\cdots,t_n/v_n\}$ 为置换,E 为表达式。设 $E\theta$ 是用项 t_i 同时代换 E 中出现的所有变量 $v_i(1\leqslant i\leqslant n)$ 而得出的表达式。**称 $E\theta$ 为 E 的例。**

置换的复合 令 $\theta=\{t_1/x_1,t_2/x_2,\cdots,t_n/x_n\}$ 和 $\lambda=\{u_1/y_1,u_2/y_2,\cdots,u_m/y_m\}$ 为两个置换。θ 和 λ 复合也是一个置换,用 $\theta\circ\lambda$ 表示,它由在集合 $\{t_1\lambda/x_1,t_2\lambda/x_2,\cdots,t_n\lambda/x_n,u_1/y_1,u_2/y_2,\cdots,u_m/y_m\}$ 中删除下面两类元素得出。

u_i/y_i,当 $y_i\in\{x_1,x_2,\cdots,x_n\}$。

$t_i\lambda/v_i$,当 $t_i\lambda=v_i$。

置换的性质

(1) 空置换 ε 是左么元和右么元,即对任意置换 θ,恒有 $\varepsilon\circ\theta=\theta\circ\varepsilon=\theta$。

(2) 对任意表达式 E,恒有 $E(\theta\circ\lambda)=(E\theta)\lambda$。

(3) 若对任意表达式 E,恒有 $E\theta=E\lambda$,则 $\theta=\lambda$。

(4) 对任意置换 θ、λ、μ,恒有 $(\theta\circ\lambda)\circ\mu=\theta\circ(\lambda\circ\mu)$,即置换的合成满足结合律。

(5) 设 A 和 B 为表达式集合,则 $(A\cup B)\theta=A\theta\cup B\theta$。

合一置换 若表达式集合 $\{E_1,E_2,\cdots,E_k\}$ 存在一个置换 θ,使得 $E_1\theta=E_2\theta=\cdots=E_k\theta$,则称集合 $\{E_1,E_2,\cdots,E_k\}$ 是可合一的,置换 θ 称为合一置换。

差异集 表达式的非空集合 W 的差异集是按下述方法得出的子表达式的集合。

(1) 在 W 的所有表达式中找出对应符号不全相同的第一个符号(自左算起)。

(2) 在 W 的每个表达式中,提取出占有该符号位置的子表达式。这些子表达式的集合便是 W 的差异集 D。

单位因子 若由子句 C 中的两个或多个文字构成的集合存在最一般合一置换 δ,则称 C_δ 为 C 的因子。若 C_δ 是单位子句,则称它为 C 的单位因子。

二元归结式 令 C_1 和 C_2 为两个无公共变量的子句。令 L_1 和 L_2 分别为 C_1 和 C_2 中的两个文字。若集合 $\{L_1,\neg L_2\}$ 存在最一般合一置换 δ,则子句 $(C_1\delta-\{L_1\delta\})\cup(C_2\delta-\{L_2\delta\})$ 称为 C_1 和 C_2 的二元归结式。文字 L_1 和 L_2 称为被归结的文字。

归结式 子句 C_1 和 C_2 的归结式是下述某个二元归结式。

(1) C_1 和 C_2 的二元归结式。

(2) C_1 的因子和 C_2 的二元归结式。

(3) C_2 的因子和 C_1 的二元归结式。

(4) C_1 的因子和 C_2 的因子的二元归结式。

定理 2.3(归结原理的完备性) 子句集合 S 是不可满足的,当且仅当存在使用归结推理规则由 S 对空子句的演绎。

2.2 例题精选

例 2.1 在全总个体域中,将下列语句符号化为谓词公式。

(1) 并非每个实数都是有理数。

(2) 没有有理数不是实数。

(3) 尽管有些有理数大于0,但并非大于0的实数都是有理数。

(4) 对于任意一个正实数,都存在大于该实数的实数。

解:设 $R(x)$:x 是实数;$Q(x)$:x 是有理数;$G(x,y)$:$x>y$。

(1) $\neg\forall x(R(x)\to Q(x))$或$\exists x(R(x)\wedge\neg Q(x))$。

(2) $\neg\exists x(Q(x)\wedge\neg R(x))$或$\forall x(Q(x)\to R(x))$。

(3) $\exists x(Q(x)\wedge G(x,0))\wedge\neg\forall x(R(x)\wedge G(x,0)\to Q(x))$。

(4) $\forall x((R(x)\wedge G(x,0))\to\exists y(R(y)\wedge G(y,x)))$。

例 2.2 下列各式是否是永真式?试证明你的判断。

(1) $(\neg\exists xA(x)\wedge\forall xB(x))\leftrightarrow\forall x(\neg A(x)\wedge B(x))$。

(2) $\exists x\forall yP(x,y)\wedge\forall yQ(a,y)\to\exists x\forall y(P(x,y)\wedge Q(x,y))$。

解:(1) 因为$\forall x(\neg A(x)\wedge B(x))\Leftrightarrow\forall x\neg A(x)\wedge\forall x B(x)\Leftrightarrow\neg\exists xA(x)\wedge\forall x B(x)$,所以$(\neg\exists xA(x)\wedge\forall xB(x))\leftrightarrow\forall x(\neg A(x)\wedge B(x))$是永真式。

(2) $\exists x\forall yP(x,y)\wedge\forall yQ(a,y)\to\exists x\forall y(P(x,y)\wedge Q(x,y))\Leftrightarrow\exists x\forall y(P(x,y)\wedge Q(a,y))\to\exists x\forall y(P(x,y)\wedge Q(x,y))$,令论域 $D=\{2,3,4\}$,$P(x,y)$:$x\geqslant y$,$Q(x,y)$:$x\leqslant y$,$a=2$。

$\exists x\forall y(P(x,y)\wedge Q(a,y))$可解释为:存在 x,对于所有的 y,有 $x\geqslant y$,且 $2\leqslant y$。显然,4是满足这样解释的一个 x,因此这个子命题显然为真。

$\exists x\forall y(P(x,y)\wedge Q(x,y))$可解释为:存在 x,对于所有的 y,有 $x\geqslant y$,且 $x\leqslant y$。这个子命题显然为假。因此,整个命题为假命题。

所以,$\exists x\forall yP(x,y)\wedge\forall yQ(a,y)\to\exists x\forall y(P(x,y)\wedge Q(x,y))$不是永真式。

例 2.3 将下面谓词公式转换成与之等值的公式,使其没有既是约束出现又是自由出现的个体变项。

(1) $\forall xF(x,y,z)\to\exists yG(x,y,z)$。

(2) $\forall x(F(x,y)\to\exists yG(x,y,z))$。

解:(1) $\forall xF(x,y,z)\to\exists yG(x,y,z)$

$\Leftrightarrow\forall tF(t,y,z)\to\exists yG(x,y,z)$ (换名规则)

$\Leftrightarrow\forall tF(t,y,z)\to\exists wG(x,w,z)$ (换名规则)

原公式中,x、y 都是既约束出现又有自由出现的个体变项,只有 z 仅自由出现。而在最后得到的公式中,x、y、z、t、w 中再无既是约束出现又有自由出现的个体变项了。

(2) $\forall x(F(x,y)\to\exists yG(x,y,z))\Leftrightarrow\forall x(F(x,y)\to\exists tG(x,t,z))$ (换名规则)

例 2.4 求$\forall x(\forall y\exists zP(x,y,z)\to\exists z\forall u(Q(x,z)\vee R(x,u,z)))$的前束范式。

解:对于一个谓词公式,如果量词均在公式的开头,它们的作用域延伸到整个公式的末尾,则称该公式为前束范式。任何一个谓词公式均可等值演算成前束范式,化归过程如下。

(1) 消去除 $\neg$、$\wedge$、$\vee$ 之外的联结词。

(2) 将否定符$\neg$移到量词符后。

(3) 换名使各变元不同名。

(4) 扩大辖域使所有量词处在最前面。

所以有

$\forall x(\forall y \exists z P(x,y,z) \rightarrow \exists z \forall u(Q(x,z) \vee R(x,u,z)))$

$\Leftrightarrow \forall x(\forall y \exists z P(x,y,z) \rightarrow \exists w \forall u(Q(x,w) \vee R(x,u,w)))$ (采用约束变元的换名规则使变元不同名)

$\Leftrightarrow \forall x(\neg \forall y \exists z P(x,y,z) \vee \exists w \forall u(Q(x,w) \vee R(x,u,w)))$ (去掉→联结词)

$\Leftrightarrow \forall x(\exists y \forall z \neg P(x,y,z) \vee \exists w \forall u(Q(x,w) \vee R(x,u,w)))$ (将否定词移到量词后面)

$\Leftrightarrow \forall x \exists y \forall z \exists w \forall u(\neg P(x,y,z) \vee (Q(x,w) \vee R(x,u,w))$ (扩大辖域使所有量词处在最前面)

例 2.5 设论域为计算机系全体学生,用给定的命题及谓词将以下命题符号化,并推证结论的有效性。

"计算机系的每个研究生或者是推荐免试者,或者是统考选拔者,所有推荐免试者的本科课程都学得好,但并非所有研究生本科课程学得好。所以,一定有些研究生是统考选拔者。"

解:这是谓词逻辑下的推理题,首先要将其符号化,然后要确定好前提和结论。在推理中要注意正确使用量词的消去和引入规则。

设 $P(x)$: x 是研究生;$Q(x)$: x 本科课程学得好;$A(x)$: x 是推荐免试者;$B(x)$: x 是统考选拔者。则命题可符号转换为

前提: $\forall x(P(x) \rightarrow (A(x) \vee B(x)))$, $\forall x(A(x) \rightarrow Q(x))$, $\neg \forall x(P(x) \rightarrow Q(x))$;

结论: $\exists x(P(x) \wedge B(x))$。

证明:(1) $\neg \forall x(P(x) \rightarrow Q(x))$ (前提引入)

(2) $\neg \forall x(\neg P(x) \vee Q(x))$ (由(1))

(3) $\exists x(P(x) \wedge \neg Q(x))$ (由(2))

(4) $P(a) \wedge \neg Q(a)$ (由(3)存在量词消去)

(5) $P(a)$ (由(4))

(6) $\neg Q(a)$ (由(4))

(7) $\forall x(P(x) \rightarrow (A(x) \vee B(x)))$ (前提引入)

(8) $P(a) \rightarrow (A(a) \vee B(a))$ (由(7)全称量词消去)

(9) $A(a) \vee B(a)$ (由(8)和(5))

(10) $\forall x(A(x) \rightarrow Q(x))$ (前提引入)

(11) $A(a) \rightarrow Q(a)$ (由(10))

(12) $\neg A(a)$ (由(6)和(11))

(13) $B(a)$ (由(9)和(12))

(14) $P(a) \wedge B(a)$ (由(5)和(13))

(15) $\exists x(P(x) \wedge B(x))$ (由(14)存在量词引入)

2.3 应用案例

2.3.1 电路领域的知识工程

问题描述：有很多与数字电路相关的推理任务，最高层次是分析电路的功能。例如，图 2-1 的电路是否能正确地完成加法？如果所有的输入都是高位，那么门 A_2 的输出是什么？所有的门都和第一个输入端相连，得到的是什么？电路是否包含反馈回路？更详细的分析层次包括定时延迟、电路面积、功耗、生产开销等内容。每一层次都需要补充额外的知识。

请开发本体和知识库，以便对图 2-1 所示的数字电路进行推理。

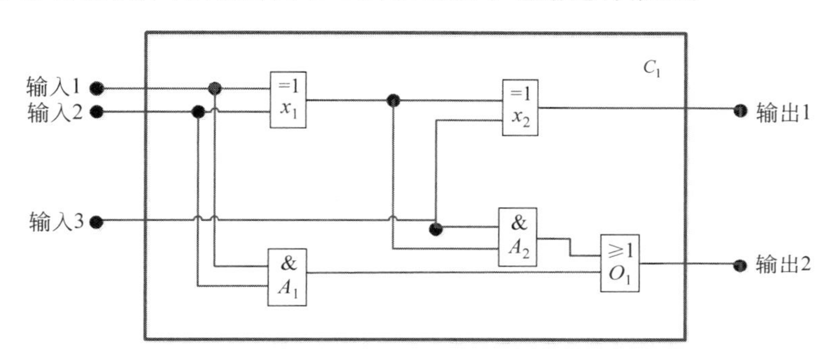

图 2-1　数字电路 C1，实现一位全加器

图 2-1 中，最初的两个输入（即输入 1 和输入 2）是加法的两个操作数，第三个输入（即输入 3）是进位。第一个输出（即输出 1）是和，第二个输出（即输出 2）是下一个加法的进位。电路包括两个异或门，两个与门和一个或门。

解答：知识工程师必须刻画出知识库支持哪些问题查询，以及对于每个特定的问题可以采用哪些事实。具体包括以下 5 个步骤。

(1) 搜集相关知识。这一步的思路是由任务确定知识库范围，并了解该领域的工作模式。

数字电路由导线和门构成。信号从导线流到门的输入端，门输出后流经另一段导线，如此再流入另一门的输入端……最后在输出端生成一个信号。为了判断这些信号，需要知道门电路如何变换它的输入信号。与门、或门和异或门有两个输入端，非门则只有一个输入端；所有的逻辑门都有一个输出端。电路都有输入和输出端。

对电路功能和连通性进行推理，不必讨论导线本身、布设导线的路径或者两条导线相遇的交叉点。需要考虑的是端之间的连接——输出端和另一个输入端直接连接，但并不关注两者间实际是如何连接的。这个领域中的很多其他因素和分析无关，如大小、形状、颜色或不同部件的成本。

如果目的不是对门级的设计进行校验，那么本体就会不同。例如，如果是调试有问题的电路，那么本体中最好把导线包含进来，因为有问题的导线会破坏流经它的信号。如果感兴趣的是解决定时错误，那么就需要把门延迟加进本体。如果对设计出一种有利可图的产品感兴趣，那么电路的成本以及它相对于市场上其他产品的速度都要重点考虑。

(2) 确定词汇表,包括谓词、函数和常量,即把重要的领域概念转换为逻辑名称。这涉及知识工程风格的很多问题。与程序设计风格一样,知识工程的风格对项目最终的成败有重大影响。本体论是关于存在或实体的本质的理论。本体论决定哪种事物是存在的,但并不确定它们的特定属性和相互关系。

下面讨论电路的门、端和信号。选择函数、谓词和常量来表示它们。

首先,需要把某个门和其他门、对象区分开。每个门表示成有名字的常量对象,如用 Gate(X_1) 表示。门的行为跟它的类型如与门、或门、异或门和非门常量有关。由于每个门都只能有一种类型,可以使用函数来表示:Type(X_1) = XOR。而电路用谓词来表示:Circuit(C_1)。

然后考虑端,使用谓词 Terminal(x)。门或电路可以有一个或多个输入端以及一个或多个输出端。用函数 In(1,X_1) 表示门 X_1 的第一个输入端。类似地用函数 Out 表示输出端。函数 Arity(c,i,j)表示电路 c 有 i 个输入端、j 个输出端。门之间的连接用谓词 Connected 表示,它以两个端作为参数,如 Connected(Out(1,X_1),In(1,X_2))。

最后,需要知道信号是接通的,还是断开的。一种可能是用一元谓词 On(t),当某个端的信号接通时为真。然而,这样做不好回答诸如"电路 C_1 输出端的所有可能的信号值是什么"的问题。因此把两个"信号值"1 和 0 作为对象引入,用函数 Signal(t)表示端 t 的信号值。

(3) 对领域通用知识编码。知识工程师对所有词汇项写出公理。明确给出项的含义,使得专家可以对内容进行检查。此步骤通常可以检查词汇表中的误解或缺陷,这需要返回并迭代执行整个过程来进行修正。

对电路领域的通用知识进行编码。拥有好的本体的标志是:只需说明少量的通用规则,就能得到清晰简洁的知识表示。需要的所有公理如下。

① 如果两个端是连通的,那么它们信号相同。

$\forall t_1 \forall t_2(\text{Terminal}(t_1) \land \text{Terminal}(t_2) \land \text{Connected}(t_1,t_2) \rightarrow \text{Signal}(t_1)=\text{Signal}(t_2))$

② 每个端的信号不是 1 就是 0。

$\forall t(\text{Terminal}(t) \rightarrow \text{Signal}(t)=1 \lor \text{Signal}(t)=0)$

③ Connected 是对称的。

$\forall t_1 \forall t_2(\text{Connected}(t_1,t_2) \longleftrightarrow \text{Connected}(t_2,t_1))$

④ 存在有 4 种类型的门。

$\forall g((\text{Gate}(g) \land k=\text{Type}(g)) \rightarrow (k=\text{AND} \lor k=\text{OR} \lor k=\text{XOR} \lor k=\text{NOT}))$

⑤ 与门的输出为 0,当且仅当它的某一输入为 0。

$\forall g((\text{Gate}(g) \land \text{Type}(g)=\text{AND}) \rightarrow (\text{Signal}(\text{Out}(1,g))=0 \longleftrightarrow \exists n\, \text{Signal}(\text{In}(n,g))=0))$

⑥ 或门的输出为 1,当且仅当它的某一输入为 1。

$\forall g((\text{Gate}(g) \land \text{Type}(g)=\text{OR}) \rightarrow (\text{Signal}(\text{Out}(1,g))=1 \longleftrightarrow \exists n\, \text{Signal}(\text{In}(n,g))=1))$

⑦ 异或门的输出为 1,当且仅当它的输入不相等。

$\forall g((\text{Gate}(g) \land \text{Type}(g)=\text{XOR}) \rightarrow (\text{Signal}(\text{Out}(1,g))=1 \longleftrightarrow \text{Signal}(\text{In}(1,g)) \neq \text{Signal}(\text{In}(2,g))))$

⑧ 非门的输出与它的输入相反。

$\forall g((\text{Gate}(g) \land \text{Type}(g)=\text{NOT}) \rightarrow \text{Signal}(\text{Out}(1,g)) \neq \text{Signal}(\text{In}(1,g)))$

⑨ 门(除了非门)有两个输入和一个输出。

$\forall g((\text{Gate}(g) \wedge \text{Type}(g)=\text{NOT}) \rightarrow \text{Arity}(g,1,1))$

$\forall g((\text{Gate}(g) \wedge \text{k}=\text{Type}(g) \wedge (k=\text{AND} \vee k=\text{OR} \vee k=\text{XOR})) \rightarrow \text{Arity}(g,2,1))$

⑩ 门电路有多个端,输入端和输出端都不能超出它的维数。

$\forall c,i,j((\text{Circuit}(c) \wedge \text{Arity}(c,i,j)) \rightarrow \forall n(n \leqslant i \rightarrow \text{Terminal}(\text{In}(c,n))) \wedge (n>i \rightarrow \text{In}(c,n)=\text{Nothing} \wedge \forall n\ (n \leqslant j \rightarrow \text{Terminal}(\text{Out}(c,n))) \wedge (n>j \rightarrow \text{Out}(c,n)=\text{Nothing}))$

⑪ 门、端、信号、门的类型和空是互不相同的。

$\forall g,t((\text{Gate}(g) \wedge \text{Terminal}(t)) \rightarrow g \neq t \neq 1 \neq 0 \neq \text{OR} \neq \text{AND} \neq \text{XOR} \neq \text{NOT} \neq \text{Nothing})$

⑫ 门是电路。

$\forall g\ (\text{Gate}(g) \rightarrow \text{Circuit}(g))$

(4) 对特定问题实例描述编码。如果本体设计良好,那么本步骤容易实现。本步骤涉及写出已经是本体的一部分的概念实例的简单原子语句。逻辑 agent 的问题实例由传感器提供,而在“不具形体的”知识库中,问题实例是由附加语句按照传统程序中输入数据的同样方式得到的。

对图 2-1 的电路 C_1 进行编码。首先,对电路和组成它的门加以分类。

$$\text{Circuit}(C_1) \wedge \text{Arity}(C_1,3,2)$$
$$\text{Gate}(X_1) \wedge \text{Type}(X_1)=\text{XOR}$$
$$\text{Gate}(X_2) \wedge \text{Type}(X_2)=\text{XOR}$$
$$\text{Gate}(A_1) \wedge \text{Type}(A_1)=\text{AND}$$
$$\text{Gate}(A_2) \wedge \text{Type}(A_2)=\text{AND}$$
$$\text{Gate}(O_1) \wedge \text{Type}\ (O_1)=\text{OR}$$

接着说明它们之间的连接。

$\text{Connected}(\text{Out}(1,X_1),\text{In}(1,X_2))$　　$\text{Connected}(\text{In}(1,C_1),\text{In}(1,X_1))$

$\text{Connected}(\text{Out}(1,X_1),\text{In}(2,A_2))$　　$\text{Connected}(\text{In}(1,C_1),\text{In}(1,A_1))$

$\text{Connected}(\text{Out}(1,A_2),\text{In}(1,O_1))$　　$\text{Connected}(\text{In}(2,C_1),\text{In}(2,X_1))$

$\text{Connected}(\text{Out}(1,A_1),\text{In}(2,O_1))$　　$\text{Connected}(\text{In}(2,C_1),\text{In}(2,A_1))$

$\text{Connected}(\text{Out}(1,X_2),\text{Out}(1,C_1))$　　$\text{Connected}(\text{In}(3,C_1),\text{In}(2,X_2))$

$\text{Connected}(\text{Out}(1,O_1),\text{Out}(2,C_1))$　　$\text{Connected}(\text{In}(3,\text{Cl}),\text{In}(1,A_2))$

(5) 把查询提交给推理过程并获取答案。这是回报:通过推理过程对公理和与问题相关的事实进行操作,从而得出感兴趣的结论。

哪种输入组合可以使得 C_1 的第一个输出(和位)为 0,而 C_1 的第二个输出(进位)为 1?

$\exists i_1 \exists i_2 \exists i_3[\text{Signal}(\text{In}(1,C_1))=i_1 \wedge \text{Signal}(\text{In}(2,C_1))=i_2 \wedge \text{Signal}(\text{In}(3,C_1))=i_3 \wedge \text{Signal}(\text{Out}(1,C_1))=0 \wedge \text{Signal}(\text{Out}(2,C_1))=1]$

回答则是变量 i_1、i_2 和 i_3 的置换,其结果语句被知识库蕴涵。这样的置换有三个:$\{i_1/1, i_2/1, i_3/0\}$,$\{i_1/1, i_2/0, i_3/1\}$,$\{i_1/0, i_2/1, i_3/1\}$。

加法器电路所有端的可能值的集合是什么?

$\exists i_1 \exists i_2 \exists i_3 \exists o_1 \exists o_2[\text{Signal}(\text{In}(1,C_1))=i_1 \wedge \text{Signal}(\text{In}(2,C_1))=i_2 \wedge \text{Signal}(\text{In}(3,C_1))=i_3 \wedge \text{Signal}(\text{Out}(1,C_1))=o_1 \wedge \text{Signal}(\text{Out}(2,C_1))=o_2]$

最后的这个查询将返回一个完整的输入输出对应表,可用于检验该加法器是否正确地对其输入进行了加法运算。上面是电路验证的一个简单实例。可以根据电路的定义建立更大的数字系统,并采用相同的验证过程。很多领域都接受同样的结构化知识库的开发过程,从简单概念出发定义更复杂的概念。

2.3.2 一个基于逻辑的财务顾问

问题描述:利用谓词演算设计一个简单的财务顾问。其功能是帮助用户决策是应该向存款账户中投资,还是向股票市场中投资。一些投资者可能想要把他们的钱在这两者之间分摊。推荐给每个投资个体的投资策略,依赖于他们的收入和他们已有存款的数量,需根据以下标准制订。

(1) 存款数额还不充足的个体始终应该把提高存款数额作为首选目标,无论他们收入如何。

(2) 具有充足存款和充足收入的个体,应该考虑风险较高但潜在投资收益也更高的股票市场。

(3) 收入较低的已经有充足存款的个体,可以考虑把剩余收入在存款和股票间分摊,以便既能提高存款数额,又能尝试通过股票提高收入。

存款和收入的充足性可以由个体要供养的人数决定。设定的标准是为供养的每个人至少在银行存款5000元。充足的收入必须是稳定的,每年至少补充15000元,再加额外的给每个要供养的人4000元。

请为一个要供养三个人、有22000元存款、25000元稳定收入的投资者推荐投资策略。

解答:为了使这个咨询过程自动化,需要把这些准则翻译成谓词演算语句。首先考虑存款和收入的充足性。用 savings_account_adequate(X)、savings_account_ inadequate(X)、income_adequate(X)和 income_inadequate(X)分别表示 X 的存款充足、X 的存款不充足、X 的收入充足和 X 的收入不充足。

结论用二元谓词 investment 表示其参数的可能值是 stocks(股票)、savings(存款)或 combination(组合)(意味应该分摊投资)。

三条规则分别表示为

savings_account_inadequate(X)→investment(X, savings)。

savings_account_adequate(X) ∧ income_adequate(X)→investment(X, stocks)。

savings_account_adequate(X) ∧ income_inadequate(X)→investment(X, combination)。

接下来,这个顾问必须判断存款和收入何时充足以及何时不充足。为了计算充足存款的最小值,定义了函数 minsavings。minsavings 有一个参数,即要供养的人数,并且返回该参数的5000倍。

利用函数 minsavings,存款的充足性可以由以下规则来判断。

∀X[amount_saved(X, S) ∧ dependents(X, Y) ∧ greater(S, minsavings(Y))→savings_account_adequate(X)]。

∀X[amount_ saved(X, S) ∧ dependents(X, Y) ∧ ¬greater(S, minsavings(Y))→savings_account_inadequate(X)]。

其中,minsavings(Y)=5000 * Y。

在这些定义中,amount_saved(X,S)和 dependents(X,Y)断言投资者 X 的当前存款额度 S 和要供养的人数 Y;greater(X,Y)是标准的算术公式,判断 X 是否大于 Y。

函数 minincome(最低收入)定义为

minincome(X)=15000+(4000 * X)

当给定要供养的人数后,使用函数 minincome 计算充足收入的最小值。投资者的当前收入被表示为一个谓词 earnings。因为充足的收入必须既是稳定的又要超过最小值,所以 earnings 带三个参数,第一个参数是投资者 X,第二个参数是所得数额,第三个参数必须等于 steady(稳定)或 unsteady(不稳定)中的一个。这个顾问需要的其他规则为

∀X[earnings(X,S,steady) ∧ dependents(X,Y) ∧ greater(S,minincome(Y))→income_adequate(X)]。

∀X[earnings(X,S,steady) ∧ dependents(X,Y) ∧ ¬greater(S,minincome(Y))→income_inadequate(X)]。

∀X[earnings(X,S,unsteady)→income_ inadequate(X)]。

为了进行一次咨询,要使用谓词 amount_saved、earnings 和 dependents 把一个特定投资个体的描述加入到谓词演算的语句集合中。于是,一个要供养三个人、有 22000 元存款、25000 元稳定收入的投资者(称为 wang)被描述为

amount_saved(wang,22000)。

earnings(wang,25000,steady)。

dependents(wang,3)。

这样就得到了由以下语句组成的一个公式集合。

(1) savings_account_ inadequate(X)→investment(X,savings)。

(2) savings_account_adequate (X) ∧ income_adequate(X)→investment(X,stocks)。

(3) savings_account_adequate(X) ∧ income_inadequate(X)→investment(X,combination)。

(4) ∀X[amount_saved(X,S) ∧ dependents(X,Y) ∧ greater(S,minsavings(Y))→savings_account_adequate(X)]。

(5) ∀X[amount_saved(X,S) ∧ dependents(X,Y) ∧ ¬greater(S,minsavings(Y))→savings_account_inadequate(X)]。

(6) ∀X[earnings(X,S,steady) ∧ dependents(X,Y) ∧ greater(S,minincome(Y))→income_adequate(X)]。

(7) ∀X[earnings(X,S,steady) ∧ dependents(X,Y) ∧ ¬greater(S,minincome(Y))→income_inadequate(X)]。

(8) ∀X[earnings(X,S,unsteady)→income_ inadequate(X)]。

(9) amount_saved(wang,22000)。

(10) earnings(wang,25000,steady)。

(11) dependents(wang,3)。

其中,minsavings(X)=5000 * X,minincome(X)=15000+(4000 * X)。

上述公式描述了问题域。利用合一和取式假言推理,适合这个投资个体(wang)的投资策略可以从这些描述中推导出来。

使用替换{wang/X,25000/S,3/Y},公式(10) 和公式(11)的合取与公式(7)的前提的

前两个部分合一,得到

earnings(wang,25000,steady) ∧ dependents(wang,3) ∧ ¬greater(25000,minincome(3))→income_inadequate(wang)

计值函数 minincome 得到表达式:

earnings(wang,25000,steady) ∧ dependents(wang,3) ∧ ¬greater(25000,27000)→income_inadequate(wang)

根据公式(10)、公式(11)和 greater 的定义,前提的三个部分均为真,所以整个前提也为真。从而得到结论 income_inadequate(wang)。这作为公式(12)加入系统。

(12) income_inadequate(wang)。

类似地,把 amount_saved(wang,22000) ∧ dependents(wang,3)与公式(4)前提的前两项使用替换{22000/S,3/Y}合一,得到

amount_saved(wang,22000) ∧ dependents(wang,3) ∧ greater(22000,minsavings(3))→savings_account_adequate(wang)

这里,计值函数 minsavings(3)得到表达式:

amount_saved(wang,22000) ∧ dependents(wang,3) ∧ greater(22000,15000)→savings_account_adequate(wang)

因为该蕴涵式前提的三个部分均为真,所以整个前提为真,得到 savings_account_adequate(wang),并把它作为公式(13)加入系统。

(13) savings_account_adequate(wang)。

从公式(12)和公式(13)可以看出公式(3)的前提为真。于是,得到结论 investment(wang,combination),即给投资个体 wang 的投资建议是组合投资。

2.4 习题解答

2.1 判断题。判断下列各小题是否成立。

(1) $(\exists x)(A(x)\to P)$等价于$(\forall x)A(x)\to P$。

(2) $(\forall x)(A(x)\to P)$等价于$(\exists x)A(x)\to P$。

(3) $(\exists x)(A\to B(x))$等价于$(\forall x)B(x)\to A$。

(4) $(\forall x)(A\to B(x))$等价于 $A\to(\forall x)B(x)$。

(5) $(\forall x)A(x)\lor(\forall x)B(x)$等价于$(\forall x)(A(x)\lor B(x))$。

解:(1) 成立。 (2) 成立。 (3) 不成立。 (4) 成立。 (5) 不成立。

2.2 试将下列各句用谓词逻辑公式表示。

(1) 人不犯我,我不犯人;人若犯我,我必犯人。

(2) 人人为我,我为人人。

(3) 鱼我所欲也,熊掌亦我所欲也。

(4) 如果这个人乘飞机,那个人乘火车,则这个人比那个人先到。

(5) 所有人都要呼吸。

(6) 每个人都是要死的。

(7) 每天天晴或下雨,但天一下雨,则刮风;有些天不刮风;则有些天天晴。

(8) 兔子比乌龟跑得快。

(9) 有的兔子比所有的乌龟跑得快。

(10) 并不是所有的兔子都比乌龟跑得快。

(11) 不存在跑得同样快的两只兔子。

(12) 对于两个点有且仅有一条直线通过该两点。

(13) 若集合 A 上的二元关系 R 是反自反的和传递的,则 R 是反对称的。

解:(1) $Q(x,y)$:x 犯 y;a:我;$P(x)$:x 是人。

$\forall x((P(x)\wedge\neg Q(x,a))\rightarrow\neg Q(a,x))\wedge\forall x((P(x)\wedge Q(x,a))\rightarrow Q(a,x))$。

(2) $S(x,y)$:x 为 y;$P(x)$:x 是人;a 表示我。

$\forall x(P(x)\rightarrow(S(x,a)\wedge S(a,x)))$。

(3) $P(x,y)$:x 要 y;a:我;f:鱼;b:熊掌。

$P(a,f)\wedge P(a,b)$。

(4) $P(x,y)$:x 乘 y;$Q(x,y)$:x 比 y 先到;a:这个人;b:那个人;m:飞机;n:火车。

$(P(a,m)\wedge P(b,n))\rightarrow Q(a,b)$。

(5) $P(x)$:x 是人;$Q(x)$:x 要呼吸。

$\forall x(P(x)\rightarrow Q(x))$。

(6) $P(x)$:x 是人;$Q(x)$:x 要死的。

$\forall x(P(x)\rightarrow Q(x))$。

(7) $P(x)$:x 天晴,$Q(x)$:x 下雨,$R(x)$:x 刮风。

$(\forall x((P(x)\vee Q(x))\wedge(Q(x)\rightarrow R(x)))\wedge\exists x\neg R(x))\rightarrow\exists xP(x)$。

(8) $P(x,y)$:x 比 y 跑得快;a:兔子;b:乌龟。

$P(a,b)$。

(9) $P(x,y)$:x 比 y 跑得快;$Q(x)$:x 是兔子;$R(x)$:x 是乌龟。

$\exists x\forall y((Q(x)\wedge R(y))\rightarrow P(x,y))$。

(10) $P(x,y)$:x 比 y 跑得快;$Q(x)$:x 是兔子;$R(x)$:x 是乌龟。

$\neg\forall x\forall y((Q(x)\wedge R(y))\rightarrow P(x,y))$。

(11) $P(x,y)$:x 和 y 跑得同样快;$Q(x)$:x 是兔子。

$\neg\exists x\exists y((Q(x)\wedge Q(y)\wedge x\neq y\wedge P(x,y))$。

(12) $P(x)$:x 是点;$L(y)$:y 是直线;$R(x,y)$:x 通过 y。

$\forall x\forall y((P(x)\wedge P(y))\rightarrow\exists z(L(z)\wedge R(z,x)\wedge R(z,y)\wedge\forall w(L(w)\wedge R(w,x)\wedge R(w,y)\rightarrow w=z)))$。

(13) 解一:$P(x)$:x 是反自反的;$Q(x)$:x 是传递的;$R(x)$:x 是反对称的;$S(x)$:x 是集合 A 上的二元关系。

$\forall x((S(x)\wedge P(x)\wedge Q(x))\rightarrow R(x))$。

解二:$\forall x(\neg<x,x>\in\mathbf{R})\wedge\forall x\forall y\forall z(<x,y>\in\mathbf{R}\wedge<y,z>\in\mathbf{R}\rightarrow<x,z>\in\mathbf{R})\rightarrow\forall x\forall y(<x,y>\in\mathbf{R}\wedge<y,x>\in\mathbf{R}\rightarrow x=y)$。

2.3 符号 $\exists!x$ 和 $\exists!!x$ 分别表示“只含有一个 x”和“至多有一个 x”,试用 $\forall$、$\exists$、逻辑联结词和适当的谓词与括号定义这两个符号。

解：(1) $\exists x(p(x)\land\forall y(p(y)\to y=x))$。

(2) $\exists x\forall y(p(y)\to(y=x))$，也可表示为 $\exists!\,x\,p(x)\lor\neg\exists x p(x)$。

2.4 将下列命题符号化：令 $S(x,y,z)$ 表示"$x+y=z$"，$G(x,y)$ 表示"$x=y$"，$P(x,y,z)$ 表示"$x*y=z$"，$L(x,y)$ 表示"$x<y$"，个体域为自然数集。

(1) 有 x，$x<0$ 且 $x>0$，当且仅当 x 大于或等于 y。

(2) 对所有 x，$x*y=y$，对所有 y 成立。

(3) 如果 $x*y\neq0$，则 $x\neq0$ 且 $y\neq0$。

(4) 有一个 x，使得对所有 y，$x*y=y$ 成立。

(5) 并非对一切 x 都有 $x\leqslant y$。

(6) 对任意 x，$x+y=x$ 当且仅当 $y=0$。

解：(1) $\exists x((L(x,0)\land L(0,x))\leftrightarrow(L(y,x)\lor x=y))$。

(2) $\forall x\forall y\,P(x,y,y)$。

(3) $\neg P(x,y,0)\to(\neg G(x,0)\land\neg G(y,0))$。

(4) $\exists x\forall yP(x,y,y)$。

(5) $\neg\forall x(L(x,y)\lor x=y)$。

(6) $\forall x(S(x,y,x)\leftrightarrow G(y,0))$。

2.5 假定论域 **I** 为自然数集$\{1,2,3,\cdots\}$，a 为 2；P 为命题"$2>1$"；$A(x)$ 命题为"$x>1$"；$B(x)$ 为"x 是某个自然数的平方"。请在这个解释的基础上，求公式 $\forall x(A(x)\to(A(a)\to B(x)))\to((P\to\forall xA(x))\to B(a))$ 的真值。

解：原式等价于 $\forall x(x>1\to(2>1\to\exists y(x=y^2)))\to((2>1\to\forall x(x>1))\to\exists y(2=y^2))$。即 $\forall x(x>1\to\exists y(x=y^2))\to(F\to\exists y(2=y^2))$。即 $\mathrm{F}\to\mathrm{T}$。真值为 T。

2.6 论域为自然数集，用一阶语言及 $x=y$、$x<y$、$x\leqslant y$ 等来翻译下列语句。

(1) x 是两数平方之和。

(2) x 不是素数。

(3) x 是 y 和 z 的最大公约数。

(4) 任一数 x，被 2 除时，余数为 0 或 1。

(5) 数 x 和 y 有相同的因子。

(6) 任意三个数有最小公倍数。

(7) 不存在最大自然数。

解：(1) $\exists y_1\exists y_2(x=y_1*y_1+y_2*y_2)$。

(2) $\exists y\exists z(x=y*z\land y\neq1\land z\neq1)$。

(3) $\exists x_1\exists x_2(x*x_1=y\land x*x_2=z)\land\forall u[\exists u_1\exists u_2(u*u_1=y\land u*u_2=z)\to u\leqslant x]$。

(4) $\forall y\forall z((x=2*y+z\land z<2)\to(z=0\lor z=1))$，或者 $\exists y((x=2*y+1\lor x=2*y))$。

(5) $\exists u\exists x_1\exists y_1(u\neq1\land x=u*x_1\land y=u*y_1)$。

(6) $\forall z\forall y\forall u\exists x\{\exists z_1\exists y_1\exists u_1(z*z_1=x\land y*y_1=x\land u*u_1=x)\land\forall t[\exists z_2\exists y_2\exists u_2(z*z_2=t\land y*y_2=t\land u*u_2=t)\to x\leqslant t]\}$。

(7) $\forall x\exists y(x<y)$。

2.7 论域为实数集，用 $x=y$、$x<y$、$x\leqslant y$、$x+y$、x^y、$x*y$、$|x|$ 等一阶语言，将下列语句符号化。

(1) 不存在某数的平方小于0。

(2) 函数 $f(x)$恰有一根。

(3) 任意两个实数之间必存在另一个实数。

(4) 不存在最大实数。

(5) x 不是某数之平方。

(6) $f(x)$是递减函数。

(7) 任意一个实数都有比它大的整数。

(8) 对除0以外的实数，有且仅有一个倒数。

(9) 非零实数都是另外两个不同实数之积。

(10) 方程 $x^3-2=0$ 有且只有一个实根。

解：(1) $\neg\exists x(x^2<0)$。

(2) $\exists x(f(x)=0\wedge\forall y(f(y)=0\rightarrow x=y))$。

(3) $\forall x\forall y(x!=y\rightarrow\exists z(x<z<y\vee y<z<x))$。

(4) $\neg\exists x\forall y(y\leqslant x)$。

(5) $\neg\exists y(y^2=x)$。

(6) $\forall x\forall y(x<y\rightarrow f(x)>f(y))$。

(7) $\forall x(R(x)\rightarrow\exists y(I(y)\wedge x<y))$。

(8) $\forall x(x\neq0\wedge R(x)\rightarrow\exists y(R(y)\wedge xy=1\wedge\forall z(xz=1\rightarrow z=y)))$。

(9) $\forall x((R(x)\wedge x\neq0)\rightarrow\exists y\exists z(R(y)\wedge R(z)\wedge y\neq z\wedge x=yz))$。

(10) $\exists x((R(x)\wedge(x^3-2=0))\wedge\forall y((R(y)\wedge(y^3-2=0))\rightarrow x=y))$。

2.8 符号化下列各句。

(1) 序列$\{a_n\}$递增。

(2) 序列$\{a_n\}$仅取正值。

(3) 序列$\{a_n\}$收敛。

(4) 序列$\{a_n\}$有界。

(5) 序列$\{a_n\}$最终为一常数。

(6) 如果序列$\{a_n\}$最终为一常数，则它收敛。

(7) 如果序列$\{a_n\}$有界，则它有一收敛子序列。

(8) 函数在 x_0处连续。

(9) 如果函数 $f(x)$在闭区域 $[a,b]$上连续，则 $f(x)$在其上有界。

(10) 函数 $f(x)$在闭区域 $[a,b]$上一致连续。

(11) a 是 S 的上确界。

(12) a 是 S 的下确界。

(13) 如果函数 $f(x)$在闭区域 $[a,b]$上连续，则它在此区间能达到上确界和下确界。

(14) 如果 $f(x)$和 $g(x)$连续，则 $f(x)\cdot g(x)$也连续。

(15) 如果 $f(x)$和 $g(x)$一致连续，则 $f(x)+g(x)$也一致连续。

解：(1) $\forall n\forall m(n\in\mathbf{N}\wedge m\in\mathbf{N}\wedge n<m\rightarrow a_n<a_m)$。

(2) $\forall n(n\in\mathbf{N}\to 0<a_n)$。

(3) $\forall\varepsilon(\varepsilon>0\to\exists n(n\in\mathbf{N}\wedge\forall m_1\forall m_2(m_1\in\mathbf{N}\wedge m_2\in\mathbf{N}\wedge m_1>n\wedge m_2>n\to |a_{m1}-a_{m2}|<\varepsilon)))$。

(4) $\exists x\forall n(n\in\mathbf{N}\to|a_n|<x)$。

(5) $\exists n\in\mathbf{N}\forall m_1\in\mathbf{N}\forall m_2\in\mathbf{N}(n<m_1\wedge n<m_2\to a_{m1}=a_{m2})$。

(6) 设$\Phi_1(\{a_n\})$和$\Phi_2(\{a_n\})$分别为(5)和(3)的公式,则结果为$\Phi_1(\{a_n\})\to\Phi_2(\{a_n\})$。

(7) 设$\Phi_2(\{a_n\})$和$\Phi_3(\{a_n\})$分别为(3)和(4)的公式,$\Phi_3(\{a_i\})\to\forall i\in\mathbf{N}\exists k_i\in\mathbf{N}(i\leqslant k_i)\wedge\Phi_2(\{a_{ki}\})$。

(8) $\forall\varepsilon>0\exists\delta>0\forall x(|x-x_0|<\delta\to|f(x)-f(x_0)|<\varepsilon)$。

(9) $\forall x_0\in[a,b]\forall\varepsilon>0\exists\delta>0\forall x\in[a,b](|x-x_0|<\delta\to|f(x)-f(x_0)|<\varepsilon)\to\exists y\forall x\in[a,b]|f(x)|<y$。

(10) $\forall\varepsilon>0\exists\delta>0\forall x_1\in[a,b]\forall x_2\in[a,b](|x_1-x_2|<\delta\to|f(x_1)-f(x_2)|<\varepsilon)$。

(11) $\forall x\in S[x\leqslant a\wedge\forall y\in S\forall b(y\leqslant b\to a\leqslant b)]$。

(12) $\forall x\in S[a\leqslant x\wedge\forall y\in S\forall b(b\leqslant y\to b\leqslant a)]$。

(13) 如果$\Phi(x_0)$、$\Psi_1(a,S)$、$\Psi_2(a,S)$分别是(8)、(11)、(12)题中的公式,则所求公式为$\forall x\in[a,b](\Phi(x)\to\exists y\in[a,b]\Psi_1(f(y),[a,b])\wedge\exists z\in[a,b]\Psi_2(f(z),[a,b]))$。

(14) $[\forall x\ \forall\varepsilon>0\ \exists\delta>0\ \forall x'\ |x-x'|<\delta\to(|f(x)-f(x')|<\varepsilon\wedge|g(x)-g(x')|<\varepsilon)]\to[\forall x\ \forall\varepsilon>0\ \exists\delta>0\ \forall x'\ |x-x'|<\delta\to|f(x)g(x)-f(x')g(x')|<\varepsilon]$。

(15) $[\forall\varepsilon>0\ \exists\delta>0\ \forall x_1\ \forall x_2\ |x_1-x_2|<\delta\to(|f(x_1)-f(x_2)|<\varepsilon\wedge|g(x_1)-g(x_2)|<\varepsilon]\to[\forall\varepsilon>0\exists\delta>0\forall x_1\forall x_2|x_1-x_2|<\delta\to|(f(x_1)+g(x_1)-f(x_2)-g(x_2)|<\varepsilon]$。

2.9 指出下列各公式中的指导变元、各量词的辖域、自由出现以及约束出现的个体变项。

(1) $\forall x(F(x,y)\to G(x,z))$。

(2) $\forall x(F(x)\to G(y))\to\exists y(H(x)\wedge L(x,y,z))$。

解:(1) x是指导变元。量词$\forall$的辖域为$(F(x,y)\to G(x,z))$,其中,x是约束出现的并约束出现两次,y和z均为自由出现,且各出现一次。

(2) 公式中含有两个量词,前件中的量词$\forall$的指导变元为x,$\forall$的辖域$(F(x)\to G(y))$,其中x是约束出现,y是自由出现。后件中的量词$\exists$的指导变元为y,$\exists$的辖域为$(H(x)\wedge L(x,y,z))$,其中y是约束出现,x和z均为自由出现。在整个公式中,x约束出现一次,自由出现两次,y自由出现一次,约束出现一次,z只自由出现一次。

2.10 判断下列各式是否是重言式,并说明理由。

(1) $\forall x(P(x)\vee Q(x))\to(\forall xP(x)\vee\forall xQ(x))$。

(2) $\forall y\exists xP(x,y)\to\exists x\forall yP(x,y)$。

(3) $\exists xP(x)\wedge\exists xQ(x)\to\exists x(P(x)\wedge Q(x))$。

(4) $\forall x(P(x)\leftrightarrow\forall xQ(x))\to\forall x(P(x)\leftrightarrow Q(x))$。

(5) $\forall x(P(x)\to\forall xQ(x))\to\forall x(P(x)\to Q(x))$。

(6) $\forall x(P(x)\to Q(x))\to\forall x(P(x)\to\forall x\,Q(x))$。

(7) $\exists x(P(x)\to Q(x))\to(\forall xP(x)\to\exists x\,Q(x))$。

(8) $\forall x\forall yP(x,y)\to\forall xP(x,x)$。

(9) $\exists x\exists yP(x,y)\to\exists xP(x,x)$。

(10) $\forall x(P(x)\to\forall xP(x))$。

(11) $\forall x(\exists x\,P(x)\to P(x))$。

解：(1) 不是，取 $P(x)$ 和 $Q(x)$ 分别为 $x<0$ 和 $x\geqslant 0$。

(2) 不是，取 $P(x,y)$ 为 $x<y$(在整数内讨论)。

(3) 不是，取 $P(x)$，$Q(x)$ 分别为 $x<0$，$x>0$。

(4) 不成立，$\forall x(P(x)\leftrightarrow\forall x\,Q(x))\to\forall x(P(x)\leftrightarrow Q(x))\Leftrightarrow(\forall x(P(x)\to\forall x\,Q(x))\wedge\forall x(\forall x\,Q(x)\to P(x)))\to(\forall x(P(x)\to Q(x))\wedge\forall x(Q(x)\to P(x)))\Leftrightarrow\forall x\forall y(P(x)\to Q(y))\wedge\forall x\exists y(Q(y)\to P(x)))\to(\forall x(P(x)\to Q(x))\wedge\forall x(Q(x)\to P(x)))$，等价于①$\forall x\forall y(P(x)\to Q(y))\wedge\forall x\exists y(Q(y)\to P(x)))\to\forall x(P(x)\to Q(x))$和②$\forall x\forall y(P(x)\to Q(y))\wedge\forall x\exists y(Q(y)\to P(x)))\to\forall x(Q(x)\to P(x))$。$\forall x\exists y(Q(y)\to P(x))$，Skolem 化简为$\forall x(Q(f(x)\to P(x))$。

(5) 是，前件等价于$\forall x\forall y(P(x)\to Q(y))$。

(6) 不是，取 $P(x)$和 $Q(x)$分别为 $6|x$ 和 $3|x$。

(7) 是。

(8) 是。

(9) 不是，取 $P(x,y)$为 $y<x$。

(10) 不是，取 $P(x)$为 $x<0$。

(11) 不是，取 $P(x)$为 $x<0$。

2.11 令 A 为合式公式$[\forall x\,P(x,x)\wedge\forall x\forall y\forall z(P(x,y)\wedge P(y,z)\to P(x,z))\wedge\forall x\forall y(P(x,y)\vee P(y,x))]\to\exists y\forall x\,P(y,x)$。

证明：(1) A 在所有有限论域中恒真。

(2) 找一论域为自然数集的解释 I，使 A 在 I 下为假。

证明：(1) 公式 A 的前件表示 P 是一弱全序，在任何有限集中，满足前件，则此集必有最大元、最小元，于是后件$\exists y\forall xP(y,x)$成立。

(2) 如果在自然数集中，$P(x,y)$解释为 $x\geqslant y$，公式 A 的前件成立，后件不再成立，即自然数集合不存在最大元。

2.12 给定命题："有的女孩比所有的男孩都聪明"。令 x 和 y 代表任意客体域中的变元，定义谓词 $G(x)$："x 是女孩子"，$B(x)$："x 是男孩子"，$C(x,y)$："x 比 y 聪明"，并规定$\neg C(x,y)\leftrightarrow C(y,x)$。

(1) 用上述谓词将给定命题翻译为谓词公式。

(2) 下列命题哪一个是给定命题的反命题？利用逻辑联词的等价关系证明你的结论(不需要给出公理化方法的严格说明)。

① 有的男孩子比所有女孩子都聪明。

② 对于任何男孩子，一定至少有一个不如他聪明的女孩子。

③ 对于任何女孩子，一定至少有一个比她聪明的男孩子。

解：(1) $\exists x(G(x)\land\forall y(B(y)\to C(x,y)))$。

(2) ① $\exists x(B(x)\land\forall y(G(y)\to C(x,y)))$。

② $\forall x(B(x)\to\exists y(G(y)\land C(x,y)))$。

③ $\forall x(G(x)\to\exists y(B(y)\land C(y,x)))$。

对(1)式求否定，得$\forall x(G(x)\to\exists y(B(y)\land\neg C(x,y)))$，即$\forall x(G(x)\to\exists y(B(y)\land C(y,x)))$，所以给定命题的反命题是③。

2.13 用谓词逻辑公式表示如下自然数公理。

(1) 每个数都存在一个且仅存在一个直接后继数。

(2) 每个数都不以0为直接后继数。

(3) 每个不同于0的数都存在一个且仅存在一个直接前启数。

提示：设$S(x)$表示x的直接后继数，谓词$E(x,y)$表示“x等于y”。

解：(1) $\forall x\exists y(E(y,S(x))\land\forall z(E(z,S(x))\to E(y,z)))$。

(2) $\neg\exists xE(0,S(x))$。

(3) $\forall x(\neg E(x,0)\to\exists y(E(x,S(y))\land\forall z(E(x,S(z))\to E(y,z))))$。

2.14 下列一阶谓词公式是否永真？证明之。

(1) $\exists x\forall y A(x,y)\leftrightarrow\forall y\exists x A(x,y)$。

(2) $(\exists x A(x)\to\exists x B(x))\to(\exists x(A(x)\to B(x))$。

证明：(1) 不是永真式。如$A(x,y)$：$x<y$，论域为整数集。$\forall y\exists x(x<y)$，但$\neg\exists x\forall y(x<y)$。

(2) 不是永真式。如论域为空，则不成立。$\exists x(A(x)\to B(x)\Leftrightarrow\exists x(\neg A(x)\lor B(x))\Leftrightarrow\exists x\neg A(x)\lor\exists x B(x)\Leftrightarrow\neg\forall x A(x)\lor\exists x B(x)\Leftrightarrow\forall x A(x)\to\exists x B(x)$。问题转化为证明$(\exists x A(x)\to\exists x B(x))\to(\forall x A(x)\to\exists x B(x))$。设$\exists x A(x)\to\exists x B(x)$，$\forall x A(x)$永成立，则只要论域非空，即有$\forall xA(x)\to\exists xA(x)$，所以$\exists x B(x)$。论域为空，则不成立。

2.15 证明：$\forall x(P(x)\lor Q(x))\to\forall x P(x)\lor\exists x Q(x)$。

证明：假设$\forall x(P(x)\lor Q(x))$，$\neg\forall x P(x)$，由$\neg\forall x P(x)$，则存在a，$\neg P(a)$，由$\forall x(P(x)\lor Q(x))$，$P(a)\lor Q(a)$，因此$Q(a)$，所以有$\exists x Q(x)$。

2.16 下列各式是否是永真式？说明理由。

(1) $\forall x(A(x)\land B(x))\leftrightarrow(\forall x A(x))\land\forall x B(x))$。

(2) $(A\to\exists xB(x))\leftrightarrow\exists x(A\to B(x))$。

(3) $\forall x(A(x)\to B(x))\leftrightarrow(\exists x A(x)\to\forall x B(x))$。

证明：(1) 是。因为$\forall xA(x)$相当于$A(x_1)\land A(x_2)\land\cdots A(x_i)$遍历论域。

(2) 是。$(A\to\exists xB(x))\Leftrightarrow\neg A\lor\exists xB(x)\Leftrightarrow\exists x(\neg A\lor B(x))\Leftrightarrow\exists x(A\to B(x))$。

(3) 不是。反例：论域为$\mathbf{N}$，$A(x)$：x是偶数，$B(x)$：x是偶数，则$\forall x(A(x)\to B(x))$成立，$(\exists x A(x)\to\forall x B(x))$不成立。

2.17 下列两个公式是否成立？若不成立，则请举例说明。

(1) $\forall x\exists yA(x,y)\Rightarrow\exists y\exists x A(x,y)$。

(2) $\exists x A(x)\land\exists x B(x)\Leftrightarrow\exists x(A(x)\land B(x))$。

解：(1) 不成立，如$A(x,y)$：$x<y$，论域为空。

(2) 不成立，如 $A(x)$：x 是奇数，$B(x)$：x 是偶数。

2.18 判断下面命题推理是否正确，若有错，请指出。

$$\begin{aligned}\forall x(A(x)\to B(x)) &\Leftrightarrow \forall x(\neg A(x)\vee B(x))\\ &\Leftrightarrow \forall x\,\neg(A(x)\wedge\neg B(x))\\ &\Leftrightarrow \neg\exists x(A(x)\wedge\neg B(x))\\ &\Leftrightarrow \neg(\exists x\,A(x)\wedge\exists x\,\neg B(x))\\ &\Leftrightarrow \neg(\exists x\,A(x)\vee\neg\exists x\,\neg B(x))\\ &\Leftrightarrow \neg\exists x\,A(x)\vee\forall x\,B(x))\\ &\Leftrightarrow \exists x\,A(x)\to\forall x\,B(x)\end{aligned}$$

解：$\neg(\exists x\,A(x)\wedge\exists x\neg B(x))\Rightarrow\neg\exists x(A(x)\wedge\neg B(x))$成立，反之不成立。

2.19 证明以下公式的有效性。

(1) $\forall x[P\to Q(x)]\leftrightarrow[P\to\forall x\,Q(x)]$(注：式中 P 不含 x)。

(2) $\forall x[P(x)\to Q]\leftrightarrow[\exists x\,P(x)\to Q]$(注：式中 Q 不含 x)。

证明：(1) $\forall x[P\to Q(x)]\Leftrightarrow\forall x(\neg P\vee Q(x))\Leftrightarrow\neg P\ \vee\forall x\,Q(x)\Leftrightarrow P\to\forall x\,Q(x)$。

(2) $\forall x[P(x)\to Q]\Leftrightarrow\forall x[\neg P(x)\vee Q]\Leftrightarrow\forall x\,\neg P(x)\vee Q\Leftrightarrow\neg\exists x\,P(x)\vee Q\Leftrightarrow\exists x\,P(x)\to Q$。

2.20 证明：$\forall x(P(x)\to(Q(y)\wedge R(x)))$，$\exists xP(x)\Rightarrow Q(y)\wedge\exists x(P(x)\wedge R(x))$。

证明：(1) $\exists xP(x)$ (前提引入)

(2) $P(a)$ (存在量词消去规则)

(3) $\forall x(P(x)\to(Q(y)\wedge R(x)))$ (前提引入)

(4) $P(a)\to(Q(y)\wedge R(a))$ (全称量词消去规则)

(5) $Q(y)\wedge R(a)$ (由(2)和(4)蕴涵律)

(6) $Q(y)$ (由(5)，化简规则)

(7) $R(a)$ (由(5)，化简规则)

(8) $P(a)\wedge R(a)$ (由(2)和(7)，合取引入规则)

(9) $\exists x(P(x)\wedge R(x))$ (存在量词引入规则)

(10) $Q(y)\wedge\exists x(P(x)\wedge R(x))$ (由(6)和(9)合取引入规则)

2.21 只用$\neg$、$\to$、$\forall$ 表示以下的公式。例如，将 $\exists x\,\forall y(P(x)\vee Q(x))$ 转换为 $\neg\forall x\,\neg\forall y(\neg P(x)\to Q(x))$。

(1) $\exists x(P(x)\wedge Q(x))$。

(2) $\exists x\,(P(x)\leftrightarrow\forall y\,Q(y))$。

(3) $\forall y(\forall xP(x)\vee\neg Q(y))$。

解：(1) $\neg\forall x\,(P(x)\to\neg Q(x))$。

(2) $\neg\forall x(((P(x)\to\forall y\,Q(y))\to\neg(\forall y\,Q(x)\to P(x)))$。

(3) $\forall y(Q(y)\to\forall x\,P(x))$。

2.22 求下面公式的前束范式。

(1) $\forall xF(x)\wedge\neg\exists xG(x)$。

(2) $\forall xF(x)\vee\neg\exists xG(x)$。

(3) $\forall xF(x,y)\to\exists yG(x,y)$。

(4) $(\forall x_1 F(x_1,x_2)\to\exists x_2 G(x_2))\to\forall x_1 H(x_1,x_2,x_3)$。

解:(1) $\forall xF(x)\land\neg\exists xG(x)\Leftrightarrow\forall xF(x)\land\neg\exists yG(y)\Leftrightarrow\forall xF(x)\land\forall y\neg G(y)\Leftrightarrow\forall x(F(x)\land\forall y\neg G(y))\Leftrightarrow\forall x\forall y(F(x)\land\neg G(y))$。或者$\forall xF(x)\land\neg\exists xG(x)\Leftrightarrow\forall xF(x)\land\forall x\neg G(x)\Leftrightarrow\forall x(F(x)\land\neg G(x))$。由此可知,(1)中公式的前束范式是不唯一的。

(2) $\forall xF(x)\lor\neg\exists xG(x)\Leftrightarrow\forall xF(x)\lor\forall x\neg G(x)\Leftrightarrow\forall xF(x)\lor\forall y\neg G(y)\Leftrightarrow\forall x(F(x)\lor\forall y\neg G(y))\Leftrightarrow\forall x\forall y(F(x)\lor\neg G(y))$。

(3) $\forall xF(x,y)\to\exists yG(x,y)\Leftrightarrow\forall tF(t,y)\to\exists wG(x,w)\Leftrightarrow\exists t\neg F(t,y)\lor\exists wG(x,w)\Leftrightarrow\exists t\exists w(\neg F(t,y)\lor G(x,w))$。

(4) $(\forall x_1F(x_1,x_2)\to\exists x_2G(x_2))\to\forall x_1H(x_1,x_2,x_3)\Leftrightarrow(\forall x_4F(x_4,x_2)\to\exists x_5G(x_5))\to\forall x_1H(x_1,x_2,x_3)\Leftrightarrow\exists x_4\exists x_5(F(x_4,x_2)\to G(x_5))\to\forall x_1H(x_1,x_2,x_3)\Leftrightarrow\forall x_4\forall x_5\forall x_1((F(x_4,x_2)\land\neg G(x_5))\lor H(x_1,x_2,x_3))$。

2.23 在谓词逻辑中研究如下推理是否有效:没有不守信用的人是可以信赖的,有些可以信赖的人是受过教育的。因此,有些受过教育的人是守信用的。

证明:设 $P(x)$:x 是守信用的人;$Q(x)$:x 是可以信赖的人;$S(x)$:x 是受过教育的人。

前提:$\neg\exists x(\neg P(x)\land Q(x))$;$\exists x(Q(x)\land S(x))$;

结论:$\exists x(S(x)\land P(x))$。

(1) $\exists x(Q(x)\land S(x))$ (前提引入)

(2) $Q(a)\land S(a)$ (存在量词消去规则)

(3) $Q(a)$ (由(2))

(4) $S(a)$ (由(2))

(5) $\neg\exists x(\neg P(x)\land Q(x))$ (前提引入)

(6) $\forall x(P(x)\lor\neg Q(x))$ (由(5))

(7) $P(a)\lor\neg Q(a)$ (全称量词消去规则)

(8) $P(a)$ (由(3)和(7))

(9) $S(a)\land P(a)$ (由(4)和(8))

(10) $\exists x(S(x)\land P(x))$ (存在量词引入规则)

2.24 证明:$\forall x(P(x)\to Q(x)),\forall x(R(x)\to Q(x)),\exists x(\neg P(x)\to R(x))\Rightarrow\exists xQ(x)$。

证明:$\exists a,\neg P(a)\to R(a)$,又 $P(a)\to Q(a)$,$R(a)\to Q(a)$,所以$\neg P(a)\to Q(a)$,于是$\neg Q(a)\to P(a)$,如果$\neg Q(a)$,那么有 $P(a)$和$\neg P(a)$,产生矛盾。所以 $Q(a)$,故$\exists x\, Q(x)$。

2.25 用谓词逻辑演算推理规则证明:$\forall x(P(x)\to(Q(y)\land R(a))),\forall xP(x)\vdash Q(y)\land\exists x(P(x)\land R(x))$。

证明:(1) $\forall x(P(x)\to(Q(y)\land R(a)))$ (前提引入)

(2) $P(a)\to(Q(y)\land R(a))$ (全称量词消去规则)

(3) $\forall xP(x)$ (前提引入)

(4) $P(a)$ (全称量词消去规则)

(5) $Q(y)\land R(a)$ (由(2)和(4))

(6) $Q(y)$ (由(5))

(7) $R(a)$ (由(5))

(8) $P(a) \wedge R(a)$ (由(4)和(7))

(9) $\exists x(P(x) \wedge R(x))$ (存在量词引入规则)

(10) $Q(y) \wedge \exists x(P(x) \wedge R(x))$ (由(6)和(9))

2.26 下列推理的推导过程是否有错？如果有错，则指出是第几步出错，并说明理由。结论是否有效？为什么？如有效，则将推导过程加以改正；如果无效，则举例加以说明。

$$\forall x(P(x) \vee Q(x)) \rightarrow \forall x P(x) \vee \forall x Q(x)$$

(1) $\forall x(P(x) \vee Q(x))$ (前提)

(2) $\neg \exists x \neg(P(x) \vee Q(x))$ (量词转换律)

(3) $\neg \exists x(\neg P(x) \wedge \neg Q(x))$ (德·摩根定律)

(4) $\neg(\exists x \neg P(x) \wedge \exists x \neg Q(x))$ (存在量词分配律)

(5) $\neg \exists x \neg P(x) \vee \neg \exists x \neg Q(x)$ (德·摩根定律)

(6) $\forall x P(x) \vee \forall x Q(x)$ (量词转换律)

解：错在第4步。$\exists x(A(x) \wedge B(x)) \rightarrow \exists x A(x) \wedge \exists x B(x)$成立，其逆命题一般不成立。即$\exists x A(x) \wedge \exists x B(x) \rightarrow \exists x(A(x) \wedge B(x))$及其逆否命题$\neg \exists x(A(x) \wedge B(x)) \rightarrow \neg(\exists x A(x) \wedge \exists x B(x))$一般不成立。上述结论是无效的。例如，取自然数集合为论域，$P(x)$表示x为奇数，$Q(x)$表示为偶数，则$\forall x(P(x) \vee Q(x))$真，但是$\forall x P(x)$为假，$\forall x Q(x)$也为假。

2.27 设R为二元谓词，考察以下演绎：

(1) $\forall x \exists y Q(x,y)$ (P)

(2) $\exists y Q(a,y)$ (US(1))

(3) $Q(a,b)$ (ES(2))

(4) $\forall x Q(x,b)$ (UG(3))

(5) $\exists y \forall x Q(x,y)$ (EG(4))

这是否为一个有效论证？为什么？

解：不是有效论证。第(3)步，b依赖于a。第(4)步，不能推广到任意x均有共同的b成立。

2.28 用演绎法证明：$\forall y \exists x \neg Q(x,y)$是$\exists x(R(x) \wedge \neg T(x))$，$\exists x F(x)$和$\forall z(F(z) \wedge \forall x \exists y Q(x,y) \rightarrow \forall y(R(y) \rightarrow T(y)))$的逻辑结果。

证明：$\forall z(F(z) \wedge \forall x \exists y Q(x,y) \rightarrow \forall y(R(y) \rightarrow T(y))) \Leftrightarrow \forall z(\exists y(R(y) \wedge \neg T(y)) \rightarrow (\neg F(z) \vee \neg \forall x \exists y Q(x,y))$，由$\exists x(R(x) \wedge \neg T(x))$，所以有$\forall z(\neg F(z) \vee \neg \forall x \exists y Q(x,y))$，即$\forall z(F(z) \rightarrow \exists x \forall y \neg Q(x,y))$，即$\exists x F(x) \rightarrow \exists x \forall y \neg Q(x,y)$。又由$\exists x F(x)$，所以有$\exists x \forall y \neg Q(x,y)$，存在$a$，$\forall y \neg Q(a,y)$，$\neg Q(a,y)$，$\exists x \neg Q(x,y)$，$\forall y \exists x \neg Q(x,y)$。

2.29 试找出下列推导过程中的错误，写出正确推导过程，并说明理由。

(1) $\forall x(P(x) \rightarrow Q(x))$ (P)

(2) $P(y) \rightarrow Q(y)$ (US(1))

(3) $\exists x P(x)$ (P)

(4) $P(y)$ (ES(3))

(5) $Q(y)$ (T(2)、(4)I)

(6) $\exists xQ(x)$ (EG(5))

解：错误在第(4)步，此处的 y 未必与第(2)步中的 y 相同。证明应改为

(1) $\exists xP(x)$ (P)

(2) $P(a)$ (ES(1))

(3) $\forall x(P(x)\to Q(x))$ (P)

(4) $P(a)\to Q(a)$ (US(3))

(5) $Q(a)$ (T(2)、(4)I)

(6) $\exists xQ(x)$ (EG(5))

2.30 仔细阅读如下的初等数学片段。

定理：存在两个无理数 x、y，使得 x^y 是有理数。

证明：若$\sqrt{2}^{\sqrt{2}}$是有理数，定理显然成立。

如果$\sqrt{2}^{\sqrt{2}}$是无理数，那么取 $x=\sqrt{2}^{\sqrt{2}}$，$y=\sqrt{2}$，则 $x^y=2$，定理也成立。

用 a 表示$\sqrt{2}$，b 表示 2，$p(x)$表示"x 是有理数"(因此$\neg p(x)$表示"x 是无理数")，$f(x,y)$表示 x 与 y 的乘积，$g(x,y)$表示 x^y。

(1) 把定理用逻辑符号写出来。

(2) 分析上面的证明，指出要用到的数学知识，并用逻辑符号写出来。例如，引理 1：$p(b)$(表示 2 是有理数)。

(3) 把上面的证明改写成形式证明(注明所用到的推理规则或逻辑公式)。

解：(1) $\exists x\exists y(\neg p(x)\land\neg p(y)\land p(g(x,y)))$。

(2) 引理 1：$p(b)$表示 2 是有理数。

引理 2：$\forall x(p(x)\lor\neg p(x))$，$x$ 不是有理数就是无理数。

引理 3：$\sqrt{2}\times\sqrt{2}=2$，$f(a,a)=b$，$p(f(a,a))$。

引理 4：$\forall x\forall y\forall z(g(g(x,y),z)=g(x,f(y,z)))$。

引理 5：$\forall x\forall y(p(x)\land p(y)\to p(g(x,y)))$。

引理 6：$p(g(a,b))$。

引理 7：$\neg p(a)$。

(3) 形式证明：

$p(g(a,a))\lor\neg p(g(a,a))$ (引理 2)

$\neg p(a)$ (引理 7)

如果 $p(g(a,a))$，则

$p(g(a,a))\land\neg p(a)\to\exists x\exists y(\neg p(x)\land\neg p(y)\land p(g(x,y)))$

如果$\neg p(g(a,a))$，则

$\neg p(a)$ (引理 2)

$p(g(a,b))$ (引理 6)

$b=f(a,a)$ (引理 3)

$p(g(a,f(a,a)))$ (引理 3 代入引理 6)

$p(g(a,f(a,a)))=p(g(g(a,a),a))$ (引理 4)

所以，$\exists x\exists y(\neg p(x)\land\neg p(y)\land p(g(x,y)))$。

2.31 将下列推理符号化，判断各个推理是否正确，说明判断的依据(要求注明所设简单命题或谓词含义)。

(1) 我"五一"长假或者去大理旅游或者去九寨沟旅游。我"五一"长假不去大理旅游，所以我去九寨沟旅游。

(2) 如果对于每个数，都存在着一个比它大的数，则存在着一个比一切数都大的数(个体域：实数集)。

(3) 如果存在着一个比一切数大的数，则对于每个数都存在着一个比它大的数(个体域：实数集)。

(4) 对于任何的物体而言，如果它是运动的，则地球就不会停止转动。所以只要存在着运动的物体，地球就不会停止转动。

解：(1) P：我"五一"长假去大理旅游；Q：我"五一"长假去九寨沟旅游。

前提：$(P \lor Q) \land \neg P$；结论：Q。推理正确。

(2) 前提：$\forall x \exists y(x<y)$；结论：$\exists x \forall y(y<x)$。推理不正确。

(3) 前提：$\exists x \forall y(y<x)$；结论：$\forall y \exists x(y<x)$。推理正确。

证明：$\exists x \forall y(y<x) \Rightarrow$ 有 a，$\forall y(y<a) \Rightarrow \forall y \exists x(y<x)$。

(4) $O(x)$：x 是物体；b：地球；$M(x)$：x 运动；$N(x)$：x 转动。前提：$\forall x(O(x) \land M(x) \to N(b))$；结论：$\exists y(O(y) \land M(y)) \to N(b)$。推理正确。

2.32 用谓词逻辑自然推理公式，写出对应下列推理的证明：

如果一个公式是重言式，则它就不是矛盾式。任何一个合式公式或者是可满足的或者是矛盾式，存在着不可满足的合式公式，所以存在着非重言式的合式公式。

要求：先给出形式化的前提和结论，并且注明其中谓词的含义，在证明过程中要写出每步的根据。

解：$T(x)$：x 是重言式；$F(x)$：x 是矛盾式；$S(x)$：x 可满足式。A 的个体域：合式公式的全体。

前提：$\forall x(T(x) \to \neg F(x))$；$\forall x(S(x) \lor F(x))$；$\exists x \neg S(x)$；

结论：$\exists x \neg T(x)$。

证明：(1) $\exists x \neg S(x)$	(前提)
(2) $\neg S(a)$	(由(1)，存在量词消去)
(3) $\forall x(S(x) \lor F(x))$	(前提)
(4) $S(a) \lor F(a)$	(由(3)，全称量词消去)
(5) $\forall x(T(x) \to \neg F(x))$	(前提)
(6) $T(a) \to \neg F(a)$	(由(5)，全称量词消去)
(7) $F(a)$	(由(2)和(4)，析取三段论)
(8) $\neg T(a)$	(由(6)和(7)，拒取式规则)
(9) $\exists x \neg T(x)$	(由(8)，存在量词引入)

2.33 指出下列哪一个公式是有效的，并对有效的公式加以证明，否则加以反驳。

(1) $\forall x(P(x) \lor Q(x)) \to (\forall x P(x) \lor \forall x Q(x))$。

(2) $(\forall x P(x) \lor \forall x Q(x)) \to \forall x(P(x) \lor Q(x))$。

解：(1) 不是有效的。例如，$P(x)$ 表示 x 是奇数，$Q(x)$ 表示 x 是偶数，则前件真，后件假。

(2) 有效。

$$\begin{aligned}&\neg\forall x(P(x)\lor Q(x))\Leftrightarrow\exists x\neg(P(x)\lor Q(x))\\ \Leftrightarrow&\exists x(\neg P(x)\land\neg Q(x))\Rightarrow\exists x\neg p(x)\land\exists x\neg Q(x)\\ \Leftrightarrow&\neg\forall xP(x)\land\neg\forall xQ(x)\Leftrightarrow\neg(\forall xP(x)\lor\forall xQ(x))\end{aligned}$$

所以,$(\forall xP(x)\lor\forall xQ(x))\rightarrow\forall x(P(x)\lor Q(x))$。

2.5 编程答案

2.1 编程求解合一算法。文字 L_1 和 L_2 如果经过执行某个置换 s,满足 $L_1s=L_2s$,则称 L_1 与 L_2 可合一,s 称为其合一元。本程序可判断任意两个文字能否合一,若能合一,则给出其合一元。程序运行界面示例如图 2-2 所示。

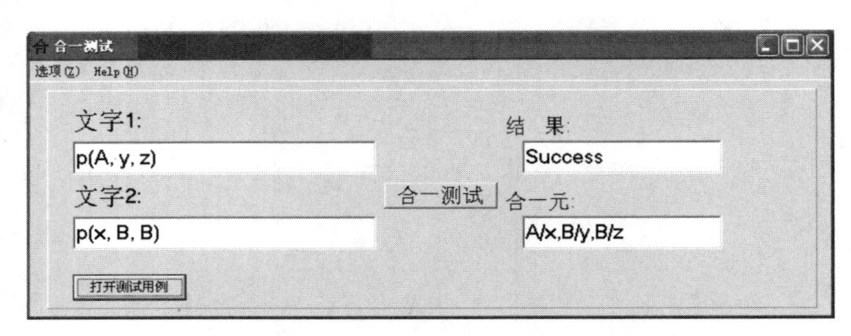

图 2-2 合一算法程序运行界面

解答:对有限非空可合一的表达式集合给出求取最一般合一置换的合一算法。当集合不可合一时,算法也可以给出不可合一的结论并且结束。

合一算法可以参考:贲可荣,张彦铎. 人工智能[M]. 3 版. 北京:清华大学出版社,2018.

样例输入:

```
-------请按照下面要求格式输入------
-------谓词请使用: P,Q,R,S,T-----
-------常量请使用: a,b,c,d,e---------
-------函数请使用: f,g,h(本程序实现的函数包含一个变量-------)-----------
-------变量请使用: u,v,w,x,y,z-------
请输入第一个谓词公式: P(a,x)
请输入第二个谓词公式: P(z,f(b))
```

编程题 2.1 代码样例

样例输出:

```
第一个谓词公式参数个数: 2
第二个谓词公式参数个数: 2
-----------------------------
1次合一:
本次差异集: ['a', 'z']
a/z
f1: P(a,x)
```

```
f2: P(a,f(b))
------------------------------
2次合一:
本次差异集:['x', 'f(b)']
f(b)/x
f1: P(a,f(b))
f2: P(a,f(b))
mgu:['a/z', 'f(b)/x']
```

2.2 写出描述谓词 GrandChild、GreatGrandparent、Ancestor、Brother、Sister、Daughter、Son、FirstCousin、BrotherInLaw、SisterInLaw、Aunt 和 Uncle 的公理。找出相隔 n 代的第 m 代姑表亲的合适定义，并用一阶逻辑写出该定义。现在写出图 2-3 中所示的家族树的基本事实。采用适当的逻辑推理系统，把你已经写出的所有语句 TELL 系统，并 ASK 系统：谁是 Elizabeth 的孙辈？谁是 Diana 的姐夫/妹夫，Zara 的曾祖父母和 Eugenie 的祖先？

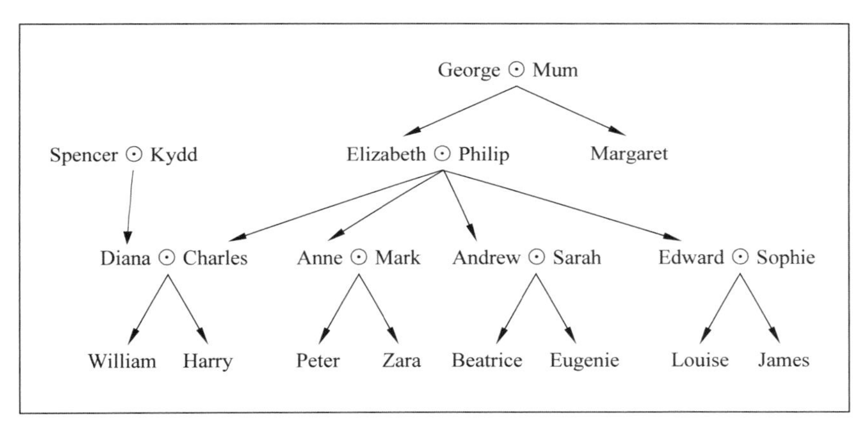

图 2-3 典型家族树

注：符号⊙连接配偶，箭头指向孩子

解答：本案例根据题目要求采用 Python 人工智能推理第三方库 kanren 完成，使用 GrandChild、GreatGrandparent、Ancestor 等函数定义相关谓词，通过 kanren 存储两个条件之间的状态关系的数据，例如本题中的 father＝Relation() ＃父亲关系和 facts(father,("Charles","William")…，用来判断家庭亲缘关系。

样例输入：

```
无
```

样例输出：

```
Elizabeth的孙辈是:['Louise', 'Beatrice', 'William', 'James', 'Eugenie', 'Harry',
'Zara', 'Peter']
Diana的姐夫/妹夫是:['Mark']
Zara的曾祖父母是:['George', 'Mum']
Eugenie的祖先是:['George', 'Mum',…]
```

2.3 归类测试算法。归类：对子句 L 和 M，若存在一个代换 s，使得 Ls 为 M 的一个子集,则 L 将 M 归类。

归类测试的目的是判断两个子句之间是否有归类关系,如果有,则在推理过程中应该将被归类的子句删除,以提高推理效率。

要求:①待测试的子句必须是规范化的;②谓词项中首字母大写的为常量,小写的为变量,函数名首字母应该为小写;③最好不要在两个子句中出现同一个变元,虽然出现相同的变元不会影响最终的结果,但得到的代换却有可能不正确;④单击符号 V 可在子句中加入析取符;⑤得到的实现归类的代换并非为最一般合一元,这是因为根据归类的定义,只需存在一个代换 s 使得 Ls 成为 M 的一个子集即可。

这里假设,子句也可以用子句中文字的集合表示。

解答:归类测试算法可以参考:贲可荣,张彦铎. 人工智能[M]. 3版. 北京:清华大学出版社,2018.

样例输入:

```
请输入第一个谓词公式: P(x,y) ∨ Q(w)
请输入第二个谓词公式: Q(z) ∨ P(B,B) ∨ R(u)
```

样例输出:

编程题 2.3 代码样例

```
True
---------------------
本次差异集['x', 'B']
B/x
f1: P(B,y)
f2: P(B,B)
---------------------
本次差异集['y', 'B']
B/y
f1: P(B,B)
f2: P(B,B)
---------------------
本次差异集['w', 'z']
z/w
f1: Q(z)
f2: Q(z)
可以归类
mgu: ['B/x', 'B/y', 'z/w']
P(B,B) ∨ Q(z)
Q(z) ∨ P(B,B) ∨ R(u)
```

2.4 用 type(ungulate,animal)、type(fish,animal)分别表示有蹄动物、鱼类动物;用 is_a(zebra,ungulate)、is_a(herring,fish)、is_a(shark,fish)分别表示斑马是有蹄动物、青鱼是鱼、鲨鱼是鱼;用 lives(zebra,on_land)、lives(frog,on_land)表示斑马、青蛙生活在陆地;用 lives(frog,in_water)、lives(shark,in_water)表示青蛙、鲨鱼生活在水中;用谓词 can_swim(_)表示能游泳。

如果 type(X,animal) 并且 is_a(Y,X) 并且 lives(Y,in_water),则 can_swim(Y)。

编程求解什么能够游泳?

解答:用 Prolog 程序求解如下。

```
predicates
  type(symbol, symbol)
  is_a(symbol, symbol)
  lives(symbol, symbol)
  can_swim(symbol)

goal
  can_swim(What) ,
  write("A ", What, " can swim.") .

clauses
  type(ungulate, animal) .          /* 有蹄动物
  type(fish, animal) .

  is_a(zebra, ungulate) .           /* 斑马
  is_a(herring, fish) .             /* 青鱼
  is_a(shark, fish) .               /* 鲨鱼

  lives(zebra, on_land) .
  lives(frog, on_land) .            /* 青蛙
  lives(frog, in_water) .
  lives(shark, in_water) .

  can_swim(Y) :-type(X, animal) , is_a(Y, X) , lives(Y, in_water) .
```

编程题 2.4
代码样例

第 3 章 集合与关系

3.1 内容提要

集合与元素 讨论某一类对象时，就把这一类对象的全体称为集合。这些对象称为集合中的元素。

集合的表示 枚举法、描述法和图示法（文氏图）。

集合与元素的关系 元素和集合之间的关系是隶属关系，即属于或不属于，属于记作 $\in$，不属于记作 $\notin$。

集合与集合的关系 设 A、B 为集合，如果 B 中的每个元素都是 A 中的元素，则称 B 是 A 的子集。这时也称 B 被 A 包含，或 A 包含 B，记作 $B\subseteq A$。如果 B 不被 A 包含，则记作 $B\nsubseteq A$。设 A、B 为集合，如果 $A\subseteq B$ 且 $B\subseteq A$，则称 A 与 B 相等，记作 $A=B$。如果 A 与 B 不相等，则记作 $A\neq B$。相等的符号化表示为 $A=B\Leftrightarrow A\subseteq B\wedge B\subseteq A$。

空集 不含任何元素的集合称为空集，记作 $\varnothing$。空集是一切集合的子集。空集是唯一的。

定理 3.1 空集是一切集合的子集。

幂集 设 A 为集合，把 A 的全部子集构成的集合称为 A 的幂集，记作 $P(A)$。若 A 是 n 元集，则 $P(A)$ 有 2^n 个元素。

集合的广义并 设 A 为集合，A 的元素的元素构成的集合称为 A 的广义并，记作 $\bigcup A$。符号化表示为 $\bigcup A=\{x\mid\exists z(z\in A\wedge x\in z)\}$。

集合的广义交 设 A 为非空集合，A 的所有元素的公共元素构成的集合称为 A 的广义交，记作 $\bigcap A$。符号化表示为 $\bigcap A=\{x\mid\forall z(z\in A\rightarrow x\in z)\}$。

定理 3.2 设 A、B、C 为任意集合，E 为包含 A、B、C 的全集，那么下列各式成立。

等幂律	$A\cup A=A$	$A\cap A=A$
交换律	$A\cup B=B\cup A$	$A\cap B=B\cap A$
结合律	$(A\cup B)\cup C=A\cup(B\cup C)$	$(A\cap B)\cap C=A\cap(B\cap C)$
同一律	$A\cup\varnothing=A$	$A\cap E=A$
零律	$A\cap\varnothing=\varnothing$	$A\cup E=E$
分配律	$A\cup(B\cap C)=(A\cup B)\cap(A\cup C)$	$A\cap(B\cup C)=(A\cap B)\cup(A\cap C)$
吸收律	$A\cap(A\cup B)=A$	$A\cup(A\cap B)=A$
双重否定律	$\sim(\sim A)=A$	$\sim E=\varnothing$　　$\sim\varnothing=E$
排中律	$A\cup\sim A=E$	

矛盾律　　$A \cap \sim A = \varnothing$

德·摩根律　　$\sim(A \cup B) = \sim A \cap \sim B$　　$\sim(A \cap B) = \sim A \cup \sim B$

$A-(B \cup C)=(A-B) \cap (A-C)$　　$A-(B \cap C)=(A-B) \cup (A-C)$

补交转换律　　$A-B=A \cap \sim B$

有序对　由两个元素 x 和 y（允许 $x=y$）按一定顺序排列成的二元组称为一个有序对或序偶，记作 $\langle x,y \rangle$，其中 x 是它的第一元素，y 是它的第二元素。

笛卡儿积　设 A、B 为集合，用 A 中元素为第一元素，B 中元素为第二元素构成有序对。所有这样的有序对组成的集合称为 A 和 B 的笛卡儿积，记作 $A \times B$。笛卡儿积的符号化表示为 $A \times B=\{\langle x,y \rangle \mid x \in A \wedge y \in B\}$。如果 $|A|=m$，$|B|=n$，则 $|A \times B|=m \cdot n$。

笛卡儿积的运算性质

(1) 对任意集合 A，根据定义有 $A \times \varnothing=\varnothing$，$\varnothing \times A=\varnothing$。

(2) 笛卡儿积运算不满足交换律，即 $A \times B \neq B \times A$（当 $A \neq \varnothing \wedge B \neq \varnothing \wedge A \neq B$ 时）。

(3) 笛卡儿积运算不满足结合律，即 $(A \times B) \times C \neq A \times (B \times C)$（当 $A \neq \varnothing \wedge B \neq \varnothing \wedge C \neq \varnothing$ 时）。

(4) 笛卡儿积运算对并和交运算满足分配律，即 $A \times (B \cup C)=(A \times B) \cup (A \times C)$，$(B \cup C) \times A=(B \times A) \cup (C \times A)$，$A \times (B \cap C)=(A \times B) \cap (A \times C)$，$(B \cap C) \times A=(B \times A) \cap (C \times A)$。

(5) $A \subseteq C \wedge B \subseteq D \Rightarrow A \times B \subseteq C \times D$。

二元关系　如果一个集合满足以下条件之一：

(1) 集合非空，且它的元素都是有序对。

(2) 集合是空集。

则称该集合为一个二元关系，记作 R。二元关系也简称为关系。对于二元关系 R，若 $\langle x,y \rangle \in R$，则记作 xRy；若 $\langle x,y \rangle \notin R$，则记作 $x \not R y$。设 A、B 为集合，$A \times B$ 的任何子集称为从 A 到 B 的二元关系。特别是当 $A=B$ 时，称为 A 上的二元关系。

关系的表示方法

(1) 列举法：列举出关系的所有有序对。

(2) 关系矩阵：设 $A=\{x_1,x_2,\cdots,x_n\}$，R 是 A 上的关系，令

$$r_{ij}=\begin{cases}1 & \text{若 } x_i R x_j \\ 0 & \text{若 } x_i \not R x_j\end{cases} \quad (i,j=1,2,\cdots,n)$$

则 $\boldsymbol{M}_R=\begin{bmatrix} r_{11} & r_{12} & \cdots & r_{1n} \\ r_{21} & r_{22} & \cdots & r_{2n} \\ \vdots & \vdots & \ddots & \vdots \\ r_{n1} & r_{n2} & \cdots & r_{nn} \end{bmatrix}$ 是 R 的关系矩阵，记作 $\boldsymbol{M}_R$。

(3) 关系图：设 $A=\{x_1,x_2,\cdots,x_n\}$，R 是 A 上的关系，令图 $G=\langle V,E \rangle$，其中顶点集合 $V=A$，边集为 E。对于 $\forall x_i,x_j \in V$，满足 $\langle x_i,x_j \rangle \in E \Leftrightarrow x_i R x_j$，称图 G 为 R 的关系图，记作 G_R。

定义域、值域和域　设 R 是二元关系，

(1) R 中所有的有序对的第一元素构成的集合称为 R 的定义域，记作 $\mathrm{dom}R$。表示为 $\mathrm{dom}R=\{x \mid \exists y(\langle x,y \rangle \in R)\}$。

(2) R 中所有有序对的第二元素构成的集合称为 R 的值域，记作 ran$R$。表示为 $\mathrm{ran}R=\{y \mid \exists x(\langle x,y\rangle \in R)\}$。

(3) R 的定义域和值域的并集称为 R 的域，记作 fld$R$。表示为 $\mathrm{fld}R=\mathrm{dom}R \cup \mathrm{ran}R$。

关系的复合运算 设 A、B、C 是三个任意集合，R 是集合 A 到 B 的二元关系，S 是集合 B 到 C 的二元关系，则定义关系 R 和 S 的合成或复合关系 $R \circ S=\{\langle a,c\rangle \mid a \in A, c \in C \wedge \exists b \in B$，使 $\langle a,b\rangle \in R$ 且 $\langle b,c\rangle \in S\}$。

定理 3.3 设 I_A、I_B 为集合 A、B 上的恒等关系，$R=A \times B$，那么

(1) $I_A \circ R=R \circ I_B=R$。

(2) $\varnothing \circ R=R \circ \varnothing=\varnothing$。

定理 3.4 设 R 是 A 到 B 的关系，S 是 B 到 C 的关系，T 是 C 到 D 的关系，则 $(R \circ S) \circ T=R \circ (S \circ T)$。

定理 3.5 设 F、G、H 是任意关系，则

(1) $F \circ (G \cup H)=F \circ G \cup F \circ H$。

(2) $(G \cup H) \circ F=G \circ F \cup H \circ F$。

(3) $F \circ (G \cap H) \subseteq F \circ G \cap F \circ H$。

(4) $(G \cap H) \circ F \subseteq G \circ F \cap H \circ F$。

关系的逆运算 设 R 是集合 A 到 B 的二元关系，则定义一个 B 到 A 的二元关系，$R^{-1}=\{\langle b,a\rangle \mid \langle a,b\rangle \in R\}$，称为 R 的逆关系，记作 R^{-1}。

定理 3.6 设 R 是 A 到 B 的关系，S 是 B 到 C 的关系，则 $(R \circ S)^{-1}=S^{-1} \circ R^{-1}$。

定理 3.7 设 R 和 S 均是 A 到 B 的关系，则

(1) $(R^{-1})^{-1}=R$。

(2) $(R \cup S)^{-1}=R^{-1} \cup S^{-1}$。

(3) $(R \cap S)^{-1}=R^{-1} \cap S^{-1}$。

(4) $(R-S)^{-1}=R^{-1}-S^{-1}$。

定理 3.8 设 R 是任意的关系，则

$\mathrm{dom}\, R^{-1}=\mathrm{ran}\, R$，$\mathrm{ran}\, R^{-1}=\mathrm{dom}\, R$。

关系的幂运算 设 R 为 A 上的关系，n 为自然数，则 R 的 n 次幂定义为

(1) $R^0=\{\langle x,x\rangle \mid x \in A\}=I_A$。

(2) $R^{n+1}=R^n \circ R$。

定理 3.9 设 A 为 n 元集，R 是 A 上的关系，则存在自然数 s 和 t，使得 $R^s=R^t$。

定理 3.10 设 R 是 A 上的关系，$m,n \in \mathbf{N}$，则

(1) $R^m \circ R^n=R^{m+n}$。

(2) $(R^m)^n=R^{mn}$。

定理 3.11 设 R 是 A 上的关系，若存在自然数 s 和 $t(s<t)$ 使得 $R^s=R^t$，则

(1) 对任何 $k \in \mathbf{N}$ 有 $R^{s+k}=R^{t+k}$。

(2) 对任何 $k,i \in \mathbf{N}$ 有 $R^{s+kp+i}=R^{s+i}$，其中 $p=t-s$。

(3) 令 $S=\{R^0,R^1,\cdots,R^{t-1}\}$，则对于任意的 $q \in \mathbf{N}$ 有 $R^q \in S$。

关系的性质 设 R 为集合 A 上的关系。

(1) 若 $\forall x(x \in A \rightarrow \langle x,x\rangle \in R)$，则称 R 在 A 上是**自反的**。

(2) 若 $\forall x(x\in A\rightarrow<x,x>\notin R)$,则称 R 在 A 上是**反自反的**。

(3) 若 $\forall x\forall y(x,y\in A\wedge<x,y>\in R\rightarrow<y,x>\in R)$,则称 R 为 A 上**对称关系**。

(4) 若 $\forall x\forall y(x,y\in A\wedge<x,y>\in R\wedge<y,x>\in R\rightarrow x=y)$,则称 R 为 A 上的**反对称关系**。

(5) 若 $\forall x\forall y\forall z(x,y,z\in A\wedge<x,y>\in R\wedge<y,z>\in R\rightarrow<x,z>\in R)$,则称 R 是 A 上的**传递关系**。

定理 3.12 设 R 为 A 上的关系,则

(1) R 在 A 上自反当且仅当 $I_A\subseteq R$。

(2) R 在 A 上反自反当且仅当 $R\cap I_A=\varnothing$。

(3) R 在 A 上对称当且仅当 $R=R^{-1}$。

(4) R在 A 上反对称当且仅当 $R\cap R^{-1}\subseteq I_A$。

(5) R在 A 上传递当且仅当 $R\circ R\subseteq R$。

关系的闭包 设 R 是非空集合 A 上的关系,R 的自反(对称或传递)闭包是 A 上的关系 R',使得 R'满足以下条件:

(1) R'是自反的(对称的或传递的)。

(2) $R\subseteq R'$。

(3) 对 A 上任何包含 R 的自反(对称或传递)关系 R'',有 $R'\subseteq R''$。

定理 3.13 设 R 为 A 上的关系,则有

(1) $r(R)=R\cup I_A$。

(2) $s(R)=R\cup R^{-1}$。

定理 3.14 设 R 为 A 上的关系,则有 $t(R)=R\cup R^2\cup R^3\cup\cdots\cup R^n$。

定理 3.15 设 R 是非空集合 A 上的关系,则

(1) R 是自反的当且仅当 $r(R)=R$。

(2) R 是对称的当且仅当 $s(R)=R$。

(3) R 是传递的当且仅当 $t(R)=R$。

定理 3.16 设 R_1 和 R_2 是非空集合 A 上的关系,且 $R_1\subseteq R_2$,则

(1) $r(R_1)\subseteq r(R_2)$。

(2) $s(R_1)\subseteq s(R_2)$。

(3) $t(R_1)\subseteq t(R_2)$。

定理 3.17 设 R 是非空集合 A 上的关系,

(1) 若 R 是自反的,则 $s(R)$与 $t(R)$也是自反的。

(2) 若 R 是对称的,则 $r(R)$与 $t(R)$也是对称的。

(3) 若 R 是传递的,则 $r(R)$是传递的。

集合的划分与覆盖 设 A 为非空集合,若 A 的子集族 π($\pi\subseteq P(A)$,是 A 的子集构成的集合)满足下面的条件:

(1) $\varnothing\notin\pi$。

(2) π 中任意两个子集都不相交,即 $\forall x\forall y(x,y\in\pi\wedge x\neq y\rightarrow x\cap y=\varnothing)$。

(3) π 中所有子集的并是 A,即 $\cup\pi=A$。

则称 π 是 A 的一个划分,称 π 中的元素为 A 的划分块。给定非空集合 A,$T=\{T_1,T_2,\cdots,$

$T_n\}$,$T_i\subseteq A$ 且 $T_i\neq\varnothing$ $(i=1,2,\cdots,n)$,$\bigcup T_i=A$,那么集合 T 称为 A 的一个覆盖。

等价关系 设 R 为非空集合 A 上的关系。如果 R 是自反的、对称的和传递的,则称 R 为 A 上的等价关系。设 R 是一个等价关系,若 $\langle x,y\rangle\in R$,称 x 等价于 y,记作 $x\sim y$。

等价类 设 R 为非空集合 A 上的等价关系,令 $\forall x\in A$,$[x]_R=\{y\mid y\in A\land xRy\}$,称 $[x]_R$ 为 x 关于 R 的等价类,简称为 x 的等价类,简记作 $[x]$。

定理 3.18 设 R 是非空集合 A 上的等价关系,则

(1) $\forall x\in A$,$[x]$ 是 A 的非空子集。

(2) $\forall x,y\in A$,如果 xRy,则 $[x]=[y]$。

(3) $\forall x,y\in A$,如果 $x\not R y$,则 $[x]$ 与 $[y]$ 不相交。

(4) $\bigcup\{[x]\mid x\in A\}=A$。

商集 设 R 为非空集合 A 上的等价关系,以 R 的所有等价类作为元素的集合称为 A 关于 R 的商集,记作 A/R,即 $A/R=\{[x]_R\mid x\in A\}$。

相容关系 设 R 为非空集合 A 上的关系。如果 R 是自反的、对称的,则称 R 为 A 上的相容关系。

相容类 设 R 为集合 A 上的相容关系,如果 $C\subseteq A$,如果对于 C 中任意两个元素 x_1 和 x_2 有 x_1Rx_2,则称 C 是由相容关系 R 产生的相容类。

最大相容类 设 R 为集合 A 上的相容关系,不能真包含在任何其他相容类中的相容类称为最大相容类。

定理 3.19 设 R 为有限集合 A 上的相容关系,C 是一个相容类,那么必存在一个最大相容类 C_r,使得 $C\subseteq C_r$。

偏序关系 设 R 为非空集合 A 上的关系,如果 R 是自反的、反对称的和传递的,则称 R 为 A 上的偏序关系。集合 A 和 A 上的偏序关系 $\preccurlyeq$ 一起称为**偏序集**,记作 $\langle A,\preccurlyeq\rangle$。

可比与不可比 设 R 为非空集合 A 上的偏序关系,如果 $a\preccurlyeq b$ 或 $b\preccurlyeq a$,则称 a 和 b 是**可比的**。如果既没有 $a\preccurlyeq b$ 也没有 $b\preccurlyeq a$,则称 a 和 b 是**不可比的**。

哈斯图作图法

(1) 以圆圈表示元素;

(2) 若 $x\prec y$,则 y 画在 x 的上层;

(3) 若 y 覆盖 x,则连线;

(4) 不可比的元素可画在同一层。

偏序中特殊元素 设 $(A,\preccurlyeq)$ 是偏序集,集合 $B\subseteq A$,特殊元有

(1) 如存在元素 $b\in B$,使得 $\forall a\in B$,均有 $a\preccurlyeq b$,则称 b 为 B 的最大元。

(2) 如存在元素 $b\in B$,使得 $\forall a\in B$,均有 $b\preccurlyeq a$,则称 b 为 B 的最小元。

(3) 若存在元素 $b\in B$,$\forall a\in B$,如 $b\preccurlyeq a$,则 $a=b$,称 b 为 B 的极大元。

(4) 若存在元素 $b\in B$,$\forall a\in B$,如 $a\preccurlyeq b$,则 $a=b$,称 b 为 B 的极小元。

(5) a 为 B 的上界 $\Leftrightarrow a\in A\land\forall x(x\in B\rightarrow x\preccurlyeq a)$。

(6) a 为 B 的下界 $\Leftrightarrow a\in A\land\forall x(x\in B\rightarrow a\preccurlyeq x)$。

(7) 如果 C 是 B 的所有上界的集合,即 $C=\{y\mid y$ 是 B 的上界$\}$,则 C 的最小元 a 称为 B 的最小上界或上确界。

(8) 如果 C 是 B 的所有下界的集合,即 $C=\{y\mid y$ 是 B 的上界$\}$,则 C 的最大元 a 称为

B 的最大下界或下确界。

定理 3.20(包含排斥原理) 对有限集合 A 和 B,有 $|A\cup B|=|A|+|B|-|A\cap B|$。

3.2 例题精选

例 3.1 判断下列属于和包含关系是否正确。

(1) $\varnothing\subseteq\varnothing$。

(2) $\varnothing\in\varnothing$。

(3) $\varnothing\subseteq\{\varnothing\}$。

(4) $\varnothing\in\{\varnothing\}$。

(5) $\{a,b\}\subseteq\{a,b,c,\{a,b,c\}\}$。

(6) $\{a,b\}\in\{a,b,c,\{a,b\}\}$。

(7) $\{a,b\}\subseteq\{a,b,\{\{a,b\}\}\}$。

(8) $\{a,b\}\in\{a,b,\{\{a,b\}\}\}$。

(9) 若 $a\subseteq A$,$A\subseteq P(B)$,则 $a\subseteq P(B)$。

(10) 若 $a\in A$,$A\in P(B)$,则 $a\in P(B)$。

解:(1)、(3)、(4)、(5)、(6)、(7)、(9)为真,其余为假。由空集是任何集合的子集,所以(1)、(3)为真。判断元素是否属于集合,是要检查元素作为一个整体是否在集合中出现,不难判断(4)、(6)为真。判断集合 $A\subseteq B$,需要依次检查 A 的每个元素是否在 B 中出现,不难判断(5)、(7)为真。根据包含具有传递性,属于是不能传递的,因此判断(9)为真,(10)为假。另外,也可以用文氏图或包含的谓词定义来判断。

例 3.2 证明:$(A-B)-C=(A-C)-(B-C)=A-B\cup C$。

证明:证明两个集合相等有三种方法,利用集合恒等式、利用集合相等的定义以及利用文氏图。本题仅用前两种方法解题。

方法一:利用集合恒等式。

$$
\begin{aligned}
(A-B)-C&=(A\cap\sim B)\cap\sim C && \text{(补交转换)}\\
&=A\cap(\sim B\cap\sim C) && \text{(结合律)}\\
&=A\cap\sim(B\cup C) && \text{(德·摩根律)}\\
&=A-B\cup C && \text{(补交转换)}
\end{aligned}
$$

$$
\begin{aligned}
(A-C)-(B-C)&=(A\cap\sim C)\cap\sim(B\cap\sim C) && \text{(补交转换)}\\
&=(A\cap\sim C)\cap(\sim B\cup C) && \text{(德·摩根律)}\\
&=(A\cap\sim C\cap\sim B)\cup(A\cap\sim C\cap C) && \text{(分配律)}\\
&=(A\cap\sim C\cap\sim B)\cup\varnothing && \text{(矛盾律、零律)}\\
&=A\cap\sim(B\cup C) && \text{(同一律)}\\
&=A-B\cup C && \text{(补交转换)}
\end{aligned}
$$

方法二:利用集合相等的定义,互为子集则相等。即要证 $A=B$,任取 x,然后完成推理过程:$x\in A\Leftrightarrow\cdots\Leftrightarrow x\in B$。

$$
\begin{aligned}
x\in(A-B)-C&\Leftrightarrow x\in A\wedge x\notin B\wedge x\notin C\\
&\Leftrightarrow x\in A-C\wedge x\notin B
\end{aligned}
$$

$$
\begin{aligned}
&\Leftrightarrow x \in (A-C)-B \\
&\Leftrightarrow x \in A \wedge x \notin B \wedge x \notin C \\
&\Leftrightarrow x \in A \wedge \neg(x \in B \vee x \in C) \\
&\Leftrightarrow x \in A-B \cup C \\
x \in (A-B)-C &\Leftrightarrow x \in A \wedge x \notin B \wedge x \notin C \\
&\Leftrightarrow (x \in A \wedge x \notin B \wedge x \notin C) \vee (x \in A \wedge x \notin C \wedge x \in C) \\
&\Leftrightarrow (x \in A \wedge x \notin C) \wedge (x \notin B \vee x \in C) \\
&\Leftrightarrow x \in (A-C) \wedge \neg(x \in B \wedge x \notin C) \\
&\Leftrightarrow x \in A-C \wedge x \notin (B-C) \\
&\Leftrightarrow x \in (A-C)-(B-C)
\end{aligned}
$$

例 3.3 列出集合 $A=\{2,3,4\}$上的恒等关系 I_A，全域关系 E_A，小于或等于关系 L_A，整除关系 D_A。若$|A|=n$，则 A 上有多少个不同的二元关系？I_A 中有多少个有序对？E_A 中有多少个有序对？

解：$I_A=\{<2,2>,<3,3>,<4,4>\}$。

$E_A=\{<2,2>,<2,3>,<2,4>,<3,2>,<3,3>,<3,4>,<4,2>,<4,3>,<4,4>\}$。

$L_A=\{<2,2>,<2,3>,<2,4>,<3,3>,<3,4>,<4,4>\}$。

$D_A=\{<2,2>,<3,3>,<4,4>,<2,4>\}$。

根据关系的定义及关系有序对个数知，A 上有 2^{n^2} 个不同的二元关系，I_A 中有 n 个有序对，E_A 中有 n^2 个有序对。

例 3.4 设 $A=\{<1,2>,<2,4>,<3,3>\}$，$B=\{<1,3>,<2,4>,<4,2>\}$，求：$A\cup B$，$A\cap B$，$\mathrm{dom}A$，$\mathrm{dom}B$，$\mathrm{dom}(A\cup B)$，$\mathrm{ran}A$，$\mathrm{ran}B$，$\mathrm{ran}(A\cap B)$，$\mathrm{fld}(A-B)$，A^{-1}，$A\circ B$，B^3。

解：此题涉及的知识点是关系的基本运算。

$A\cup B=\{<1,2>,<2,4>,<3,3>,<1,3>,<4,2>\}$。

$A\cap B=\{<2,4>\}$。

$\mathrm{dom}A=\{1,2,3\}$。

$\mathrm{dom}B=\{1,2,4\}$。

$\mathrm{dom}(A\cup B)=\{1,2,3,4\}$。

$\mathrm{ran}A=\{2,3,4\}$。

$\mathrm{ran}B=\{2,3,4\}$。

$\mathrm{ran}(A\cap B)=\{4\}$。

$A-B=\{<1,2>,<3,3>\}$。

$\mathrm{fld}(A-B)=\{1,2,3\}$，$A^{-1}=\{<2,1>,<4,2>,<3,3>\}$。

$A\circ B=\{<1,4>,<2,2>\}$。

$B^3=\{<2,2>,<4,4>\}\circ B=\{<2,4>,<4,2>\}$。

例 3.5 证明关系的包含和相等。

(1) $(A-B)\times(C-D)\subseteq(A\times C)-(B\times D)$。

(2) 设 R 是 A 到 B 的关系，S 是 B 到 C 的关系，T 是 C 到 D 的关系，则$(R\circ S)\circ T=$

$R\circ(S\circ T)$。

(3) 设 R_1 和 R_2 是 A 上的关系，证明 $r(R_1\cup R_2)=r(R_1)\cup r(R_2)$。

证明：关系的包含和相等的方法与证明集合的包含和相等类似。

(1) 任取 $(x,y)\in(A-B)\times(C-D)\Rightarrow x\in(A-B)\land y\in(C-D)$（根据笛卡儿积定义）

$$\Rightarrow(x\in A\land x\notin B)\land(y\in C\land y\notin D)$$
$$\Rightarrow(x,y)\in(A\times C)\land(x,y)\notin(B\times D)$$
$$\Rightarrow(x,y)\in(A\times C)-(B\times D)$$

所以，$(A-B)\times(C-D)\subseteq(A\times C)-(B\times D)$。

(2) 任取 $<x,w>\in((R\circ S)\circ T\Leftrightarrow\exists z(<x,z>\in R\circ S\land<z,w>\in T)$（复合运算的定义）

$$\Leftrightarrow\exists z(\exists y(<x,y>\in R\land<y,z>\in S)\land<z,w>\in T)$$
$$\Leftrightarrow\exists z\exists y((<x,y>\in R\land<y,z>\in S)\land<z,w>\in T)$$
$$\Leftrightarrow\exists y\exists z(<x,y>\in R\land(<y,z>\in S\land<z,w>\in T))$$
$$\Leftrightarrow\exists y(<x,y>\in R\land\exists z(<y,z>\in S\land<z,w>\in T))$$
$$\Leftrightarrow\exists y(<x,y>\in R\land<y,w>\in S\circ T)$$
$$\Leftrightarrow<x,w>\in R\circ(S\circ T)$$

所以，$(R\circ S)\circ T=R\circ(S\circ T)$，即关系的复合运算满足结合律。

(3) 因为 $R_1\subseteq R_1\cup R_2$，$R_2\subseteq R_1\cup R_2$，由定理 3.16 可知 $r(R_1)\subseteq r(R_1\cup R_2)$，$r(R_2)\subseteq r(R_1\cup R_2)$，从而有 $r(R_1)\cup r(R_2)\subseteq r(R_1\cup R_2)$。反之，由 $R_1\subseteq r(R_1)$，$R_2\subseteq r(R_2)$，得 $R_1\cup R_2\subseteq r(R_1)\cup r(R_2)$，又知道 $r(R_1)\cup r(R_2)$ 是自反的，即 $r(R_1)\cup r(R_2)$ 是包含 $R_1\cup R_2$ 的自反关系，根据闭包的最小性，从而得到 $r(R_1\cup R_2)\subseteq r(R_1)\cup r(R_2)$。根据集合相等的定义，得到 $r(R_1\cup R_2)=r(R_1)\cup r(R_2)$。

例 3.6 分析定义在集合 $A=\{1,2,3\}$ 上的下列关系具有哪些性质。

(1) $R_1=\{<1,1>,<1,2>,<1,3>,<3,3>\}$。

(2) $R_2=\{<1,1>,<1,2>,<2,2>,<2,3>\}$。

(3) $R_3=\varnothing$。

(4) $R_4=A\times A$。

解：(1) R_1 具有反对称性、传递性。因为 $<2,2>\notin R_1$，所以 R_1 不具有自反性。因为 $<1,1>,<3,3>\in R_1$，所以 R_1 不具有反自反性。因为 $<1,2>\in R_1$，$<2,1>\notin R_1$，所以 R_1 不具有对称性。

(2) R_2 具有反对称性。因为 $<1,2>,<2,3>\in R_2$，而 $<1,3>\notin R_2$，所以 R_2 不具有传递性。

(3) R_3 具有反自反性、对称性、反对称性和传递性。注意，空关系是一个特殊的关系，关于空关系有以下性质：空集上的空关系具有自反性、对称性、反对称性和传递性。非空集合上的空关系具有反自反性、对称性、反对称性和传递性。

(4) R_4 全关系具有自反性、对称性、传递性。

例 3.7 (1) 设 $A=\{1,2,\cdots,8\}$，如下定义 A 上的关系 R：$R\equiv\{<x,y>|x,y\in A\land x\equiv y(\mathrm{mod}\ 3)\}$，其中 $x\equiv y(\mathrm{mod}\ 3)$ 表示 x 与 y 模 3 相等，验证 R 为 A 上的等价关系。

(2) 设 R 是集合 A 上的关系，令 $S=\{<a,b>|\exists c\in A$，使得 aRc，cRb$\}$。证明：若 R 是 A 上的等价关系，则 S 也是 A 上的等价关系。

解:(1) 因为$\forall x\in A$,有$x\equiv x \pmod 3$,所以关系R具有自反性。

$\forall x,y\in A$,若$x\equiv y \pmod 3$,则有$y\equiv x \pmod 3$,所以关系R具有对称性。

$\forall x,y,z\in A$,若$x\equiv y \pmod 3$,$y\equiv z \pmod 3$,则有$x\equiv z \pmod 3$,所以关系R具有传递性。

由等价关系的定义可知R为A上的等价关系。

关系R的关系图如图3-1所示。

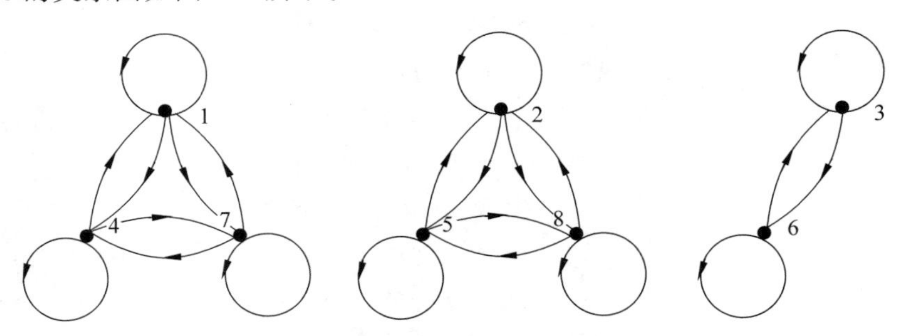

图3-1 例3.7关系R的关系图

不难看出,图3-1关系图被分为三个互不相连通的部分。每部分中的数两两都有关系,不同部分中的数则没有关系。每一部分中的所有的顶点构成一个等价类,$[1]=[4]=[7]=\{1,4,7\}$,$[2]=[5]=[8]=\{2,5,8\}$,$[3]=[6]=\{3,6\}$。

(2) 证明:因为R是A上的等价关系,所以R是自反的、对称的和传递的。

$\forall a\in A$,因为R自反,所以$<a,a>\in A$。取$c=a$,$<a,a>\in S$,故S是自反的。

$\forall <a,b>\in S$,存在$c\in A$,使得$<a,c>\in R$,$<c,b>\in R$。因为R对称,所以$<b,c>\in R$,$<c,a>\in R$,$<b,a>\in S$,故S是对称的。

$\forall <a,b>,<b,e>\in S$,存在$c,d\in A$,使得$<a,c>\in R$,$<c,b>\in R$,$<b,d>\in R$,$<d,e>\in R$。因为R传递,所以$<a,b>\in R$,$<b,e>\in R$,$<a,e>\in S$,故S是传递的。

由等价关系的定义S,也是A上的等价关系。

例3.8 分别画出下列各偏序集$<A,\preccurlyeq>$的哈斯图,并找出A的极大元、极小元、最大元和最小元。

(1) $A=\{a,b,c,d,e\}$,$\preccurlyeq=\{<a,d>,<a,c>,<a,b>,<a,e>,<b,e>,<c,e>,<d,e>\}\cup I_A$。

(2) $A=\{a,b,c,d,e\}$,$\preccurlyeq=\{<c,d>\}\cup I_A$。

解:利用偏序集哈斯图作图法:①以圆圈表示元素;②若$x\prec y$,则y画在x的上层;③若y覆盖x,则连线;④不可比的元素可画在同一层。由此可得到哈斯图,如图3-2所示。

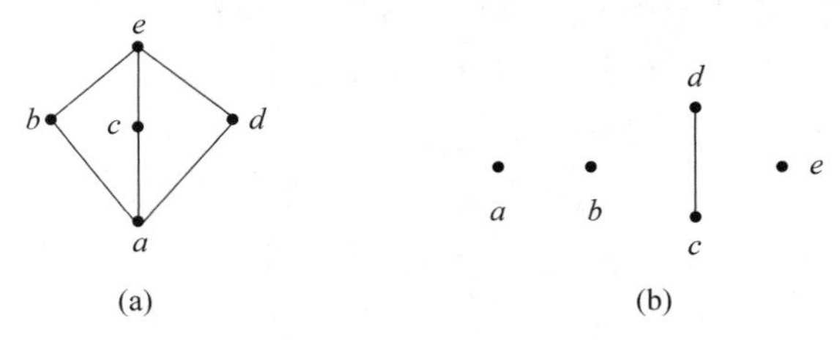

图3-2 例3.8哈斯图

图 3-2(a)对应(1),其极大元是 e,极小元是 a,最大元是 e,最小元是 a。图 3-2(b)对应(2),其极大元是 a、b、d、e,极小元是 a、b、c、e,没有最大元和最小元。

例 3.9 在 Sharp EL-506S 计算器上,2^{30} 的值为 1 073 741 820。如果这个值是正确的,那么 $2^{28}=2^{30}/4$ 的最后一位一定是 5。显然,2 的幂不可能是奇数,所以 2^{30} 的最后一位是错误的。那么,2^{30} 的最后一位数字是什么?

解:两个正整数有相同的个位数当且仅当它们模 10 同余,但在 Z_{10} 中,$[2^{30}]=[2^5]^6=[32]^6=[2]^6=[2^6]=[64]=[4]$,因此,$2^{30}$ 的最后一位为 4。实际上,$2^{30}=1\ 073\ 741\ 824$。

3.3 应用案例

3.3.1 同余关系在出版业中的应用

同余经常应用于检错码。本例将描述这种编码在出版业中的应用。从 1972 年开始,世界上任何地方出版的图书都带有一个 10 位的数字编码,这个编码称为国际标准书号(International Standard Book Number,ISBN)。例如,Spence 和 Vanden Eynden 撰写的《有限数学》的 ISBN 是 0-673-38582-5。这种编号给图书提供了一个标准的标识,相对于用作者、标题和版本来标识每本书的方法,这种方法使出版商和书店可以更容易地将库存和记账过程计算机化。

一个 ISBN 由 4 部分组成:组号、出版商号、出版商指定的标识号、校验位。在 ISBN 0-673-38582-5 中,组号 0 表示这本书是在英语国家(澳大利亚、加拿大、新西兰、南非、英国或美国)出版的,673 标识出版商,第三组数字 38582 在该出版商所出版的所有书中标识出这本书,最后一位数字 5 是校验位,用于检测复制和传送 ISBN 过程中产生的错误。利用校验位,出版商常可以检测出错误的 ISBN,从而避免由错误的订单所导致的昂贵的运输费。

校验位有 11 种可能的值:0、1、2、3、4、5、6、7、8、9 或 X(X 代表 10)。校验位是按下列方法计算出来的:分别用 10、9、8、7、6、5、4、3 和 2 乘以 ISBN 的前 9 位,并将这 9 个乘积相加得到 y,校验位 d 是满足 $y+d\equiv 0 \pmod{11}$ 的数字。例如,《有限数学》的校验位为 5,因为

$$\begin{aligned}&10\times0+9\times6+8\times7+7\times3+6\times3+5\times8+4\times5+3\times8+2\times2\\=&0+54+56+21+18+40+20+24+4=237\end{aligned}$$

而 $237+5=242\equiv 0 \pmod{11}$。

类似地,Rob Callan 所著图书 *Artificial Intelligence* 的 ISBN 是 0-333-80136-9。这里,校验位是 9,因为

$$\begin{aligned}&10\times0+9\times3+8\times3+7\times3+6\times8+5\times0+4\times1+3\times3+2\times6\\=&0+27+24+21+48+0+4+9+12=145\end{aligned}$$

而 $145+9=154\equiv 0 \pmod{11}$。

通过同余关系产生的校验位可以发现 ISBN 码的单位错误。

证明:假设 $x_1,x_2,\cdots,x_{10}$ 变成 $y_1,y_2,\cdots,y_{10}$,只改变其中的第 i 位,即 $y_i\neq x_i$,而 $y_k=x_k(k\neq i)$。

假设 $x_i>y_i$,则存在整数使得 $x_i=y_i+a$,其中 $1\leqslant a\leqslant 10$。

因此

$$\begin{aligned}&1y_1+2y_2+3y_3+4y_4+5y_5+6y_6+7y_7+8y_8+9y_9+10y_{10}\\&=1x_1+\cdots+(i-1)\ x_{i-1}+iy_i+(i+1)\ x_{i+1}+\cdots+10x_{10}\\&=1x_1+\cdots+(i-1)\ x_{i-1}+ix_i+i(-a)+(i+1)\ x_{i+1}+\cdots+10x_{10}\\&=\sum ix_i+i(-a)\end{aligned}$$

注意到 $\sum ix_i \equiv 0 \bmod (11)$，这是因为

$$\begin{aligned}&1x_1+2x_2+3x_3+4x_4+5x_5+6x_6+7x_7+8x_8+9x_9\\&\equiv x_{10} \bmod (11)\end{aligned}$$

则必有

$$\begin{aligned}&1x_1+2x_2+3x_3+4x_4+5x_5+6x_6+7x_7+8x_8+9x_9+10x_{10}\\&\equiv 0 \bmod (11)\end{aligned}$$

如果 $y_1,y_2,\cdots,y_{10}$是正确的 ISBN 号，则 $\sum iy_i \equiv 0 \bmod (11)$。

由此 $i(-a)\equiv 0 \bmod (11)$，则 $11|ia$，但是 $1\leqslant i\leqslant 10$，$1\leqslant a\leqslant 10$，不可能，故 $y_1,y_2,\cdots,y_{10}$不是正确的 ISBN 号。

3.3.2 拓扑排序在建筑工序中的应用

问题描述：建造一所房屋所需要的各项任务所需的天数及其直接的前继任务如表 3-1 所示。如果所有的任务由一组每次只能进行一项任务的人来完成，那么这些任务应该以怎样的顺序来完成？通过同时进行某些任务，多少天内可以完成所有的任务？

表 3-1 一组建筑任务所需的天数及其直接的前继任务

任　务	天数	前继任务	任　务	天数	前继任务
A 场地准备	4	没有	H 电气设施	3	E
B 地基	6	A	I 绝缘	2	G,H
C 排水设施	3	A	J 幕墙	6	F
D 骨架	10	B	K 墙纸	5	I,J
E 屋顶	5	D	L 清洁和油漆	3	K
F 窗	2	E	M 地板和装修	4	L
G 管道	4	C,E	N 检验	10	I

解答：在这个建筑项目中，某些任务只有等到别的任务完成后才能开始。例如，任务 G 即铺设管道只有等到任务 C 和 E 完成后才可以开始。另外还有一些条件在表 3-1 中没有明确地表示出来，如任务 G 只有等任务 A、B、C、D 和 E 都完成后才能开始，这是因为任务 E 必须等任务 D 完成后才能开始，而任务 D 必须在任务 B 完成后才能开始，任务 B 又必须等待任务 A 结束。在图 3-3 中考察任务之间的所有依赖关系更容易，其中任务 X 到任务 Y 的箭头表示任务 Y 必须在任务 X 及其之前的所有任务都完成后才可以开始。

通过约定所有的箭头由左指向右，从而省略图 3-3 中的所有箭头，则所得到的图如图 3-4

所示。

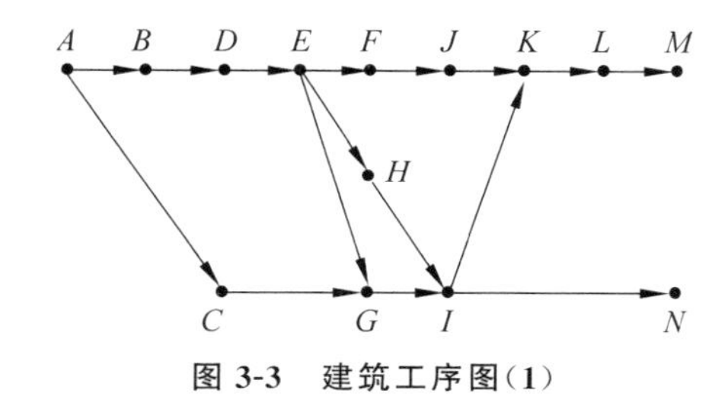

图 3-3 建筑工序图(1)

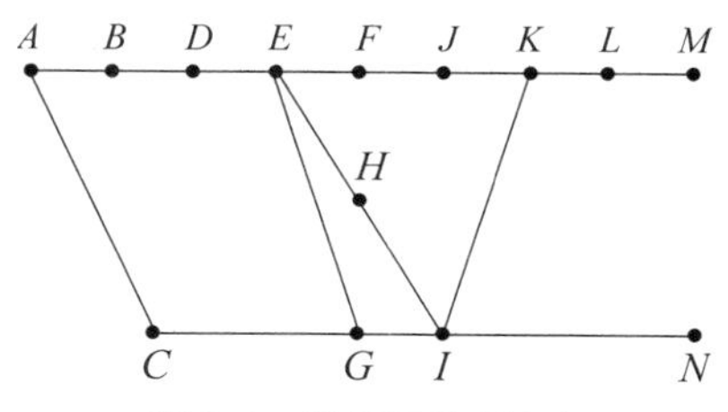

图 3-4 建筑工序图(2)

由于任务必须依次地完成，所以要在任务集合上寻找一个包含原偏序 R(图 3-5 所示的哈斯图描述了 R，等同于图 3-4) 的全序 T。即希望得到一个全序 T，满足 $R \subseteq T$。

为了说明拓扑排序算法的使用，需要为建筑的例子中的任务集合 S 构造一个全序，这个例子包含给定的偏序。从图 3-5 所示的哈斯图可以看出，A 是 S 的唯一的极小元。因此，取 s_1 = A，并从 S 中删除 A。与这个新的集合对应的哈斯图如图 3-6 所示。这里，B 和 C 都是极小元，可以任意地选择其中的一个，假设取 s_2 = C。对应于新集合的哈斯图如图 3-7 所示。因为 B 是这个新集合中唯一的极小元，所以取 s_3 = B。

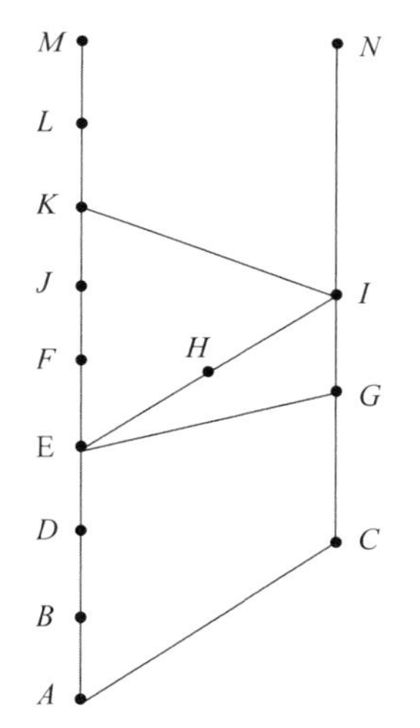

图 3-5 建筑工序哈斯图(1)

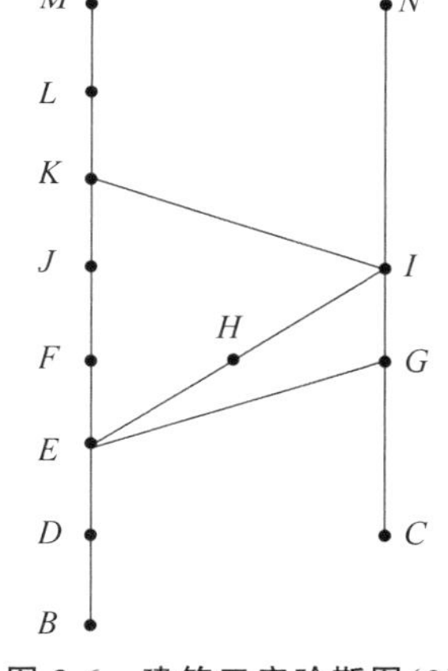

图 3-6 建筑工序哈斯图(2)

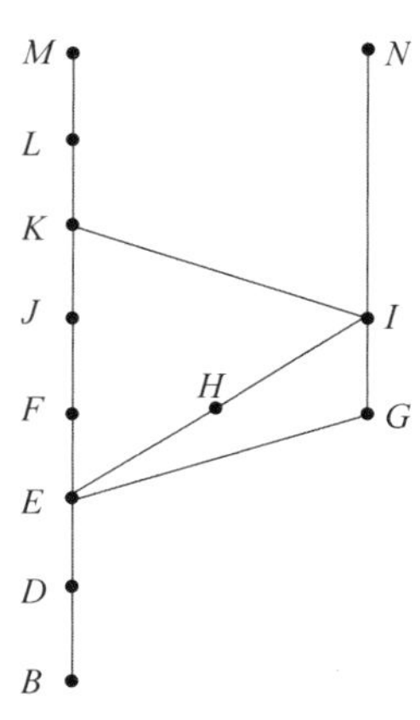

图 3-7 建筑工序哈斯图(3)

按照这种方式继续，选取 s_4 = D，s_5 = E，s_6 = G，s_7 = H，s_8 = I，s_9 = F，s_{10} = J，s_{11} = N，s_{12} = K，s_{13} = L，s_{14} = M。于是，A、C、B、D、E、G、H、I、F、J、N、K、L、M 就是一个这样的序列：它包含了任务的给定的偏序，且任务可按照它来进行。

当然，可能还会有其他同类序列，因为在算法的各个阶段，步骤 2 中可能存在多个可供选择的极小元。另一个可能的序列是 A、B、D、E、F、J、C、H、G、I、K、L、M、N。每一个这样的序列都对应于一个 S 中的任务的全序，它包含了给定的偏序，并且是这样形成的一个序关系：定义 X 与 Y 是相关联的当且仅当 $X = Y$ 或 X 在序列中出现在 Y 之前。

通过同时进行某些任务，在 45 天内就可以完成所有的任务(从而完全造好房屋)。计算过程略。

3.3.3 等价关系在软件测试等价类划分中的应用

问题描述:给定一程序,从对话框中读取三个整数值,其数据范围是1~200。这三个整数值代表了三角形三条边的长度。程序输出信息,指出该三角形究竟是不规则三角形、等腰三角形还是等边三角形,或者不构成三角形。运用等价类概念,设计测试用例。

解答:

算法分析:给集合{a,b,c}赋值分类如下。

1 存在输入值不在有效范围的情况或者输入的边长个数不对的情况

1.1 有一个输入值无效(某边的长度为负数,或者为0,或者为非整数(如2.5))

(又可以细分为)

1.1.1 a无效

1.1.2 b无效

1.1.3 c无效

1.2 有两个输入值无效

(又可以细分为)

1.2.1 a、b无效

1.2.2 a、c无效

1.2.3 b、c无效

1.3 三个输入值均无效

1.4 输入的边长个数不对(如仅输入了两个数)

2 不存在输入值不在有效范围的情况(即输入值均在有效范围)

2.1 构成三角形的情况(两边之和大于第三边)

2.1.1 三个元素均不相等(不规则三角形)

2.1.2 两个元素相等(等腰三角形,三种情况:①3,3,4;②3,4,3;③4,3,3)

2.1.3 三个元素均相等(等边三角形)

2.2 不构成三角形的情况

2.2.1 三个元素值均不相等

2.2.2 两边之和等于第三边(如①1,2,3;②1,3,2;③3,1,2)

2.2.3 两边之和小于第三边(如①1,2,4;②1,4,2;③4,1,2)

按上述安排设计测试用例输入,此外除了定义输入值,是否定义了程序针对该输入值的预期输出值?

用例设计如下。

(1)一般等价类测试用例,如表3-2所示。

表3-2 一般等价类测试用例

测试用例	a	b	c	预期输出
WN1	5	5	5	等边三角形
WN2	2	2	3	等腰三角形
WN3	3	4	5	不等边三角形
WN4	4	1	2	非三角形

(2)a、b、c中有一个无效值的等价类测试用例,如表3-3所示。

表 3-3 a、b、c 中有一个无效值的等价类测试用例

测试用例	a	b	c	预期输出
WR1	−1	5	5	a 取值不在所允许的取值值域内
WR2	5	−1	5	b 取值不在所允许的取值值域内
WR3	5	5	−1	c 取值不在所允许的取值值域内
WR4	201	5	5	a 取值不在所允许的取值值域内
WR5	5	201	5	b 取值不在所允许的取值值域内
WR6	5	5	201	c 取值不在所允许的取值值域内

(3) a、b、c 中有二个及三个无效值的等价类测试用例,如表 3-4 所示。

表 3-4 a、b、c 中有二个及三个无效值的等价类测试用例

测试用例	a	b	c	预期输出
WS1	−1	−1	5	a、b 取值不在所允许的取值值域内
WS2	5	−1	−1	b、c 取值不在所允许的取值值域内
WS3	−1	5	−1	a、c 取值不在所允许的取值值域内
WS4	−1	−1	−1	a、b、c 取值不在所允许的取值值域内

说明:等价划分是一种黑盒测试方法,它将程序的输入划分为若干数据类,从中生成测试用例。等价划分试图定义一个测试用例以期发现一类错误,由此减少所需设计测试用例的总数。

等价划分的测试用例设计是基于对输入条件的等价类的评估。等价类表示输入条件的一组有效的或无效的状态。通常情况下,输入条件要么是一个特定值、一个数据域、一组相关的值,要么是一个布尔值。可以根据下述指导原则定义等价类。

① 若输入条件指定一个范围,则可以定义一个有效和两个无效的等价类。

② 若输入条件需要特定的值,则可以定义一个有效和两个无效的等价类。

③ 若输入条件指定集合的某个元素,则可以定义一个有效和一个无效的等价类。

④ 若输入条件为布尔值,则可以定义一个有效和一个无效的等价类。

通过运用设计等价类的指导原则,可以为每个输入域数据对象设计测试用例并执行它。选择测试用例以便可以一次测试一个等价类的尽可能多的属性。

3.4 习题解答

3.1 判定下列断言的对错。

(1) $a \in \{\{a\}\}$。

(2) $\{a\} \subseteq \{a,b,c\}$。

(3) $\varnothing \in \{a,b,c\}$。

(4) $\varnothing \subseteq \{a,b,c\}$。

(5) $\{a,b\} \subseteq \{a,b,c,\{a,b,c\}\}$。

(6) $\{\{a\},1,3,4\}\subset\{\{a\},3,4,1\}$。

(7) $\{a,b\}\subseteq\{a,b,\{a,b\}\}$。

(8) 如果 $A\cap B=B$,则 $A=E$。

解:(1) ×。 (2) √。 (3) ×。 (4) √。 (5) √。 (6) ×。 (7) √。 (8) ×。

3.2 (1) 将"大于3而小于或等于7的整数集合"用集合表示出来。

(2) 将"小于10的素数"集合表示出来。

解:(1) $\{x \mid x>3 \land x\leqslant 7 \land x\in \mathbf{Z}\}$或$\{4,5,6,7\}$。

(2) $\{x \mid x<10 \land x$ 是素数$\}$或$\{2,3,5,7\}$。

3.3 若 A、B 都是集合,那么 A 能同时既是 B 的元素又是 B 的子集吗?举例说明。

解:可以。例如,$A=\{a\}$,$B=\{\{a\},a,b,c\}$。

3.4 化简下列集合表达式。

(1) $((A\cup B)\cap B)-(A\cup B)$。

(2) $((A\cup B\cup C)-(B\cup C))\cup A$。

(3) $(B-(A\cap C))\cup(A\cap B\cap C)$。

(4) $(A\cap B)-(C-(A\cup B))$。

解:(1) $((A\cup B)\cap B)-(A\cup B)=B-(A\cup B)=B\cap\sim(A\cup B)=B\cap\sim A\cap\sim B=\varnothing$。

(2) $((A\cup B\cup C)-(B\cup C))\cup A=((A\cup B\cup C)\cap\sim(B\cup C))\cup A=A$。

(3) $(B-(A\cap C))\cup(A\cap B\cap C)=(B\cap\sim(A\cap C))\cup(B\cap(A\cap C))=B\cap E=B$。

(4) $(A\cap B)\cap\sim(C\cap\sim(A\cup B))=(A\cap B)\cap(\sim C\cup A\cup B)=((A\cap B)\cap\sim C)\cup((A\cap B)\cap(A\cup B))=((A\cap B)\cap\sim C)\cup(A\cap B)=A\cap B$。

3.5 写出下列集合的子集。

(1) $A=\{a,\{b\},c\}$。

(2) $B=\{\varnothing\}$。

(3) $C=\varnothing$。

解:(1) $\varnothing,\{a\},\{\{b\}\},\{c\},\{a,\{b\}\},\{a,c\},\{\{b\},c\},\{a,\{b\},c\}$。

(2) $\varnothing,\{\varnothing\}$。

(3) $\varnothing$。

3.6 设集合 $A=\{1,2,3,4\}$,$B=\{2,3,5\}$,求:$A\cup B$,$A\cap B$,$A-B$,$B-A$,$A\oplus B$。

解:$A\cup B=\{1,2,3,4,5\}$。

$A\cap B=\{2,3\}$。

$A-B=\{1,4\}$。

$B-A=\{5\}$。

$A\oplus B=(A-B)\cup(B-A)=\{1,4,5\}$。

3.7 设全集 $E=\mathbf{N}$,有下列子集:$A=\{1,2,8,10\}$,$B=\{n \mid n^2<50,n\in\mathbf{N}\}$,$C=\{n \mid n$ 可以被3整除,且 $n<20,n\in\mathbf{N}\}$,$D=\{n \mid n=2^i,i<6$ 且 $i,n\in\mathbf{N}\}$。求下列集合。

(1) $A\cup(C\cap D)$。

(2) $A\cap(B\cup(C\cap D))$。

(3) $B-(A\cap C)$。

(4) $(\sim A\cap B)\cup D$。

解：(1) $A\cup(C\cap D)=A\cup\varnothing=A=\{1,2,8,10\}$。

(2) $A\cap(B\cup(C\cap D))=A\cap(B\cup\varnothing)=A\cap B=\{1,2\}$。

(3) $B-(A\cap C)=B-\varnothing=\{n\mid n^2<50,n\in\mathbf{N}\}=\{0,1,2,3,4,5,6,7\}$。

(4) $(\sim A\cap B)\cup D=\{0,3,4,5,6,7\}\cup\{1,2,4,8,16,32\}=\{0,1,2,3,4,5,6,7,8,16,32\}$。

3.8 设 $A=\{x,y,\{x,y\},\varnothing\}$。求下列各式的结果。

(1) $A-\{x,y\}$。

(2) $\{\{x,y\}\}-A$。

(3) $\varnothing-A$。

(4) $A-\{\varnothing\}$。

(5) $P(A)$。

解：(1) $\{\{x,y\},\varnothing\}$。

(2) $\varnothing$。

(3) $\varnothing$。

(4) $\{x,y,\{x,y\}\}$。

(5) $\{\varnothing,\{x\},\{y\},\{\varnothing\},\{\{x,y\}\},\{x,y\},\{x,\varnothing\},\{y,\varnothing\},\{x,\{x,y\}\},\{\{x,y\},y\},\{\{x,y\},\varnothing\},\{x,y,\varnothing\},\{\{x,y\},x,\varnothing\},\{\{x,y\},y,\varnothing\},\{\{x,y\},x,y\},\{\{x,y\},x,y,\varnothing\}\}$。

3.9 已知 $A=\{a,\{a\}\}$。求：$P(A)$，$P(P(A))$。

解：$P(A)=\{\varnothing,\{a\},\{\{a\}\},\{a,\{a\}\}\}$。

$P(P(A))=\{\varnothing,\{\varnothing\},\{\{a\}\},\{\{\{a\}\}\},\{\{a,\{a\}\}\},\{\varnothing,\{a\}\},\{\varnothing,\{\{a\}\}\},\{\varnothing,\{a,\{a\}\}\},\{\{a\},\{\{a\}\}\},\{\{a\},\{a,\{a\}\}\},\{\{\{a\}\},\{a,\{a\}\}\},\{\varnothing,\{a\},\{\{a\}\}\},\{\varnothing,\{a\},\{a,\{a\}\}\},\{\varnothing,\{\{a\}\},\{a,\{a\}\}\},\{\{a\},\{\{a\}\},\{a,\{a\}\}\},\{\varnothing,\{a\},\{\{a\}\},\{a,\{a\}\}\}\}$，共16个元素。

3.10 设 A 和 B 分别表示整数1985和1986的正因子集，而 $P(A)$ 和 $P(B)$ 分别表示 A 和 B 的幂集。求：

(1) $P(A)\cap P(B)$。

(2) $P(A)-P(B)$的基数。

(3) $P(B)-P(A)$的基数。

解：首先用枚举法表示集合 $A=\{1,5,397,1985\}$和集合 $B=\{1,2,3,6,331,1986\}$。

(1) $P(A)\cap P(B)=\{\varnothing,\{1\}\}$。

(2) $2^4-2=14$。

(3) $2^6-2=62$。

3.11 令 $x=\{\{2,5\},4,\{4\}\}$，求：$\cap(\cup x-4)$。

解：$\cup x=\{2,5,0,1,3,4\}$，$\cup x-4=\cup x-\{0,1,2,3\}=\{4,5\}$，$\cap(\cup x-4)=4$。

3.12 证明：(1) $P(A)\cup P(B)\subseteq P(A\cup B)$。

(2) $P(A)\cap P(B)=P(A\cap B)$。

证明：(1) 若任意取 $x\in P(A)\cup P(B)$，则 $x\in P(A)$ 或 $x\in P(B)$，于是 $x\subseteq A$ 或 $x\subseteq B$，所以 $x\subseteq A\cup B$，即 $x\in P(A\cup B)$，于是有 $P(A)\cup P(B)\subseteq P(A\cup B)$。

(2) 若任意取 $x\in P(A)\cap P(B)$，则 $x\in P(A)$ 且 $x\in P(B)$，于是 $x\subseteq A$ 且 $x\subseteq B$，所以 $x\subseteq A\cap B$，即 $x\in P(A\cap B)$，于是有 $P(A)\cap P(B)\subseteq P(A\cap B)$。反过来，若任意取 $x\in P(A\cap B)$，则 $x\subseteq A\cap B$，所以 $x\subseteq A$ 且 $x\subseteq B$，即 $x\in P(A)$ 且 $x\in P(B)$，于是有 $x\in P(A)\cap P(B)$，即 $P(A\cap B)\subseteq P(A)\cap P(B)$，所以 $P(A)\cap P(B)=P(A\cap B)$。

3.13 令 $x=\{\{\{1,2\},\{1\}\},\{\{1,0\}\}\}$。求：$\cup x$，$\cap x$，$\cup\cap x$，$\cap\cap x$，$\cup\cup x$，$\cap\cup x$。

解：$\cup x=\{\{1,2\},\{1\},\{1,0\}\}$。

$\cap x=\varnothing$。

$\cup\cap x=\varnothing$。

$\cap\cap x$ 无定义。

$\cup\cup x=\{1,2,0\}$。

$\cap\cup x=\{1\}$。

3.14 证明：$A\oplus B=(A\cup B)-(A\cap B)$。

证明：$A\oplus B=(A-B)\cup(B-A)=(A\cap\sim B)\cup(B\cap\sim A)=(A\cup B)\cap(\sim B\cup B)\cap(A\cap\sim A)\cap(\sim A\cup\sim B)=(A\cup B)\cap(\sim A\cup\sim B)=(A\cup B)\cap\sim(A\cap B)=(A\cup B)-(A\cap B)$。

3.15 试证明对任意集合 A、B、C，等式 $(A-B)\cup(A-C)=A$ 成立的充分必要条件是 $A\cap B\cap C=\varnothing$。

证明：若 $(A-B)\cup(A-C)=A$，则 $(A-B)\cup(A-C)=A-(B\cap C)$，即 $A-(B\cap C)=A$，任取 $x\in A$ 则 $x\notin(B\cap C)$，综上 $A\cap B\cap C=\varnothing$。若 $A\cap B\cap C=\varnothing$，则任取 $x\in A$ 有 $x\notin(B\cap C)$，因此，$x\in A-(B\cap C)$。所以 $A\subseteq A-(B\cap C)$，另一方面 $A-(B\cap C)\subseteq A$ 显然成立，所以 $A-(B\cap C)=A$，即 $(A-B)\cup(A-C)=A$ 成立。

3.16 (1) 若 $A-B=B$，问 A、B 分别是什么集合？请说明理由。

(2) 证明：$(A-B)-C=A-(B\cup C)=(A-C)-B=(A-C)-(B-C)$。

解：(1) $B=\varnothing$，$A=\varnothing$ 时，$A-B=B$。

如果 $x\in A-B$，则 $x\in A\wedge x\notin B$，而 $A-B=B$，得到 $x\in B$，矛盾。

因此，$B=A-B=\varnothing$，$A-B=A-\varnothing$，从而，$A=\varnothing$。

(2)
$$
\begin{aligned}
x\in(A-B)-C &\Leftrightarrow x\in A\wedge x\notin B\wedge x\notin C\\
&\Leftrightarrow x\in A-C\wedge x\notin B\\
&\Leftrightarrow x\in(A-C)-B\\
&\Leftrightarrow x\in A\wedge x\notin B\wedge x\notin C\\
&\Leftrightarrow x\in A\wedge\neg(x\in B\vee x\in C)\\
&\Leftrightarrow x\in A-(B\cup C)
\end{aligned}
$$

$$
\begin{aligned}
x\in(A-B)-C &\Leftrightarrow x\in A\wedge x\notin B\wedge x\notin C\\
&\Leftrightarrow(x\in A\wedge x\notin B\wedge x\notin C)\vee(x\in A\wedge x\notin C\wedge x\in C)\\
&\Leftrightarrow(x\in A\wedge x\notin C)\wedge(x\notin B\vee x\in C)\\
&\Leftrightarrow x\in(A-C)\wedge\neg(x\in B\wedge x\notin C)\\
&\Leftrightarrow x\in A-C\wedge x\notin(B-C)\\
&\Leftrightarrow x\in(A-C)-(B-C)。
\end{aligned}
$$

3.17 用谓词公式对集合 A 和 B 证明：$A-(A\cap B)=A-B$。

证明：任取 $x\in A-(A\cap B)$，即 $x\in A\wedge x\notin A\cap B$，即 $x\in A\wedge(x\notin A\vee x\notin B)$，即 $(x\in A\wedge x\notin B)\vee F$，即 $x\in A-B$。所以 $A-(A\cap B)\subseteq A-B$。另一方面 $A\cap B\subseteq B$，所以 $A-B\subseteq A-(A\cap B)$，原命题得证。

3.18 (1) 证明："A 为有限集"等价于"A 的任何子集为有限集"。

(2) 说明在下列各条件下集合 A 与 B 有什么关系，或者 A 与 B 是什么集合。

① $A\cap B=A$。

② $A-B=B-A$。

③ $(A-B)\cup(B-A)=A$。

证明：(1) 充分性显然。必要性：设 $|A|=n$，$B\subseteq A$，则 $|B|\leqslant|A|=n$，所以 B 为有限集。

(2) ① $A\subseteq B$。　　② $A=B$。　　③ $B=\varnothing$，A 任意。

3.19 计算或简单回答以下各题，其中 A、B 为任意集合。

(1) $\bigcup\{A\}$。

(2) $P(\{\varnothing,1\})$。

(3) $\{1,2\}\times\{a,b,c\}$。

(4) $A\oplus B=\varnothing$ 的充要条件是什么？

(5) A 与 $P(A)$ 等势吗？

解：(1) A。

(2) $\{\varnothing,\{1\},\{\varnothing\},\{\varnothing,1\}\}$。

(3) $\{<1,a>,<1,b>,<1,c>,<2,a>,<2,b>,<2,c>\}$。

(4) 充要条件是 $A=B$。

(5) 不等势。

3.20 假设 A、B、C 为集合，证明：$(A-B)\times(C-D)\subseteq(A\times C)-(B\times D)$。

证明：任取 $<x,y>\in(A-B)\times(C-D)$，则 $x\in(A-B)$，$y\in(C-D)$（根据笛卡儿积的定义），即 $x\in A$ 且 $x\notin B$，$y\in C$ 且 $y\notin D$，$<x,y>\in(A\times C)$，$<x,y>\notin(B\times D)$，所以 $<x,y>\in(A\times C)-(B\times D)$，即 $(A-B)\times(C-D)\subseteq(A\times C)-(B\times D)$。

3.21 设集合 $A=\{a,b\}$，$B=\{1,2,3\}$，$C=\{d\}$。求：$A\times B\times C$ 和 $B\times A$。

解：$A\times B=\{<a,1>,<a,2>,<a,3>,<b,1>,<b,2>,<b,3>\}$。

$A\times B\times C=\{<<a,1>,d>,<<a,2>,d>,<<a,3>,d>,<<b,1>,d>,<<b,2>,d>,<<b,3>,d>\}$。

$B\times A=\{<1,a>,<1,b>,<2,a>,<2,b>,<3,a>,<3,b>\}$。

3.22 证明：如果 $X=\{0\}$，$Y=\{0\}$，$Z=\{1\}$，则 $(X\times Y)\times Z\neq X\times(Y\times Z)$。

证明：因为 $(X\times Y)\times Z=\{<<0,0>,1>\}$，$X\times(Y\times Z)=\{<0,<0,1>>\}$，而 $<0,0>\neq 0$，所以 $(X\times Y)\times Z\neq X\times(Y\times Z)$。

3.23 设集合 $A=\{1,2,3\}$，用列举法给出 A 上的恒等关系 I_A，全关系 E_A，A 上的小于关系 $L_A=\{<x,y>|x,y\in A\wedge x<y\}$ 及其关系矩阵。

解：　恒等关系 $I_A=\{<1,1>,<2,2>,<3,3>\}$。

全关系 $E_A=\{<1,1>,<1,2>,<1,3>,<2,1>,<2,2>,<2,3>,<3,1>,<3,2>,$

$<3,3>\}$。

小于关系 $L_A=\{<1,2>,<1,3>,<2,3>\}$。

I_A 的关系矩阵为$\begin{bmatrix}1&0&0\\0&1&0\\0&0&1\end{bmatrix}$。

E_A 的关系矩阵为$\begin{bmatrix}1&1&1\\1&1&1\\1&1&1\end{bmatrix}$。

L_A 的关系矩阵为$\begin{bmatrix}0&1&1\\0&0&1\\0&0&0\end{bmatrix}$。

3.24 设集合 $A=\{1,2,3\}$,$R1$ 与 $R2$ 是 A 上的二元关系分别为

$R1=\{<1,1>,<1,2>,<2,2>,<3,2>,<3,3>\}$。

$R2=\{<1,1>,<2,1>,<2,2>,<2,3>,<1,3>,<3,3>\}$。

(1) 试分别写出 $R1$、$R2$ 的关系矩阵。

(2) 分别画出 $R1$、$R2$ 的关系图。

(3) 判定 $R1$、$R2$ 个具有关系的哪几种性质。

解:(1) R_1 的关系矩阵为$\begin{bmatrix}1&1&0\\0&1&0\\0&1&1\end{bmatrix}$;$R_2$ 的关系矩阵为$\begin{bmatrix}1&0&1\\1&1&1\\0&0&1\end{bmatrix}$。

(2) R_1 和 R_2 的关系图如图 3-8 所示。

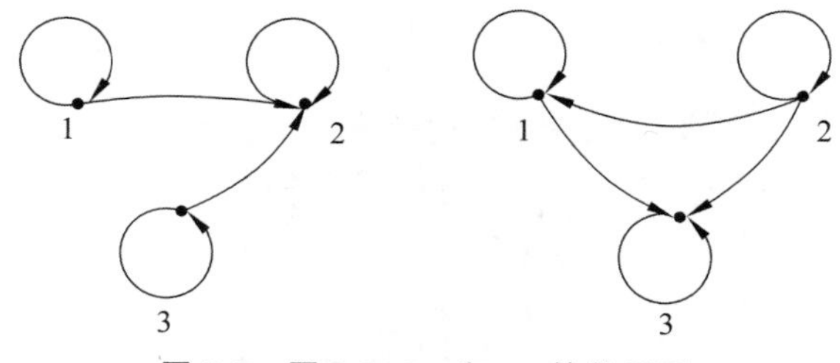

图 3-8 题 3.24 R_1 和 R_2 的关系图

(3) R_1 具有自反性、反对称性、传递性;R_2 具有自反性、反对称性、传递性。

3.25 设集合 $A=\{1,2,3,4,5\}$,试求 A 上的模 2 同余关系 R 的关系矩阵和关系图。

解:$R=\{<1,1>,<1,3>,<1,5>,<2,2>,<2,4>,<3,1>,<3,3>,<3,5>,<4,2>,<4,4>,<5,1>,<5,3>,<5,5>\}$。

关系矩阵为$\begin{bmatrix}1&0&1&0&1\\0&1&0&1&0\\1&0&1&0&1\\0&1&0&1&0\\1&0&1&0&1\end{bmatrix}$。

关系图如图 3-9 所示。

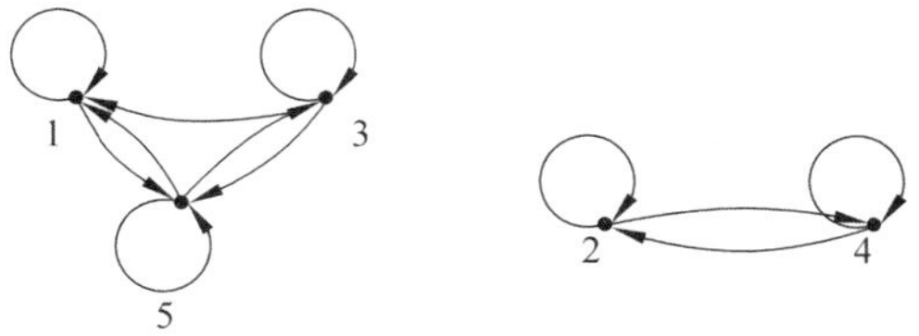

图 3-9　题 3.25 的关系图

3.26　设集合 $A=\{1,2,3,4\}$，A 上的二元关系为

$R_1=\{<1,1>,<1,3>,<1,4>,<2,4>,<3,3>,<4,4>\}$。

$R_2=\{<1,2>,<1,3>,<2,3>,<4,4>\}$。

$R_3=\{<1,1>,<2,2>,<3,3>,<4,4>\}$。

求：$R_1\cap R_2$，$R_2\cup R_3$，$\sim R_1$，R_1-R_3，$R_1\circ R_2$。

解：$R_1\cap R_2=\{<1,3>,<4,4>\}$。

$R_2\cup R_3=\{<1,1>,<1,2>,<1,3>,<2,2>,<2,3>,<3,3>,<4,4>\}$。

$\sim R_1=\{<1,2>,<2,1>,<2,2>,<2,3>,<3,1>,<3,2>,<3,4>,<4,1>,<4,2>,<4,3>\}$。

$R_1-R_3=\{<1,3>,<1,4>,<2,4>\}$。

$R_1\circ R_2=\{<1,2>,<1,3>,<1,4>,<2,4>,<4,4>\}$。

3.27　设集合 $Z=\{a,b,c,d\}$ 上有如下关系。

$R_1=\{<a,a>,<a,b>,<b,d>\}$。

$R_2=\{<a,d>,<b,c>,<b,d>,<c,b>\}$。

试给出关系 $((R_1\circ R_2)^{-1})^2$ 的关系矩阵和关系图，并说明它具有什么性质以及理由。

解：$R_1\circ R_2=\{<a,d>,<a,c>\}$，$(R_1\circ R_2)^{-1}=\{<d,a>,<c,a>\}$，$((R_1\circ R_2)^{-1})^2=\varnothing$。它具有反自反、对称、反对称和可传递性。关系矩阵为元素全为 0 的 4×4 矩阵，关系图为只有 4 个顶点、没有边的平凡图。

3.28　给定集合 $A=\{0,1,2,3\}$，且 A 中有关系为

$R_1=\{<i,j>\mid(i,j\in A)\wedge((j=i+1)\vee(j=i/2))\}$。

$R_2=\{<i,j>\mid(i,j\in A)\wedge(i=j+2)\}$。

试写出合成关系 $R_2\circ R_1$ 的如 R_1 或 R_2 的形式的集合表示式。

解：$R_1=\{<0,1>,<1,2>,<2,3>,<2,1>\}$，$R_2=\{<2,0>,<3,1>\}$，$R_2\circ R_1=\{<1,0>,<2,1>\}$。

3.29　设集合 $A=\{2,3,4\}$，$B=\{4,6,7\}$，$C=\{8,9,12,14\}$，R_1 是 A 到 B 的二元关系，R_2 是由 B 到 C 的二元关系。定义：$R_1=\{<a,b>\mid a$ 是素数且 a 整除 $b\}$，$R_2=\{<b,c>\mid b$ 整除 $c\}$。求复合关系 $R_1\circ R_2$，并用关系矩阵表示。

解：$R_1\circ R_2=\{<2,8>,<2,12>,<3,12>\}$。

$R_1\circ R_2$ 关系矩阵为 $\begin{bmatrix}1&0&1&0\\0&0&1&0\\0&0&0&0\end{bmatrix}$。

3.30　设 R_1、R_2 和 R_3 分别是从 A 到 B、从 B 到 C 和从 C 到 D 的关系。证明：$(R_1\circ R_2)\circ R_3=$

$R_1\circ(R_2\circ R_3)$。

证明:由复合关系定义可知$(R_1\circ R_2)\circ R_3$和$R_1\circ(R_2\circ R_3)$是$A\to D$上的关系。$\forall(x,w)\in(R_1\circ R_2)\circ R_3$,则$\exists z\in c$,使得$<x,z>\in R_1\circ R_2$且$(z,w)\in R_3$。$\exists y\in B$,使得$<x,y>\in R_1$且$<y,z>\in R_2$且$(z,w)\in R_3$。于是$<x,y>\in R_1$且$<y,w>\in R_2\circ R_3$,有$<x,w>\in R_1\circ(R_2\circ R_3)$,所以$(R_1\circ R_2)\circ R_3\subseteq R_1\circ(R_2\circ R_3)$。同理可证$R_1\circ(R_2\circ R_3)\subseteq(R_1\circ R_2)\circ R_3$。

3.31 设集合$A=\{a,b,c\}$,A上的二元关系R_1、R_2、R_3分别为:$R_1=A\times A$,$R_2=\{<a,a>,<b,b>\}$,$R_3=\{<a,a>\}$。试求:$R_1\circ R_2$,$R_2{}^2$,$R_1\circ R_2\circ R_3$,$(R_1\circ R_2\circ R_3)^{-1}$。

解:$R_1=\{<a,a>,<a,b>,<a,c>,<b,a>,<b,b>,<b,c>,<c,a>,<c,b>,<c,c>\}$。

$R_1\circ R_2=\{<a,a>,<a,b>,<b,a>,<b,b>,<c,a>,<c,b>\}$。

$R_2{}^2=\{<a,a>,<b,b>\}$。

$R_1\circ R_2\circ R_3=\{<a,a>,<b,a>,<c,a>\}$。

$(R_1\circ R_2\circ R_3)^{-1}=\{<a,a>,<a,b>,<a,c>\}$。

3.32 设集合$A=\{a,b,c,d\}$,判定下列关系哪些是自反的、对称的、反对称的、传递的。

$R_1=\{<a,a>,<b,a>\}$。

$R_2=\{<a,a>,<b,c>,<d,a>\}$。

$R_3=\{<c,d>\}$。

$R_4=\{<a,a>,<b,b>,<c,c>\}$。

$R_5=\{<a,c>,<b,d>\}$。

解:自反的:无。

对称的:R_4。

反对称的:R_1、R_2、R_3、R_4、R_5。

传递的:R_1、R_2、R_3、R_4、R_5。

3.33 设集合$A=\{1,2,3,\cdots,10\}$,A上的关系$R=\{<x,y>|x,y\in A$,且$x+y=10\}$,试判断R具有哪几种性质。

解:$R=\{<1,9>,<2,8>,<3,7>,<6,4>,<5,5>,<9,1>,<8,2>,<7,3>,<4,6>\}$。$R$具有对称性。

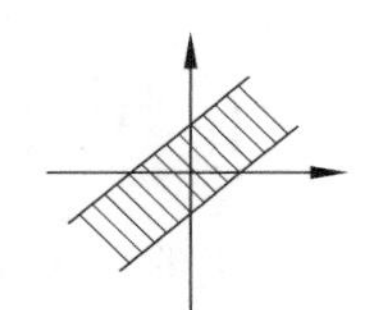

图3-10 题3.34 R的图形

3.34 在实平面上定义二元关系R为$R=\{<x,y>|x-y-2<0\wedge x-y+2>0\}$。

(1) 画出表示R的图形。

(2) 列举理由说明R是否具有自反性、反自反性、对称性、反对称性、传递性。

解:(1) 表示R的图形如图3-10所示。

(2) 自反性:$-2<x-y<2$。

对称性:若$-2<x-y<2$,则$-2<y-x<2$。

不具有传递性:如$<1.9,0>,<0,-1.9>\in R$,但$<1.9,-1.9>\notin R$。不具有反自反性,不具有反对称性。

3.35 设集合$A=\{1,2,3\}$,$P(A)$上的二元关系为$R=\{<B,C>|B\cap C\neq\varnothing\}$。那么

R 满足下列哪些性质？为什么？

（1）自反性。（2）反自反性。（3）对称性。（4）反对称性。（5）传递性。

解：满足(3)对称性，因为 $B\cap C\neq\varnothing$，则 $C\cap B\neq\varnothing$。

3.36 设 $X=\{1,2,3,4\}$，R 是 X 中的二元关系，即 $R=\{<1,1>,<3,1>,<1,3>,<3,3>,<3,2>,<4,3>,<4,1>,<4,2>,<1,2>\}$。

（1）画出 R 的关系图。

（2）写出 R 的矩阵。

（3）说明 R 是否是自反的、对称的、传递的。

解：（1）R 的关系图如图 3-11 所示。

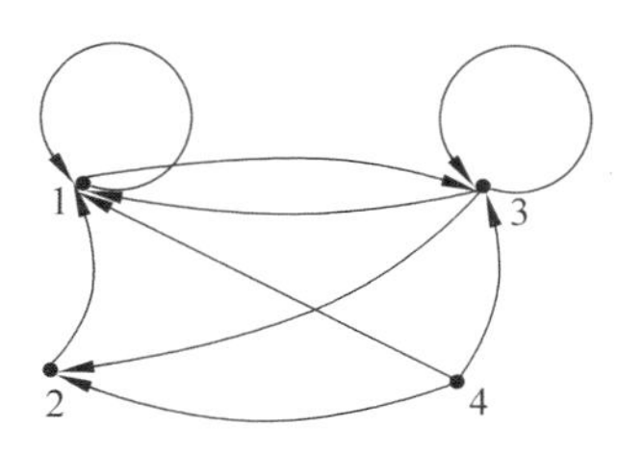

图 3-11　题 3.36 R 的关系图

（2）R 的矩阵为 $\begin{bmatrix}1&1&1&0\\0&0&0&0\\1&1&1&0\\1&1&1&0\end{bmatrix}$。

（3）因为 $R\circ R=R\subseteq R$，所以 R 是传递的；R 不是自反的，也不是对称的。

3.37 有人说，如果集合 X 上的关系 R 是对称的和传递的，那么 R 一定是自反的，从而 R 是等价关系。其论证方法是：因 R 对称，由 aRb 可得 bRa（$a,b\in X$），因 R 是传递的由 aRb 和 bRa 可得 aRa。这个结论正确吗？为什么？

解：不正确。例如，$X=\{a,b\}$，$R=\{<a,a>\}$，R 是对称的和传递的，但不是自反的。

3.38 设 S 为 X 上的关系，证明：如果 S 传递、自反，则 $S\circ S=S$，反之真否？

证明：由传递性的等价描述知，S 传递当且仅当 $S\circ S\subseteq S$。下面证明 $S\subseteq S\circ S$，任取 $<x,y>\in S$，因为 S 自反，于是 $<y,y>\in S$，$<x,y>\in S\circ S$，所以 $S\subseteq S\circ S$。反过来不真。例如，$X=\{a\}$，$S=\varnothing$。

3.39 设 R、S 是集合 X 上的满足 $(S\circ R)\subseteq(R\circ S)$ 的两个等价关系，证明 $(R\circ S)$ 是 X 上的等价关系。

证明：自反性，$\forall x\in x$，$<x,x>\in S\Rightarrow<x,x>\in(R\circ S)$。

对称性，$\forall<x,y>\in(R\circ S)\Rightarrow\exists z\in x$，$<x,z>\in R$ 且 $<z,y>\in S$

$\Rightarrow<y,z>\in S$ 且 $<z,x>\in R$（R、S 为两个等价关系）

$\Rightarrow<y,x>\in(S\circ R)$

因为 $(S\circ R)\subseteq(R\circ S)$，所以 $<y,x>\in(R\circ S)$。

传递性，$(R\circ S)\circ(R\circ S)=R\circ(S\circ R)\circ S\subseteq R\circ(R\circ S)\circ S=R^2\circ S^2\subseteq(R\circ S)$（$R^2\subseteq R$，$S^2\subseteq S$）。

3.40 设 S 是 X 到 Y 的关系，T 为 Y 到 Z 的关系。定义：对 $A\subseteq X$，$S(A)=\{y\mid<x,y>\in S,x\in A\}$，试证明：

（1）$S(A)\subseteq Y$。

（2）$(T\circ S)(A)=T(S(A))$。

（3）$S(A\cup B)=S(A)\cup S(B)$。

（4）$S(A\cap B)\subseteq S(A)\cap S(B)$。

证明：（1）$\forall y\in S(A)\Rightarrow<x,y>\in S\wedge x\in A\Rightarrow y\in Y$。

（2）$\forall z\in(T\circ S)(A)\Leftrightarrow<x,z>\in T\circ S\wedge x\in A\Leftrightarrow\exists y\in Y\wedge<x,y>\in S\wedge<y,z>\in T\wedge x\in A\Leftrightarrow<y,z>\in T\wedge y\in S(A)\Leftrightarrow z\in T(S(A))$。

(3) $\forall y \in (S(A) \cup S(B)) \Rightarrow y \in S(A) \vee y \in S(B) \Rightarrow (\exists x_1 \in A \cup B(<x_1, y> \in S)) \vee (\exists x_2 \in A \cup B(<x_2, y> \in S)) \Rightarrow y \in S(A \cup B)$。

反之，$\forall y \in S(A \cup B) \Rightarrow \exists x \in A \cup B <x, y> \in S$，如果 $x \in A$，则 $<x, y> \in S$，得 $y \in S(A)$；如果 $x \in B$，则 $<x, y> \in S$，得 $y \in S(B)$。

(4) $\forall y \in S(A \cap B) \Rightarrow \exists x \in (A \cap B), <x, y> \in S \Rightarrow x \in A$ 且 $x \in B, <x, y> \in S \Rightarrow y \in S(A) \wedge y \in S(B) \Rightarrow y \in S(A) \cap S(B)$。

3.41 设 R 和 S 都是集合 A 上的自反、对称和传递关系。$R \cap S$ 的自反、对称和传递闭包是什么？证明你的结论。

证明：$R \cap S$ 的自反、对称、传递闭包均为 $R \cap S$。只要证明 $R \cap S$ 是自反、对称、传递的。自反、对称性显然。下面证明传递性。

如果 $<x, y>, <y, z> \in R \cap S$，则有 $<x, y>, <y, z> \in R$，$<x, y>, <y, z> \in S$，由于 R 和 S 是传递关系，所以 $<x, z> \in R$，$<x, z> \in S$，从而有 $<x, z> \in R \cap S$。

3.42 设集合 $A = \{a, b, c\}$，R 是集合 A 上的关系，$R = \{<a, b>, <b, a>, <b, c>\}$。求：$r(R)$、$s(R)$、$t(R)$，并分别画出它们的关系图。

解：$r(R) = \{<a, a>, <a, b>, <b, a>, <b, b>, <b, c>, <c, c>\}$。

$s(R) = \{<a, b>, <b, a>, <b, c>, <c, b>\}$。

$t(R) = \{<a, a>, <a, b>, <a, c>, <b, a>, <b, b>, <b, c>\}$。

$r(R)$、$s(R)$ 和 $t(R)$ 关系图分别如图 3-12、图 3-13 和图 3-14 所示。

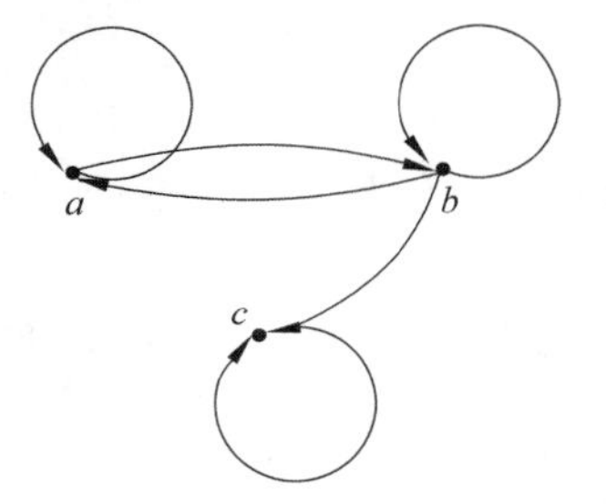

图 3-12 题 3.42 $r(R)$ 的关系图

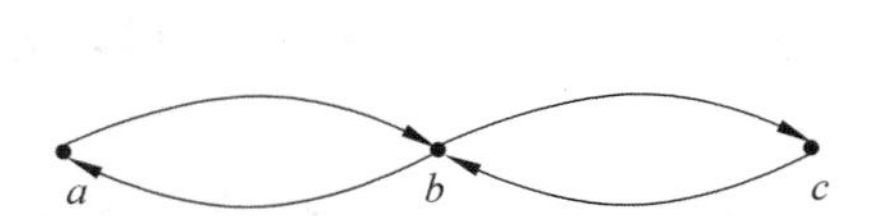

图 3-13 题 3.42 $s(R)$ 的关系图

3.43 (1) 整数集 **Z** 上的关系 $R = \{<a, b> | a < b\}$ 的自反闭包是什么？

(2) 正整数集 $\mathbf{Z}^+$ 上的关系 $R = \{<a, b> | a < b\}$ 的对称闭包是什么？

解：(1) 自反闭包 $r(R) = \{<a, b> | a \leqslant b\}$。

(2) 对称闭包 $s(R) = \{<a, b> | a \neq b\}$。

3.44 设集合 $A = \{a, b, c, d\}$，A 上关系 R 的关系图如图 3-15 所示，试求：$r(R)$、$s(R)$、$t(R)$，并分别画出它们的关系图。

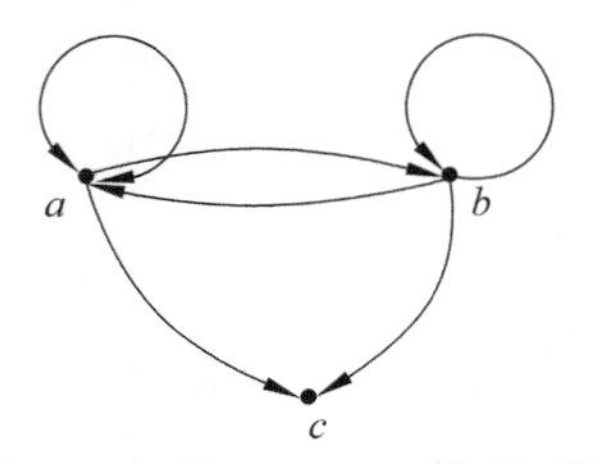

图 3-14 题 3.42 $t(R)$ 的关系图

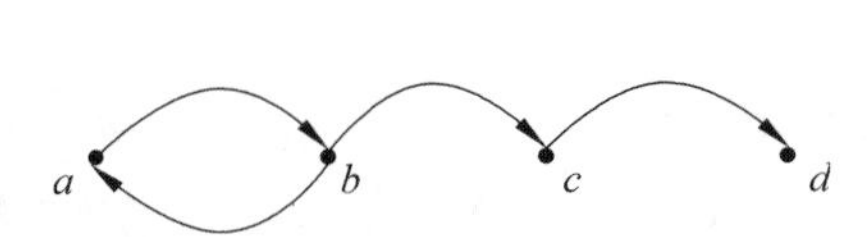

图 3-15 题 3.44 R 的关系图

解：$r(R)$、$s(R)$和$t(R)$的关系图分别如图 3-16、图 3-17 和图 3-18 所示。

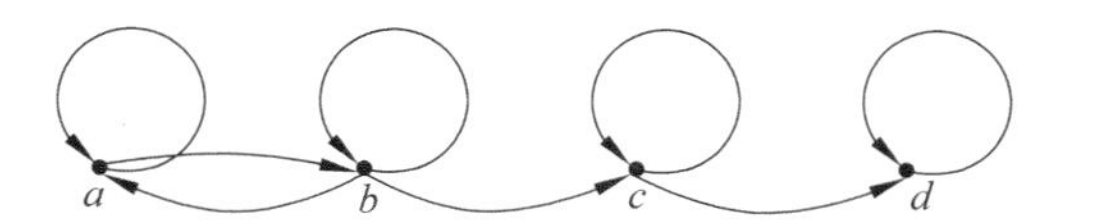

图 3-16　题 3.44 $r(R)$的关系图

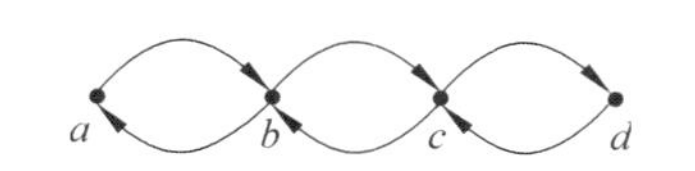

图 3-17　题 3.44 $s(R)$的关系图

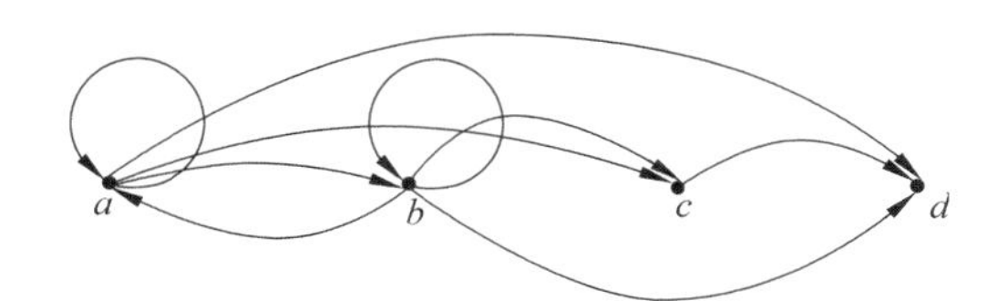

图 3-18　题 3.44 $t(R)$的关系图

3.45　设集合 $A=\{a,b,c\}$，$R=\{<a,b>,<b,c>,<c,a>\}$，求：$r(R)$，$s(R)$，$t(R)$，$tsr(R)$。

解：$r(R)=\{<a,a>,<a,b>,<b,b>,<b,c>,<c,a>,<c,c>\}$。

$s(R)=\{<a,b>,<a,c>,<b,a>,<b,c>,<c,a>,<c,b>\}$。

$t(R)=\{<a,a>,<a,b>,<a,c>,<b,a>,<b,b>,<b,c>,<c,a>,<c,b>,<c,c>\}$。

$tsr(R)=\{<a,a>,<a,b>,<a,c>,<b,a>,<b,b>,<b,c>,<c,a>,<c,b>,<c,c>\}$。

3.46　设集合 $A=\{a,b,c,d\}$，R_1 和 R_2 是 A 上的二元关系，$R_1=\{<a,b>,<b,c>,<c,a>\}$，$R_2=\varnothing$，试求：$r(R_2)$，$s(R_2)$，$t(R_2)$，$r(R_1^2)$，$s(R_1^2)$，$t(R_1^2)$。

解：$r(R_2)=I_A$。

$s(R_2)=\varnothing$。

$t(R_2)=\varnothing$。

$R_1^2=\{<a,c>,<b,a>,<c,b>\}$。

$r(R_1^2)=\{<a,a>,<b,b>,<c,c>,<a,c>,<b,a>,<c,b>,<d,d>\}$。

$s(R_1^2)=\{<a,c>,<c,a>,<a,b>,<b,a>,<c,b>,<b,c>\}$。

$t(R_1^2)=\{<a,a>,<a,b>,<a,c>,<b,a>,<b,b>,<b,c>,<c,a>,<c,b>,<c,c>\}$。

3.47　设 $A=\{1,3,5,\cdots\}$，$B=\{2,4,6,\cdots\}$，而 $T=\{\{<x,y>|x\in A,y\in B,x>y\}\cup\{<x,y>|x\in A,y\in B,x<y\}\}$，试证明 T 是 $A\times B$ 的划分。

证明：因为 $A\cap B=\varnothing$，所以 $\forall x\in A,y\in B$，$x<y$，$x>y$ 有且只有一种情况成立，T 的各个子集互不相交。易证其并集为 $A\times B$，所以 T 是 $A\times B$ 的划分。

3.48　证明：整数集合 $\mathbf{Z}$ 的任何子集合 $\mathbf{I}$ 中的模 m 等价关系 R 是一个等价关系。若 $X=\{1,2,3,4,5,6,7\}$，$m=3$，试写出 R 的关系式，写出 R 的关系矩阵，给出商集 X/R，并说明 X/R 为什么是 X 的一个划分。

解：(1) 自反性，任取 $a\in\mathbf{Z}$，　$a=a(\bmod m)$。对称性，任取 $a,b\in\mathbf{Z}$，$a=b(\bmod m)$，$b=a(\bmod m)$。传递性，任取 $a,b,c\in\mathbf{Z}$，$a=b(\bmod m)$，$b=c(\bmod m)$，所以 $a=c(\bmod m)$。

因此，R 是一个等价关系，X/R 是 X 的一个等价划分。

(2) $R=\{<1,4>,<4,1>,<4,7>,<7,4>,<1,7>,<7,1>,<2,5>,<5,2>,<3,6>,<6,3>,<1,1>,<2,2>,<3,3>,<4,4>,<5,5>,<6,6>,<7,7>\}$。

R 的关系矩阵为$\begin{bmatrix}1&0&0&1&0&0&1\\0&1&0&0&1&0&0\\0&0&1&0&0&1&0\\1&0&0&1&0&0&1\\0&1&0&0&1&0&0\\0&0&1&0&0&1&0\\1&0&0&1&0&0&1\end{bmatrix}$。

$X/R=\{\{1,4,7\},\{2,5\},\{3,6\}\}$。$X/R$ 是 X 的一个等价划分，因为$\{1,4,7\}$、$\{2,5\}$、$\{3,6\}$的并集等于 X，交集为空。

3.49 下列二元关系中哪些是等价关系？如果不是等价关系，它违背了哪一条等价关系的性质？

(1) $R_1=\{<a,b>\mid \exists x(x\in I\wedge(10x\leqslant a\leqslant b\leqslant 10(x+1)))\}$。

(2) $R_2=\{<a,b>\mid \exists x(x\in I\wedge(10x<a<10(x+1))\wedge(10x\leqslant b\leqslant 10(x+1)))\}$。

(3) $R_3=\{<a,b>\mid \exists x\,\exists y(x\in I\wedge y\in I\wedge(10x\leqslant a\leqslant 10(x+1))\wedge(10y\leqslant b\leqslant 10(y+1)))\}$。

解：(1) 不是等价关系，不对称，改为 $a=b$。

(2) 不是等价关系，不对称，第一坐标不可取整数，改为$(10x\leqslant a\leqslant b\leqslant 10(x+1))$。

(3) 是等价关系。

3.50 设 R 是集合 $A=\{1,2,3,4,5,6\}$上的关系，$R=\{<1,1>,<1,3>,<1,6>,<2,2>,<2,5>,<3,1>,<3,3>,<3,6>,<4,4>,<5,2>,<5,5>,<6,1>,<6,3>,<6,6>\}$。

(1) 验证 R 是等价关系。

(2) 画出 R 的关系图。

(3) 写出 A 关于 R 的等价类。

解：(1) 自反性，任取 $x\in A$，因为$<x,x>\in R$，所以 R 是 A 上的自反关系。

对称性，任取 $x,y\in A\wedge<x,y>\in R$，则由 R 可以看出$<y,x>\in R$，所以 R 为 A 上的对称关系。

传递性，任取 $x,y,z\in A\wedge<x,y>\in R\wedge<y,z>\in R$，则由 R 可以看出$<x,z>\in R$，所以 R 为 A 上的传递关系。综上 R 是等价关系。

(2) R 的关系图如图 3-19 所示。

(3) R 的等价类：$[1]=[3]=[6]=\{1,3,6\}$，$[2]=[5]=\{2,5\}$，$[4]=\{4\}$。

3.51 构造集合 $A=\{a,b,c\}$上的所有等价关系。

解：等价类为$\{\{a\},\{b\},\{c\}\}$，$\{\{a,b\},\{c\}\}$，$\{\{a,b\},\{b\}\}$，$\{\{b,c\},\{a\}\}$，$\{\{a,b,c\}\}$，对应的等价关系为 I_A，$I_A\cup\{<a,b>,<b,a>\}$，$I_A\cup\{<a,c>,<c,a>\}$，$I_A\cup\{<b,c>,<c,b>\}_{A\times A}$。

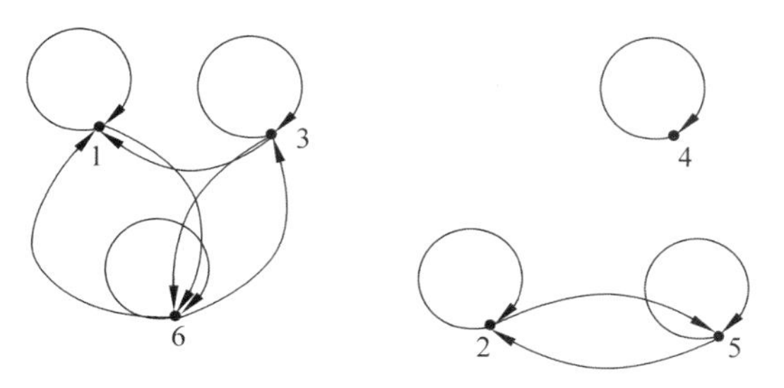

图 3-19 题 3.50 R 的关系图

3.52 证明：定义在实数集 **R** 上的关系 $R=\{<x,y>|x,y\in R,(x-y)/3$ 是整数$\}$，R 是一个等价关系。

证明：(1) 自反性，任取 $x\in A$，有 $(x-x)/3=0$ 是整数。所以 $<x,x>\in R$。

(2) 对称性，任取 $x,y\in A$，若 $x-y=3a$（a 是正整数），$y-x=-3a$，所以 $<y,x>\in R$。

(3) 传递性，任取 $<x,y>\in R$，$<y,z>\in R\Rightarrow x-y=3a$，$y-z=3b$，$a$、$b$ 是正整数，所以 $x-z=3(a+b)$，所以 $<x,z>\in R$。

综合(1)、(2)、(3)，R 是一个等价关系。

3.53 设 R 是集合 A 上的一个传递关系和自反关系，T 是 A 上的一个关系，满足 $<a,b>\in T$ 当且仅当 $<a,b>\in R$ 且 $<b,a>\in R$。证明 T 是 A 上的一个等价关系。

证明：自反性，$\forall a\in A$，$<a,a>\in R$ 且 $<a,a>\in R\Rightarrow <a,a>\in T$。对称性，$\forall a,b\in A$，$<a,b>\in T\Leftrightarrow <a,b>\in R$ 且 $<b,a>\in R\Leftrightarrow <b,a>\in R$ 且 $<a,b>\in R\Rightarrow <b,a>\in T$（$R$ 传递）。传递性，$\forall a,b,c\in A$，$<a,b>\in T$，$<b,c>\in T\Rightarrow <a,b>\in R$，$<b,a>\in R$，$<b,c>\in R$，$<c,b>\in R\Rightarrow <a,c>\in R$，$<c,a>\in R\Rightarrow <a,c>\in T$（$R$ 传递）。由等价关系的定义可知，T 是 A 上的一个等价关系。

3.54 设 R 是集合 A 中的二元关系，试求出包含 R 的最小等价关系 O。

解：包含 R 的最小等价关系 $O=t(s(r(R)))$，也可以写成 $O=tsr(R)$。由闭包的定义可以证明 O 是包含 R 并同时具有自反、对称、传递性质的最小关系。

3.55 若关系 B 和关系 S 是集合 X 上的等价关系，请判断 $B\cap S$，$B\cup S$ 是否也是等价关系？

解：$B\cap S$ 是等价关系。$B\cup S$ 不一定是等价关系，例如 $X=\{1,2,3\}$，$B=\{<1,1>,<2,2>,<3,3>,<1,2>,<2,1>\}$，$S=\{<1,1>,<2,2>,<3,3>,<2,3>,<3,2>\}$。

3.56 设 R 是 A 上的关系，试证明 $S=I_A\cup R\cup R^{-1}$ 是 A 上的相容关系。

证明：自反性，由定理 3.13 知 $s(R)=R\cup R^{-1}$，于是 $S=I_A\cup s(R)=r(s(R))$，所以 S 是自反的。对称性，又因为 $s(R)$ 是对称的，于是任意 $x,y\in A$，$<x,y>\in I_A\cup s(R)\Leftrightarrow <x,y>\in I_A\vee <x,y>\in s(R)\Leftrightarrow <y,x>\in I_A\vee <y,x>\in s(R)\Leftrightarrow <y,x>\in I_A\cup s(R)$。所以 $I_A\cup s(R)$ 在 A 上是对称的，即 S 是对称的。由相容关系的定义可知，$S=I_A\cup R\cup R^{-1}$ 是 A 上的相容关系。

3.57 设 $A=\{1,2,3,\cdots,9\}$，$A\times A$ 的关系 R 定义：对任意 $<a,b>,<c,d>\in A\times A$，$<a,b>R<c,d>$ 当且仅当 $a+d=b+c$。

(1) 证明 R 是 $A\times A$ 中的等价关系。

(2) 给出 $<2,5>$ 的等价类 $[<2,5>]$。

证明：(1) 注意到 $<a,b>R<c,d>$ 当且仅当 $a+d=b+c\Leftrightarrow a-b=c-d$，任取 $<a,b>$，有 $<a,b>\in A\times A$，有 $a-b=a-b\Leftrightarrow<a,b>R<a,b>$，所以 R 是自反的。任取 $<a,b>$，$<c,d>\in A\times A$，有 $a-b=c-d\Leftrightarrow c-d=a-b\Leftrightarrow<c,d>R<a,b>$，所以 R 是对称的。任取 $<a,b>,<c,d>,<e,f>\in A\times A$，有 $a-b=c-d$，$c-d=e-f$，则 $a-b=e-f\Leftrightarrow$ $<a,b>R<e,f>$，所以 R 是传递的。由等价关系的定义可知，R 是 $A\times A$ 中的等价关系。

(2) $[<2,5>]=\{<1,4>,<2,5>,<3,6>,<4,7>,<5,8>,<6,9>\}$。

3.58 设 $A=\{1,2,3,4\}$，R 为 $A\times A$ 上的二元关系，$\forall<a,b>,<c,d>\in A\times A$，$<a,b>R<c,d>\Leftrightarrow a+b=c+d$。

(1) 证明 R 为等价关系。

(2) 求 R 导出的划分。

证明：(1) 自反性，任意 $<a,b>\in A\times A$，因为 $a+b=a+b$，所以 $<a,b>R<a,b>$，因此 R 是自反的。对称性，任意 $<a,b>,<c,d>\in A\times A$，设 $<a,b>R<c,d>$，则 $a+b=c+d$。所以 $c+d=a+b$，故 $<c,d>R<a,b>$，所以 R 是对称的。传递性，任意的 $<a,b>$，$<c,d>,<x,y>\in A\times A$，若有 $<a,b>R<c,d>,<c,d>R<x,y>$，则 $a+b=c+d$，$c+d=x+y$。所以 $a+b=x+y$，即 $<a,b>R<x,y>$，所以 R 是传递的。综上，R 是 $A\times A$ 上的等价关系。

(2) $\Pi=\{\{<1,1>\},\{<1,2>,<2,1>\},\{<1,3>,<2,2>,<3,1>\},\{<1,4>,<4,1>,<2,3>,<3,2>\},\{<2,4>,<4,2>,<3,3>\},\{<3,4>,<4,3>\},\{<4,4>\}\}$。

3.59 对 A 上的关系 R，如果 aRb 和 bRc 蕴涵 cRa，则称 R 为巡回的。证明：R 是自反的、巡回的，当且仅当 R 是等价的。

证明：充分性：即由 R 是等价的容易得到 R 是自反的、巡回的。

必要性：①对称性，由 aRb 和 bRb(R 是自反的) $\Rightarrow bRa$。②传递性，由 aRb 和 $bRc\Rightarrow cRa\Rightarrow aRc$(由上述证得的对称性可知)。

3.60 设集合 $A=\{18$ 的正整数因子$\}$，$\preccurlyeq$ 为整除关系。证明：$<A,\preccurlyeq>$ 是偏序关系。

证明：$A=\{1,2,3,6,9,18\}$，因为 $\preccurlyeq$ 为整除关系，所以可以得到如图 3-20 所示的关系图。

由图可知，$<A,\preccurlyeq>$ 具有自反性、反对称性和传递性。所以，$<A,\preccurlyeq>$ 是偏序关系。

3.61 在集合 $A=\{0,1,\cdots,7\}$ 上构造如下关系。

(1) $\preccurlyeq$，这里 $x\preccurlyeq y$，当且仅当 $y-x\in A$。

(2) $\prec$，这里 $x\prec y$，当且仅当 $y-x\in A$ 且 $y-x\neq 0$。

(3) $=$，这里 $x=y$，当且仅当 $y-x=0$。

(4) $\sim$，这里 $x\sim y$，当且仅当 $y-x$ 是偶数。

(5) $*$，这里 $x*y$，当且仅当 $4<x-y$。

(6) s，这里 xsy，当且仅当 $y-x=1$，减号“$-$”是自然数的普通减法。

哪些关系是对称的，反对称的，自反的，反自反的，传递的关系？哪些关系是偏序关系，等价关系？对应于等价关系的划分是什么？

解：具有对称性的关系有(3)和(4)。

具有反对称性的关系有(1)、(2)、(3)、(5)、(6)。

具有自反性的关系有(1)、(3)、(4)。

具有反自反性的关系有(2)、(5)、(6)。

具有传递性的关系有(1)、(2)、(3)、(4)、(5)。

偏序关系为(1)、(3)。

等价关系为(3)、(4)。

对应与(3)的划分为$\{\{0\},\{1\},\{2\},\{3\},\{4\},\{5\},\{6\},\{7\}\}$。

图 3-20　题 3.60 的关系图

对应与(4)的划分为$\{\{0,2,4,6\},\{1,3,5,7\}\}$。

3.62　设集合 $A=\{1,2,3,\cdots,12\}$，R 为 A 上的整除关系。

(1) 画出偏序集$\langle A,R\rangle$的哈斯图。

(2) 给出集合 A 的最大元、最小元、极大元和极小元。

(3) 给出 A 的子集 $B=\{3,6,9,12\}$的上界、下界、最小上界和最大下界。

解：(1) 偏序集$\langle A,R\rangle$的哈斯图如图 3-21 所示。

(2) A 中无最大元，最小元是 1，极大元是 7、8、9、10、11、12，极小元是 1。

(3) B 没有上界和最小上界，B 的下界是 1、3，最大下界是 3。

3.63　集合 $A=\{a,b,c,d,e\}$，偏序关系 R 的哈斯图如图 3-22 所示，A 的子集 $B=\{c,d,e\}$。

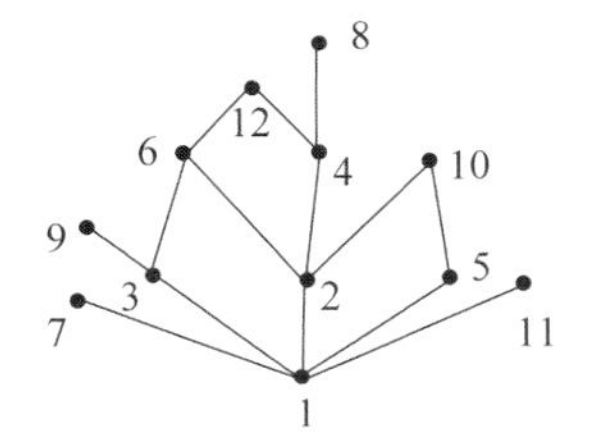

图 3-21　题 3.62 偏序集$\langle A,R\rangle$的哈斯图

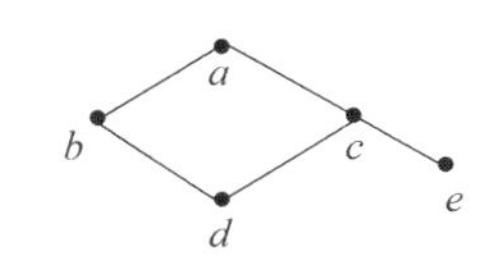

图 3-22　偏序关系 R 的哈斯图

(1) 用列举法写出偏序关系 R 的集合表达式。

(2) 写出集合 B 的极大元、极小元、最大元、最小元、上界、下界、最小上界、最大下界。

解：(1) $R=\{\langle a,a\rangle,\langle b,b\rangle,\langle c,c\rangle,\langle d,d\rangle,\langle e,e\rangle,\langle e,c\rangle,\langle c,a\rangle,\langle e,a\rangle,\langle d,b\rangle,\langle d,c\rangle,\langle b,a\rangle,\langle d,a\rangle\}$。

(2) B 的极大元：c。极小元：d、e。最大元：c。最小元：无。上界：a、c。下界：无。最小上界：c。最大下界：无。

3.64　设 $A=\{1,2,3,4,5\}$，A 上的二元关系 $R=\{\langle 1,1\rangle,\langle 2,2\rangle,\langle 3,3\rangle,\langle 3,4\rangle,\langle 4,4\rangle,\langle 5,3\rangle,\langle 5,4\rangle,\langle 5,5\rangle\}$。

(1) 给出 R 的关系矩阵和关系图。

(2) 证明 R 是 A 上的偏序关系，并画出哈斯图。

(3) 若 $B\subseteq A$，且 $B=\{2,3,4,5\}$，求 B 的最大元、最小元、极大元、极小元、最小上界和最大下界。

解:(1) 关系矩阵为$\begin{bmatrix}1&0&0&0&0\\0&1&0&0&0\\0&0&1&1&0\\0&0&0&1&0\\0&0&1&1&1\end{bmatrix}$。

关系图如图 3-23 所示。

(2) 由(1) 的关系图可知,R 是自反的、反对称的、传递的,所以 R 是 A 上的偏序关系,其哈斯图如图 3-24 所示。

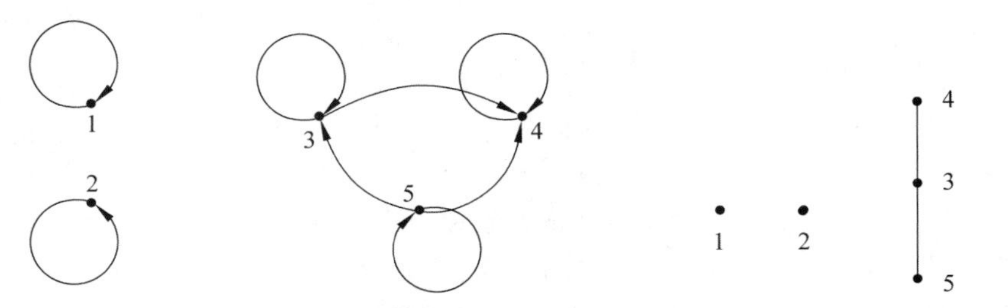

图 3-23　题 3.64 R 的关系图　　图 3-24　题 3.64 偏序关系的哈斯图

(3) B 的最大元:无。最小元:无。极大元:2、4。极小元:2、5。最小上界:无。最大下界:无。

3.65　在偏序集$(A,\leqslant)$中,考虑两种 a、b 的最小上界 c 的定义($a,b,c,c'\in A$)。

(1) c 是a、b 上界,并且 $c\leqslant a$、b 的任意上界 c'。

(2) c 是a、b 上界,并且不存在 $c'\leqslant c$,$c'\neq c$,c'也是 a、b 的上界。

这两个定义等价吗?为什么?

解:不等价。(1)中,c 是a、b 的最小上界;(2)中,c 不是a、b 的最小上界,因为 c 和c'可以都是a、b 的上界,但不可比。

3.66　证明:如果一有序集有两个互异极小元,则它没有最小元。

证明:设 c 为最小元,a、b 为极小元,则 $c\leqslant a$,$c\leqslant b$,因为 a 为极小元,所以 $c=a$。同理,$c=b$。所以 $a=b$,矛盾。

3.67　设$<P,\leqslant>$是一个偏序集合,且 $Q\subseteq P$。证明:Q 若有最大元,则是唯一的。

证明:设有两个最大元 a、b,则 $a\leqslant b$,$b\leqslant a$。因 P 满足反对称性,所以 $a=b$。

3.68　设序 X 满足:X 的任何非空子集 A 在 X 中有上界必在 X 中有最小上界。证明:X 的任何非空子集 B 在 X 中有下界,必在 X 中有最大下界。

证明:设 a 为 B 的下界,其中 $B\subset X$。A 为 B 的所有下界构成的集合,B 中任何元素均为 A 的上界。因为 $B\neq\varnothing$,所以 A 有上界,由假设,$A\neq\varnothing$,则有 $a\in A$,令 $c=\sup A$,$\forall y\in A$,$c\geqslant y$,因此,如 c 是 B 的下界,则它是最大下界($\inf B$)。为证 c 是 B 的下界,反设$\exists d\in B$,$d<c$,则 $d\in B$,d 是 A 的上界,且严格小于 c,而 c 是 A 的最小上界,矛盾。所以 c 是 B 的下界,且是最大下界。

3.69　已知 S 是集合 X 上的偏序关系,且 $A\subset X$。证明:$S\cap(A\times A)$是 A 上的偏序关系。

证明:(1) 自反性:$\forall x\in A$,$<x,x>\in S$,(因为 $A\subseteq X$),$<x,x>\in A\times A$,所以

$<x,x>\in S\cap(A\times A)$。

(2) 反对称性：$<x,y>\in S\cap(A\times A)$，$<y,x>\in S\cap(A\times A)\Rightarrow<x,y>\in S$，$<y,x>\in S\Rightarrow x=y$。

(3) 传递性：$<x,y>\in S\cap(A\times A)\wedge<y,g>\in S\cap(A\times A)\Rightarrow<x,y>\in S\wedge<y,g>\in S\wedge x,y,g\in A\Rightarrow<x,g>\in S\wedge x,y,g\in A\Rightarrow<x,g>\in S\cap A\times A$。

3.70 R 是非空集合 A 上的二元关系，R^C 是 R 的逆。E 为相等关系，$\bar{R}=A\times A-R$。证明：

(1) R 为偏序关系，当且仅当 $R\cap R^C=E$ 且 $R=R^*=rt(R)$。

(2) 若 R 为偏序关系，则 $R\circ(R\cap\bar{R}^C)=R\cap\bar{R}^C$。

证明：(1) 充分性：①自反，$\forall x\in A$，$<x,x>\in E=R\cap R^C$，所以 $<x,x>\in R$。②反对称，$\forall x,y\in A$，若 $<x,y>\in R$，$<y,x>\in R$，则 $(y,x)\in R^C$，$<y,x>\in R\Rightarrow<y,x>\in R\cap R^C=E\Rightarrow x=y$。③传递，因为 $R=R^*$，所以 R 传递。必要性：假设 R 为偏序关系，则 R 自反，所以 $E\subseteq R$，$E\subseteq R^C$，$E\subseteq R\cap R^C$，$\forall<x,y>\in R\cap R^C$，则 $<x,y>\in R$，$<y,x>\in R$。由 R 的反对称性 $\Rightarrow x=y$。所以 $R\cap R^C\in E$，$R\cap R^C=E$。又因 R 传递、自反，所以 $rt(R)=R$。

(2) 因为 $R\cap R^C=E$，所以 $R\cap\bar{R}^C=R\cap(A\times A-R^C)=R-R\cap R^C=R-E$，待证公式变为 $R(R-E)=R-E$。

① 证明 $R-E\subseteq R(R-E)$。设 $<x,y>\in R-E$，因 R 自反，$<x,x>\in R$。因而有 $<x,y>\in R(R-E)$。

② 证明 $R(R-E)\subseteq R-E$。设 $<x,y>\in R(R-E)$，则 $\exists g$，$<x,g>\in R$，$<g,y>\in R-E$。所以 $<x,g>\in R$，$<g,y>\in R$。所以 $<x,y>\in R$（R 传递）。为证明 $<x,y>\in R-E$，必须证明 $x\neq y$。假设 $x=y$，则从 $<x,g>\in R$，$<g,y>\in R$ 推出 $x=y=g$。这与 $<g,y>\in R-E$ 即 $<g,g>\in R-E$ 矛盾。所以 $x\neq y$，即 $R(R-E)\subseteq R-E$。

3.71 已知集合 A 和 B，其中 $A\neq\varnothing$，$<B,\leqslant>$ 是偏序集。定义 B^A 上的二元关系 R 为 $fRg\Leftrightarrow f(x)\leqslant g(x)$，$\forall x\in A$。

(1) 证明 R 为 B^A 上的偏序。

(2) 给出 $<B^A,R>$ 存在最大元的必要条件和最大元的一般形式。

证明：(1) ①自反，$\forall f\in B^A$，对于 $\forall x\in A$，有 $f(x)\in B$，因为有 $f(x)=f(x)$，所以关系 R 具有自反性。

② 反对称，$\forall f,g\in B^A$，若 fRg 且 gRf，则对于 $\forall x\in A$，有 $f(x),g(x)\in B$，有 $f(x)\leqslant g(x)$ 且 $g(x)\leqslant f(x)$，又因为 $<B,\leqslant>$ 是偏序集，所以 $\leqslant$ 具有反对称性。所以 $f(x)=g(x)$，故关系 R 具有反对称性。

③ 传递性，$\forall f,g,h\in B^A$，若 fRg 且 gRh，即 $f(x)\leqslant g(x)$ 且 $g(x)\leqslant h(x)$，因为 $\leqslant$ 具有传递性，所以 $f(x)\leqslant h(x)$，故关系 R 具有传递性。

(2) 若 $<B,\leqslant>$ 存在最大元，即存在 $f\in B^A$，使得 $\forall g\in B^A$，有 gRf，即对于 $\forall x\in A$，有 $g(x)\leqslant f(x)$，所以 $f(x)$ 对于 $\forall x$ 都要最大。所以 $<B^A,R>$ 存在最大元的必要条件是 $<B,\leqslant>$ 存在最大元。假设 $<B,\leqslant>$ 存在最大元 b，设 $<B^A,R>$ 中存在最大元 f，则 f 为常函数 $f(x)=b$。

3.72 设某车间班级有 10 人，其中 6 人是妇女，5 人是青年，3 人既不是青年也不是妇女，求青年妇女的人数。

解：设 A 为妇女集合，B 为青年集合，则 $|A|=6$，$|B|=5$，$|\sim A\cap\sim B|=3$，$|A\cup B|=10-|\sim A\cap\sim B|=7$，$|A\cap B|=|A|+|B|-|A\cup B|=6+5-7=4$，故青年妇女的人数为 4。

3.73 75 名儿童到公园游乐场，他们可以骑旋转木马、坐滑行铁道车、乘宇宙飞船。已知其中有 20 人这三种游乐项目都玩过，有 55 人至少玩过其中的两种游乐项目，若每样玩一次的费用是 5 元，公园游乐场的总收入为 700 元。试确定有多少儿童没有玩过其中的任何一种。

解：设 x 人骑旋转木马和坐滑行铁道车，y 人坐滑行铁道车和乘宇宙飞船，z 人乘宇宙飞船和骑旋转木马。a 人只玩过其中的一种。则 $x+y+z+20=55$，即 $x+y+z=35$。$(x+y+z)\times2\times5+20\times3\times5+a\times5=700$，解得 $a=10$。所以没有玩过其中任何一种游乐项目的儿童人数为 $75-(x+y+z)-20-a=10$，即有 10 个儿童没有玩过其中的任何一种游乐项目。

3.74 在 30 个学生中，有 18 个学生爱好音乐，12 个学生爱好美术，15 个学生爱好体育，有 10 个学生既爱好音乐又爱好体育，8 个学生既爱好美术又爱好体育，有 11 个学生既爱好音乐又爱好美术，但有 10 个学生音乐、美术、体育这三种爱好都没有。试求音乐、美术、体育这三种爱好都有的人数。

解：A：爱好音乐的学生集合；B：爱好美术的学生集合；C：爱好体育的学生集合。

$|A|=18$，$|B|=12$，$|C|=15$，$|A\cap C|=10$，$|B\cap C|=8$，$|A\cap B|=11$，$|\sim A\cap\sim B\cap\sim C|=10$。则 $|A\cup B\cup C|=30-10=20$。

$|A\cup B\cup C|=|A|+|B|+|C|-|A\cap B|-|B\cap C|-|C\cap A|+|A\cap B\cap C|$，即 $20=18+12+15-10-8-11+|A\cap B\cap C|$。

所以 $|A\cap B\cap C|=4$。

3.5 编程答案

3.1 给定两个有限集，试列出这两个集合笛卡儿积中的所有元素。

解答：按照笛卡儿积的计算公式 $A\times B=\{\langle x,y\rangle \mid x\in A\wedge y\in B\}$ 计算。例如，$A=\{a1,a2\}$，$B=\{b1,b2\}$，则 $A\times B=\{\langle a1,b1\rangle,\langle a1,b2\rangle,\langle a2,b1\rangle,\langle a2,b2\rangle\}$。

编程题 3.1 代码样例

两集合笛卡儿积样例输入输出：

```
(1) 请输入有限集 1 的元素：1 2 3
请输入有限集 2 的元素：2 1
输出：笛卡儿积中所有元素：<1,2><1,1><2,2><2,1><3,2><3,1>
(2) 请输入有限集 1 的元素：4 2 1
请输入有限集 2 的元素：7 1 2
输出：笛卡儿积中所有元素：<4,7><4,1><4,2><2,7><2,1><2,2><1,7><1,1><1,2>
(3) 请输入有限集 1 的元素：a b c
请输入有限集 2 的元素：4 5 6
输出：笛卡儿积中所有元素：<a,4><a,5><a,6><b,4><b,5><b,6><c,4><c,5><c,6>
```

3.2 给定一个有限集，试列出其幂集中的所有元素。

解答：利用双层循环迭代求取所有的子集，最终由子集构成一个集合，即得到幂集。

样例输入输出：

```
(1) 请输入有限集的元素：1,2
输出：{{},{1},{2},{1,2}}
(2) 请输入有限集的元素：a, b, c
输出：{{},{a},{b},{a,b},{c},{a,c},{b,c},{a,b,c}}
(3) 请输入有限集的元素：1,2,3,4
输出：{{},{1},{2},{1,2},{3},{1,3},{2,3},{1,2,3},{4},{1,4},{2,4},{1,2,4},{3,4},
{1,3,4},{2,3,4},{1,2,3,4}}
```

编程题 3.2 代码样例

3.3 给定表示一个定义在有穷集上的关系的矩阵，判断这个关系的对称性和反对称性。

解答：我们知道：①若关系矩阵 $\boldsymbol{R}$ 是对称矩阵，则 R 满足对称性；②若关系矩阵 $\boldsymbol{R}$ 中除对角线外所有元素满足：如果 $i\boldsymbol{R}j=1$，则 $j\boldsymbol{R}i=0$，那么 $\boldsymbol{R}$ 满足反对称性；③只有矩阵主对角线上存在1时，$\boldsymbol{R}$ 既满足对称性也满足反对称性；④不满足上三种情况，则既无对称性，也无反对称性。

样例输入输出：

```
(1) 请输入关系矩阵的阶数：3
请输入一个 3×3 的关系矩阵(矩阵行元素之间用空格分隔)：
第 1 行：1 0 0
第 2 行：0 1 0
第 3 行：0 0 1
输出：既具有对称性，又具有反对称性。
(2) 请输入关系矩阵的阶数：3
请输入一个 3×3 的关系矩阵(矩阵行元素之间用空格分隔)：
第 1 行：1 1 0
第 2 行：0 1 1
第 3 行：1 0 1
输出：只具有反对称性。
(3) 请输入关系矩阵的阶数：3
请输入一个 3×3 的关系矩阵(矩阵行元素之间用空格分隔)：
第 1 行：1 1 0
第 2 行：0 1 1
第 3 行：0 1 1
输出：既不具有对称性，也不具有反对称性。
```

编程题 3.3 代码样例

3.4 给定表示一个定义在有穷集 A 上关系的矩阵，使用 Warshall 算法求该关系传递闭包的矩阵。

解答：对于关系矩阵 $\boldsymbol{R}$，A 的元素个数为 n，若 $i\boldsymbol{R}k=1$，$k\boldsymbol{R}j=1$，则令 $i\boldsymbol{R}j=1$，重复遍历 n 轮则可迭代求出关系闭包。

样例输入输出：

```
(1) 请输入元素个数：4
请输入一个 4×4 的关系矩阵(元素之间用空格分隔)：
第 1 行：0 1 0 0
第 2 行：0 0 0 1
第 3 行：0 0 0 0
```

第4行：1 0 1 0
输出传递闭包矩阵：
1 1 1 1
1 1 1 1
0 0 0 0
11 1 1
(2) 请输入元素个数：4
请输入一个 4×4 的关系矩阵(元素之间用空格分隔)：
第1行：1 1 0 0
第2行：0 0 1 0
第3行：0 0 0 1
第4行：0 1 0 0
输出传递闭包矩阵：
1 1 1 1
0 1 1 1
0 1 1 1
0 1 1 1
(3) 请输入元素个数：3
请输入一个 3×3 的关系矩阵(元素之间用空格分隔)：
第1行：1 1 0
第2行：1 0 1
第3行：0 1 1
输出传递闭包矩阵：
1 1 1
1 1 1
1 1 1

编程题 3.4
代码样例

3.5 给出7元素集合上的所有的等价关系个数，并显式描述7元素集合上的所有的等价关系。

解答：设 n 个元素的集合可以划分为 $\boldsymbol{F(n,m)}$ 个不同的由 m 个非空子集组成的集合。

(1) 当有三个元素时：

一个子集的情况：$\{\{1,2,3\}\}$，$F(3,1)=1$。

两个子集的情况：$\{\{1,2\},\{3\}\}$，$\{\{1,3\},\{2\}\}$，$\{\{2,3\},\{1\}\}$，$F(3,2)=F(2,1)+2*F(2,2)=3$。

三个子集的情况：$\{\{1\},\{2\},\{3\}\}$，$F(3,3)=1$。

(2) 当有4个元素时(即将元素4插入三个元素分类的情况中)：

一个子集的情况：$\{\{1,2,3,4\}\}$，$F(4,1)=1$。

两个子集的情况：$\{\{1,2,3\},\{4\}\}$，$\{\{1,2,4\},\{3\}\}$，$\{\{1,2\},\{3,4\}\}$，$\{\{1,3,4\},\{2\}\}$，$\{\{1,3\},\{2,4\}\}$，$\{\{2,3,4\},\{1\}\}$，$\{\{2,3\},\{1,4\}\}$，$F(4,2)=F(3,1)+2*F(3,2)=7$。

三个子集的情况：$\{\{1,2\},\{3\},\{4\}\}$，$\{\{1,3\},\{2\},\{4\}\}$，$\{\{2,3\},\{1\},\{4\}\}$，$\{\{1,4\},\{2\},\{3\}\}$，$\{\{1\},\{2,4\},\{3\}\}$，$\{\{1\},\{2\},\{3,4\}\}$，$F(4,3)=F(3,2)+3*F(3,3)=6$。

4个子集的情况：$\{\{1\},\{2\},\{3\},\{4\}\}$，$F(4,4)=1$。

可得到递推公式 $F(n,m)=F(n-1,m-1)+m*F(n-1,m)$，当 $m=1$ 或 $n=m$ 时 $F(n,m)=1$。

样例输入：

```
(1) 请输入元素个数：3
(2) 请输入元素个数：5
(3) 请输入元素个数：7
```

对应的样例输出：

```
(1) 5
(2) 52
(3) 877
```

编程题 3.5 代码样例

第 4 章 函数

4.1 内容提要

函数 设 A、B 为非空集合，A 到 B 的函数 $f:A \to B$，是 A 到 B 的关系，且满足 $\forall a \in \mathrm{dom}f$，存在唯一的 B 中元素 b，使 $<a,b> \in f$。函数(function)又称映射(mapping)或变换(transformation)。如果 $\mathrm{dom}f=A$，则 f 称为全函数，否则称 f 为部分函数。

函数相等 设 f、g 为函数，则 $f=g \Leftrightarrow f \subseteq g \wedge g \subseteq f$。

即如果两个函数 f 和 g 相等，一定满足两个条件：①$\mathrm{dom}f=\mathrm{dom}g$；② $\forall x \in \mathrm{dom}f=\mathrm{dom}g$ 都有 $f(x)=g(x)$。

函数集合 B^A 所有从 A 到 B 的函数的集合记作 B^A，读作"B 上 A"。符号化表示为 $B^A=\{f \mid f:A \to B\}$。B^A 是指由所有从 A 到 B 的函数的全体构成的集合。

函数的性质 设 $f:A \to B$。

(1) 若 $\mathrm{ran}f=B$，则称 $f:A \to B$ 是**满射函数**的。

(2) 若 $\forall y \in \mathrm{ran}f$ 都存在唯一的 $x \in A$ 使得 $f(x)=y$，则称 $f:A \to B$ 是**单射函数**的。

(3) 若 $f:A \to B$ 既是满射又是单射的，则称 $f:A \to B$ 是**双射函数**的。

常用函数

(1) 设 $f:A \to B$，如果存在 $b \in B$ 使得对所有的 $x \in A$ 都有 $f(x)=b$，则称 $f:A \to B$ 是**常函数**。

(2) 称 A 上的恒等关系 I_A 为 A 上的**恒等函数**，对所有的 $x \in A$ 都有 $I_A(x)=x$。

(3) 设 $<A,\preccurlyeq>$ 和 $<B,\preccurlyeq>$ 为偏序集，$f:A \to B$，如果对任意的 $x_1,x_2 \in A$，$x_1 \prec x_2$，就有 $f(x_1) \preccurlyeq f(x_2)$，则称 f 为单调递增的；如果对任意的 $x_1,x_2 \in A$，$x_1 \prec x_2$，就有 $f(x_1) \prec f(x_2)$，则称 f 为严格单调递增的。类似地也可以定义单调递减和严格单调递减的函数。

(4) 设 A 为集合，对于任意的 $A' \subseteq A$，A' 的特征函数 $\chi_{A'}:A \to \{0,1\}$ 定义为

$\chi_{A'}(a)=1, a \in A'$。

$\chi_{A'}(a)=0, a \in A-A'$。

(5) 设 R 是 A 上的等价关系，令

$g:A \to A/R$。

$g(a)=[a], \forall a \in A$。

称 g 是从 A 到商集 A/R 的自然映射。

复合函数 设 A、B、C 是集合，$f \subseteq A \times B$，$g \subseteq B \times C$，而且 f、g 是函数，则定义 f 与 g 的复合函数为 $g \circ f=\{<x,z> \mid x \in A, z \in C \text{ 且 } \exists y \in B(<x,y> \in f \wedge <y,z> \in g)\}$。

定理 4.1　设 $f:A\to B, g:B\to C$ 是函数，则 $g\circ f$ 也是函数，且满足

(1) $\mathrm{dom}(g\circ f)=\{x \mid x\in \mathrm{dom}f \wedge f(x)\in \mathrm{dom}g\}$。

(2) $\forall x\in \mathrm{dom}(g\circ f)$ 有 $g\circ f(x)=g(f(x))$。

定理 4.2　设 $f:A\to B, g:B\to C$。

(1) 如果 $f:A\to B, g:B\to C$ 都是满射函数，则 $g\circ f:A\to C$ 也是满射函数。

(2) 如果 $f:A\to B, g:B\to C$ 都是单射函数，则 $g\circ f:A\to C$ 也是单射函数。

(3) 如果 $f:A\to B, g:B\to C$ 都是双射函数，则 $g\circ f:A\to C$ 也是双射函数。

定理 4.3　设 $f:A\to B$，则有 $f=I_B\circ f=f\circ I_A$。

定理 4.4　设 $f:A\to B$ 是双射函数，则 $f^{-1}: B\to A$ 也是双射函数。

反函数　设 $f:A\to B$ 是双射函数，则称 $f^{-1}: B\to A$ 为 f 的反函数。

定理 4.5　设 $f:A\to B$ 是双射函数，则 $f\circ f^{-1}=I_B, f^{-1}\circ f=I_A$。

特征函数　设 E 是全集，对 $A\subseteq E$，A 的特征函数是

$$\chi_A: E\to\{1,0\},\quad \chi_A(a)=\begin{cases}1, & a\in A\\ 0, & a\notin A\end{cases}$$

定理 4.6　设 E 是论域，$A\subseteq E, B\subseteq E$，则

(1) $(\forall x)(\chi_A(x)=0)\Leftrightarrow A=\varnothing$。

(2) $(\forall x)(\chi_A(x)=1)\Leftrightarrow A=E$。

(3) $(\forall x)(\chi_A(x)\leqslant\chi_B(x))\Leftrightarrow A\subseteq B$。

(4) $(\forall x)(\chi_A(x)=\chi_B(x))\Leftrightarrow A=B$。

(5) $\chi_{A\cap B}(x)=\chi_A(x) * \chi_B(x)$。

(6) $\chi_{A\cup B}(x)=\chi_A(x)+\chi_B(x)-\chi_{A\cap B}(x)$。

(7) $\chi_{A-B}(x)=\chi_A(x)-\chi_{A\cap B}(x)$。

(8) $\chi_{-A}(x)=1-\chi_A(x)$。

定理 4.7　在 E 的全体子集与全体特征函数之间存在双射 $f:P(E)\to\{0,1\}^E$。

后继　设 a 为集合，称 $a\cup\{a\}$ 为 a 的**后继**，记作 a^+，即 $a^+=a\cup\{a\}$。

归纳集　设 A 为集合，如果满足两个条件：① $\varnothing\in A$；② $\forall a(a\in A\to a^+\in A)$。则称 A 是归纳集。

集合的等势　设 A、B 是集合，如果存在着从 A 到 B 的双射函数，就称 A 和 B 是**等势**的，记作 $A\approx B$。如果 A 不与 B 等势，则记作 $A\not\approx B$。

定理 4.8　设 A、B、C 是任意集合。

(1) $A\approx A$。

(2) 若 $A\approx B$，则 $B\approx A$。

(3) 若 $A\approx B, B\approx C$，则 $A\approx C$。

定理 4.9（康托定理）

(1) $N\not\approx R$

(2) 对任意集合 A 都有 $A\not\approx P(A)$。

优势　(1) 设 A、B 是集合，如果存在从 A 到 B 的单射函数，就称 B 优势于 A，记作 $A\leqslant\cdot B$；如果 B 不是优势于 A，则记作 $A\not\leqslant\cdot B$。

(2) 设 A、B 是集合，若 $A\leqslant\cdot B$ 且 $A\not\approx B$，则称 B 真优势于 A，记作 $A<\cdot B$；如果 B

不是真优势于A,则记作$A \not\prec\!\cdot B$。

自然数集

(1) 一个自然数n是属于每一个归纳集的集合。

(2) 自然数集$\mathbf{N}$是所有归纳集的交集。

有穷与无穷集 一个集合是有穷的当且仅当它与某个自然数等势;如果一个集合不是有穷的,就称为无穷集。

集合的基数

(1) 对于有穷集合A,称与A等势的那个唯一的自然数为A的**基数**,记作$\mathrm{card}A$,即$\mathrm{card}A = n \Leftrightarrow A \approx n$(对于有穷集$A$,$\mathrm{card}A$也可以记作$|A|$)。

(2) 自然数集合$\mathbf{N}$的基数记作$\aleph_0$(读作阿列夫零),即$\mathrm{card}N = \aleph_0$。

(3) 实数集$\mathbf{R}$的基数记作$\aleph$(读作阿列夫),即$\mathrm{card}R = \aleph$。

可数集 设A为集合,若$\mathrm{card}A \leqslant \aleph_0$,则称$A$为**可数集**或**可列集**。

定理 4.10 可数集的任何子集都是可数集。

定理 4.11 可数集中加入有限个元素(或删除有限个元素)仍为可数集。

定理 4.12 两个可数集的并集是可数集。

定理 4.13 两个可数集的笛卡儿积是可数集。

归纳法证明 (1) 适用范围:$\forall x P(x)$形式的命题,其论域S为归纳定义的集合。

(2) 归纳证明的一般步骤如下。

① 基础步骤:证明S的定义中基础条款指定的每一元素$x \in S$,$P(x)$是真。

② 归纳步骤:证明若事物$x, y, z \cdots$有性质P,则用归纳条款指定的方法构造出的新元素也具有性质P。

数学归纳法第一原理(实质是自然数域上的一个推理规则)

$$\begin{array}{l} P(0) \\ \underline{\forall n[P(n) \rightarrow P(n+1)]} \\ \forall x P(x) \end{array}$$

归纳证明过程如下。

(1) 基础步骤:先证明$P(0)$是真,可用任意证明技术。

(2) 归纳步骤:①假设$P(n)$对任意$n \in \mathbf{N}$是真(即先进行归纳假设);②证明$[P(n)] \rightarrow P[(n+1)]$是否为永真。若②结果为真,则得$\forall n(P(n) \rightarrow P(n+1))$成立。从而结论$\forall x P(x)$成立。

数学归纳法第二原理(自然数域上归纳法证明的另一形式)

$$\begin{array}{l} \underline{\forall n[\forall k[k<n \rightarrow P(k)] \rightarrow P(n)]} \\ \forall x P(x) \end{array}$$

归纳证明过程如下。

(1) 基础步骤:因为$n=0$时,$k<0$对一切$k \in \mathbf{N}$常假,$\forall k[k<n \rightarrow P(k)]$常真。要证明$\forall k[k<0 \rightarrow P(k)] \rightarrow P(0)$是真,等价于证明$P(0)$为真。

(2) 归纳步骤:①假设对任意$n>0$,$P(k)$对一切$k<n$成立;②证明$P(n)$为永真。

4.2 例题精选

例 4.1　设 A 和 B 是有限集合，有多少不同的单射函数（全函数）和多少不同的双射函数？

解：设 A 和 B 是有限集合，且 $|A|=m$，$|B|=n$，要使映射 $f:A\to B$ 为单射函数，必须有 $|A|\leqslant|B|$，即 $m\leqslant n$。在 B 中任意选出 m 个元素的任一全排列，都能形成 $A\to B$ 的一个不同的单射，故 $f:A\to B$ 的不同的单射函数共有 $C_n^m\cdot m!=n(n-1)(n-2)\cdots(n-m+1)$ 个。

要使映射 $f:A\to B$ 为双射函数，必须有 $|A|=|B|$。

设 $A=\{a_1,a_2,\cdots,a_m\}$，$B=\{b_1,b_2,\cdots,b_m\}$，则 a_1 对应的元素共有 m 种取法，a_2 对应的元素共有 $m-1$ 种取法，a_3 对应的元素在 a_1 和 a_2 取定后共有 $m-2$ 种取法，以此类推，a_m 对应的元素共有 $m-(m-1)$ 种取法。故 $f:A\to B$ 的不同双射函数共有 $m(m-1)(m-2)\cdots(m-m+1)=m!$ 个。

例 4.2　证明下列有关函数的等式。

(1) 设 $f:A\to B$，$A_1\subseteq A$，$B_1\subseteq B$，证明：$f(A\cap f^{-1}(B_1))=f(A)\cap B_1$。

(2) 设 $f:A\to B$，$g:B\to A$，$h:B\to A$，且满足 $g\circ f=h\circ f=I_B$ 和 $f\circ g=f\circ h=I_A$，证明：$g=h$。

证明：(1) 关于涉及函数的等式证明，经常采用集合等式的证明方法。任取 y，有

$$
\begin{aligned}
y\in f(A\cap f^{-1}(B_1)) &\Leftrightarrow \exists x(x\in A\cap f^{-1}(B_1)\wedge f(x)=y)\\
&\Leftrightarrow \exists x(x\in A\wedge x\in f^{-1}(B_1)\wedge f(x)=y)\\
&\Leftrightarrow \exists x(x\in A\wedge f(x)\in B_1\wedge f(x)=y)\\
&\Leftrightarrow \exists x(x\in A\wedge y\in B_1\wedge f(x)=y)\\
&\Leftrightarrow \exists x(x\in A\wedge f(x)=y)\wedge y\in B_1\\
&\Leftrightarrow y\in f(A)\wedge y\in B_1\\
&\Leftrightarrow y\in f(A)\cap B_1
\end{aligned}
$$

(2) 关于涉及函数的等式证明，经常采用集合等式的证明方法，如(1)的证明。与一般集合等式证明的区别在于这里要用到函数的定义、运算性质等相关概念。利用已知条件、函数复合运算的定理以及结合律得 $g=I_B\circ g=(h\circ f)\circ g=h\circ(f\circ g)=h\circ I_A=h$。

例 4.3　设 $f:A\to B$，$g:B\to A$，且 $f\circ g=I_A$，证明：f 是单射的，g 是满射的。

证明：要证明函数 $f:A\to B$ 是单射的，基本方法是：假设 A 中存在 x_1 和 x_2，使得 $f(x_1)=f(x_2)$，利用已知条件或者相关的定理最终证明 $x_1=x_2$。假设 $f(x_1)=f(x_2)$，由 $f\circ g=I_A$ 有 $g(f(x))=x$，从而有 $x_1=g(f(x_1))=g(f(x_2))=x_2$，这就证明了 f 是单射的。

要证明函数 $f:A\to B$ 是满射的，基本方法是：任取 $y\in B$，找到 $x\in A$；或者证明存在 $x\in A$，使得 $f(x)=y$。任取 $x\in A$，由于 f 是从 A 到 B 的函数，存在 $y\in B$，使得 $f(x)=y$。由 $f\circ g=I_A$ 有 $g(f(x))=x$，即 $g(y)=x$，因此 g 是满射的。

例 4.4　设 A 是有限集合，B 是可数集合，证明：B^A 是可数集合。

证明：B^A 是函数的集合，即 $B^A=\{f\mid f:A\to B\}$，要证明 B^A 是可数集合，即函数 $A\to B$

为可数个。因为 A 是有限集合,B 是可数集合,所以要有函数 $A\to B$,则 $A\neq\varnothing$。

其次,若 $B=\varnothing$,则 $|B^A|=0$,这时 B^A 为可数集合。若 B 是有限集合,则 $|B^A|=|B|^{|A|}$,所以 B^A 也是可数集合。

本题主要论证 $A\neq\varnothing$ 和 B 是无限可数集合的情况。要证 B^A 为可数集合,应设法将 B^A 中的所有函数分类。如果每个分类中的函数是可数的,那么可数个集合的并也是可数的。构造函数的分类就是构造函数的集合,考虑到 $f:A\to B$ 中 $|A|$ 是有限数,故对每一个确定的 f,$|\mathrm{ran}f|\leqslant n$,即对任意一个 f,最多有 $f(x_1),f(x_2),\cdots,f(x_n)$ 共 n 个不同的值,其中任意一个 $f(x_i)\in B$,因 B 是可数集合,故可把 B 中的元素逐个枚举,即存在函数 $g:\mathbf{N}\to B$,使 B 的元素排列为 $g(0),g(1),\cdots,g(k),\cdots$。于是任意一个 f 都能找到一个确定的 k,使 $f(A)$ 中的元素包含在集合 $\{g(0),g(1),\cdots,g(k-1)\}$ 中,这样可把满足 $f(A)\subseteq g(\{0,1,2,\cdots,k-1\})$ 的 f 都归为同一类,由于 k 是可数的,即对 $k\in\mathbf{N}$,共有可数类 $f(A)$。所以 B^A 是可数集合。

证明如下。

若 $A=\varnothing$,B 是可数集合,$B\neq\varnothing$,则 $|B^A|=1$,命题成立。

若 A 和 B 均是有限集合,则 $|B^A|=|B|^{|A|}$,命题也成立。

现假设 $|A|=n$,B 是无限可数集合。做枚举函数:

$g:\mathbf{N}\to B$,对每一正整数 $k\in\mathbf{N}$ 如下定义集合 F_k。

$$F_k=\{f\mid f\in B^A\wedge f(A)\subseteq g(\{0,1,2,\cdots,k-1\})\}$$

则 $|F_k|=k^n$。因为 A 是有限集合,对每一个函数 $f:A\to B$,都存在某个 $m\in\mathbf{N}$,使得如果 $k>m$,则有 $f\in F_k$,所以 $B^A=\bigcup\limits_{k\in\mathbf{N}}F_k$,因 F_k 是有限集合,故可数个集合的并为可数集合。

4.3 应用案例

4.3.1 "逢黑必反"魔术

问题陈述: 介绍这个魔术之前,先介绍一种洗牌方法——汉蒙洗牌法(Hummer shuffle)。汉蒙洗牌有两个动作,第一个动作称为"拦腰一斩"(cut),第二个动作称为"换了位置换脑袋"(switch and flip)。"拦腰一斩"是指将后面的一半变成前面的一半,前面的一半变成后面的一半,截断的位置可以是任意的,如图 4-1(a)所示。"换了位置换脑袋"是指把任意相邻的两张牌位置交换,同时将每张牌翻转,即原来是面朝上的变成面朝下,原来面朝下的变成面朝上,如图 4-1(b)所示。

彩图 4.1

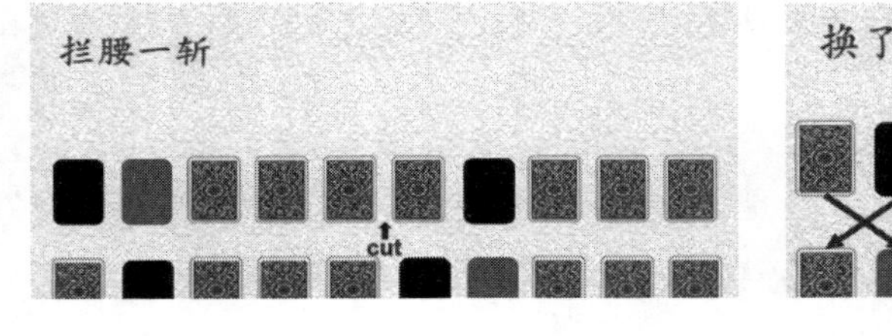

(a)

(b)

图 4-1 汉蒙洗牌法示例

经过汉蒙洗牌后，原来牌的次序是否全弄乱了呢？结果为“是”，如果把偶数位置的牌进行翻转，即原来面朝上的变成面朝下，原来面朝下的变成面朝上，那就会变成全红，红的牌全部在上面（面朝上），黑的牌全部在下面（面朝下），所以这个魔术的名字称为“逢黑必反”。当然这里要求原来的牌是排好的，是黑红黑红。随便用汉蒙洗牌法多次洗牌，到了最后只要把偶数的牌翻过来，一定都是红的全部面朝上或者黑的全部面朝上，如图 4-2 所示。请解释其中的原理。

彩图 4.2

图 4-2　“逢黑必反”魔术示例

解答：这背后的数学奥秘体现在下面的定理中。对于任何一张牌，用 a 表示开始位置的奇偶性，即如果这张牌开始的位置是偶数，则 $a=0$，如果位置是奇数，则 $a=1$；同样，用 b 表示这张牌最终位置的奇偶性，即位置是偶数，则 $b=0$，位置是奇数，则 $b=1$；c 表示最终面的朝向，0 代表面向下，1 代表面向上。$a \oplus b=1$ 当且仅当 $(a=1 \land b\neq1) \lor (a\neq1 \land b=1)$。

定理：如果最初有偶数张牌，所有的牌按红黑红黑排好，则对每一张牌，其最终的 $a \oplus b \oplus c$ 的值是相同的，即同时为 0，或者同时为 1。

证明：第二个动作“换了位置换脑袋”同时改变了位置的奇偶性 b 和面的朝向 c，因此不会改变 $a \oplus b \oplus c$ 的值；第一个动作如果截断的位置是奇数，则所有牌的 $a \oplus b \oplus c$ 值不变；如果截断的位置是偶数，则所有的牌 $a \oplus b \oplus c$ 的值同时改变。最初所有的牌按红黑红黑排好，$a \oplus b \oplus c$ 的值相同，都是 0，因此最终所有牌的 $a \oplus b \oplus c$ 的值相同。证毕。

假设最终 $a \oplus b \oplus c=1$，对于所有的红牌，因为它们开始的位置是奇数，即 $a=1$，所以 $b \oplus c=0$，如果它在偶数位置$(b=0)$，那么它的面朝下$(c=0)$；如果它在奇数位置$(b=1)$，那么它的面已经朝上$(c=1)$。而对于所有的黑牌，$a=0$，所以 $b \oplus c=1$，因此如果它在偶数位置$(b=0)$，那么它的面朝上$(c=1)$；如果它在奇数位置$(b=1)$，那么它的面朝下$(c=0)$。因此，如果把偶数位置的牌进行翻转，所有红的牌将全部面朝上，所有黑的牌将全部面朝下。其过程说明如图 4-3 所示。

彩图 4.3

图 4-3　“逢黑必反”过程说明

4.3.2 生成函数在解决汉诺塔问题中的应用

问题陈述:(汉诺塔问题) 有三个塔分别为A塔、B塔、C塔,开始时有n个圆盘以从下到上、从大到小的次序叠置在A塔上(假设$n=7$,如图4-4所示),要将A塔上的所有圆盘按移动规则借助B塔移动到C塔上,且仍按照原来的次序叠置。移动规则是:这些圆盘只能在这三个塔间进行移动;一次只能移动一个圆盘,且任何时候都不允许将较大的圆盘压在比它小的圆盘的上面(如图4-5所示)。利用生成函数,求至少移动多少次才能将圆盘全部从A塔移动到C塔?当$n=7$时,至少需要移动多少次?

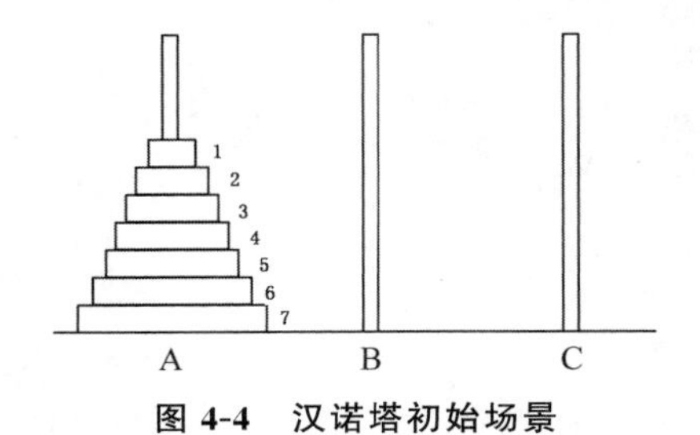

图4-4 汉诺塔初始场景

图4-5 汉诺塔中间场景

解答: 这是一个递归过程,在解决递归过程中可利用递归推导结合生成函数知识进行求解。设$\{a_n\}$是一个无穷数列,由其产生的形式幂级数$A(t)=\sum_{i=1}^{\infty}a_it^i=a_0+a_1t^1+a_2t^2+\cdots+a_nt^n+\cdots$称为数列$\{a_n\}$的生成函数,同时也称数列$\{a_n\}$为生成函数$A(t)$的生成数列。

例如,数列$\{1,1,1,\cdots\}$的生成函数为$1+t+t^2+t^3+\cdots+t^n+\cdots=\frac{1}{1-t}$。数列$\{1,-1,1,-1,1,\cdots\}$的生成函数为$1-t+t^2-t^3+\cdots+(-1)^nt^n+\cdots=\frac{1}{1+t}$。

假设要移动n个圆盘,满足条件要求的最少移动次数记作h_n,要移动第n个圆盘必须先移走它上面的$n-1$个圆盘,至少移动h_{n-1}次,然后将第n个圆盘移动到指定的位置,然后再将$n-1$个圆盘移动到这第n个圆盘上面,又要移动h_{n-1}次,于是$h_n=2h_{n-1}+1(n\geqslant 2)$且$h_1=1$。

设$h(t)=\sum_{n=1}^{\infty}h_nt^n$是数列$\{a_n\}$的生成函数,则有$\sum_{n=0}^{\infty}t^n=\frac{1}{1-t}$,所以

$$\begin{aligned}h(t)&=h_1t+\sum_{n=2}^{\infty}h_nt^n\\&=t+\sum_{n=2}^{\infty}(2h_{n-1}+1)t^n\\&=t+2\sum_{n=2}^{\infty}h_{n-1}t^n+\sum_{n=2}^{\infty}t^n\\&=2th(t)+\frac{t}{1-t}\end{aligned}$$

$$h(t)=\frac{t}{(1-t)(1-2t)}$$

$$=\frac{1}{1-2t}-\frac{1}{1-t}$$
$$=\sum_{n=1}^{\infty}(2^n-1)t^n$$
$$=\sum_{n=1}^{\infty}h_n t^n$$

于是 $h_n=2^n-1, n\geqslant 1$。

当 $n=7$ 时，$h_7=2^7-1=127$，所以至少需要移动 127 次。

总结：由于递归函数求解过程中上一步与下一步之间都存在着紧密的递推关系式，这些式子与定义生成函数的表达式十分类似，通过简单的变换可以得到含有生成函数表达式的多项式，这时用生成函数的知识来解决这些问题可以使问题变得更加简单。

4.4 习题解答

4.1 指出图 4-6 中各关系是否为函数，并说明理由。

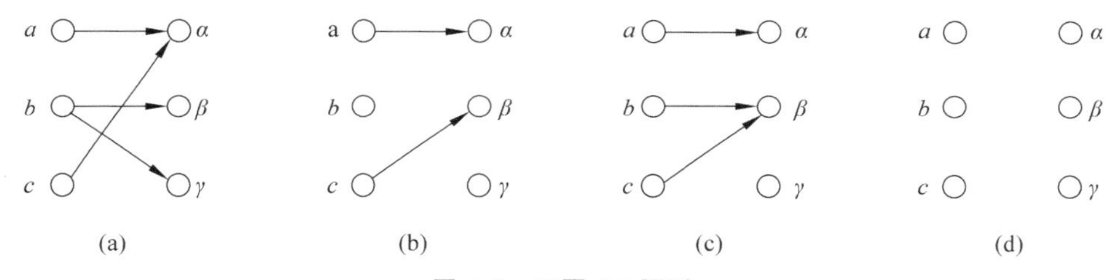

图 4-6 习题 4.1 图形

解：图 4-6(a)不是(因为 b 映射到 β 和 γ)。

图 4-6(b)是，部分函数。

图 4-6(c)是。

图 4-6(d)是。

4.2 指出下列各关系是否为函数。

(1) $A=B=\mathbf{R}$(实数集)，$S=\{<x,y>|x\in A\wedge y\in B\wedge y=x^2\}$。

(2) $A=\{1,2,3,4\}$，$B=A\times A$，$R=\{<1,<2,3>>,<2,<3,4>>,<3,<1,4>>,<4,<2,3>>\}$。

(3) $A=\{1,2,3,4\}$，$B=A\times A$，$S=\{<1,<2,3>>,<2,<3,4>>,<3,<2,3>>\}$。

解：(1) 是。　(2) 是。　(3) 是。

4.3 设 $A=\{\varnothing,a,\{a\}\}$，定义 $f:A\times A\to P(A)$ 为 $f(x,y)=\{\{x\},\{x,y\}\}$，求：

(1) $f(\varnothing,\varnothing)$。

(2) $f(a,\{a\})$。

解：(1) $f(\varnothing,\varnothing)=\{\{\varnothing\},\{\varnothing,\varnothing\}\}=\{\{\varnothing\}\}$。

(2) $f(a,\{a\})=\{\{a\},\{a,\{a\}\}\}$。

4.4 设 f 和 g 为函数，且 $f\subseteq g$，$\mathrm{dom}\ g\subseteq\mathrm{dom}\ f$。证明：$f=g$。

证明：由 $f\subseteq g$，有 $\mathrm{dom}\ f\subseteq\mathrm{dom}\ g$，并且对 $\forall x\in\mathrm{dom}\ f$，有 $f(x)=g(x)$。又已知 $\mathrm{dom}\ g\subseteq$

dom f，有 dom f=dom g 和 $f(x)=g(x)$。所以 $f=\{<x,f(x)>|x\in \text{dom } f\}=\{<x,g(x)>|x\in \text{dom } g\}=g$。

4.5 设函数 $f(x)=\begin{cases} x-10 & x>100 \\ f(f(x+11)) & x\leqslant 100 \end{cases}$。

(1) 计算 $f(99)$。

(2) 写出计算函数的算法(可用任何语言)。

解：(1) $f(99)=f(f(99+11))=f(f(110))=f(110-10)=f(100)=f(f(100+11))=f(f(111))=f(111-10)=f(101)=101-10=91$。

(2) 略。

4.6 判断下面关系能否构成函数，若能构成函数，试判断是否为单射的、满射的、双射的。为什么？

(1) $A=\{1,2,3,4\}$，$B=\{5,6,7,8\}$，$f=\{<1,8>,<3,6>,<4,5>,<2,6>\}$。

(2) A、B 同(1)，$f=\{<1,7>,<2,6>,<4,5>,<1,6>,<3,8>\}$。

(3) A、B 同(1)，$f=\{<1,8>,<3,5>,<2,6>\}$。

(4) $f:R\to R$，$f(x)=2x+1$。

解：(1) 能构成函数，但 f 既不是单射函数，也不是满射函数，因为 $f(3)=f(2)=6$，且 $7\notin \text{ran}f$。

(2) 不能构成函数，因为 $<1,7>\in f$ 且 $<1,6>\in f$，与函数定义矛盾。

(3) 能构成函数，是单射的，不是满射的，因为 $7\notin \text{ran}f$。

(4) 能构成函数 $f:R\to R$，$f(x)=2x+1$ 是满射的、单射的、双射的，因为它是单调函数并且 $\text{ran}f=R$。

4.7 分别确定以下各题的 f 是否为从 A 到 B 的函数，并对其中的函数 $f:A\to B$ 判断它是否为单射的、满射的或双射的。如果不是，请说明理由。

(1) A、B 为实数集合，$f(x)=x^2-x$。

(2) A、B 为实数集合，$f(x)=x^3$。

(3) A、B 为实数集合，$f(x)=\sqrt{x}$。

(4) A、B 为实数集合，$f(x)=\dfrac{1}{x}$。

(5) A、B 为正整数集合，$f(x)=x+1$。

(6) A、B 为正整数集合，$f(x)=\begin{cases} 1 & x=1 \\ x-1 & x>1 \end{cases}$。

解：(1) 是函数，不是单射的，也不是满射的。

(2) 是函数，是双射函数。

(3) 不是函数，因为负实数没有实数平方根，即负实数没有被定义。

(4) 不是函数，因为 $0\in \mathbf{R}$，但是 0 不能求倒数，即 0 没有被定义。

(5) 是函数，是单射的，但不是满射的(1 没有被映射到)。

(6) 是函数，不是单射的，是满射的。

4.8 设 $f:X\to Y$，X、Y 是有限集合。

(1) 若 $|X|<|Y|$，f 可能是满射的吗？为什么？

（2）若$|X|>|Y|$，f可能是单射的吗？为什么？

（3）X与Y满足什么条件时，f可能是满射的？单射的？双射的？

解：（1）f不可能是满射函数，因为$|f(X)|\leqslant|X|<|Y|$。

（2）f可能是单射的，当$\mathrm{dom}f\neq X$时。

（3）$|Y|\leqslant|X|$时，f可能是满射的；$|X|\leqslant|Y|$时，f可能是单射的；$|X|=|Y|$时，f可能是双射的。

4.9　证明：存在一个从集合X到它的幂集$P(X)$的一个单射函数。

证明：定义$f:X\to P(X)$：$\forall x\in X,f(x)=\{x\}$，容易证明$f$是函数并且是单射函数。

4.10　对于以下各题给定的A、B和f，判断是否构成函数$f:A\to B$。如果是，说明$f:A\to B$是否为单射的、满射的、双射的，并根据要求进行计算。

（1）$A=B=R,f(x)=x^3$。

（2）$A=N\times N,B=N,f(<x,y>)=|x^2-y^2|$。计算$f(N\times\{0\}),f^{-1}(\{0\})$。

解：（1）是函数，是单射的、满射的、双射的。

（2）是函数，不是单射的，也不是满射的。因为$f(<1,1>)=f(<2,2>)=0$，且$2\notin \mathrm{ran}f$，$f(N\times\{0\})=\{y\mid y=x^2\land x\in N\}$，$f^{-1}(\{0\})=\{<x,x>\mid x\in N\}$。

4.11　已知$f:N\times N\to N,f<x,y>=x^2+y^2$，问：

（1）f是单射的吗？

（2）f是满射的吗？

（3）计算$f^{-1}(\{0\})$。

（4）计算$f\{<0,0>,<1,2>\}$。

解：（1）不是单射的。

（2）不是满射的。

（3）$f^{-1}(\{0\})=\{<0,0>\}$。

（4）$f(\{<0,0>,<1,2>\})=\{0,5\}$。

4.12　对下列每对集合X、Y，构造一个X到Y的双射函数。

（1）$X=N,Y=N-\{0\}$。

（2）$X=P(\{1,2,3\}),Y=\{0,1\}^{\{1,2,3\}}$。

（3）$X=[0,1],Y=[1/4,1/2]$。

（4）$X=Z,Y=N$。

（5）$X=[\pi/2,3\pi/2],Y=[-1,1]$。

解：（1）$f(x)=x+1$。

（2）令$A=P(\{1,2,3\})=\{\varnothing,\{1\},\{2\},\{3\},\{1,2\},\{1,3\},\{2,3\},\{1,2,3\}\}$。令$B=\{0,1\}^{\{1,2,3\}}=\{f_0,f_1,\cdots,f_7\}$，其中，$f_0=\{<1,0>,<2,0>,<3,0>\}$，$f_1=\{<1,0>,<2,0>,<3,1>\}$，$f_2=\{<1,0>,<2,1>,<3,0>\}$，$f_3=\{<1,0>,<2,1>,<3,1>\}$，$f_4=\{<1,1>,<2,0>,<3,0>\}$，$f_5=\{<1,1>,<2,0>,<3,1>\}$，$f_6=\{<1,1>,<2,1>,<3,0>\}$，$f_7=\{<1,1>,<2,1>,<3,1>\}$。

令$f:A\to B$，使得$f(\varnothing)=f_0,f(\{1\})=f_1,f(\{2\})=f_2,f(\{3\})=f_3,f(\{1,2\})=f_4,f(\{1,3\})=f_5,f(\{2,3\})=f_6,f(\{1,2,3\})=f_7$。

（3）$f(x)=(x+1)/4$。

(4) 将 Z 中元素以下列顺序排列并与 N 中元素对应。

Z 中元素:	0	−1	1	−2	2	−3	3	…
	↓	↓	↓	↓	↓	↓	↓	
N 中元素:	0	1	2	3	4	5	6	…

则这种对应所表示的函数是 $f:Z\to N, f(x)=\begin{cases}2x & x\in \mathbf{Z}^+\\ 0 & x=0\\ -2x-1 & x\in \mathbf{Z}^-\end{cases}$。

(5) 令 $f:[\pi/2,3\pi/2]\to[-1,1]$,$f(x)=\sin(x)$,或者 $f(x)=((x/\pi)-1)\times 2$。

4.13 设 $f:X\to Y, A\subseteq B\subseteq X$。证明:$f(A)\subseteq f(B)$。

证明:根据定义 $f(A)=\{f(x)\mid x\in A\}$,$f(B)=\{f(x)\mid x\in B\}$,因为 $A\subseteq B\subseteq X$,所以 $\{f(x)\mid x\in A\}\subseteq\{f(x)\mid x\in B\}$,即 $f(A)\subseteq f(B)$。

4.14 设 A、B 均为实数集合,$A=\{a\mid 0\leqslant a<1\}$,$B=\{b\mid 2<b<3\}\cup\{b\mid 4<b\leqslant 5\}$,试在 A、B 之间建立一一对应关系。

解:$A=[0,1/2)\cup[1/2,1)$,令 $f_1:[0,1/2)\to(2,3)$,$f_2:[1/2,1)\to(4,5]$。$f_1=f_{12}\circ f_{11}$,$f_2(2)=-2x+6$。$f=f_1\cup f_2$。其中,$[0,1/2)$ 经 $f_{11}:x\to 2x+2$ 对应到 $[2,3)$,从 $(2,3)$ 中取一可数序列:$\{a_1,a_2,\cdots a_n,\cdots\}$,$f_{12}(x)=\begin{cases}a_1 & x=2\\ a_{i+1} & x=a_i\\ x & 否则\end{cases}$。

4.15 如果存在 X 到 Y 的非单射函数,证明:$X\neq\varnothing$ 且 $Y\neq\varnothing$。

证明:反证法。假设存在 X 到 Y 的非单射函数 f,同时 $X=\varnothing$ 或 $Y=\varnothing$。若 $X=\varnothing$,则 $f=\varnothing$,而 $\forall x_1,x_2,y\ (\langle x_1,y\rangle\in f\wedge\langle x_2,y\rangle\in f)$,蕴涵 $x_1=x_2$ 成立,所以函数 f 为单射函数,与题设矛盾。若 $Y=\varnothing$,而存在从 X 到 Y 的函数,则一定有 $X=\varnothing$,所以 $f=\varnothing$,同样 f 为单射函数。

4.16 证明:$A^B=\varnothing$,则 $A=\varnothing$ 且 $B\neq\varnothing$。

证明:充分性:若 $A=\varnothing$ 且 $B\neq\varnothing$,则 $f\subset B\times\varnothing=\varnothing$,但不是从 $B\neq\varnothing$ 到 $A=\varnothing$ 的函数,所以 $A^B=\varnothing$。必要性:设 $A\neq\varnothing$,$a\in A$,则 $\{(x,a)\mid x\in B\}$ 是 B 到 A 的函数,所以 $A^B\neq\varnothing$,如果 $B=\varnothing$,$\varnothing$ 是 B 到 A 的函数,也有 $A^B\neq\varnothing$。

4.17 令 $X=\{x_1,x_2,\cdots,x_m\}$,$Y=\{y_1,y_2,\cdots,y_n\}$。问:

(1) 有多少不同的由 X 到 Y 的关系?

(2) 有多少不同的由 X 到 Y 的全函数?

(3) 在全函数前提下,有多少不同的由 X 到 Y 的单射函数?满射函数?双射函数?

解:(1) $X\times Y$ 的任意子集均构成 X 到 Y 的关系,即有 $|P(X\times Y)|=2^{mn}$ 个。

(2) 共有 n^m 个 X 到 Y 的全函数。

(3) ①若要为单射函数,则要求 $m\leqslant n$,则共有 $C_n^n m!$ 个单射函数;②若要为满射,要求 $n\leqslant m$,共有 $C_m^n n^{m-n} m!$ 个满射函数。特殊情况,$m=2,n=1$ 时,只有一个满射函数;③双射时,$m=n$,共有 $m!$ 个双射函数。

4.18 设函数 $f:\mathbf{R}\times\mathbf{R}\to\mathbf{R}\times\mathbf{R}$,$f$ 定义为 $f(\langle x,y\rangle)=\langle x+y,x-y\rangle$。

(1) 证明 f 是单射函数。

(2) 证明 f 是满射函数。

(3) 求逆函数 f^{-1}。

(4) 求复合函数 $f^{-1}\circ f$ 和 $f\circ f$。

解：(1) 证明 f 是单射函数，$\forall <a,b>,<u,v>\in \mathbf{R}\times\mathbf{R}$，使得 $f(<a,b>)=f(<u,v>)$，则 $\begin{cases}a+b=u+v,\\ a-b=u-v\end{cases}$，解得 $a=u\ \wedge b=v$，则 $<a,b>=<u,v>$。

(2) 要证明 f 是满射函数，需要证明 $\mathrm{ran}\, f=\mathbf{R}\times\mathbf{R}$。即要证：$\forall <y_1,y_2>\in\mathbf{R}\times\mathbf{R}$，一定存在 $<x_1,x_2>\in \mathrm{dom} f$，使得 $f(<x_1,x_2>)=<y_1,y_2>$。而 $f\left(<\dfrac{y_1+y_2}{2},\dfrac{y_1-y_2}{2}>\right)=<y_1,y_2>$。

(3) $f^{-1}(<x_1,x_2>)=<\dfrac{x_1+x_2}{2},\dfrac{x_1-x_2}{2}>$。

(4) $f^{-1}\circ f(<x_1,x_2>)=<x_1,x_2>$，$f\circ f(<x_1,x_2>)=<2x_1,2x_2>$。

4.19　考虑下列实数集上的函数：$f(x)=2x^2+1$，$g(x)=-x+7$，$h(x)=2^x$，$k(x)=\sin x$。求：$g\circ f$，$f\circ g$，$f\circ f$，$g\circ g$，$f\circ h$，$f\circ k$，$k\circ h$。

解：$g\circ f=-(2x^2+1)+7=-2x^2+6$。

$f\circ g=2(-x+7)^2+1=2x^2-28x+99$。

$f\circ f=2(x^2+1)^2+1=8x^4+8x^2+3$。

$g\circ g=-(-x+7)+7=x$。

$f\circ h=2(2^x)^2+1=2\times 2^{2x}+1$。

$f\circ k=2(\sin x)^2+1=2\sin^2 x+1$。

$k\circ h=\sin(2^x)$。

4.20　设 h 为 X 上函数，证明下列条件中(1)与(2)等价，(3)与(4)等价。

(1) h 为单射函数。

(2) 对任意 X 上函数 f、g，$h\circ f=h\circ g$ 蕴涵 $f=g$。

(3) h 为满射函数。

(4) 对任意 X 上函数 f、g，$f\circ h=g\circ h$ 蕴涵 $f=g$。

证明：首先证明(1)与(2)等价。

① 证明对任意 X 上函数 f、g，若 $h\circ f=h\circ g$ 蕴涵 $f=g$，则 h 为单射函数。若 h 不是单射函数，则必有 $x_1,x_2\in X$，使得 $h(x_1)=h(x_2)$ 时 $x_1\neq x_2$，定义两个函数 g、f 为

$g:X\rightarrow X$，使得对所有 $x\in X$ 有 $g(x)=x_1$。

$f:X\rightarrow X$，使得对所有 $x\in X$ 有 $f(x)=x_2$。

这样，$g,f\in X^X$，且 $h\circ f=h\circ g$，但 $f(x)\neq g(x)$ 与题设 $f=g$ 矛盾。故 h 必是单射函数。

② 假定 $h\circ f=h\circ g$ 且 h 是单射函数，则 $f=g$。若 $f\neq g$，则对某个 $x_1\in X$，有 $f(x_1)\neq g(x_1)$，但 $h\circ f(x_1)=h\circ g(x_1)$，这说明当 $f(x_1)\neq g(x_1)$ 时，$h(f(x_1))=h(g(x_1))$，故 h 不是单射函数，与题设矛盾，于是 $f=g$。

由①和②可知(1)与(2)等价。

下面证明(3)与(4)等价。

① 对任意 X 上函数 f、g，若 $f\circ h=g\circ h$ 蕴涵 $f=g$，则 h 为满射函数。若 h 不是满射

函数,则必有 $x_1 \in X$,使得对任意 $x \in X, h(x) \neq x_1$,因为 $h \in X^X$,所以 $X \neq \{x_1\}$,故必有 $x_2 \in X$ 且 $x_1 \neq x_2$,定义两个函数 g、f 为

$f: X \to X$,使得$\begin{cases} f(x)=x_2 & \text{当 } x \in X \text{ 且 } x \neq x_1 \text{。} \\ f(x_1)=x_1 \end{cases}$

$g: X \to X$,使得对任意 $x \in X$ 有 $g(x)=x_2$。

这样 $f(h(x))=g(h(x))$,但 $f \neq g$,与题设矛盾,故 h 必是满射函数。

② 假定 $f \circ h = g \circ h$ 且 h 是满射函数,若 $f \neq g$,则必有 $x_1 \in X$,使得 $f(x_1) \neq g(x_1)$,因此对任意 $x \in X$,必有 $h(x) \neq x_1$,否则 $f(h(x)) \neq g(h(x))$,即 $f \circ h \neq g \circ h$,与题设矛盾。但若对任意 $x \in X$,必有 $h(x) \neq x_1$,则 h 不是满射函数。故 $f = g$。

由①和②可知,(3)与(4)等价。

4.21 $f \circ g$ 是复合函数,试证明以下命题。

(1) 如果 $f \circ g$ 是满射的,那么 f 是满射的。

(2) 如果 $f \circ g$ 是单射的,那么 g 是单射的。

(3) 如果 $f \circ g$ 是双射的,那么 f 是满射,g 是单射的。

证明: 设 $g: X \to Y, f: Y \to Z$,有

(1) 设任意 $z \in Z$,因为 $f \circ g$ 是满射的,则必有 $x \in X$,使得 $f \circ g(x) = z$,因为 $f \circ g(x) = f(g(x))$,令 $g(x) = y \in Y$,由于 f 是函数,故每个 $y \in Y$,必有 $z \in Z$,使得 $z = f(y)$。但是每个 z 在 f 作用下都是 Y 中元素的一个映像,由 z 的任意性,可知 f 是满射的。

(2) 设 $f \circ g$ 是单射的。如果 g 不是单射的,则必存在 $x_1 \neq x_2$ 使得 $g(x_1) = g(x_2) = y \in Y$。由于 $f \circ g(x_1) = f(g(x_1)) = f \circ g(x_2)$,得出 $f \circ g$ 不是单射的,这与题设矛盾。

(3) 因为 $f \circ g$ 是双射的,即 $f \circ g$ 是单射的且是满射的,由(1)和(2)知,f 是满射的,g 是单射的。

4.22 设集合 $A = \{1,2,3,4\}$。

(1) A 到 A 上有多少个不同的全函数 f?

(2) A 到 A 上有多少个不同的全函数满足 $f \circ f = f$?

(3) A 到 A 上有多少个不同的全函数满足 $f \circ f = I_A$?

解: (1) A 到 A 上有 $|A|^{|A|} = 4^4 = 256$ 个不同的全函数 f。

(2) 若 A 上函数 f 满足 $f \circ f = f$,则任取 $x \in A$,有 $f \circ f(x) = f(f(x)) = f(x)$。令 $f(x) = y$,$f \circ f = f$ 的充要条件可以表示为,对任意 $y \in \text{ran} f$ 均有 $f(y) = y$,设 $|A| = n$,f 的值域中有 k 个元素,即 $|\text{ran} f| = k (1 \leqslant k \leqslant n)$,则非值域中共有 $n-k$ 个元素。这 $n-k$ 个元素的像可以为值域中的任意一个元素,这样的组合共有 k^{n-k} 种,而值域中的 k 个元素的组合有 C_n^k 种,k 可以取 $1 \sim n$ 中的任意一个数,所以共有 $\sum_{k=1}^{n} C_n^k \cdot k^{n-k}$ 种。将 $n=4$ 代入,得 41。

(3) 若 A 上函数 f 满足 $f \circ f = I_A$,则任取 $x \in A$,有 $f \circ f(x) = f(f(x)) = x$。令 $f(x) = y$,$f \circ f = I_A$ 的充要条件可以表示为,对任意 $x \in A$,若 $f(x) = y$,则必有 $f(y) = x$。若 $f(x) = x$,显然满足条件。若 $f(x) = y$,且 $x \neq y$,则不存在 $x' \in A, x' \neq x$ 使得 $f(x') = y$。否则有 $f(y) = x$ 且 $f(y) = x'$,这与 f 是函数矛盾。这样,x 与 y 构成一对二元循环节,它们产生交叉映射,如图 4-7 所示。

设 $|A| = n$,令 $m = \lfloor n/2 \rfloor$,A 中至多有 m 对二元循环节。若 A 中有 k 对二元循环节,

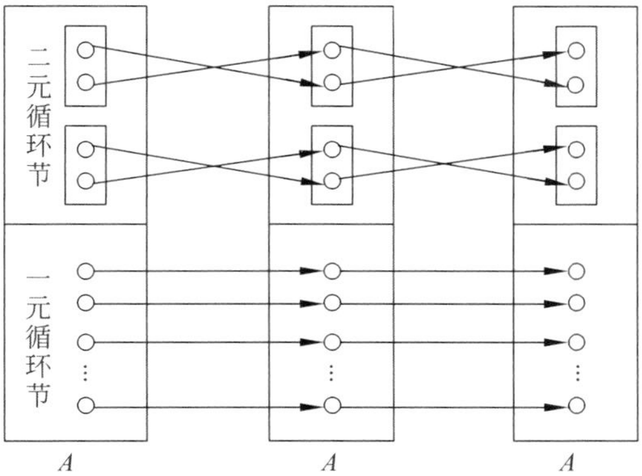

图 4-7　交叉映射

则一元循环节的数目为 $n-2k$。从 n 个元素中选取 $n-2k$ 个元素的组合有 C_n^{n-2k} 种，而 $2k$ 个元素搭配成 k 对的组合有 $\frac{1}{k!}\prod_{i=0}^{k-1}C_{2k-2i}^{2}$ 种。所以 $f\circ f=I_A$，共有 $\sum_{k=0}^{m}\left(C_n^{n-2k}\cdot\frac{1}{k!}\prod_{i=0}^{k-1}C_{2k-2i}^{2}\right)$ 种。将 $n=4$ 代入，得 10。

针对此问题有三种情况：①无交叉，即恒等函数；②有 1 对交叉，如 $\{<1,2>,<2,1>,<3,3>,<4,4>\}$，共有 $C_4^2=6$ 种；③有 2 对交叉，$C_4^2/2=3$ 种。三种情况共 10 种。

4.23　下列函数为实数集上的函数，如果它们可逆，请求出它们的逆函数；否则，对它们做适当的限制后，求出这一限制的逆函数。

(1) $f_1(x)=3x+1$。

(2) $f_2(x)=x^3-1$。

(3) $f_3(x)=x^2-2x$。

(4) $f_4(x)=\tan x+1$。

解：(1) $f_1^{-1}(x)=\dfrac{x-1}{3}$。

(2) $f_2^{-1}(x)=\sqrt[3]{x+1}$。

(3) 原函数没有逆函数。限制定义域为$[1,+\infty)$时，有逆函数 $f_3^{-1}(x)=1+\sqrt{1+x}$。

(4) 原函数没有逆函数。限制定义域为$(-\pi/2,\ \pi/2)$时，有逆函数 $f_4^{-1}(x)=\arctan(x-1)$。

4.24　设 $f:X\to Y$，A、B 为 Y 的子集。证明：

(1) $f^{-1}(A\cup B)=f^{-1}(A)\cup f^{-1}(B)$。

(2) $f^{-1}(A\cap B)=f^{-1}(A)\cap f^{-1}(B)$。

(3) $f^{-1}(A-B)=f^{-1}(A)-f^{-1}(B)$。

证明：(1) $\forall x\in f^{-1}(A\cup B)\Leftrightarrow\exists y\in A\cup B(f^{-1}(y)=x)\Leftrightarrow\exists y\in A(f^{-1}(y)=x)\vee\exists y\in B(f^{-1}(y)=x)\Leftrightarrow x\in f^{-1}(A)\vee x\in f^{-1}(B)\Leftrightarrow\forall x\in f^{-1}(A)\cup f^{-1}(B)$，所以 $f^{-1}(A\cup B)=f^{-1}(A)\cup f^{-1}(B)$。

(2) $\forall x\in f^{-1}(A\cap B)\Leftrightarrow\exists y\in A\cap B(f^{-1}(y)=x)\Leftrightarrow\exists y\in A(f^{-1}(y)=x)\wedge\exists y\in$

$B(f^{-1}(y)=x)\Leftrightarrow x\in f^{-1}(A)\wedge x\in f^{-1}(B)\Leftrightarrow\forall x\in f^{-1}(A)\cap f^{-1}(B)$,所以 $f^{-1}(A\cap B)=f^{-1}(A)\cap f^{-1}(B)$。

(3) $\forall x\in f^{-1}(A-B)\Leftrightarrow\exists y\in A-B(f^{-1}(y)=x)\Leftrightarrow\exists y\in A(f^{-1}(y)=x)\wedge\exists y\notin B(f^{-1}(y)=x)\Leftrightarrow x\in f^{-1}(A)\wedge x\notin f^{-1}(B)\Leftrightarrow\forall x\in f^{-1}(A)-f^{-1}(B)$,所以 $f^{-1}(A-B)=f^{-1}(A)-f^{-1}(B)$。

4.25 求下列集合的基数。

(1) $T=\{x|x$ 是单词 BASEBALL 中的字母$\}$。

(2) $B=\{x|x\in R\wedge x^2=9\wedge 2x=8\}$。

(3) $C=P(A),A=\{1,3,7,11\}$。

解:(1) $|T|=|\{A,B,E,L,S\}|=5$。　(2) $|B|=0$。　(3) $|C|=2^{|A|}=16$。

4.26 设 $f:X\to X$,n 为满足 $f^n=I_x$ 的正整数,$(f^{n+1}=f\circ f^n)$,证明:f 是双射的。

解:当 $n=1$ 时,$f=I_x$,f 是双射的。

当 $n>1$ 时,①证明 f 是单射的,假设 f 不是单射的,即假设 $\exists x_1,x_2,x_1\neq x_2,f(x_1)=f(x_2)$,于是 $f^{n-1}f(x_1))=f^{n-1}(f(x_2))$,因 $f^n=I_x$,所以 $x_1=x_2$,矛盾。

② 下面证明 f 是满射的,假设 f 不是满射的,$\exists y\in X,\forall x\in X,f(x)\neq y$,因而 $\forall z\in X,f(f^{n-1}(z))\neq y$,因 $f^n=I_x$,所以 $\exists z\in X,z\neq y$,矛盾。所以 f 是双射的。

4.27 判断下列各命题是否成立。

(1) 若 $|A|=|B|$,则 $|P(A)|=|P(B)|$。

(2) 若 $|A|\leqslant|B|$ 且 $|C|\leqslant|D|$,那么 $|A\cup C|\leqslant|B\cup D|$。

(3) 若 $|A|\leqslant|B|$ 且 $|C|\leqslant|D|$,那么 $|A\times C|\leqslant|B\times D|$。

(4) 若 $|A|\leqslant|B|$ 且 $|C|\leqslant|D|$,那么 $|A^C|\leqslant|B^D|$。

(5) 若 $|A|\leqslant|B|$,$|C|<|D|$,那么 $|A\cup C|<|B\cup D|$。

(6) 若 $|A|\leqslant|B|$,$|C|<|D|$,那么 $|A\times C|<|B\times D|$。

解:(1) 是。

(2) 否,例如 $A=\{1\},B=\{1,2\},C=\{2,3\},D=\{1,2\}$,有 $|A|\leqslant|B|$ 且 $|C|\leqslant|D|$,但是 $|A\cup C|>|B\cup D|$。

(3) 是。

(4) 是。

(5) 否,例如 $A=\{1,2\},B=\{1,2\},C=\{2\},D=\{1,2\}$,有 $|A|\leqslant|B|$ 且 $|C|<|D|$,但是 $|A\cup C|=|B\cup D|$。

(6) 否,例如 $A=B=C=\varnothing$ 时,有 $|A|\leqslant|B|$ 且 $|C|<|D|$,但是 $|A\times C|=|B\times D|=0$。

4.28 若 A 和 B 是无限集,C 是有限集,回答下列问题,并给予说明。

(1) $A\cap B$ 是无限集吗?

(2) $A-B$ 是无限集吗?

(3) $A\cup C$ 是无限集吗?

解:(1) 不一定。如 A 是自然数集合,B 是其中偶数组成的集合,则 $A\cap B$ 是无限集;如 A 是自然数集合中奇数组成的集合,B 是偶数组成的集合,则 $A\cap B$ 为空。

(2) 不一定,如 $A=B$。

(3) 是。

4.29 证明：若 A 是有限集，B 是无限集，那么 $|A|<|B|$。

证明：A 是有限集，B 是无限集，那么有单射函数 $f:A\to B$，但是不可能有双射函数 $g:A\to B$，所以 $|A|<|B|$。

4.30 设 $|A|=|B|$，$|C|=|D|$，证明：$|A\times C|=|B\times D|$。

证明：因为 $|A|=|B|$，所以存在双射函数 $f:A\to B$。同理，$|C|=|D|$，所以存在双射函数 $g:C\to D$。则构造函数 $h:A\times C\to B\times D$，对于 $\forall <a,c>\in A\times C$，定义 $h(<a,c>)=<f(a),g(c)>$，容易证明 h 也是双射函数，所以 $|A\times C|=|B\times D|$。

4.31 设 $|A|=|B|$，$|C|=|D|$ 且 $A\cap C=B\cap D=\varnothing$。证明：$|A\cup C|=|B\cup D|$。

证明：$|A\cup C|=|A|+|C|-|A\cap C|=|A|+|C|-0=|A|+|C|=|B|+|D|-|B\cap D|=|B\cup D|$。

4.32 证明：自然数集的有限子集全体所构成的集合的基数是 $\aleph_0$。

证明：方法一　有限子集按照基数(元素个数)排列如下。

$\{0\},\{1\},\{2\},\cdots$

$\{0,1\},\{0,2\},\{0,3\},\{1,2\},\{0,4\},\{1,3\},\{0,5\},\cdots$(按和的大小排序，和相同时按字典序排列)

$\{0,1,2\},\{0,1,3\},\{0,1,4\},\{0,2,3\},\cdots$

…

从 $\{0\}$ 开始按左斜 Z 字型方向枚举，即可数个可数集的并是可数集，所以自然数集的有限子集全体所构成的集合的基数是 $\aleph_0$。

方法二　构造函数 $f:\Pi\to\mathbf{N}$，满足 $A\in\Pi$，构造有穷集合 A 的特征函数 f_A，并进一步通过函数 g 转化为二进制数(如 $\{1,3,5,6\}$ 对应 0101011)，则 f_A 与 g 的复合 $g\circ f_A$ 为 $\Pi\to\mathbf{N}$ 的双射函数。

4.33 已知有限集 $S=\{a_1,a_2,a_3,\cdots,a_n\}$，$\mathbf{N}$ 为自然数集合，$\mathbf{R}$ 为实数集，求下列集合的基数：$S,P(S),\mathbf{N},\mathbf{N}^{\mathbf{N}},P(\mathbf{N}),\mathbf{R},\mathbf{R}\times\mathbf{R},\mathbf{R}^{\mathbf{N}}$。

解：$|S|=n$，$|P(S)|=2^n$，$\mathbf{N}$ 的基数为 $\aleph_0$，$\mathbf{N}^{\mathbf{N}}$ 的基数为 $\aleph$，$P(\mathbf{N})$ 的基数是 $\aleph$，R 的基数是 $\aleph$，$\mathbf{R}\times\mathbf{R}$ 的基数是 $\aleph$，$\mathbf{R}^{\mathbf{N}}$ 是 $\aleph$。

4.34 设 $f:A\to B$ 为满射函数。

(1) 当 A 为无限集时，B 是否一定为无限集？

(2) A 为可数集时，B 是否一定为可数集？

解：(1) 不一定。例如 $A=\mathbf{N}$，$B=\{0\}$，对于任意自然数 n，都有 $f(n)=0$，f 是满射函数，但是 B 不是无限集。

(2) 是。$f:A\to B$ 是满射函数，则一定存在 $B\to A$ 的单射函数，所以 $|A|\geqslant|B|$，而 A 为可数集，所以 $|A|\leqslant\aleph_0$，则 $|B|\leqslant\aleph_0$，所以 B 也是可数集。

4.35 设 $f:A\to B$ 为单射函数。

(1) A 为无限集时，B 是否一定为无限集？

(2) A 为可数集时，B 是否一定为可数集？

解：(1) 是。

(2) 不一定。令 $A=\mathbf{N}$，$B=\mathbf{R}$，$f(x)=x$，则 f 为单射函数，A 为可数集，但是 B 不为可数集。

4.36 证明：任一无限集合必定存在与自身等势的真子集。

证明：设 A 为一无限集合，则 $A\neq\varnothing$，可以设某 $a\in A$，那么 $B=A-\{a\}$ 也是无限集合，并且 B 是 A 的真子集。取 B 中的一可数序列 $b_1,b_2\cdots$，构造一个函数 $f:A\to B$，其中 $f(x)=\begin{cases}b_1 & 当\ x=a\ 时\\ b_{i+1} & 当\ x=b_i\ 时\\ x & 当\ x\neq a\ 且\ x\neq b_i\ 时\end{cases}$，易证 f 为双射函数。所以 B 与 A 等势，且 B 是 A 的真子集。

4.37 有限集 A 和可数集 B 的笛卡儿积 $A\times B$ 是可数集吗？为什么？

解：是。可以设有限集 $A=\{a_1,a_2,\cdots,a_m\}$，可数集 $B=\{b_0,b_1,b_2,\cdots\}$，如下建立函数 $f:A\times B\to\mathbf{N}$，$f(<a_i,b_j>)=j*m+i-1$，则 f 是一个双射函数。所以笛卡儿积 $A\times B$ 是可数的。

4.38 设 $A=\{1,2,3,\cdots,n-1\}$，$S=\{(a,b)|a,b\in A,a+b>n,且\ a\neq b\}$，试求 $|S|$。

解：(a,b) 可组成如下矩阵：$\begin{bmatrix}(1,1) & (1,2) & \cdots & (1,n-1)\\ (2,1) & (2,2) & \cdots & (2,n-1)\\ \cdots & \cdots & \cdots & \cdots\\ (n-1,1) & (n-1,2) & \cdots & (n-1,n-1)\end{bmatrix}$。

矩阵右下角(反对角线之下)满足 $a+b>n$，这样的 (a,b) 共有 $1+2+\cdots+n-2=(n-2)(n-1)/2$ 个，设右下角中满足 $a=b$ 的 (a,b) 的数量为 K，则

情形1：n 为偶数，点 $\left(\frac{n}{2},\frac{n}{2}\right)$ 在主对角线上，所以 $K=(n-1)-\frac{n}{2}=\frac{n}{2}-1$。

情形2：n 为奇数，点 $\left(\frac{n-1}{2},\frac{n-1}{2}\right)$ 在主对角线上，所以 $K=(n-1)-\frac{n-1}{2}=\frac{n-1}{2}$。

所以 $|S|=(n-1)(n-2)/2-K=(n-2)(n-2)/2$（$n$ 为偶数）或 $=(n-3)(n-1)/2$（n 为奇数）。

4.39 试证：区间 $[0,1]$ 中的一切实数之集是不可数集。

证明：已知 $(0,1)$ 不可数，再证 $(0,1)$ 与 $[0,1]$ 等势。$f:(0,1)\to[0,1]$，$f(x)=x$，f 是单射函数，所以 $|(0,1)|\leqslant|[0,1]|$。$g:[0,1]\to(0,1)$，$g(x)=x/2+1/4$，g 是单射函数，所以 $|[0,1]|\leqslant|(0,1)|$。所以 $[0,1]$ 与 $(0,1)$ 等势。

4.40 (1) 用数学归纳法证明：$n^n<2^{n^2}$。

(2) 考虑一集合上关系与函数的数目上的差异，再证(1)，不用归纳法。

证明：(1) 略。(2) 假设集合 $|A|=n$，则 $B=\{f|f:A\to A\}$ 是 A 上所有函数的集合，易知 $|B|=n^n$。$|A\times A|=n^2$，$C=\{S|S\subseteq A\times A\}$ 是 A 上所有关系的集合，易知 $|C|=2^{n^2}$。根据函数和关系的定义知 $n^n<2^{n^2}$。

4.41 用数学归纳法证明：对于任意 $n\geqslant1$，5^n-1 能被4整除。

证明：(1) 当 $n=1$ 时，$5^n-1=4$，能被4整除。

(2) 当 $n=k$ 时，设 $4|(5^k-1)$。则当 $n=k+1$ 时，$5^n-1=5^{k+1}-1=5\times5^k-1=5(5^k-1)+4$，因为 $4|(5^k-1)$，有 $4|(5(5^k-1)+4)$，所以 $4|(5^{k+1}-1)$。

由归纳法，对于任意 $n\geqslant1$，5^n-1 能被4整除。

4.42 设 A、B 和 X 为非空集合，如果对函数 $f:X\to A$ 和 $g:X\to B$，存在满射 P_1：$A\times$

$B\to A$ 和 $P_2: A\times B\to B$，使得 $P_1(x,y)=x$ 且 $P_2(x,y)=y$，$(x,y)\in A\times B$，则必存在唯一的一个函数 $\Phi: X\to A\times B$，使得 $P_1\circ\Phi=f$ 且 $P_2\circ\Phi=g$。

证明：(1) 令 $\Phi(x)=(f(x),g(x))$，则 $P_1(\Phi(x))=f(x)$，$P_2(\Phi(x))=g(x)$。即 $P_1\circ\Phi=f$ 且 $P_2\circ\Phi=g$。

(2) 假设 $\Psi: X\to A\times B$ 满足 $P_1\circ\Psi=f$，$P_2\circ\Psi=g$，设 $\Psi(x)=(x_1,x_2)$，$X_1=P_1(\Psi(x))=f(x)$，$X_2=P_2(\Psi(x))=g(x)$，即 $\Psi(x)=\Phi(x)$，故 Φ 唯一。

4.43　设 A 和 B 是两个集合，并且 h 是从 A 到 B 的任一映射。试证明 h 总可以表示成 $h=\Psi\circ\Phi$。其中，Φ 是从 A 到某一确定集合上的满射函数，Ψ 是从这一确定集合到 B 的单射函数。

证明：$\Phi: A\to h(A)$，其中 $h(A)=\{y\mid \exists x\in A, h(x)=y\}$，$\Phi(x)=h(x)$，$\Phi$ 是 A 到 $h(A)$ 的满射函数，$\Psi: h(A)\to B$，$\Psi(y)=y$，Ψ 是单射函数，于是对 A 中任意 x，$(\Phi\circ\Psi)(x)=\Psi(\Phi(x))=\Psi(h(x))=h(x)$。所以 $f_n=\Phi\circ\Psi=h$。

4.5　编程答案

4.1　给定一个从 $\{1,2,\cdots,n\}$ 到整数集合的函数 f，判断 f 是否为单射函数。

解答：

```
样例输入输出：
(1) 输入整数 n: 4
输入函数 f 的序偶元素：
1 5
2 6
3 7
4 8
输出：yes
(2) 输入整数 n: 3
输入函数 f 的序偶元素：
1 1
2 1
3 2
输出：no
```

编程题 4.1
代码样例

4.2　给定一个从 $\{1,2,\cdots,n\}$ 到其自身的函数 f，判断 f 是否为满射函数。

解答：即判断 $\{y\mid \langle x,y\rangle$ 是 f 中的序偶$\}$ 是否等于 $\{1,2,\cdots,n\}$。

样例输入输出：

```
(1) 输入整数 n 的值：5
输入函数 f 中的序偶总数 k：3
输入函数 f 中的 k 个序偶元素：
1 2
1 3
2 3
输出：no
(2) 输入整数 n 的值：4
输入函数 f 中的序偶总数 k：4
输入函数 f 中的 k 个序偶元素：
```

编程题 4.2
代码样例

```
1 1
2 2
3 3
4 4
输出: yes
```

4.3 给定 n 个不同整数的有序列表,用二分搜索确定一个整数在列表中的位置。

解答:假设在[low,high)范围内搜索某个元素 key,mid==(low+high)/2。

① 如果 key<list[mid],则在[low,mid)范围内二分搜索。

② 如果 key>list[mid],则在[mid+1,high)范围内二分搜索。

③ 如果 key==list[mid],则直接返回 mid。

④ 如果查不到,则返回 None。

编程题 4.3
代码样例

```
样例输入输出:
(1) 请输入要查找的 key 值和 n 个有序数: 7     1 3 5 6 7 8 33
输出: 4
(2) 请输入要查找的 key 值和 n 个有序数: 5     2 4 6 8 10
输出: None
(3) 请输入要查找的 key 值和 n 个有序数: 9     9 16 25 34
输出: 0
```

4.4 给定 n 个整数的列表,用归并排序法排序。

编程题 4.4
代码样例

解答:本题明确使用归并排序法对 n 个整数列表排序,其基本思想是:将待排序的文件看成 n 个长度为 1 的有序子文件,把这些子文件两两归并,得到$\lceil n/2 \rceil$个长度为 2 的有序子文件;然后再把这$\lceil n/2 \rceil$个有序文件的子文件两两归并,如此反复,直到最后得到一个长度为 n 的有序文件为止。

样例输入输出:

```
(1) 请输入 n 个数: 6 5 4 9 3 7
输出: 3 4 5 6 7 9
(2) 请输入 n 个数: 9 8 7 6 5 4 3 2 1
输出: 1 2 3 4 5 6 7 8 9
(3) 请输入 n 个数: 3 2 1
输出: 1 2 3
```

4.5 给定整数的列表和元素 x,用二叉搜索递归实现求 x 在这个列表中的位置。

解答:本题首先将输入的序列构造为二叉排序树,然后进行查找。

编程题 4.5
代码样例

样例输入输出:

```
(1)请输入待查找元素 x 和 n 个数: 6      4 5 6 8 10 20 30
输出: 2
(2)请输入待查找元素 x 和 n 个数: 1      1 2 3 4 5 6
输出: 0
(3)请输入待查找元素 x 和 n 个数: 7      2 6 9 10 30
输出: 不存在
```

编程题 4.6
代码样例

4.6 给定两个集合 A、B 和一个 A 到 B 的关系,试编写一个程序,确定该关系是否为从 A 到 B 的函数,是否为满射的,是否为单射的,是否为双射的。

解答:具体程序的代码样例请扫描二维码,参见其内容。

第 5 章 组合计数

5.1 内容提要

定理 5.1(加法原理) 假定 $S_1,S_2,\cdots,S_t$ 均为集合,第 i 个集合 S_i 有 n_i 个元素。若 $\{S_1,S_2,\cdots,S_t\}$ 为两两不交的集合(若 $i\neq j$,$S_i\cap S_j=\varnothing$),则可以从 $S_1,S_2,\cdots,S_t$ 选择出的元素总数为 $n_1+n_2+\cdots+n_t$(即集合 $S_1\cup S_2\cup\cdots\cup S_t$ 含有 $n_1+n_2+\cdots+n_t$ 个元素)。

定理 5.2(乘法原理) 如果一项工作需要 t 步完成,第 1 步有 n_1 种不同的选择,第 2 步有 n_2 种不同的选择,…,第 t 步有 n_t 种不同的选择,那么完成这项工作所有可能的不同的选择总数为 $n_1\times n_2\times\cdots\times n_t$。

排序 n 个不同元素 $x_1,x_2,\cdots,x_n$ 的一种排列为 $x_1,x_2,\cdots,x_n$ 的一个排序。

定理 5.3 n 个元素的排列共有 $n!$ 种。

排列 n 个(不同)元素 $x_1,x_2,\cdots,x_n$ 的 r 排列是 $\{x_1,x_2,\cdots,x_n\}$ 的 r 元素子集上的排列。n 个不同元素上的 r 排列的个数记作 $P(n,r)$。

定理 5.4 n 个不同元素上的 r 排列数目为 $P(n,r)=n(n-1)(n-2)\cdots(n-r+1)$,$r\leqslant n$。

组合 给定集合 $X=\{x_1,x_2,\cdots,x_n\}$ 包含 n 个元素,从 X 中无序、不重复选取的 r 个元素称为 X 的一个 r 组合,X 的所有 r 组合的个数记作 $C(n,r)$。

定理 5.5 n 个不同元素上的 r 组合数为

$$C(n,r)=\frac{P(n,r)}{r!}=\frac{n(n-1)\cdots(n-r+1)}{r!}=\frac{n!}{(n-r)!\ r!},\quad r\leqslant n$$

定理 5.6 令 $a_1a_2\cdots a_r$ 是 $\{1,2,\cdots,n\}$ 的一个 r 组合。在字典排序中,第一个 r 组合是 $12\cdots r$。最后一个 r 组合是 $(n-r+1)\ (n-r+2)\ \cdots n$。设 $a_1a_2\cdots a_r\neq(n-r+1)\ (n-r+2)\ \cdots n$。令 k 是满足 $a_k<n$ 且使得 a_k+1 不同于 $a_1,a_2,\cdots,a_r$ 中的任何一个数的最大整数。那么在字典排序中,$a_1a_2\cdots a_r$ 的直接后继 r-组合是 $a_1\cdots a_{k-1}(a_k+1)\ (a_k+2)\ \cdots(a_k+r-k+1)$。

定理 5.7 设序列 S 包含 n 个对象,其中第 1 类对象有 n_1 个,第 2 类对象有 n_2 个,…,第 t 类对象有 n_t 个,则 S 的不同排序个数为

$$\frac{n!}{n_1!n_2!\cdots n_t!}$$

定理 5.8 X 为包含 t 个元素的集合,在 X 中允许重复、不计顺序地选取 k 个元素,共有

$$C(k+t-1,t-1)=C(k+t-1,k)$$

种选法。

定理5.9(二项式定理) 设a和b为实数,n为正整数,则

$$(a+b)^n=\sum_{k=0}^{n}C(n,k)a^{n-k}b^k$$

其中$C(n,r)$为$a+b$的幂的展开式中的系数,故称为**二项式系数**。

定理5.10 对任意$1\leqslant k\leqslant n$,$C(n+1,k)=C(n,k-1)+C(n,k)$。

定理5.11 鸽笼原理(第一种形式) n只鸽子飞入k个鸽笼,$k<n$,则必存在某个鸽笼包含至少两只鸽子。

定理5.12 鸽笼原理(第二种形式) 设f为有限集合X到有限集合Y的函数,且$|X|>|Y|$,则必存在$x_1,x_2\in X$,$x_1\neq x_2$,满足$f(x_1)=f(x_2)$,X相当于第一种形式中的鸽子,Y相当于第一种形式中的鸽笼。鸽子x飞入鸽笼$f(x_1)$。由鸽笼原理的第一种形式,至少有两只鸽子$x_1,x_2\in X$飞入同一个鸽笼,即对某两个$x_1,x_2\in X$,$x_1\neq x_2$,满足$f(x_1)=f(x_2)$。

定理5.13 鸽笼原理(第三种形式) 设f为有限集合X到有限集合Y上的函数,$|X|=n$,$|Y|=m$。令$k=\lceil n/m\rceil$,则至少存在k个元素$a_1,a_2,\cdots,a_k\in X$,满足$f(a_1)=f(a_2)=\cdots=f(a_k)$。

递推定义函数 为了定义以非负整数集合作为其定义域的函数,就要规定这个函数在0处的值,并给出从较小的整数处的值来求出当前值的规则。这样的定义称为递推定义。

递推定义集合 递推定义可用来定义集合,先给出初始元素,然后给出从已知元素构造其他元素的规则。以这种方式描述的集合是严格定义的。

常系数k阶齐次线性递推关系 形为$a_n=c_1a_{n-1}+c_2a_{n-2}+\cdots+c_ka_{n-k}$,$c_k\neq 0$的递推关系称为常系数$k$阶齐次线性递推关系。

特征方程与特征根 方程$p^k-c_1p^{k-1}-c_2p^{k-2}-\cdots-c_{k-1}p-c_k=0$称为$k$阶线性齐次递推关系$a_n=c_1a_{n-1}-c_2a_{n-2}-\cdots-c_ka_{n-k}$的特征方程,其中$p$是一个常数。方程的解$p$称为该递推关系的特征根。

定理5.14 令

$$a_n=c_1a_{n-1}+c_2a_{n-2} \qquad ①$$

为常系数二阶齐次线性关系。

(1) 若S和T为式①的解,则$U=bS+dT$也为式①的解。

(2) 若r为方程

$$t^2-c_1t-c_2=0 \qquad ②$$

的一个根,则序列$r^n(n=0,1,\cdots)$为式①的一个解。

(3) 若a_n为式①定义的序列,

$$a_0=C_0,\quad a_1=C_1 \qquad ③$$

且r_1和r_2为方程②的两个不相同的根,则存在常数b和d,使得

$$a_n=br_1^n+dr_2^n,\quad n=0,1,\cdots$$

成立。

定理5.15(Master定理) 设$a\geqslant 1$,$b>1$为常数,$f(n)$为函数,$T(n)$为非负整数,且$T(n)=aT(n/b)+f(n)$,则有以下结果:

(1) $f(n)=O(n^{\log_b a-\varepsilon})$,$\varepsilon>0$,那么 $T(n)=\Theta(n^{\log_b a})$。

(2) $f(n)=\Theta(n^{\log_b a})$,那么 $T(n)=\Theta(n^{\log_b a}\log n)$[①]。

(3) $f(n)=\Omega(n^{\log_b a+\varepsilon})$,$\varepsilon>0$,且对于某个常数 $c<1$ 和所有的充分大的 n 有 $af(n/b)\leqslant cf(n)$,那么 $T(n)=\Theta(f(n))$。

定理 5.16 对输入规模为 n 的二分法查找,在最坏情形下的时间复杂度为 $O(\log n)$。

生成函数 对于序列 $a_0,a_1,a_2,\cdots$,多项式 $A(x)=a_0+a_1x+a_2x^2+\cdots$ 称为序列 $a_0,a_1,a_2,\cdots$的生成函数。

下面用 $B(x)=b_0+b_1x+b_2x^2+\cdots$表示序列 $b_0,b_1,b_2,\cdots$的生成函数;$C(x)=c_0+c_1x+c_2x^2+\cdots$表示序列 $c_0,c_1,c_2,\cdots$的生成函数。

性质 5.1 如果 $b_n=\alpha a_n$,α 为常数,则 $B(x)=\alpha A(x)$。

性质 5.2 如果 $c_n=a_n+b_n$,则 $C(x)=A(x)+B(x)$。

性质 5.3 如果 $c_n=\sum_{i=0}^{n}a_ib_{n-i}$,则 $C(x)=A(x)\cdot B(x)$。

性质 5.4 如果 $b_n=\begin{cases}0, & n<l\\ a_{n-l}, & n\geqslant l\end{cases}$,则 $B(x)=x^l\cdot A(x)$。

性质 5.5 如果 $b_n=a_{n+l}$,则 $B(x)=\dfrac{A(x)-\sum_{n=0}^{l-1}a_nx^n}{x^l}$。

性质 5.6 如果 $b_n=\sum_{i=0}^{n}a_i$,则 $B(x)=\dfrac{A(x)}{1-x}$。

性质 5.7 如果 $b_n=\sum_{i=0}^{\infty}a_i$,且 $A(1)=\sum_{n=0}^{\infty}a_n$ 收敛,则 $B(x)=\dfrac{A(1)-xA(x)}{1-x}$。

性质 5.8 如果 $b_n=\alpha^na_n$,α 为常数,则 $B(x)=A(\alpha x)$。

性质 5.9 如果 $b_n=na_n$,则 $B(x)=xA'(x)$。

性质 5.10 如果 $b_n=\dfrac{a_n}{n+1}$,则 $B(x)=\dfrac{1}{x}\int_0^x A(x)\mathrm{d}x$。

指数型生成函数 对于序列 $a_0,a_1,a_2,\cdots$,多项式

$$G_e(x)=a_0+a_1\frac{x}{1!}+a_2\frac{x^2}{2!}+a_3\frac{x^3}{3!}+\cdots$$

称为序列 $a_0,a_1,a_2,\cdots$的**指数型生成函数**。

性质 5.11 设数列$\{a_n\}$和$\{b_n\}$的指数型生成函数分别为 $A_e(x)$和 $B_e(x)$,则 $A_e(x)\cdot B_e(x)=\sum_{n=0}^{\infty}C_n\dfrac{x^n}{n!}$,其中 $C_n=\sum_{k=0}^{n}\dbinom{n}{k}a_kb_{n-k}$。

5.2 例题精选

例 5.1 设 A 为 n 元集,问:

(1) A 上的自反关系有多少个?

---

① 本书以 2 为底的对数直接表示为 log,如 $\log_2 b$ 表示为 $\log b$。

(2) A 上的反自反关系有多少个?

(3) A 上的对称关系有多少个?

(4) A 上的反对称关系有多少个?

解:(1) 在 A 上的自反关系对应的关系矩阵中,主对角线元素都是1,其他位置的元素可以是1,也可以是0,每个位置有两种选择。这种位置有 n^2-n 个,根据乘法原理,自反关系的个数是 2^{n^2-n} 个。

(2) 与(1) 类似,反自反关系的个数也是 2^{n^2-n} 个。

(3) 考虑 A 上对称关系的矩阵。考虑分步处理的方法,先考虑主对角线上的元素。对于主对角线上的每个位置,元素可以选择0或1,有2种选法,总共有 2^n 种方法。再考虑不在主对角线上的元素,它们的值的选择并不是完全独立的。因为矩阵是对称的,i 行 j 列的元素 r_{ij} 必须与 j 行 i 列的元素 r_{ji} 相等。因此,当矩阵的上三角元素(或下三角元素)的值确定以后,另一半对称位置的元素就完全确定了。这种能够独立选择0或1的位置有 $\frac{n^2-n}{2}$ 个。因此,根据乘法原理,构成矩阵的方法数是 $2^n2^{\frac{n^2-n}{2}}=2^{\frac{n^2+n}{2}}$。

(4) 与(3)的分析类似,也采用分步处理的方法,区别在于对非主对角线位置元素取值的约束条件不一样。将这些位置分成 $\frac{n^2-n}{2}$ 组,每组包含处在对称位置的两个元素 r_{ij} 和 r_{ji}。根据反对称的性质,r_{ij} 和 r_{ji} 的取值有三种可能:① $r_{ij}=1, r_{ji}=0$;② $r_{ij}=0, r_{ji}=1$;③ $r_{ij}=r_{ji}=0$。因此,所有这些位置元素的选择方法数为 $3^{\frac{n^2-n}{2}}$。由乘法原理,考虑到主对角线上的元素的选取,总方法数是 $2^n3^{\frac{n^2-n}{2}}$。

例 5.2 说明排列生成算法如何生成163542的后继。

解:首先考虑能否在163542后找到一个形如1635__的排列。唯一与163542不同的形如1635__的排列是163524,但163524<163542,故163542的后继不是形如1635__的排列。

再考虑能否在163542后找到一个形如163___的排列。后三个数字必为{2,4,5}的一个排列。由于542是{2,4,5}上最大的排列,形如163___的排列都小于给定的排列。故163542的后继不是形如163___的排列。

给定排列的后继不能以1635或163开头,原因在于给定的排列中余下的数字逆序排列(分别为42和542)。故从右向左扫描,找到第一个数字 d,使它的右邻 r 满足 $d<r$。本例中,第三个数字3满足这个性质,所以给定的排列的后继以16开头。16后的第一个数字必须大于3。为找到比给定排列大的最小的排列,该位应为4。于是,给定排列的后继以164开头。为使排列最小,余下的三个数字235应按升序排列。于是,给定排列的后继为164235。

例 5.3 证明:把5个顶点放到边长为2的正方形中,至少存在两个顶点,它们之间的距离小于或等于 $\sqrt{2}$。

证明:鸽笼原理可用于判断是否存在给定性质的对象。若鸽笼原理的条件成立,则存在满足条件的对象,但鸽笼原理并不能指出这样的对象怎样去寻找,或是在哪里。运用鸽笼原理时必须确定哪些对象相当于鸽子,哪些对象相当于鸽笼。本例中5个顶点相当于鸽子,关键在于鸽笼的确定。若采用如图5-1(a)所示的方式,则不能说明对象具有对象之间的距离小于或等于$\sqrt{2}$这样的性质。而采用如图5-1(b)所示的方式，则可以证明把5个顶点放到边长为2的正方形中，至少存在两个顶点，它们之间的距离小于或等于$\sqrt{2}$。

如图5-1(b)所示将边长为2的正方形分为4个边长为1的小正方形，根据鸽笼原理，5个顶点中必有2个顶点会放到其中一个小正方形里，这两个顶点的距离显然小于或等于$\sqrt{2}$。

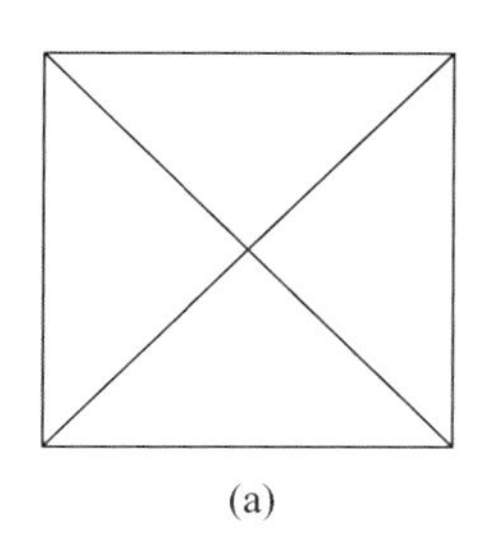
(a)

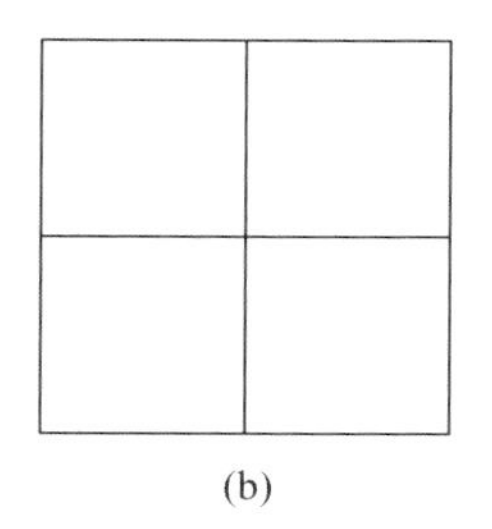
(b)

图5-1　例5.3示意图

例5.4　在计算机中经常需要对数据进行排序，其中有一种排序算法称为插入排序。该算法思想是：假设前$i-1$个数已经排好，从第$i-1$个数开始，从后向前，顺序将已经排好的数与第i个数进行比较，直到找到第i个数应该放置的适当位置，然后插入第i个数。算法开始时$i=2$，每当上述过程完成后i加1，直到$i=n$的过程完成为止。

试确定插入排序算法在最坏情况下的比较次数。为了简单起见，不妨设输入是n个不同的数构成的数组，其中$n=2^k$，k为正整数。

解：设$W(n)$表示插入排序算法在最坏情况下的比较次数。如果$n-1$个数已经排好，为插入第n个数，最坏情况下需要将它与前$n-1$个数中的每一个都进行一次比较，因此得到递推方程

$$\begin{cases} W(n)=W(n-1)+n-1 \\ W(1)=0 \end{cases}$$

设该方程的特解为$W^*(n)=P_1n+P_2$，将它代入递推方程得

$$P_1n+P_2-(P_1(n-1)+P_2)=n-1$$

化简得$P_1=n-1$，左边是n的0次多项式，右边是n的1次多项式。没有常数P_1能够使它成立。原因在于：如果特征根是1，当把特解代入方程后，在等式左边所设特解的最高次项和常数项都被抵消了。为了保证等式两边的多项式的次数相等，必须将特解的次数提高。不妨设特解为$W^*(n)=P_1n^2+P_2n$，将它代入递推方程得

$$(P_1n^2+P_2n)-(P_1(n-1)^2+P_2(n-1))=n-1$$

化简得

$$2P_1n-P_1+P_2=n-1$$

解得$P_1=1/2$，$P_2=-1/2$。通解为

$$W(n)=1^nc+n(n-1)/2=c+n(n-1)/2$$

代入初值$W(1)=0$，得$c=0$，最终得到$W(n)=n(n-1)/2$。这说明$W(n)=O(n^2)$。

5.3 应用案例

5.3.1 大使馆通信的码字数

问题描述：某国大使馆与它的国家通信，所用的码字由长度为 n 的十进制数字串组成。为了捕捉到传输中的错误，约定每个码字中字符 3 和字符 7 的总个数必须是奇数。可能的码字有多少个？

解答：设 s_n 表示长度为 n 的容许码字的个数。下面推导 s_n 的递推关系。考虑长度为 $n+1$ 的字 W，它由 s_{n+1} 计数，它的末尾要么是 3 或 7，要么都不是。如果它以 3 或 7 结尾，那么从 W 中删除最后一个数字得到长度为 n 的字 W^*，它一定有偶数个 3 和 7。因为共有 10^n 个长度为 n 的十进制数字串，所以这种字 W^* 共有 10^n-s_n 个。因为 W 的最后一个数字可以是 3 或 7，因此可能的这种形式的字 W 共有 $2\times(10^n-s_n)$ 个。

现在假设容许字 W 不以 3 或 7 结尾，那么删除它的最后一个数字后得到一个被 s_n 计数的字。因为 W 的最后一个数字有 8 种可能性，所以这种形式的容许字的个数是 $8s_n$。

综合上面两段的结果得到

$$s_{n+1}=2\times(10^n-s_n)+8s_n=2\times10^n+6s_n$$

其中，$n\geqslant1$。显然，$s_0=0$，因为空串不可能有奇数个 3 和 7。可以利用这个递推关系计算出如表 5-1 所示的结果。

表 5-1 用递推关系计算结果

n	S_n
0	0
1	$2\times10^0+6\times0=2$
2	$2\times10^1+6\times2=32$
3	$2\times10^2+6\times32=392$

例如，s_2 计算恰好有一个 3 或 7 的 2 位的串的个数。因为可以用 3 也可以用 7，又因为这可以是第一个数字也可以是第二个数字，并且因为剩下的那个数字有 8 种选择，因此这样的串有 $2\times2\times8=32$ 个。

利用生成函数得到 s_n 的显式公式。设 S 是序列 $\{s_n\}$ 的生成函数，于是

$$S=s_0+s_1x+s_2x^2+s_3x^3+\cdots$$

有

$$\begin{aligned}S&=s_0+(2\times10^0+6s_0)x+(2\times10^1+6s_1)x^2+(2\times10^2+6s_2)x^3+\cdots\\&=s_0+2x(10^0+10^1x+10^2x^2+\cdots)+6x(s_0+s_1x+s_2x^2+s_3x^3+\cdots)\\&=0+2x(1+10x+(10x)^2+\cdots)+6xS\\&=2x(1-10x)^{-1}+6xS\end{aligned}$$

求解 S，得到

$$S(1-6x)=2x(1-10x)^{-1}$$

或者

$$S=\frac{2x}{(1-6x)(1-10x)}$$

求常数 a 和 b，使得

$$\frac{2x}{(1-6x)(1-10x)}=\frac{a}{1-6x}+\frac{b}{1-10x}=\frac{a(1-10x)+b(1-6x)}{(1-6x)(1-10x)}$$

由分子相等给出方程 $a+b=0$ 和 $-10a-6b=2$。很容易解得：$a=-1/2, b=1/2$。因此有

$$S=-\frac{1}{2}(1-6x)^{-1}+\frac{1}{2}(1-10x)^{-1}$$
$$=\frac{1}{2}[(1-10x)^{-1}-(1-6x)^{-1}]$$
$$=\frac{1}{2}[(1-10x+100x^2+\cdots)-(1+6x+36x^2+\cdots)]$$

从中看到，S 中 x^r 的系数是：

$$s_r=\frac{10^r-6^r}{2}$$

例如，$s_2=(100-36)/2=32$，$s_3=(1000-216)/2=392$。这些值与先前的计算相吻合。

5.3.2 条条道路通罗马

问题描述：魔术表演者甲请他的临时助手乙想一个数字，然后甲用“心灵感应”来感应乙的数字，如图 5-2 所示，甲可以感应出乙最终停的位置，请说明其中的数学原理。

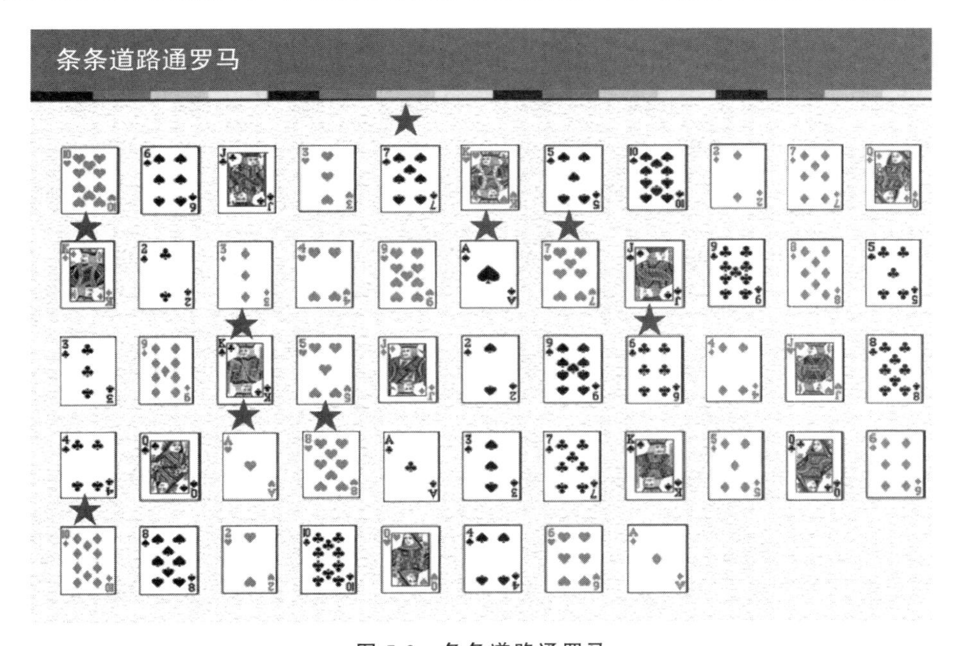

图 5-2 条条道路通罗马

甲拿一副扑克牌，随便洗牌，发出来排好。先数牌，规则是从 1～10 由乙随便选一个数字，例如 5(乙自己记住，不告诉甲)，按顺序依次数 5 张牌，若第 5 张牌的点数大于 10(J、Q、K)，则当成数字 5 继续数下去；若第 5 张牌的点数小于或等于 10(A,2,3,…,10)，则按照第 5 张牌的点数依次数下去；重复这一过程直到剩余牌的数目小于要数的数字时，数牌停止。假设选的数字是 5，图 5-2 给出了具体数牌的过程，上方标五星的是每次数的牌，从♠7 开始，最终停在◆10。【资料来源：刘炯朗. 魔术中的数学[J]. 中国计算机学会通讯，2015

(12)】

解答：假设在魔术中乙(助手)想到的数字是6，而甲不知道乙的数字是什么。甲也选一个数字，例如5(不一定与乙相同)，乙和甲都按照上述的规则数牌，数到最后，无法再走下去了，可以发现乙的结果与甲的结果相同！如图5-3所示，其中上方标记圆点为开始选数字5的路径，上方标记菱形为开始选数字6的路径。这套魔术的秘密(数学原理)是甲可以把乙停下的位置感应出来。

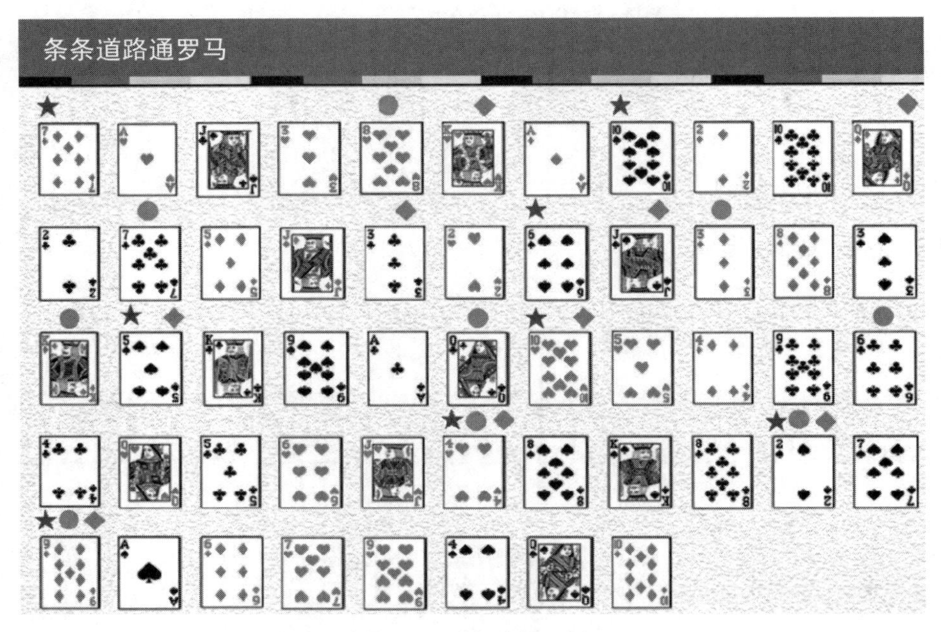

图5-3 两条路径示例

还可以换别的数来尝试，例如开始选1，图5-3中上方标记五星的是数牌的路径，最后也是停在◆9上。事实上，将一副牌排好，在数字1～10中随便选一个，按照前面的规则数到最后，停在同一个地方的概率大约为80%。运气好的话，乙选的数字跟甲选的数字是会碰头的。假如不碰头，甲可以说："今天心灵感应有点问题，让我再感应一次"，最后总是能碰头的。

这背后的数学原理是，只要助手乙和甲走的两条路中间有一点是两条路径碰头处，那么之后的路径就是完全相同的，最后一定到达同一个地方停下来。已知52张牌，一共是$4\times(1+2+\cdots+10)+12\times5=280$点，平均每张牌是$280\div52\approx5.38$点，也就是说平均每5张就会有一张在所选的路径上，那么在每5张牌中碰到的概率约为1/5，因此在这52张牌中完全碰不上的概率约为$(1-1/5)^{10}\approx0.107$，最终碰上的概率约为0.893。上面这个模型是数学家做出来的，但是通过模拟，可以发现结果也差不多，约为0.8524，见图5-4。因此，乙想一个数字，甲想一个数字，两条路径走到同一个终点的概率大概是85%～89%。正如福尔摩斯所说：当沿着两条不同的思路思考时，就会找到一个相交点，那应该就是相当接近真相了。

模拟：10条路径通达魔术师的罗马

路径10	0.58	路径5	0.05
路径9	0.08	路径4	0.04
路径8	0.08	路径3	0.025
路径7	0.07	路径2	0.014
路径6	0.06	路径1	0.001

$0.58\times1+0.08\times0.9+0.08\times0.8+0.07\times0.7+0.06\times0.6+0.05\times0.5+0.04\times0.4+0.025\times0.3+0.014\times0.2+0.001\times0.1=0.8524$

图5-4 “条条道路通罗马”的数学原理

5.4 习题解答

5.1 当执行完以下的代码后，k的值是多少？

```
k=0
for i1:=1 to n1
    for i2:=1 to n2
            ⋮
      for im:=1 to nm
    k:=k+1
```

解：由于这个程序是从 $k=0$ 开始，不断地给 k 加1，而加1的个数就是执行循环的次数，即 $n_1n_2\cdots n_m$ 次，所以当执行完代码后，k 的值是 $n_1n_2\cdots n_m$。

5.2 在一幅数字图像中，若将每个像素用8位进行编码，那么每个点有多少种不同的取值？

解：用8位进行编码又分为8个步骤：选择第一个位，选择第二个位，…，选择第八个位。每一位有两种选择，故根据乘法原理，8位编码共有 $2\times2\times2\times2\times2\times2\times2\times2=2^8=256$ 种取值。

5.3 X 为 n 个元素的集合，有多少满足 $A\subseteq B\subseteq X$ 的有序对 (A,B)？

解：给定一个满足 $A\subseteq B\subseteq X$ 的有序对 (A,B)，可知 X 的每个元素必属于且仅属于 A、$B-A$、$X-B$ 中的一个集合。反之，若指定 X 的每一个元素到 A(该元素在 B 和 X 中)、$B-A$(该元素在 X 中)、$X-B$ 三个集合中的一个，也就唯一确定了满足 $A\subseteq B\subseteq X$ 的有序对 (A,B)。可见，满 $A\subseteq B\subseteq X$ 的有序对 (A,B) 的个数等于将集合 X 中的元素指定到 A、$B-A$、$X-B$ 三个集合的不同指派数。将这样的指派分为 n 个步骤：指定 X 中的第一个元素到 A、$B-A$、$X-B$ 三个集合中的一个；指定 X 中的第二个元素到 A、$B-A$、$X-B$ 三个集合中的一个；……；指定 X 中的第 n 个元素到 A、$B-A$、$X-B$ 三个集合中的一个。每一步有三种指定方法，故满足 $A\subseteq B\subseteq X$ 的有序对 (A,B) 的个数为 $\underbrace{3\times3\times\cdots\times3}_{n个3}=3^n$。

5.4 按字典序列出{1,2,3,4}上的所有排列以及{1,2,3,4,5,6}上的所有4组合。

解：{1,2,3,4}上的所有排列为

1234,1243,1324,1342,1423,1432,2134,2143,
2314,2341,2413,2431,3124,3142,3214,3241,
3412,3421,4123,4132,4213,4231,4312,4321

{1,2,3,4,5,6}上的所有4组合为

1234,1235,1236,1245,1246,1256,1345,1346,
1356,1456,2345,2346,2356,2456,3456

与r组合生成算法类似,排列生成算法可按字典序列出$\{1,2,\cdots,n\}$上的所有排列。

5.5 若按字典序列出$X=\{1,2,3,4,5,6,7\}$上所有的4组合,则2367的下一个字串是什么?

解:以23开头的最大的字串为2367,故字串2367的下一个字串以24开头。因为字串2456是以24开头的最小的字串,故字串2367的下一个字串是2456。

5.6 说明排列生成算法如何生成163542的后继,应使左边尽可能多的数字保持不变。

解:见主教材例5.14。

5.7 求$(a+b)^9$展开式中a^5b^4项的系数。

解:在二项式定理中令$n=9,k=4$,得展开式含a^5b^4的一项为

$$C(n,k)a^{n-k}b^k=C(9,4)\,a^5b^4=126a^5b^4$$

故a^5b^4项的系数为126。

5.8 求和:$1^2+2^2+\cdots+n^2$。

解:先求$\{n^2\}$的生成函数$A(x)=\sum_{n=0}^{\infty}n^2x^n$。由$\frac{1}{(1-x)^2}=\sum_{n=1}^{\infty}nx^{n-1}$,得$\frac{x}{(1-x)^2}=\sum_{n=1}^{\infty}nx^n$。对上式两边求微分得$\frac{1+x}{(1-x)^3}=\sum_{n=1}^{\infty}n^2x^{n-1}$,所以有$\frac{(1+x)\cdot x}{(1-x)^3}=\sum_{n=1}^{\infty}n^2x^n=\sum_{n=0}^{\infty}n^2x^n=A(x)$。令$b_n=\sum_{i=1}^{n}a_i$,根据性质5.6可知,$\{b_n\}$的生成函数是$B(x)=\frac{A(x)}{1-x}=\frac{x(1+x)}{(1-x)^4}=\frac{x}{(1-x)^4}+\frac{x^2}{(1-x)^4}$。所以$B(x)$的展开式中$x^n$的系数是$b_n=\frac{(n+2)(n+1)n}{6}+\frac{(n+1)n(n-1)}{6}=\frac{n(n+1)(2n+1)}{6}$。从而得到级数和$1^2+2^2+\cdots+n^2=\frac{n(n+1)(2n+1)}{6}$。

5.9 证明:对于n是正整数,有

$$1\times\binom{n}{1}+2\times\binom{n}{2}+\cdots+n\times\binom{n}{n}=n\times 2^{n-1}$$

证明:由二项式定理$(1+x)^n=\sum_{k=0}^{n}\binom{n}{k}kx^{k-1}$,两边求导数得$n(1+x)^{n-1}=\sum_{k=1}^{n}\binom{n}{k}kx^{k-1}$。令$x=1$,即为要证明的等式。

5.10 列表中有80件物品的清单,每个物品的属性为“可用”或“不可用”,共有45个“可用”物品,证明:至少有两件可用物品编号之差恰为9。例如,列表中可用物品13号和22号,或69号和78号都满足条件。

证明:令a_i表示第i个可用物品的编号,则只需证明存在i和j,使$a_i-a_j=9$。考虑两组数字:$a_1,a_2,\cdots,a_{45}$和$a_1+9,a_2+9,\cdots,a_{45}+9$。两组中90个数字的取值范围为1~89,根据鸽笼原理的第二种形式,必有两个数字相等。由于前一组中的数字两两不同,后一

组中的数字也两两不同，故必存在两组中的某数相等，即存在 i 和 j，使 $a_i-a_j=9$。所以至少有两个物品编号之差恰为 9。

5.11 证明：从 1～8 中任取 5 个数，则有两个之和为 9。

证明：将 1～8 这 8 个数分成 4 个集合：$\{1,8\}$，$\{2,7\}$，$\{3,6\}$，$\{4,5\}$。根据鸽笼原理的第一种形式，从这 4 个集合中选取 5 个数则必有两个数属于同一个集合，那么这两个数之和为 9。

5.12 20 个处理器互连，证明：至少有两个处理器与相同数目的处理器直接相连。

证明：设 20 个处理器分别为 $1,2,\cdots,20$。令 $a(i)$表示与第 i 个处理器直接相连的处理器的数目。只需证明存在 $i,j,(i\neq j),a(i)=a(j)$。函数 a 的论域 X 为$\{1,2,\cdots,20\}$，值域为 $Y=\{0,1,2,\cdots,19\}$的某个子集。由于$|Y|=|X|$，故不能直接运用鸽笼原理的第二种形式。进一步分析后可以发现，不存在 $i,j(i\neq j),a(i)=0$ 且 $a(j)=19$。否则，一方面第 i 个处理器不与任意一个处理器相连，另一方面第 j 个处理器与其他所有的处理器(包含第 j 个处理器)相连，产生矛盾。故函数 a 的值域 Y 为$\{0,1,2,\cdots,18\}$或$\{1,2,\cdots,19\}$的子集。所以$|Y|<20=|X|$，根据鸽笼原理的第二种形式，存在 $i,j(i\neq j)$，有 $a(i)=a(j)$，即至少有两个处理器与相同数目的处理器直接相连。

5.13 证明：从$\{1,2,3,\cdots,20\}$中任取 11 个数，其中必有两个数，一个数是另一个数的倍数。

证明：将这 20 个数分成 10 个集合：$\{1,2,4,8,16\}$，$\{3,6,12\}$，$\{5,10,20\}$，$\{7,14\}$，$\{9,18\}$，$\{11\}$，$\{13\}$，$\{15\}$，$\{17\}$，$\{19\}$。根据鸽笼原理的第一种形式，从这 10 个集合中选取 11 个数则必有两个数属于同一个集合，凡在同一个集合的两个数必有倍数关系，所以其中两个数必有倍数关系。

5.14 利用迭代法求解递归关系 $c_n=2c_{n-1}+1$，初始条件为 $c_1=1$。

解：由迭代法，得

$$\begin{aligned}
c_n &= 2c_{n-1}+1 \\
&= 2(2c_{n-2}+1)+1 \\
&= 2^2c_{n-2}+2+1 \\
&= 2^2(2c_{n-3}+1)+2+1 \\
&= 2^3c_{n-3}+2^2+2+1 \\
&\ \ \vdots \\
&= 2^{n-1}c_1+2^{n-2}+2^{n-3}+\cdots+2+1 \\
&= 2^{n-1}+2^{n-2}+2^{n-3}+\cdots+2+1 \\
&= 2^n-1
\end{aligned}$$

5.15 求解递归关系：对 $n=3,4,\cdots$，有 $H(n)=2H(n-1)+H(n-2)-2H(n-3)$。$H(0)=1,H(1)=2,H(2)=0$。

解：这个递归关系的特征方程是 $x^3-2x^2-x+2=0$，根是 1、-1 和 2。于是

$$H(n)=c_1 1^n+c_2(-1)^n+c_3 2^n=c_1+c_2(-1)^n+c_3 2^n$$

是通解。再通过求解由初始值确定的线性方程组，得到系数 c_1、c_2、c_3：

$$\begin{cases} c_1 + c_2 + c_3 = 1 \\ c_1 - c_2 + 2c_3 = 2 \\ c_1 + c_2 + 4c_3 = 0 \end{cases}$$

解得 $c_1=2, c_2=-2/3, c_3=-1/3$,于是 $H(n)=2-\frac{2}{3}(-1)^n-\frac{1}{3}2^n$ 是解。

5.16 利用 Master 定理求解递归方程 $T(n)=9T(n/3)+n$。

解:$a=9, b=3, f(n)=n, n^{\log_3 9}=n^2, f(n)=\Theta(n^{\log_3 9-1}), T(n)=\Theta(n^2)$。

5.17 利用 Master 定理求解递归方程 $T(n)=3T(n/4)+n\log n$。

解:$a=3, b=4, f(n)=n\log n, n^{\log_4 3}=O(n^{0.793}), f(n)=\Omega(n^{\log_4 3+\varepsilon}), \varepsilon\approx 0.2, af(n/b)=3(n/4)\log(n/4)\leqslant(3/4)n\log n=cf(n), c=3/4, n$ 充分大,$T(n)=\Theta(n\log n)$。

5.18 归并排序算法可利用递归算法将序列按非递减顺序排列。

输入:序列 $s_i, s_{i+1}, \cdots, s_j$ 以及标号 i 和 j

输出:将序列 $s_i, s_{i+1}, \cdots, s_j$ 按非递减顺序排列

```
1. merge_sort (s,i,j){
2. //基本情况: i==j
3. if (i==j)
4. return
5. //将序列分为两个子列,分别排序
6. m=⌊(i+j)/2⌋
7. merge_sort (s,i,m)
8. merge_sort (s,m+1,j)
9. //归并
10. merge (s,i,m,j,c)
11. //将归并的结果 c 复制到 s 中
12. for k=i to j
13.     s_k=c_k
14. }
```

证明该算法在最坏情形下的时间复杂度为 $O(n\log n)$。

证明:令 a_n 为排列 n 个元素在最坏情形下需要比较的次数,即 $a_1=0$。则有 $a_n=a_{\lfloor n/2\rfloor}+a_{\lfloor (n+1)/2\rfloor}+n-1$,令 $n=2^k$。等式变换为 $a_{2^k}=2a_{2^{k-1}}+2^k-1$,运用迭代法解出这个递归关系得 $a_{2^k}=(k-1)\,2^k+1$。任意一个 n 必在 2 的某两个数次幂之间,即满足 $2^{k-1}<n\leqslant 2^k$,故 $a_{2^{k-1}}\leqslant a_n\leqslant a_{2^k}$,可得 $k-1<\log n\leqslant k$。由上述可得

$$\begin{aligned}\Omega(n\log n) &= (-2+\log n)\,\frac{n}{2} < (k-2)\,2^{k-1}+1 \\ &= a_{2^{k-1}} \leqslant a_n \leqslant a_{2^k} \leqslant k2^k+1 < (1+\log n)2n+1 \\ &= O(n\log n)\end{aligned}$$

因此,归并排序算法在最坏情形下的复杂度为 $O(n\log n)$。

5.19 一家餐馆,一个包子卖 2 元,一碗汤面卖 3 元。设 a_r 表示购买价值为 r 元的包子和汤面的方法数。求序列$\{a_r\}$的生成函数。

解:所求序列$\{a_r\}$的生成函数是$(\underbrace{1+x^2+x^4+x^6+\cdots}_{\text{包子}})(\underbrace{1+x^3+x^6+x^9+\cdots}_{\text{汤面}})$

从上面第一个因式中选取一项,确定是否花费 0 元、2 元、4 元等来购买包子。同样,第

二个因式中的项对应于汤面的数量。计算可得

$$
\begin{aligned}
&(1+x^2+x^4+x^6+\cdots)(1+x^3+x^6+x^9+\cdots) \\
=&1+x^2+x^3+x^4+x^5+2x^6+x^7+2x^8+2x^9+x^{10}+\cdots
\end{aligned}
$$

5.20 有 r 个人,每人都想从面包店订购一个面包。很遗憾,这家面包店只剩下 3 个奶油面包、2 个巧克力面包和 4 个白面包了。设 d_r 表示订购 r 个面包的方法数,求 $\{d_r\}$ 的生成函数。d_7 是多少?

解:既然要挑选总共 r 个面包,其中奶油面包有 0~3 个、巧克力面包有 0~2 个、白面包有 0~4 个,所以 $\{d_r\}$ 的生成函数是

$$
\underbrace{(l+x+x^2+x^3)}_{\text{奶油面包}}\underbrace{(1+x+x^2)}_{\text{巧克力面包}}\underbrace{(1+x+x^2+x^3+x^4)}_{\text{白面包}}
$$

这是一个 9 次多项式,很合适,因为面包店只有 9 个面包,当 $r>9$ 时,显然 $d_r=0$。通过一个烦琐冗长的计算过程,可知多项式等于

$$
1+3x+6x^2+9x^3+11x^4+11x^5+9x^6+6x^7+3x^8+x^9
$$

因此,订购 7 个面包正好有 6 种方法。作为检验,下面把它们罗列出来。

奶油面包的数目:	3	3	3	2	2	1
巧克力面包的数目:	2	1	0	2	1	2
白面包的数目:	2	3	4	3	4	4

例如,第 4 列对应于形成 x^7 的下列方法:从第一个因式中选 x^2,从第二个因式中选 x^2,从第三个因式中选 x^3。

5.5 编程答案

5.1 给定正整数 n 和 r,列出集合 $\{1,2,3,\cdots,n\}$ 的允许重复的所有 r 排列。

解答:(算法思想)通过布尔数组来实现选用标记和回溯操作。将该整数对应的布尔数组单元的值置为 1 表示选用,置为 0 表示未被选用。回溯是通过置 0 来实现的,置 0 的目的是供下一轮递归调用求解选用。每一层的递归调用都使用循环来遍历本层可以选用的整数。

样例部分输出:

```
[1, 2]
[1, 3]
[2, 1]
[2, 3]
[3, 1]
[3, 2]
```

编程题 5.1
代码样例

编程提示:采用一个布尔列表来标记对应数字位置是否已被选中;每次结束布尔列表重置,以便下次使用。

5.2 给定正整数 n 和 r,列出集合 $\{1,2,3,\cdots,n\}$ 的允许重复的所有 r 组合。

解答:本题通过调用 Python 的第三方库 itertools 完成。

样例输入:

```
请输入正整数 n: 4
```

```
请输入 r: 3
```

样例输出:

```
(1, 1, 1)
(1, 1, 2)
(1, 1, 3)
(1, 1, 4)
(1, 2, 2)
(1, 2, 3)
(1, 2, 4)
(1, 3, 3)
(1, 3, 4)
(1, 4, 4)
(2, 2, 2)
(2, 2, 3)
(2, 2, 4)
(2, 3, 3)
(2, 3, 4)
(2, 4, 4)
(3, 3, 3)
(3, 3, 4)
(3, 4, 4)
(4, 4, 4)
```

程序代码:

```
from itertools import combinations_with_replacement
n=int(input("请输入正整数 n: "))
r=int(input("请输入 r: "))
num_list=[i for i in range(1,n+ 1)]
list1=list(combinations_with_replacement(num_list,r))
for i in list1:
print(i)
```

5.3 给定正整数 n 和不超过 n 的非负整数 r,按字典顺序列出集合 $\{1,2,3,\cdots,n\}$ 的所有的 r 组合。

解答:本题通过调用 Python 的第三方库 itertools 完成。

样例输入:

```
请输入正整数 n: 4
请输入 r: 3
```

样例输出:

```
[(1, 2, 3), (1, 2, 4), (1, 3, 4), (2, 3, 4)]
```

程序代码:

```
from itertools import permutations
n=int(input("请输入正整数 n: "))
r=int(input("请输入 r: "))
num_list=[i for i in range(1,n+ 1)]
list1=list(permutations(num_list,r))
```

```
for i in list1:
    print(i)
```

5.4 给定正整数 n 和不超过 n 的非负整数 r，按字典顺序列出集合 $\{1,2,3,\cdots,n\}$ 的所有的 r 排列。

解答：本题通过调用 Python 的第三方库 itertools，先通过 combinations 生成 n 元素集合的 r 组合，再生成其所有的排列，就得到了字典序 r 组合。

编程题 5.4 代码样例

编程题 5.5 代码样例

5.5 当两个队加时赛时，赢的队是 9 分中首先得 5 分、11 分中首先得 6 分、13 分中首先得 7 分及 15 分中首先得 8 分的队。计算加时赛的可能的结果数，并列出加时赛的可能结果。

解答：本题假设有甲和乙两个队进行比赛，获胜队为甲。

将比赛分为时间段 A，时间点 B、C、D、E。4 个时间点满足题目要求，其得分情况如表 5-2 所示。

表 5-2 编程题 5.5 两队比赛得分

得　分	A	B	C	D	E
甲得分累计	1 2 3 4	5	6	7	8
乙得分累计	1 2 3	4	5	**6**	7
得分合计		9	11	13	15

从表中看出，B 到 C、C 到 D、D 到 E 均只能是一种情况：甲先得 1 分，然后乙得 1 分。

甲、乙得分是(4,3)时，到达 B，也只能是一种情况。

下面分两种情况(甲先得 1 分和乙先得 1 分)分别计算，加时赛可能的结果分别是 20 种和 15 种。所以，加时赛的可能结果数为 35 种。

从(0,0) 到 (4,3)，分两种场景考虑，场景 1 和场景 2 加时赛的可能结果分别如表 5-3 和表 5-4 所示。

表 5-3 场景 1(甲先得 1 分)，合计 20 种可能的结果

<table>
<tr><td rowspan="9">(1,0)</td><td rowspan="6">(2,0)</td><td rowspan="3">(3,0)</td><td>(4,0)</td><td colspan="2">(4,1),(4,2),(4,3)</td><td></td><td>1(种)</td></tr>
<tr><td rowspan="2">(3,1)</td><td>(4,1)</td><td>(4,2),(4,3)</td><td></td><td>1(种)</td></tr>
<tr><td>(3,2)</td><td>(4,2),(4,3)
(3,3),(4,3)</td><td></td><td>2(种)</td></tr>
<tr><td rowspan="3">(2,1)</td><td>(3,1)</td><td>(4,1)</td><td>(4,2),(4,3)</td><td></td><td rowspan="3">6(种)</td></tr>
<tr><td></td><td>(3,2)</td><td>(4,2),(4,3)
(3,3),(4,3)</td><td></td></tr>
<tr><td>(2,2)</td><td>(3,2)
(2,3)</td><td>(2 个)
(3,3)(4,3)</td><td></td></tr>
<tr><td rowspan="3">(1,1)</td><td>(2,1)</td><td colspan="4">(同上)</td><td>6(种)</td></tr>
<tr><td rowspan="2">(1,2)</td><td colspan="4">(2,2)</td><td>3(种)</td></tr>
<tr><td colspan="4">(1,3) (2,3)(3,3)(4,3)</td><td>1(种)</td></tr>
</table>

表 5-4　场景 2(乙先得 1 分),合计 15 种可能的结果

<table>
<tr><td rowspan="3">(0,1)</td><td>(1,1)</td><td colspan="2">(同场景 1 中(1,1)情况,6+3+1)</td><td>10(种)</td></tr>
<tr><td rowspan="2">(0,2)</td><td>(1,2)</td><td>(同场景 1 中(1,2)情况,3+1)</td><td>4(种)</td></tr>
<tr><td>(0,3)</td><td>(1,3)(2,3)(3,3)(4,3)</td><td>1(种)</td></tr>
</table>

编程题 5.6
代码样例

5.6　求 f_{100}、f_{500} 和 f_{1000} 的精确值,其中 f_n 是斐波那契数。

解答:(算法思想)因为斐波那契数列到后面数字越来越大,int 或 long 型数值不能表示如此大的数值,因此,开始时就将结果转换为字符串,计算时把字符串分为单个数字进行计算,从后往前即从个位到十位逐步计算(此时注意进位的处理),然后把各位上计算的值再用字符串合并起来。

样例部分输出:

```
1,1,2,3,5,8,13,21,34,55
```

编程提示:①初始化设定第一、第二个斐波那契数为 1,1;②字符转换数值相加,不要忽略对进位的处理。

5.7　给定正整数 m 和 n,求从 m 元素集合到 n 元素集合的映上函数(满射)的个数。

解答:集合 A(m 个元素)到集合 B(n 个元素)满射函数的个数可参考习题 4.17。

函数 f 为满射的必要条件是 $|A|\geqslant|B|$,且集合 A 中每一个元素都映射到集合 B 中。

(1) 当 $n=1$ 时,满射函数个数为 1。

(2) 当 $n>1$ 时,满射函数为 $C(m,n)\times n^{(m-n)}\times n!$。

也就是要求 $n\leqslant m$。其中 mah.comb 为 Python 3.8 以上的新函数。

样例输入:

```
请输入正整数 m: 3
请输入正整数 n: 2
```

样例输出:

```
从 3 元素集合到 2 元素集合得映上函数(满射)的个数: 12
```

程序代码样例:

```
import math
m=int(input("请输入正整数 m: "))
n=int(input("请输入正整数 n: "))
if m<n:
    print("error")
elif n==1:
        print("从",m,"元素集合到",n,"元素集合得映上函数(满射)的个数: ",1)
else:
    s=math.comb(m,n) * (n**(m-n)) * math.factorial(n)
    print("从",m,"元素集合到",n,"元素集合得映上函数(满射)的个数: ",s)
```

编程题 5.8
代码样例

5.8　求比 1000000 大、比 1000000000 大和比 1000000000000 大的最小斐波那契数。

解答:斐波那契数求解方法如编程题 5.6 所示。

本题思路:通过比较所求斐波那契数的位数来确定比 XX 数大的最小斐波那契数。

样例输入：

```
Enter a number: 1000000
```

样例输出：

```
最小斐波那契数为：1346269
该斐波那契数前一个数大小为：832040
```

5.9 给出求解10个圆盘的汉诺塔难题所需要的所有移动方案。

编程题5.9
代码样例

解答：古代有一座塔(汉诺塔)，塔内有3个底座A、B、C，A座上有64个圆盘，圆盘大小不等，大的圆盘在下，小的圆盘在上。有一个和尚想把这64个圆盘从A座移到C座，但每次只能允许移动一个圆盘，在移动圆盘的过程中可以利用B座，但任何时刻三个底座上的圆盘都必须始终保持大盘在下、小盘在上的顺序。如果只有一个圆盘，则不需要利用B座，直接将圆盘从A座移动到C座即可。汉诺塔问题可以采用递归实现。

第 6 章 图论

6.1 内容提要

图的定义　一个图是一个离散结构，记作 $G=\langle V,E\rangle$，其中 $V=\{v_1,v_2,\cdots,v_n\}$ 为有限非空集合，v_i 称为顶点，称 V 为顶点集。$E=\{e_1,e_2,\cdots,e_m\}$ 为有限的边集合，e_i 称为边，每个 e_i 都有 V 中的顶点对与之相对应，称 E 为边集。如果 E 中边 e_i 对应 V 中的顶点对是无序的 (u,v)，则称 e_i 是无向边，记作 $e_i=(u,v)$，称 u 和 v 是 e_i 的两个端点。如果 e_i 与顶点有序对 $\langle u,v\rangle$ 相对应，则称 e_i 是有向边，记作 $e_i=\langle u,v\rangle$，称 u 为 e_i 的始点，v 为 e_i 的终点。每条边均为无向边的图称为**无向图**。每条边均为有向边的图称为**有向图**。通常用 G 表示无向图，用 D 表示有向图，但有时用 G 泛指图。

***n* 阶图**　通常用 $V(G)$ 和 $E(G)$ 分别表示 G 的顶点集和边集，若 $|V(G)|=n$，则称 G 为 ***n* 阶图**。

有限图　若 $|V(G)|$ 与 $|E(G)|$ 均为有限数，则称 G 为有限图。

n 阶零图与平凡图　在图 G 中，若边集 $E(G)=\varnothing$，则称 G 为零图。此时，又若 G 为 n 阶图，则称 G 为 **n 阶零图**，记作 N_n。特别地，称 N_1 为**平凡图**。

空图　在图的定义中规定顶点集 V 为非空集，但在图的运算中可能产生顶点集为空集的运算结果，为此规定顶点集为空集的图为**空图**，并将空图记作 $\varnothing$。

关联与关联次数　设 $G=\langle V,E\rangle$ 为无向图，$e_k=(v_i,v_j)\in E$，则称 v_i 和 v_j 为 e_k 的端点，e_k 与 v_i 或 e_k 与 v_j 是彼此相**关联**的。若 $v_i\neq v_j$，则称 e_k 与 v_i 或 e_k 与 v_j 的**关联次数**为 1；若 $v_i=v_j$，则称 e_k 与 v_i 的关联次数为 2；若 v_l 不是的 e_k 的端点，则称 e_k 与 v_l 的关联次数为 0。

孤立点　无边关联的顶点均称为**孤立点**。

环　若一条边所关联的两个顶点重合，则称此边为环。

相邻与邻接　设无向图 $G=\langle V,E\rangle$，$v_i,v_j\in V$，$e_k,e_l\in E$。若 $\exists e_t\in E$，使得 $e_t=(v_i,v_j)$，则称 v_i 与 v_j 是**相邻**的。若 e_k 与 e_l 至少有一个公共端点，则称 e_k 与 e_l 是**相邻**的。设有向图 $D=\langle V,E\rangle$，$v_i,v_j\in V$，$e_k,e_l\in E$。若 $\exists e_t\in E$，使得 $e_t=\langle v_i,v_j\rangle$，则称 v_i 为 e_t 的始点，v_j 为 e_t 的终点，并称 v_i **邻接**到 v_j，v_j **邻接**于 v_i。

多重图与简单图　在无向图中，关联一对顶点的无向边如果多于 1 条，则称这些边为平行边，平行边的条数称为**重数**。在有向图中，关联一对顶点的有向边如果多于 1 条，并且这些边的始点和终点相同（即它们的方向相同），则称这些边为平行边。含平行边的图称为**多重图**。既不含平行边，也不含环的图称为**简单图**。

顶点的度 设 $G=<V,E>$ 为一无向图，$\forall v\in V$，称 v 作为边的端点次数之和为 v 的度数(degree)，简称度，记作 $d_G(v)$，简记作 $d(v)$。设 $D=<V,E>$ 为有向图，$\forall v\in V$，称 v 作为边的始点次数之和为 v 的出度，记作 $d_D^+(v)$，简记 $d^+(v)$。称 v 作为边的终点次数之和为 v 的入度，记作 $d_D^-(v)$，简记 $d^-(v)$，称 $d^+(v)+d^-(v)$ 为 v 的度数，记作 $d(v)$。

定理 6.1(握手定理一) 设 $G=<V,E>$ 为任意无向图，$V=\{v_1,v_2,\cdots,v_n\}$，$|E|=m$，则

$$\sum_{i=1}^{n} d(v_i)=2m$$

定理 6.2(握手定理二) 设 $D=<V,E>$ 为任意有向图，$V=\{v_1,v_2,\cdots,v_n\}$，$|E|=m$，则

$$\sum_{i=1}^{n} d(v_i)=2m, \quad 且 \sum_{i=1}^{n} d^+(v_i)=\sum_{i=1}^{n} d^-(v_i)=m$$

定理 6.3 设非负整数列 $d=(d_1,d_2,\cdots,d_n)$，则 d 是可图化的当且仅当

$$\sum_{i=1}^{n} d_i=0(\mathrm{mod}2)$$

定理 6.4 设 G 为任意 n 阶无向简单图，则 $\Delta(G)\leqslant n-1$。

图的同构 设 $G_1=<V_1,E_1>$，$G_2=<V_2,E_2>$ 为两个无向图(两个有向图)，若存在双射函数 $f:V_1\to V_2$，对于 $\forall v_i,v_j\in V_1$，$(v_i,v_j)\in E_1$ ($<v_i,v_j>\in E_1$) 当且仅当 $(f(v_i),f(v_j))\in E_2$ ($<f(v_i),f(v_j)>\in E_2$)，并且 (v_i,v_j) ($<v_i,v_j>$) 与 $(f(v_i),f(v_j))$ ($<f(v_i),f(v_j)>$) 的重数相同，则称 G_1 与 G_2 是同构的，记作 $G_1\cong G_2$。

完全图 设 G 为 n 阶无向简单图，若 G 中每个顶点均与其余的 $n-1$ 个顶点相邻，则称 G 为 n 阶无向完全图，简称 n 阶完全图，记作 $K_n(n\geqslant 1)$。

正则图 设 G 为 n 阶无向简单图，若 $\forall v\in V(G)$，均有 $d(v)=k$，则称 G 为 $k-$正则图。

子图与生成子图 设 $G=<V,E>$，$G'=<V',E'>$ 为两个图(同为无向图或同为有向图)，若 $V'\subseteq V$ 且 $E'\subseteq E$，则称 G' 是 G 的子图，G 为 G' 的母图，记作 $G'\subseteq G$。又若 $V'\subset V$ 或 $E'\subset E$，则称 G' 为 G 的真子图。若 $V'=V$，则称 G' 为 G 的生成子图。

删除边 设 $e\in E$，从 G 中去掉边 e，称为删除 e，并用 $G-e$ 表示从 G 中删除 e 所得子图。又设 $E'\subset E$，从 G 中删除 E' 中所有的边，称为删除 E'，并用 $G-E'$ 表示删除 E' 后所得子图。

删除顶点 设 $v\in V$，从 G 中去掉 v 及所关联的所有边，称为删除顶点 v，并用 $G-v$ 表示删除 v 后所得子图。又设 $V'\subset V$，从 G 中删除 V' 中所有顶点及所关联的所有边，称为删除 V'，并用 $G-V'$ 表示所得子图。

收缩边 设边 $e=(u,v)\in E$，先从 G 中删除 e，然后将 e 的两个端点 u,v 用一个新的顶点 w (或用 u 或 v 充当 w) 代替，使 w 关联除 e 外，u 和 v 关联的所有边，称为收缩边 e，并用 $G\backslash e$ 表示所得新图。

加新边 设 $u,v\in V$ (u,v 可能相邻，也可能不相邻，且 $u\neq v$)，在 u 和 v 之间加新边 (u,v)，称为加新边，并用 $G\cup(u,v)$ (或 $G+(u,v)$) 表示所得新图。

补图与自补图 设 $G=<V,E>$ 为 n 阶无向简单图，以 V 为顶点集，以所有使 G 成为

完全图K_n的添加边组成的集合为边集的图,称为G的补图,记作$\overline{G}$。若图$G\cong\overline{G}$,则称G是自补图。

通路与回路 设G为无向图,G中顶点与边的交替序列$\Gamma=v_{i0}e_{j1}v_{i1}e_{j2}\cdots e_{jl}v_{il}$称为$v_{i0}$到$v_{il}$的通路,$v_{i0}$与$v_{il}$分别称为$\Gamma$的始点与终点,$\Gamma$中边的条数称为它的长度。若$v_{i0}=v_{il}$,则称通路为回路。若$\Gamma$的所有边各异,则称$\Gamma$为简单通路,又若$v_{i0}=v_{il}$,则称$\Gamma$为简单回路。若$\Gamma$的所有顶点(除$v_{i0}$与$v_{il}$可能相同外)各异,所有边也各异,则称$\Gamma$为初级通路或路径。此时又若$v_{i0}=v_{il}$,则称$\Gamma$为初级回路或圈。将长度为奇数的圈称为奇圈,长度为偶数的圈称为偶圈。

定理 6.5 在n阶图G中,若从顶点v_i到$v_j(v_i\neq v_j)$存在通路,则从v_i到v_j存在长度小于或等于$(n-1)$的通路。

定理 6.6 在一个n阶图G中,若存在v_i到自身的回路,则一定存在v_i到自身长度小于或等于n的回路。

连通 设无向图$G=\langle V,E\rangle$,$\forall u,v\in V$,若u与v之间存在通路,则称u与v是连通的,记作$u\sim v$。$\forall v\in V$,规定$v\sim v$。

连通图 若无向图G是平凡图或G中任何两个顶点都是连通的,则称G为连通图,否则称G是非连通图或分离图。

连通分支 设无向图$G=\langle V,E\rangle$,V关于顶点之间的连通关系$\sim$的商集$V/\sim=\{V_i\mid V_i$为连通关系$\sim$上的等价类$\}$,称导出子图$G[V_i](i=1,2,\cdots,k)$为G的**连通分支**,连通分支数k常记作$p(G)$。

短程线和距离 设u和v为无向图G中任意两个顶点,若$u\sim v$,称u与v之间长度最短的通路为u与v之间的**短程线**,短程线的长度称为u与v之间的距离,记作$d(u,v)$。当u与v不连通时,规定$d(u,v)=\infty$。

点割集与割点 设无向图$G=\langle V,E\rangle$,若存在$V'\subset V$,且$V'\neq\varnothing$,使得$p(G-V')>p(G)$,而对于任意的$V''\subset V'$,均有$p(G-V'')=p(G)$,则称V'是G的点割集。若V'是单元集,即$V'=\{v\}$,则称v为割点。

边割集与割边 设无向图$G=\langle V,E\rangle$,若存在$E'\subseteq E$,且$E'\neq\varnothing$,使得$p(G-E')>p(G)$,而对于任意的$E''\subset E'$,均有$p(G-E'')=p(G)$,则称E'是G的边割集,简称割集。若E'是单元集,即$E'=\{e\}$,则称e为割边或桥。

连通度 设G为无向连通图且为非完全图,则称$\kappa(G)=\min\{|V'|\mid V'$为$G$的点割集$\}$为$G$的点连通度,简称连通度。设$G$是无向连通图,称$\lambda(G)=\min\{|E'|\mid E'$是$G$的边割集$\}$为$G$的边连通度。规定非连通图的边连通度为0。又若$\lambda(G)\geqslant r$,则称$G$是$r$边-连通图。

定理 6.7 对于任何无向图G,有$\kappa(G)\leqslant\lambda(G)\leqslant\delta(G)$。

有向图的连通性 设$D=\langle V,E\rangle$为一个有向图。$\forall v_i,v_j\in V$,若从v_i到v_j存在通路,则称v_i可达v_j,记作$v_i\to v_j$,规定v_i总是可达自身的,即$v_i\to v_i$。若$v_i\to v_j$且$v_j\to v_i$,则称v_i与v_j是相互可达的,记作$v_i\leftrightarrow v_j$。规定$v_i\leftrightarrow v_i$。

有向连通图 设$D=\langle V,E\rangle$为一个有向图。若D的基图是连通图,则称D是**弱连通图**,简称连通图。若$\forall v_i,v_j\in V$,$v_i\to v_j$与$v_j\to v_i$至少成立其一,则称D是**单向连通图**。若均有$v_i\leftrightarrow v_j$,则称D是**强连通图**。

定理 6.8　设 D 是 n 阶有向图。D 是强连通图当且仅当 D 中存在经过每个顶点至少一次的回路。D 是单向连通图当且仅当 D 中存在经过每个顶点至少一次的通路。

无向图的关联矩阵　设无向图 $G=\langle V,E\rangle$，$V=\{v_1,v_2,\cdots,v_n\}$，$E=\{e_1,e_2,\cdots,e_m\}$，令 m_{ij} 为顶点 v_i 与边 e_j 的关联次数，则称 $(m_{ij})_{n\times m}$ 为 G 的关联矩阵，记作 $M(G)$。

无向图的邻接矩阵　设无向图 $G=\langle V,E\rangle$，$V=\{v_1,v_2,\cdots,v_n\}$，若顶点 v_i 与 v_j 之间有边，则矩阵的 (i,j) 元素是 1，若顶点 v_i 与 v_j 之间无边，则矩阵的 (i,j) 元素是 0，称该矩阵为 G 的邻接矩阵，记作 $A(G)$。

有向图的关联矩阵　设有向图 $D=\langle V,E\rangle$ 中无环，$V=\{v_1,v_2,\cdots,v_n\}$，$E=\{e_1,e_2,\cdots,e_m\}$，令

$$m_{ij}=\begin{cases}1 & v_i \text{ 为 } e_j \text{ 的始点}\\ 0 & v_i \text{ 与 } e_j \text{ 不关联}\\ -1 & v_i \text{ 为 } e_j \text{ 的终点}\end{cases}$$

则称 $(m_{ij})_{n\times m}$ 为 D 的关联矩阵，记作 $M(D)$。

有向图的邻接矩阵　设 $D=\langle V,E\rangle$ 是一个有向图，$V=\{v_1,v_2,\cdots,v_n\}$，$E=\{e_1,e_2,\cdots,e_m\}$，令 $a_{ij}{}^{(1)}$ 为顶点 v_i 邻接到顶点 v_j 的边的条数，称 $(a_{ij}{}^{(1)})_{n\times n}$ 为 D 的邻接矩阵，记作 $A(D)$。

定理 6.9　设 A 为有向图 D 的邻接矩阵，$V=\{v_1,v_2,\cdots,v_n\}$ 为 D 的顶点集，则 A 的 l 次幂 $A^l(l\geqslant 1)$ 中元素 $a_{ij}^{(l)}$ 为 D 中 v_i 到 v_j 长度为 l 的通路数，其中 $a_{ii}^{(l)}$ 为 v_i 到自身长度为 l 的回路数，而 $\sum\limits_{i=1}^{n}\sum\limits_{j=1}^{n}a_{ij}^{(l)}$ 为 D 中长度为 l 的通路总数，其中 $\sum\limits_{i=1}^{n}a_{ii}^{(l)}$ 为 D 中长度为 l 的回路总数。

有向图的可达矩阵　设 $D=\langle V,E\rangle$ 为有向图。$V=\{v_1,v_2,\cdots,v_n\}$，令

$$p_{ij}=\begin{cases}1 & v_i \text{ 可达 } v_j\\ 0 & \text{否则}\end{cases}$$

称 $(p_{ij})_{n\times n}$ 为 D 的可达矩阵，记作 $P(D)$，简记 P。

欧拉图　通过图（无向图或有向图）中所有边一次且仅一次行遍图中所有顶点的通路称为欧拉通路，通过图中所有边一次且仅一次行遍所有顶点的回路称为欧拉回路。具有欧拉回路的图称为欧拉图（Euler graph），具有欧拉通路而无欧拉回路的图称为半欧拉图。

定理 6.10　无向图 G 是欧拉图当且仅当 G 是连通图，且 G 中没有奇度顶点。

定理 6.11　无向图 G 是半欧拉图当且仅当 G 是连通的，且 G 中恰有两个奇度顶点。

定理 6.12

（1）有向图 D 是欧拉图当且仅当 D 是强连通的且每个顶点的入度都等于出度。

（2）有向图 D 是半欧拉图当且仅当 D 是单向连通的，且 D 中恰有两个奇度顶点，其中一个顶点的入度比出度大 1，另一个顶点的出度比入度大 1，而其余顶点的入度都等于出度。

哈密顿图　经过图（有向图或无向图）中所有顶点一次且仅一次的通路称为哈密顿（Hamilton）通路。经过图中所有顶点一次且仅一次的回路称为哈密顿回路。具有哈密顿回路的图称为哈密顿图，具有哈密顿通路但不具有哈密顿回路的图称为半哈密顿图。平凡图是哈密顿图。

定理 6.13（必要条件）　设无向图 $G=\langle V,E\rangle$ 是哈密顿图，对于任意 $V_1\subset V$，且 $V_1\neq$

$\varnothing$,均有 $p(G-V_1)\leqslant|V_1|$,其中 $p(G-V_1)$ 为 $G-V_1$ 的连通分支数。

定理 6.14 设 G 是 $n(n\geqslant3)$ 阶无向简单图,若对于 G 中任意不相邻的顶点 v_i 和 v_j,均有 $d(v_i)+d(v_j)\geqslant n-1$,则 G 中存在哈密顿通路,即 G 为半哈密顿图。又若有 $d(v_i)+d(v_j)\geqslant n$,则 G 中存在哈密顿回路,即 G 为哈密顿图。

二部图 设 $G=\langle V,E\rangle$ 为一个无向图,若能将 V 分成 V_1 和 V_2($V_1\cup V_2=V$,$V_1\cap V_2=\varnothing$),使得 G 中的每条边的两个端点都是一个属于 V_1,另一个属于 V_2,则称 G 为二部图(bipartite graph)或称二分图、偶图等,称 V_1 和 V_2 为互补顶点子集,常将二部图 G 记作 $\langle V_1,V_2,E\rangle$。又若 G 是简单二部图,V_1 中每个顶点均与 V_2 中所有顶点相邻,则称 G 为完全二部图,记作 $K_{r,s}$,其中 $r=|V_1|$,$s=|V_2|$。

定理 6.15 一个无向图 $G=\langle V,E\rangle$ 是二部图当且仅当 G 中所有回路的长度均为偶数。

匹配与完备匹配 设 $G=(V_1,V_2,E)$ 为二部图,$M\subseteq E$。如果 M 中任何两条边都没有公共端点,称 M 为 G 的一个**匹配**(matching)。$M=\varnothing$ 时称 M 为空匹配。G 的所有匹配中边数最多的匹配称为**最大匹配**。如果 $V_1(V_2)$ 中任一顶点均为匹配 M 中边的端点,则称 M 为 $V_1(V_2)$-**完备匹配**。若 M 既是 V_1-完备匹配又是 V_2-完备匹配,则称 M 为 G 的**完备匹配**。

定理 6.16(Hall 定理) 设二部图 $G=\langle V_1,V_2,E\rangle$ 中,$|V_1|\leqslant|V_2|$。G 中存在从 V_1 到 V_2 的完备匹配当且仅当 V_1 中任意 $k(k=1,2,\cdots,|V_1|)$ 个顶点至少与 V_2 中的 k 个顶点相邻。

定理 6.17 设二部图 $G=(V_1,V_2,E)$ 中,V_1 中每个顶点至少关联 $t(t\geqslant1)$ 条边,而 V_2 中每个顶点至多关联 t 条边,则 G 中存在 V_1 到 V_2 的完备匹配。

平面图 如果图 G 能以这样的方式画在曲面 S 上,即除顶点处外无边相交,则称 G 可嵌入曲面 S。若 G 可嵌入平面,则称 G 是可平面图或平面图。画出的无边相交的图称为 G 的平面嵌入。无平面嵌入的图称为非平面图。

定理 6.18

(1) 若图 G 是平面图,则 G 的任何子图都是平面图。

(2) 若图 G 是非平面图,则 G 的任何母图也都是非平面图。

(3) 设 G 是平面图,则在 G 中加平行边或环后所得图还是平面图。

面与面的次数 设 G 是平面图(且已是平面嵌入),由 G 的边将 G 所在的平面划分成若干区域,每个区域都称为 G 的一个面。其中,面积无限的面称为无限面或外部面,面积有限的面称为有限面或内部面。包围每个面的所有边组成的回路称为该面的边界,边界的长度称为该面的次数。

定理 6.19 平面图 G 中所有面的次数之和等于边数 m 的两倍,即

$$\sum_{i=1}^{r}\deg(R_i)=2m \quad (\text{其中 } r \text{ 为 } G \text{ 的面数})$$

极大平面图 设 G 为简单平面图,若在 G 的任意不相邻的顶点 u 与 v 之间加边 (u,v),所得图为非平面图,则称 G 为极大平面图。

定理 6.20

(1) 极大平面图是连通的。

(2) 设 G 为 $n(n\geqslant 3)$ 阶简单连通的平面图，G 为极大平面图当且仅当 G 的每个面的次数均为 3。

极小非平面图　若在非平面图 G 中任意删除一条边，所得图为平面图，则称 G 为极小非平面图。

定理 6.21(平面图欧拉公式)　设 G 是一连通的平面图，则有 $n-m+r=2$，这里 n、m、r 分别是图 G 的顶点数、边数和面数(包括无限面)。

定理 6.22(欧拉公式的推广形式)　对于任何具有 $p(p\geqslant 2)$ 个分图的平面图 G，有 $n-m+r=p+1$。

定理 6.23　连通简单平面图 G 有 n 个顶点和 m 条边，其中 $n\geqslant 3$，则 $m\leqslant 3n-6$。

定理 6.24　设 G 为一平面简单连通图，其顶点数 $n\geqslant 4$，边数为 m，且 G 不以 K_3 为其子图，那么 $m\leqslant 2n-4$。

定理 6.25　顶点数 n 不少于 4 的平面连通简单图 G，至少有一个顶点的度数不大于 5。

插入与消去　设 $e=(u,v)$ 为图 G 的一条边，在 G 中删除 e，增加新的顶点 w，使 u 和 v 均与 w 相邻，称为在 G 中插入 2 度顶点 w。设 w 为 G 中一个 2 度顶点，w 与 u 和 v 相邻，删除 w，增加新边 (u,v)，称为在 G 中消去 2 度顶点 w。

同胚　若两个图 G_1 与 G_2 同构，或通过反复插入或消去 2 度顶点后是同构的，则称 G_1 与 G_2 是同胚的。

定理 6.26 库拉图斯基(Kuratowski)定理

(1) 图 G 是平面图当且仅当 G 中既不含与 K_5 同胚子图，也不含与 $K_{3,3}$ 同胚子图。

(2) 图 G 是平面图当且仅当 G 中既没有可以收缩到 K_5 的子图，也没有可以收缩到 $K_{3,3}$ 的子图。

平面图的对偶图　设 G 是某平面图的某个平面嵌入，构造 G 的对偶图 G^*：在 G 的面 R_i 中放置 G^* 的顶点 v_i^*。设 e 为 G 的任意一条边，若 e 在 G 的面 R_i 与 R_j 的公共边界上，做 G^* 的边 e^* 与 e 相交，且 e^* 关联 G^* 的位于 R_i 和 R_j 中的顶点 v_i^* 与 v_j^*，即 $e^*=(v_i^*,v_j^*)$，e^* 不与其他任何边相交。若 e 为 G 中的桥且在面 R_i 的边界上，则 e^* 是以 R_i 中 G^* 的顶点 v_i^* 为端点的环，即 $e^*=(v_i^*,v_i^*)$。

定理 6.27　设 G^* 是连通平面图 G 的对偶图，n^*、m^*、r^* 和 n、m、r 分别为 G^* 和 G 的顶点数、边数、面数，则

(1) $n^*=r$。

(2) $m^*=m$。

(3) $r^*=n$。

(4) 设 G^* 的顶点 v_i^* 位于 G 的面 R_i 中，则 $d_{G^*}(v_i^*)=\deg(R_i)$。

定理 6.28　设 G^* 是具有 $k(k\geqslant 2)$ 个连通分支的平面图 G 的对偶图，则

(1) $n^*=r$。

(2) $m^*=m$。

(3) $r^*=n-k+1$。

(4) 设 v_i^* 位于 G 的面 R_i 中，则 $d_{G^*}(v_i^*)=\deg(R_i)$。其中 n^*、m^*、r^*、n、m、r 的含义同定理 6.27。

带权图　给定图 $G=\langle V,E\rangle$(G 为无向图或有向图)，设 $W:E\rightarrow\mathbf{R}$($\mathbf{R}$ 为实数集)，对 G

中任意的边$e=(v_i,v_j)$(G为有向图时,$e=\langle v_i,v_j\rangle$),设$W(e)=w_{ij}$,称实数w_{ij}为边e上的权,并将w_{ij}标注在边e上,称G为带权图,此时常将带权图G记作$\langle V,E,W\rangle$。

6.2 例题精选

例6.1 无向图G有6条边,各有一个3度和5度顶点,其余均为2度,求G的阶数。

解:本题涉及的知识点有图的阶数、顶点的度及握手定理。图的阶数是图中顶点的个数,这里假设为x,即图G共有x个顶点,根据握手定理$\sum_{i=1}^{n}d(v_i)=2m$(其中n为顶点的个数,m为边数),有$3\times1+5\times1+2\times(x-1-1)=2\times6$,解方程可得$x=4$。所以图$G$的阶数为4。

例6.2 现有n个盒子,若每两个盒子里都恰有一个相同颜色的球,且每种颜色的球恰有两个放在不同的盒子中,问这n个盒子中共有多少种不同颜色的球?

解:用n个顶点表示n个盒子,若两个不同的盒子放有相同颜色的球,则在这两个盒子对应的顶点间连接一条无向边,从而将问题转换为求这个无向图的边数的问题。

根据题意,将得到一个无向完全图K_n,K_n共有$n(n-1)/2$条边,所以这n个盒子共有$n(n-1)/2$种不同颜色的球。

例6.3 证明:在任何n($n\geqslant2$)个顶点的简单图G中,至少有两个顶点具有相同的度。

证明:设G是一个具有n个顶点的简单无向图。对于G中任意一个顶点v,其度数$\deg(v)$满足$0\leqslant\deg(v)\leqslant n-1$。如果$G$中存在度数为$n-1$的顶点,那么$G$必是连通的,所有顶点的度数均大于0。

图G中顶点的度数可能的取值集合为$A=\{0,1,2,\cdots,n-2\}$和$B=\{1,2,3,\cdots,n-1\}$,$|A|=|B|=n-1$。对于n个顶点,其度数在$n-1$个元素的集合中取值。

根据鸽笼原理,必有两个顶点的度数是相同的。

例6.4 证明:一个简单无向图若不是连通的,则它的补图一定连通。

证明:设$G=\langle V,E\rangle$是一个非连通的简单无向图,那么G至少有两个以上的连通分支。任意取G中的两个顶点v_i和v_j。

(1) 如果v_i和v_j在不同的连通分支中,那么(v_i,v_j)必不是图G中的边,所以(v_i,v_j)是G的补图的边。

因此,在G的补图中是连通的。

(2) 如果v_i和v_j在同一个连通分支中,那么任取G的另外一个连通分支中的顶点v_k,由(1)知(v_i,v_k)和(v_k,v_j)是G的补图中的边,所以$v_i(v_i,v_k)v_k(v_k,v_j)v_j$是从顶点$v_i$到$v_j$的一条路径。因此,在$G$的补图中$v_i$和$v_j$是连通的。

故一个简单无向图若不是连通的,则它的补图一定连通。

例6.5 设连通简单无向图G的顶点数为n,G中顶点的最小度数$\delta(G)=k$。证明:若$n>2k$,则G中必存在一条长度为$2k$的基本路径。

证明:在涉及路径和回路问题时,最长基本路径(通路)法通常是一个重要的证明方法。该方法首先假定图中存在一条最长的基本路径$P=(v_0,v_1,\cdots,v_p)$,再利用最长基本路径上的两个端点邻接的所有顶点都在该路径上这个性质来构造或反证所需要的结论。

假设 $P=(v_0,v_1,\cdots,v_p)$ 是 G 中的一条最长基本路径，且 P 的长度小于 $2k$。由于 P 是一条最长基本路径，顶点 v_0 和 v_p 邻接的顶点都在该路径上，否则将可以扩展 P 得到一条更长的基本路径。又因为 G 中顶点的最小度数 $\delta(G)=k$，所以有 $\deg(v_0)\geqslant k$ 且 $\deg(v_p)\geqslant k$。由此可知，存在 $0\leqslant i\leqslant p-1$，使得 v_0 与 v_i 邻接，且 v_{i-1} 与 v_p 邻接，如图 6-1 所示。

从而得到长度为 P 的基本回路 $C=(v_0v_1\cdots v_pv_{p-1}\cdots v_iv_0)$。因为 G 是连通图，且顶点数大于 $2k$，所以存在不在回路 C 中的顶点 v 至少与 C 中的某一顶点 v_j 邻接。将 C 中与 v_j 关联的一条边断开，并把 (v,v_j) 连入，从而得到一条长度为 $p+1$ 的基本路径，如图 6-2 所示。这与 P 是一条最长基本路径矛盾。

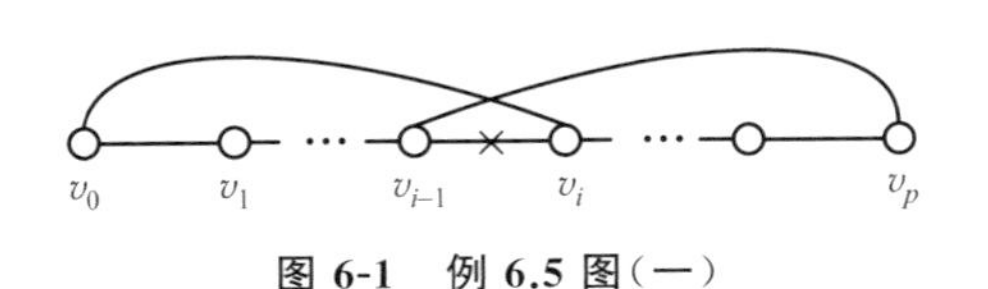

图 6-1　例 6.5 图(一)

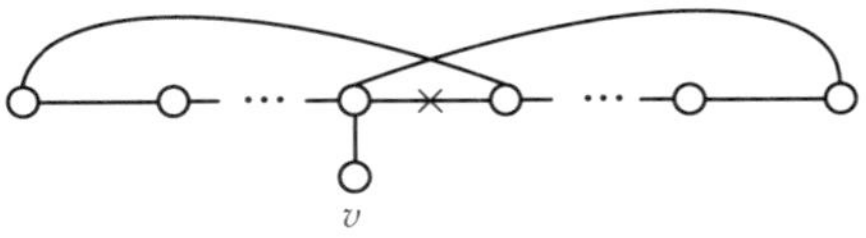

图 6-2　例 6.5 图(二)

故 G 中有长度为 $2k$ 的基本路径。

例 6.6　一块多米诺骨牌由两个半面组成，每个半面被标明为 0(空白)、1、2、3、4、5、6 这 7 个点之一。能否将 28 块不同的多米诺骨牌排成一个圆形，使得这个排列中每两块相邻的多米诺骨牌的相邻两个半面是相同的?

解：多米诺骨牌只与两个半面的点数组合相关，而与两个半面的次序无关。一个半面为 0 点的不同的多米诺骨牌共有 7 块，一个半面为 1 点的不同的多米诺骨牌也有 7 块；但其中一个半面为 1，而另一个半面为 0 点的已经计算，所以去掉这一块共有 6 块。以此类推，不同的多米诺骨牌共有 28 块。

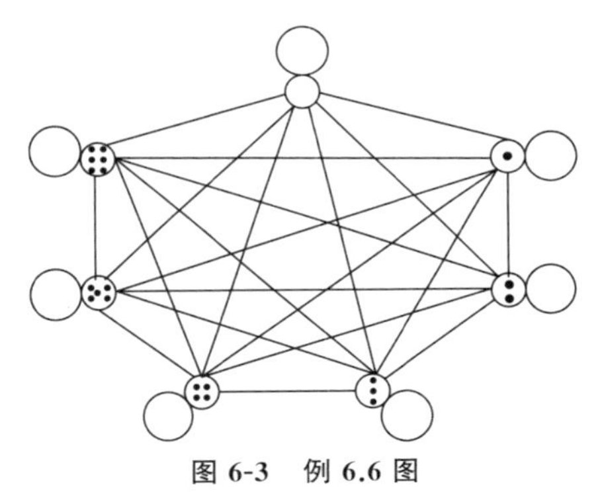

图 6-3　例 6.6 图

如果将 7 种不同的半面抽象成 7 个顶点，那么关联在任意两个顶点上的无向边可以视为一张多米诺骨牌。每个顶点与图中所有的顶点都恰有一条边关联，如图 6-3 所示，图中恰有 28 条不同的边。

将 28 块不同的多米诺骨牌排成一个圆形，使得这个排列中每两块相邻的多米诺骨牌的相邻两个半面是相同的，这样问题其实就是试图在图中找到一条欧拉回路。由于图中每个顶点的度数均为 8，所以必然存在欧拉回路，问题是有解的。

6.3　应用案例

6.3.1　网络爬虫

问题描述：互联网可以视为一张大图——把每一个网页当作一个节点，把超链接当作连接网页的边。网页中带有下画线的文字背后藏着对应的网址，单击时浏览器通过这些隐含的网址跳转到相应的网页。这些隐含在文字背后的网址称为“超链接”。通过超链接可以从任何一个网页出发,用图的遍历算法,自动地访问到每一个网页并把它们存起来。完成这个功能的程序称为网络爬虫(web crawlers)。请阐述图论的遍历算法和网络爬虫之间的关系。

解答:世界上第一个网络爬虫是由麻省理工学院的学生马休·格雷(Matthew Gray)在1993年写成的。他给自己的程序起了个名字"互联网漫游者"(WWW Wanderer)。

网络爬虫下载整个互联网的过程:从一家门户网站的首页出发,先下载这个网页,然后通过分析该网页可找到页面里的所有超链接,也就等于知道了这家门户网站首页所直接链接的全部网页。接下来访问、下载并分析这家门户网站的邮件等网页,又能找到其他相连的网页。让计算机不停地做下去,就能下载整个互联网。当然,也要记载哪个网页下载过了,以免重复。在网络爬虫中,使用一个称为"哈希表"(Hash table)的列表而不是一个记事本来记录网页是否下载过的信息。

现在的互联网非常庞大,不可能通过一台或几台计算机服务器就能完成下载任务。例如,Google在2010年时整个索引规模大约5000亿个网页,即使更新最频繁的基础索引也有100亿个网页,假如下载一个网页需要1秒,下载这100亿个网页则需要317年,如果下载5000亿个网页则需要16000年左右。因此,一个商业的网络爬虫需要有成千上万台服务器,并且通过高速网络连接起来。如何建立起这样复杂的网络系统,如何协调这些服务器的任务,就是网络设计和程序设计的艺术了。

网络爬虫在工程实现上要考虑的细节非常多,其中大的方面有如下三点。

1) 采用宽度优先搜索(BFS)还是深度优先搜索(DFS)

虽然理论上讲,这两个算法(在不考虑时间因素的前提下)都能在大致相同的时间(是节点数量 E 和边的数量 E 之和的线性函数,即 $O(V+E)$)里"爬下"整个"静态"互联网上的内容,但是工程上的两个假设——不考虑时间因素、互联网静态不变,都是现实中做不到的。搜索引擎的网络爬虫问题更应该定义成"如何在有限时间里最多地爬下最重要的网页"。显然各个网站最重要的网页应该是它的首页。在最极端的情况下,如果爬虫非常小,只能下载非常有限的网页,那么应该下载的是所有网站的首页,如果把爬虫再扩大些,应该爬下从首页直接链接的网页,因为这些网页是网站设计者自己认为相当重要的网页。在这个前提下,显然BFS明显优于DFS。事实上,在搜索引擎的爬虫里,虽然不是简单地采用BFS,但是先爬哪个网页、后爬哪个网页的调度程序,原理上基本上是BFS。

那么是否DFS就不使用了呢?也不是的。这和爬虫的分布式结构以及网络通信的握手成本有关。所谓"握手",是指下载服务器和网站的服务器建立通信的过程。这个过程需要额外的时间,如果握手的次数太多,那么下载的效率就降低了。实际的网络爬虫都是一个由成百上千台甚至成千上万台服务器组成的分布式系统。针对某个网站,一般是由特定的一台或几台服务器专门下载。这些服务器下载完一个网站,然后再进入下一个网站,而不是每个网站先轮流下载5%,然后再回过头来下载第二批,这样可以避免握手的次数太多。如果是下载完第一个网站再下载第二个网站,那么这又有点像DFS,虽然下载同一个网站(或子网站)时还是需要用BFS的。

总之,网络爬虫对网页遍历的次序不是简单的BFS或DFS,而是有一个相对复杂的下载优先级排序的方法。管理这个优先级排序的子系统一般称为调度系统。由它来决定当一个网页下载完成后,接下来下载哪一个。当然在调度系统里需要存储那些已经发现但是尚未下载的网页的URL，它们一般存在一个优先级队列里。而用这种方式遍历整个互联网，在工程上和BFS更相似。因此，在爬虫中BFS的成分多一些。

2）页面的分析和URL的提取

当一个网页下载完成后，需要从这个网页中提取其中的URL，把它们加入下载的队列中。这个工作在互联网的早期不难，因为那时的网页都是直接用HTML语言写的。那些URL都以文本的形式放在网页中，前后都有明显的标识，很容易提取出来。但是现在很多URL的提取就不那么直接了，因为很多网页是用脚本语言（如JavaScript）生成的。打开网页的源代码，URL不是直接可见的文本，而是运行这一段脚本后才能得到的结果。因此，网络爬虫的页面分析就变得复杂很多，它要模拟浏览器运行一个网页，才能得到里面隐含的URL。有些网页的脚本写得非常不规范，以至于解析起来非常困难。可是，这些网页还是可以在浏览器中打开的，说明浏览器可以解析。因此，需要做浏览器内核的工程师来写网络爬虫中的解析程序，可惜出色的浏览器内核工程师在全世界数量并不多。因此，若你发现一些网页明明存在，但搜索引擎就是没有收录，一个可能的原因是网络爬虫中的解析程序没能成功地解析网页中不规范的脚本程序。

3）记录哪些网页已经下载过的小本本——URL表

在互联网上，一个网页可能被多个网页中的超链接所指向，即在互联网这张大图上，有很多边（链接）可以走到这个节点（网页）。这样，在遍历互联网这张图时，这个网页就可能被多次访问。为了防止一个网页被下载多次，需要在一个哈希表中记录哪些网页已经下载过，再遇到这个网页时就可以跳过它。采用哈希表的好处是，判断一个网页的URL是否在表中，平均只需要一次（或略多）查找。当然，如果遇到没有下载的网页，除了下载该网页，还需要在下载完成后将这个网页的URL存到哈希表中，这个操作对哈希表来讲也非常简单。在一台下载服务器上建立和维护一张哈希表并不是难事。但是，如果同时有上千台服务器一起下载网页，维护一张统一的哈希表就不是一件容易的事情了。首先，这张哈希表会大到一台服务器都存储不下。其次，由于每台下载服务器在开始下载前和完成下载后都要访问和维护这张表，以免不同的服务器做重复的工作，这台存储哈希表的服务器的通信就成了整个爬虫系统的瓶颈。

好的方法是：首先明确每台下载服务器的分工，即在调度时一看到某个URL就知道应交给哪台服务器下载，这样就避免了很多服务器对同一个URL做出是否需要下载的判断；然后在明确分工的基础上，判断URL是否下载就可以批处理了，如每次向哈希表（一组独立的服务器）发送一大批询问，或者每次更新一大批哈希表的内容。这样通信的次数就大大减少了。

6.3.2 “读心术”魔术

问题描述：一副牌随便你拦腰斩，斩了很多次之后，把前面的5张拿出来，分别发给5个人，然后魔术师心灵感应一下，就可以知道这5张牌是什么。魔术师请拿红牌的人帮一个忙，往前走一步。例如，魔术师知道这5张牌的红黑顺序是“黑红黑红红”，然后魔术师就可以心灵感应出这5张牌是（♠J，◆5，♣A，♥9，◆K）。这其中的奥秘是什么呢？

解答：如图6-4所示，魔术师把32张牌按红与黑或者0与1排成一个圆形，希望每连续5张牌组成的排列值为00000、00001、00010、00100、01000、10001……即所有32个排列都不同。只要你记忆力非常好,看到其中任意一组5个数就可知道这组数对应的一组牌。

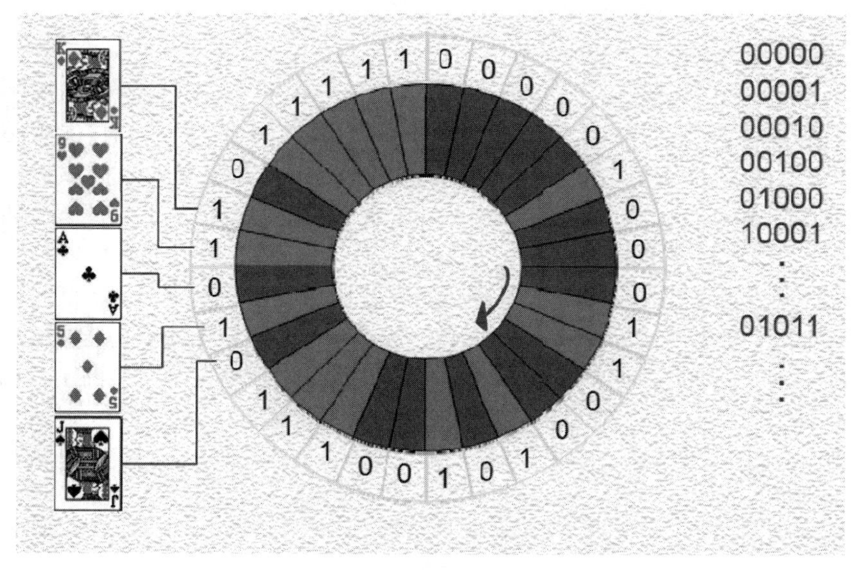

图 6-4 “读心术”魔术示例

如何保证任意连续5个排列是不同的呢? 回答这个问题要用到欧拉图。

荷兰数学家狄布恩(Nicolaas Govert deBruijn)在1946年证明了对4,8,16,32,…,2^k张牌这样的排列都是存在的。下面以8张牌为例,给出证明。

把4个0和4个1排成一个圈,使长度为3的8个字(000、001、010、011、100、101、110、111)仅出现一次。

先将问题抽象成图(见图6-5(a)),以两位为一个顶点(4个),8个字分别代表8条边,然后判断抽象出的连通图是否为欧拉图。根据定理,该图是欧拉图,存在欧拉回路,如000、001、010、101、011、111、110、100。由每个字的首位构成的编码为00010111,此结果满足题目的要求(见图6-5(b)),问题得解。

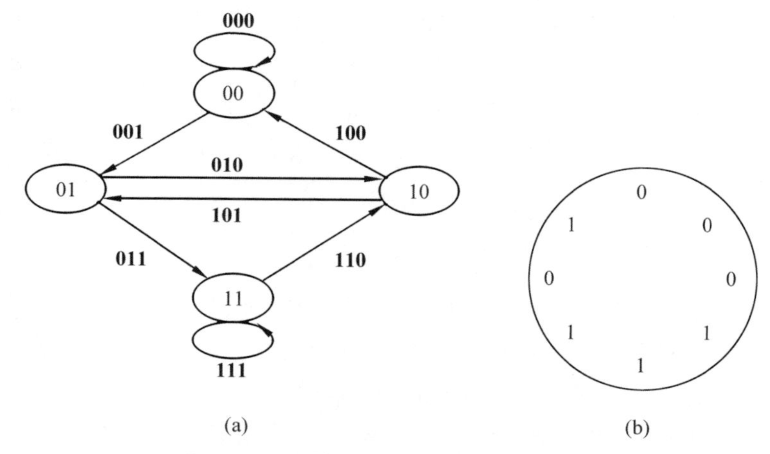

图 6-5 8张牌的“读心术”魔术排列示例

对于32张牌的情况，可以构造一个16个顶点的图，0000，0001，…，1111每一个排列对应一个顶点，两个顶点之间有一条有向边当且仅当将第一个排列的首位去掉，并在最后补上0或1可以得到第二个排列。例如，0000和0001之间有一条边，这条边正好对应着00001；0001和0010之间有一条边，这条边对应着00010……16个顶点每一个恰好引出两条边（一条0，一条1），一共32条边正好对应所有32个不同的排列。欧拉定理的结论保证了这个图中存在着欧拉回路，沿着这条回路走下来就得到了我们要的排列。

6.3.3 高度互联世界的行为原理

问题阐述：人们研究一个特定的网络数据集，通常有以下几个原因：①人们可能关心数据所属的领域，此时研究该数据集的细节就和研究整体情况一样有趣；②人们希望借助该数据集作为代表，研究真正感兴趣但可能无法直接测量、研究的一个网络，如微软即时信息分布图提供了在一个特定社交网中人们相隔距离的分布情况，从而可以此为依据之一来估算全球友谊网络的分布情况；③人们试图寻找在不同领域中普遍存在的某种网络属性，因而如果在互不相关的网络中发现相似的规律，则可以说明该规律在一定的条件下对于大多数网络具有某种普遍意义。社会网络分析中的一些基本概念可以借用图论中的概念来阐述。请举例说明。

解答：例1：在一个公司的电子邮件通信网络中，能看到通信可分为两种情形：一是在小单位内部的通信；二是跨单位边界的通信。这个例子显示社会网络中一个相当普遍的原理：①强联系，表示紧密和频繁的社会接触，倾向于嵌入在网络中联系密集的区域；②弱联系，表示比较偶然和少有的社会接触，倾向于跨越这些区域的边界。这样的两种分法提供了一种考察社会网络的角度，即一方面考察体现强联系的稠密区域，同时也考察它们通过弱联系的相互作用方式。一种专业的说法是，它提供了一种了解大型组织中社会性概貌的策略，即在网络中找到那些相互很少联系的不同部分之间的结构洞。在一种全局的尺度上，它说明弱连接可以作为“抄近道”使其不同部分连接起来的方式，导致俗称六度分隔的现象。

例2：社会网络也能反映出一个群组内部争斗和矛盾的现象。图6-6的空手道俱乐部

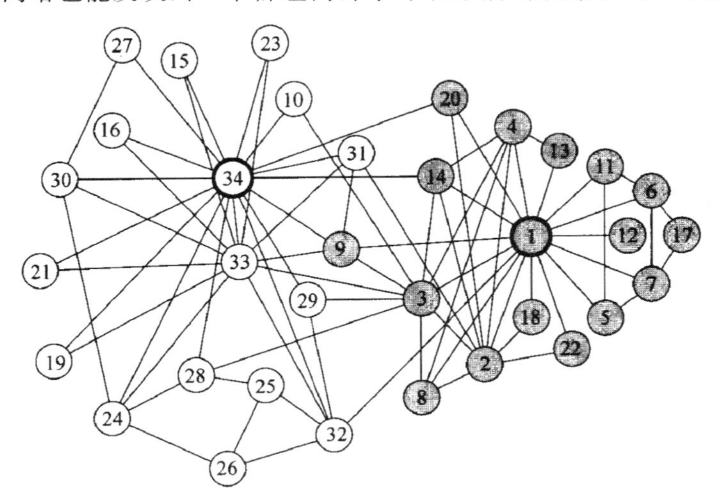

图6-6　一个空手道俱乐部中34个成员间的朋友关系形成的社会网络及社会网络分析可帮助发现派系存在的线索

社会网络反映出一种潜在的矛盾。由1和34标识的两个人在好友网络中具有特别中心的地位,这从他们分别与许多人连接的情形可见。另一方面,他们俩不是朋友(他们之间没有边直接相连);事实上,多数人只与他们之一是朋友。这两个中心人物分别是教练和俱乐部的创始人(学生),这种没什么相互联系的群集的模式是他们以及他们小集团之间矛盾的最明显症状,最终这个俱乐部分裂成两个对立的空手道俱乐部。可以应用结构平衡理论从局部的冲突与对抗的变化中推理网络中裂痕的出现。

例3:软件网络中边的方向也有意义。为直观地反映软件网络,可用DependencyFinder软件抽取类层次的依赖关系,并用Pajek软件画出网络图。图6-7给出了Jedit4.3的网络图。【汪北阳,吕金虎.复杂软件系统的软件网络节点影响分析[J].软件学报,2013,24(12):2814-2829】

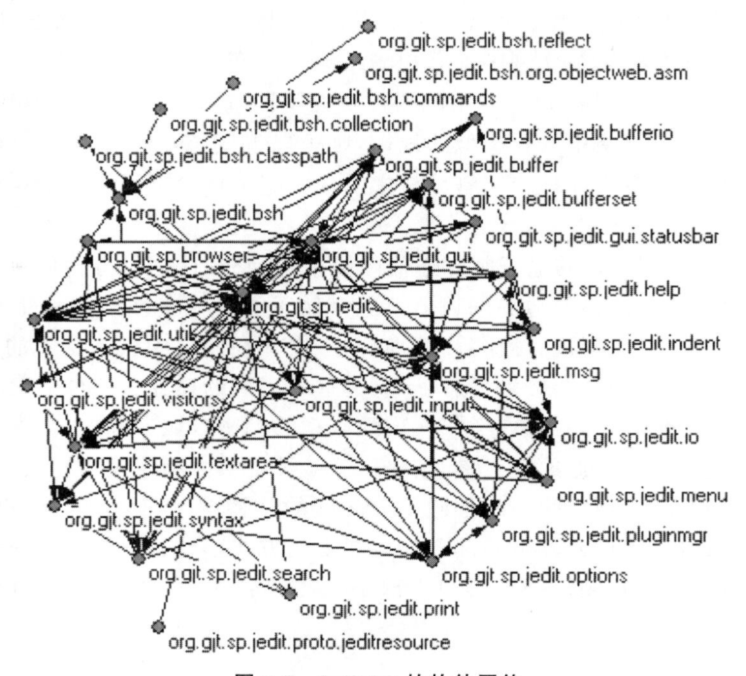

图6-7 Jedit4.3的软件网络

例4:合作图。合作图用于记录在一个限定条件下人与人之间的工作关系。例如:①科学家之间的合作关系;②演员间合作出演影视作品的关系;③企业界高层人士关系图,图中两人间相连的条件为他们共同任职于同一家世界500强企业董事会;④维基百科关系图,相连的条件为两人在维基百科编辑过同一篇文章;⑤魔兽世界图,两个魔兽世界用户相连的条件是他们在游戏中共同参与过一场突袭或其他类似活动。有时人们研究合作图以了解其来源领域的情况。例如,研究商业圈的社会学家对于企业间领导层的关系尤其感兴趣,于是就可以通过一个合作图来了解他们在一些企业董事会中的"同为成员"关系。人们除了关心科学研究活动中的社会关系外,也可通过该合作图所提供的直观信息而对该领域产生研究的兴趣。通过使用在线编目记录,人们很容易跟踪查询到一个领域近一个世纪以来的合作模式,并以此为基础尝试推断出这种社会结构对其他一些难以度量方面的影响。

例5:"谁和谁讲话"图。微软即时消息图是一个大型社交网络中一个月发生的对话信息的快照，包含几十亿条记录。它抓住了社区中“谁和谁讲过话”的结构。类似的数据库还有公司或大学中的电子邮件及电话通信记录。在通话记录图中，节点代表电话号码，节点间的边代表两个节点在某一限定时期内曾有过通话记录。完成类似的研究可以利用手机的小范围无线通信技术检测周围的类似通信设备。通过为一组实验对象装备类似装置，可以记录它们在一定时间内的移动轨迹。科研人员可在此基础上建立一个“面对面”图记录实验对象的实际联系情况：图中每个节点代表携带该装置的人，若两个人被测出在某一限定时期内物理距离较近，则将这两人以边相连。在该类别几乎所有的数据库中，节点代表顾客、员工、学生或其他人。这样的人群通常比较注重个人隐私，不愿意提供太多的个人信息（如电子邮件、即时通信内容或电话通信记录等），给相关科研机构作为研究数据使用。因此，针对这一类数据所做的研究通常被限制在一些特定的方式，以保护数据中所包含的个人隐私。而这种对于隐私保护的考虑，在一些特定的情况下，如在情报搜集工作或市场战略分析中，是一个重要的讨论议题。与这类“谁和谁讲话”数据相关，在经济网络测量中，记录一个市场或金融领域中“谁和谁讲话”结构的方法已经在针对了解市场不同层面参与者的相关研究中被使用。该研究认为，市场参与者的差异将导致市场权力的不同以及商品价格的差异。这方面的研究越来越趋于用数学的方法来解释网络结构如何限制买卖双方，及其对结果产生的影响。

例6：信息链接图。互联网快照是网络数据具有代表性的例子。节点代表网页，有向边代表从一个网页到另一个网页的链接。互联网数据在其规模和节点含义的多样性上脱颖而出：数以亿万计的零散信息，通过链接彼此相连。显而易见，这些信息并不仅仅因为某些人的兴趣而存在和关联，在巨大的信息集背后，存在着某种社会和经济结构：社交网站和博客网站中数以亿万计的个人网页，以及更多的公司及政府机构的网页信息在拥挤而繁杂的网络中都希望突出展现自己的形象。要研究一个像整个互联网规模的社交网络是相当困难的，因此多数网络研究都是基于按兴趣分类的互联网的某个子集，像博客关联图、维基百科网页或一些社交网站的网页，以及Facebook、MySpace或一些购物网站的产品评估网页等。对于信息链接图的研究早在互联网之前就有了，引文分析领域起源于20世纪初期，通过研究科技论文和专利的引用量，了解和推算某学科的发展过程。引文网络至今仍为较流行的研究数据集，其原因和科技合著图一样，即使对某一领域的发展史并不熟悉，引文网络也可以帮助轻易地追溯到早期的相关数据。

例7：技术网络。尽管万维网的建立基于众多优良技术的贡献，但仍不应该把它归类于技术网络的范畴。它更像是一个由人类创造出来的集思想、信息以及社会和经济结构于一身的事物在技术背景下的投影。近年来，许多在社会学意义上有趣的网络数据正从技术的层面不断产生，节点代表物理设备，边则代表设备间的物理联系。相关的例子包括互联网上计算机的互联或电网中各个发电站的连接。即便是这样的物理网络，最终也可被认为是表示各个公司、企业或组织间利益关系的经济网络。在互联网上，这可以表示为一个网络两个不同层面的视角。对低层面而言，节点代表单个计算机或连接终端，边代表两台设备物理相连。对高层面而言，节点实际被分为不同的组，称为“自治系统”，每组由不同的网络供应商控制。因此，在自治系统之间就出现了“谁和谁交易”图，也称“AS图”，用来表示各个互联网服务提供商之间的数据传输协议。

例8：自然界中的网络。网络结构不仅存在于技术领域，也广泛存在于生物学和其他自然科学中。一些生物网络引起了网络研究人员的特别关注。这里仅从人口层面到分子层面给出三个典型案例。

(1) 食物网。食物网表示生态系统中不同动物的"谁吃谁"关系：每一种生物以节点来表示,若A以B为食,则A到B间以有向边相连。对食物网结构的研究可以帮助人们解释一些生物界的现象。例如,生物连锁灭绝现象,如果某一种生物灭绝,则以该生物为食的其他生物在没有其他食物替代的情况下也将因此逐渐灭绝,这种灭绝现象可通过食物网解释为连锁反应。

(2) 生物体大脑中的神经关联结构。这是另一种在生物界被重点研究的网络现象。每个神经元为一个节点,而边代表两个神经元之间的连接关系。对于秀丽隐杆线虫这样的低等生物,其整个大脑结构中包含302个节点和大约7000条边。而要理解高等生物大脑组织结构的详细情况,依然是当前科学技术无法做到的。然而,对复杂大脑中某些特定模块结构的研究,已经帮助人们在了解大脑结构中不同部分的连接关系上取得显著的进步。

(3) 细胞代谢网。有许多方式来定义此类网络,可用节点表示在一个代谢过程中起作用的化合物,而边则代表不同化合物间所起的化学反应。人们希望对这些网络结构的分析能有助于理解复杂的反应通路和在细胞内部所发生的调控反馈回路,也许可以给出"以网络为中心"的方法,使得对病源的攻击更有针对性。

6.4 习题解答

6.1 (1) 给定无向图 $G=\langle V,E\rangle$,其中,$V=\{a,b,c,d,e\}$,$E=\{(a,a),(a,b),(b,c),(c,d),(b,e),(a,e),(a,d)\}$。

(2) 给定有向图 $D=\langle V,E\rangle$,其中,$V=\{a,b,c,d\}$,$E=\{\langle a,a\rangle,\langle a,b\rangle,\langle a,d\rangle,\langle c,d\rangle,\langle d,c\rangle,\langle c,b\rangle\}$。

画出 G 与 D 的图形。

解：无向图 G 的图形如图6-8(a)所示。有向图 D 的图形如图6-8(b)所示。

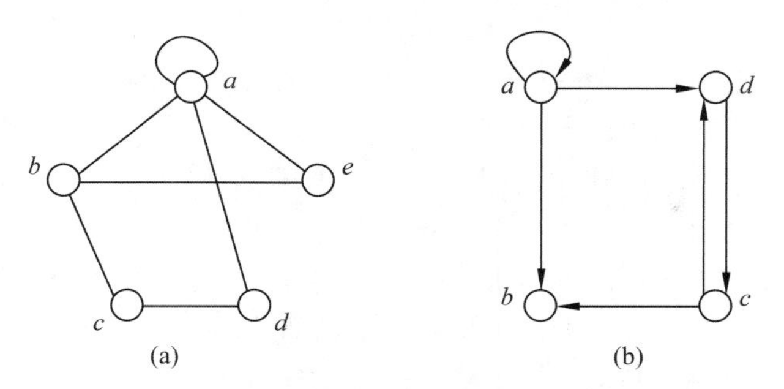

图6-8 习题6.1无向图 G 和有向图 D 的图形

6.2 设 $G=(V,E)$ 是一个无向图,其中,$V=\{v_1,v_2,v_3,v_4,v_5,v_6,v_7,v_8\}$,$E=\{(v_1,v_2),(v_2,v_3),(v_3,v_1),(v_1,v_5),(v_5,v_4),(v_3,v_4),(v_7,v_8)\}$。

(1) $G=(V,E)$ 的 $|V|$ 和 $|E|$ 各是多少?

(2) 画出 G 的图解。

(3) 指出与 v_3 邻接的顶点以及与 v_3 关联的边。

（4）求出各顶点的度数。

解：（1）$|V|=8, |E|=7$。

（2）无向图 G 和图解如图 6-9 所示。

（3）与 v_3 邻接的顶点有 v_1、v_2、v_4，与 v_3 关联的边有 (v_2, v_3)、(v_3, v_1)、(v_3, v_4)。

（4）$\deg(v_1)=3, \deg(v_2)=2, \deg(v_3)=3, \deg(v_4)=2, \deg(v_5)=2, \deg(v_6)=0, \deg(v_7)=1, \deg(v_8)=1$。

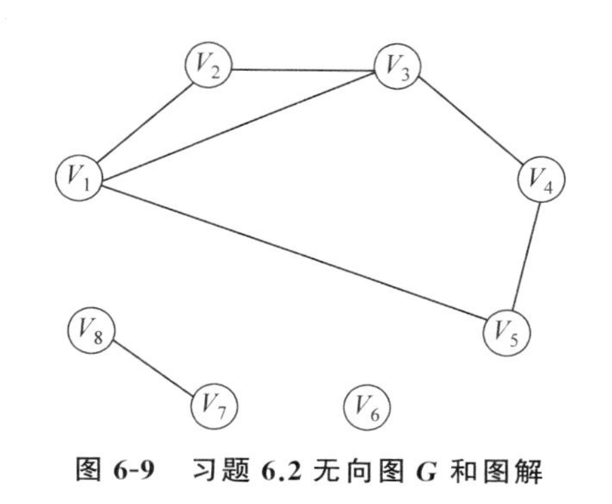

图 6-9　习题 6.2 无向图 G 和图解

6.3　判断下列各非负整数列哪些是可图化的。

（1）(3,5,4,3,2,1)。

（2）(5,4,3,2,1)。

（3）(3,3,3,3)。

解：(1)和(3)是可图化的。

6.4　画简单图。

（1）画出所有顶点数为 6，每个顶点度均为 2 的简单图。

（2）画出所有顶点数为 6，每个顶点度均为 3 的简单图。

解：（1）顶点数为 6，每个顶点度均为 2 的所有不同构的简单图仅有两个，如图 6-10(a)和(b)所示。

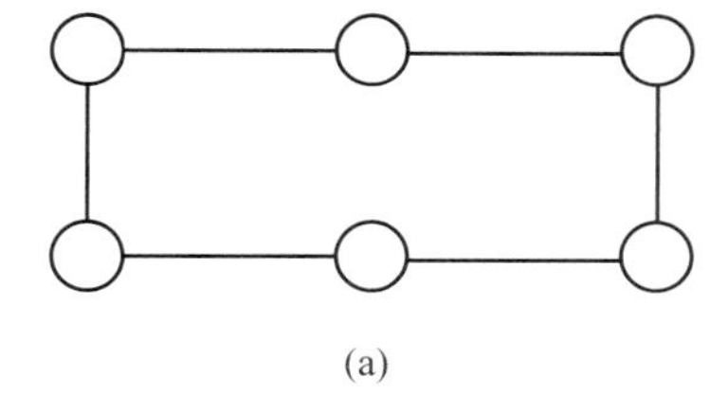

(a)　　(b)

图 6-10　习题 6.4(1)不同构的简单图

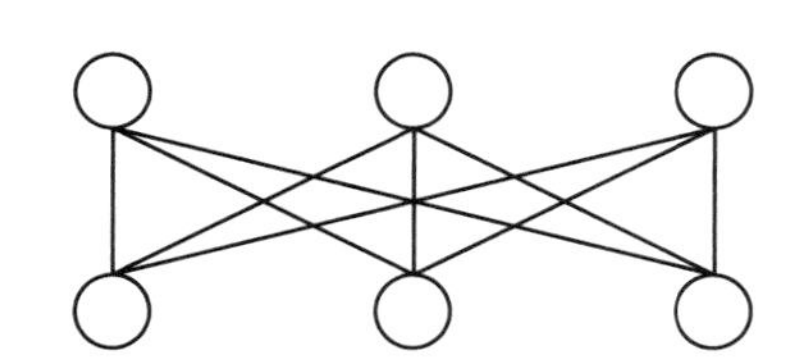

图 6-11　习题 6.4(2)不同构的简单图

（2）顶点数为 6，每个顶点度均为 3 的所有不同构的简单图仅有一个，如图 6-11 所示。

6.5　图 6-12 中有没有同构的图？若有，请指出来。

解：图 6-12(c)与图 6-12(d)同构。

6.6　证明：在任何有向完全图中，所有顶点的入度平方之和等于所有顶点的出度平方之和。

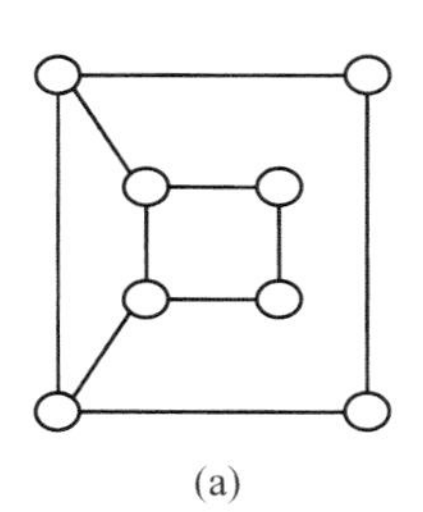

(a)

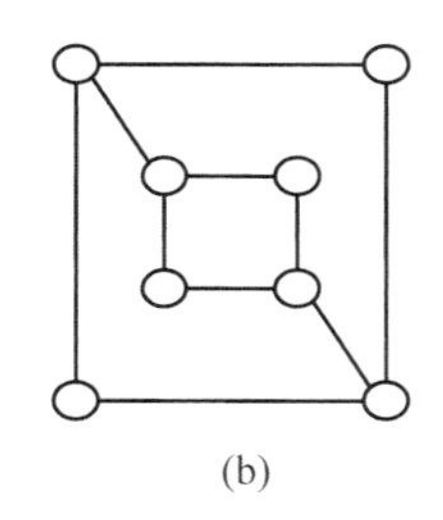

(b)

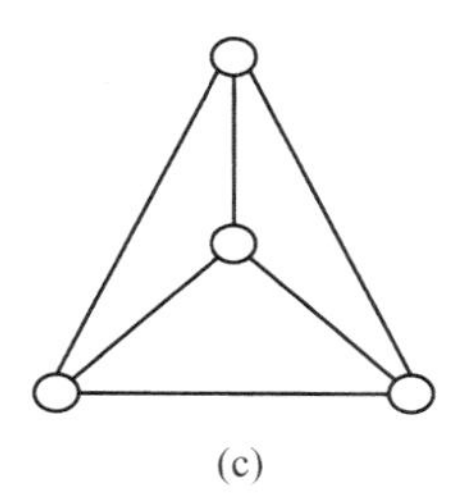

(c)

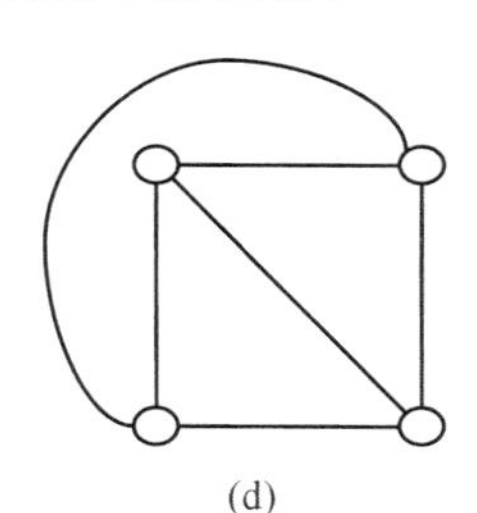

(d)

图 6-12　习题 6.5 图

证明：假设有向完全图 D 有 n 个顶点。对任意顶点 $v_k \in D$，有

$$\deg^+(v_k)+\deg^-(v_k)=2(n-1)$$

对于有向完全图，$\sum_{k=1}^{n}\deg^+(v_k)=\sum_{k=1}^{n}\deg^-(v_k)=n(n-1)$，于是

$$\begin{aligned}\sum_{k=1}^{n}(\deg^+(v_k))^2&=\sum_{k=1}^{n}(2(n-1)-\deg^-(v_k))^2\\&=\sum_{k=1}^{n}(4(n-1)^2-4(n-1)\deg^-(v_k)+(\deg^-(v_k))^2)\\&=4n(n-1)^2-4(n-1)\sum_{k=1}^{n}\deg^-(v_k)+\sum_{k=1}^{n}(\deg^-(v_k))^2\\&=4n(n-1)^2-4(n-1)n(n-1)+\sum_{k=1}^{n}(\deg^-(v_k))^2\\&=\sum_{k=1}^{n}(\deg^-(v_k))^2\end{aligned}$$

6.7 设图 G 是具有三个顶点的完全图。问：

(1) G 有多少个子图？

(2) G 有多少个生成子图？

(3) 如果没有任何两个子图是同构的，那么 G 的子图个数是多少？请将它们构造出来。

解：(1) 因为只有1个顶点的子图有 $\binom{3}{1}=3$ 个(平凡子图)；2个顶点的子图有 $\binom{3}{2}\times 2=6$ 个；3个顶点的子图有 $\binom{3}{3}\times 2^3=8$ 个。所以，G 共有 $3+6+8=17$ 个子图。

(2) G 的生成子图，含有 G 的所有顶点，G 有3条边，构成子图时，每条边有选中或不选中两种可能，所以 G 的生成子图的个数是 $2^3=8$ 个。

(3) G 的所有不同构的子图有7个。

6.8 证明：在任何 n ($n\geqslant 2$)个顶点的简单图 G 中，至少有两个顶点具有相同的度。

证明：见例6.3。

6.9 证明：(1) n 个顶点的简单图中不会有多于 $\frac{n(n-1)}{2}$ 条边。

(2) n 个顶点的有向完全图中恰有 $n(n-1)$ 条边。

证明：(1) 完全图边数最多，有 $(n-1)+(n-2)+\cdots+2+1=\frac{n(n-1)}{2}$ 条边。

(2) 有向完全图边数是完全图的两倍，即 $n(n-1)$。

6.10 一个简单图，如果同构于它的补图，则该图称为**自补图**。

(1) 给出一个4个顶点的自补图。

(2) 给出一个5个顶点的自补图。

(3) 是否有3个顶点或6个顶点的自补图？

(4) 证明一个自补图一定有 $4k$ 或 $4k+1$ 个顶点(k 为正整数)。

解：(1) 4个顶点的自补图如图6-13所示。

(2) 5 个顶点的自补图如图 6-14 所示。

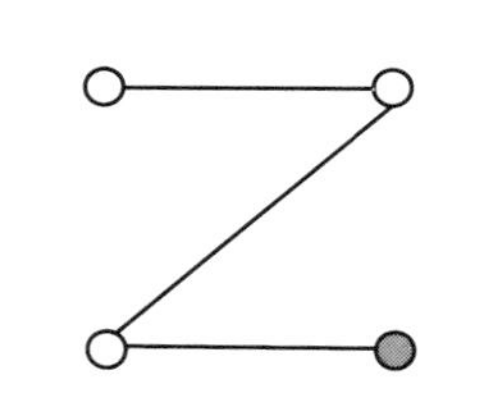
图 6-13　4 个顶点的自补图

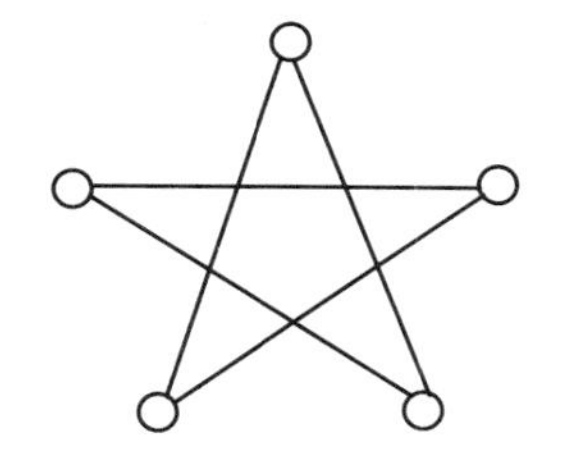
图 6-14　5 个顶点的自补图

(3) 没有。

(4) 证明：设 G 为自补图，有 n 个顶点。已知 n 个顶点的完全图有$\frac{n(n-1)}{2}$条边，因此 G 应恰有$\frac{n(n-1)}{4}$条边。故或者 n 是 4 的整数倍，或者 $n-1$ 是 4 的整数倍，即图 G 一定有 $4k$ 或 $4k+1$ 个顶点。

6.11　画出图 6-15 中的补图及它的一个生成子图。

解：图 6-15 的补图如图 6-16 所示，图 6-15 的生成子图如图 6-17 所示。

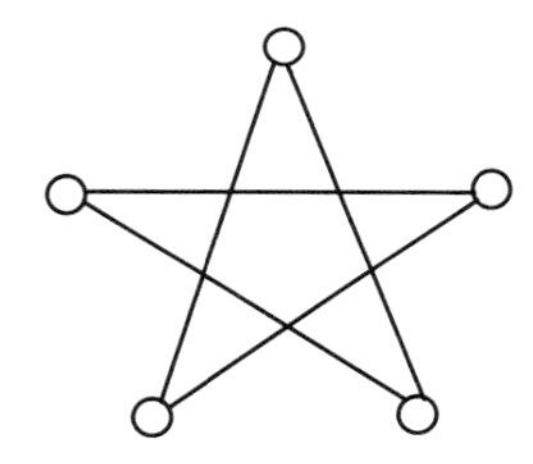
图 6-15　习题 6.11 图

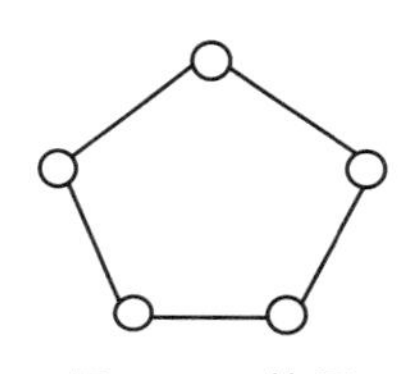
图 6-16　补图

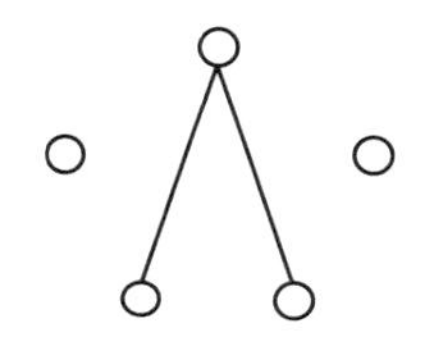
图 6-17　生成子图

6.12　K_n 表示 n 个顶点的无向完全图。

(1)对 K_6 的各边用红、蓝两色着色，每边仅着一种颜色，红、蓝任选。证明：无论怎样着色，图上总有一个红色边组成的 K_3 或一个蓝色边组成的 K_3。

(2) 用(1)证明下列事实：任意 6 个人之间，或者有 3 个人相互认识，或者有 3 个人相互都不认识。

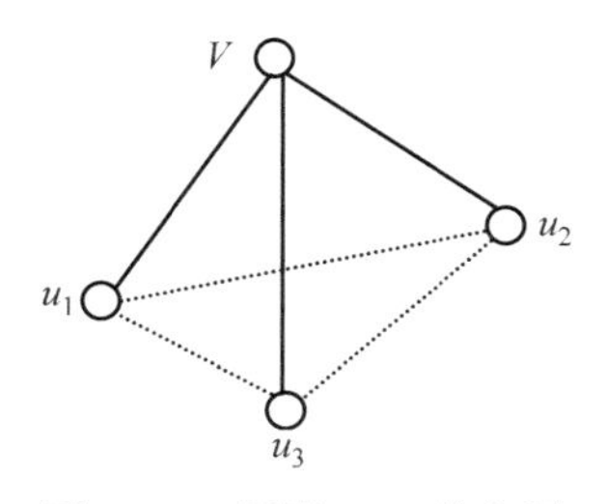

图 6-18　习题 6.12 着色图

证明：(1) 考虑 K_6 的顶点 V，与之关联的边有 6 条，其中至少有 3 条着同一种颜色。不妨设均着红色，这 3 条边的另一个端点分别是 u_1、u_2、u_3，如图 6-18 所示。再考虑关联 u_1、u_2、u_3 的 3 条边。如果它们中有一条着红色的边，那么已经得到一个红色边组成的 K_3；如果它们中没有着红色的边，那么就能得到一个蓝色边组成的 K_3。

(2) 用 6 个顶点表示 6 个人，顶点间红色边表示人员间相互认识，顶点间蓝色边表示人员间相互不认识，便产生一个边着红、蓝两色的完全图 K_6。利用(1) 的结论，可以断定 6 个人之间，或者有 3 个人相互认识，或者有 3 个人相互都不认识。

6.13 给定图 $G=(V,E)$,如图 6-19 所示。

(1) 在 G 中找出一条长度为 7 的通路。

(2) 在 G 中找出一条长度为 4 的简单通路。

(3) 在 G 中找出一条长度为 5 的初级通路。

(4) 在 G 中找出一条长度为 8 的复杂通路。

(5) 在 G 中找出一条长度为 7 的回路。

(6) 在 G 中找出一条长度为 4 的简单回路。

(7) 在 G 中找出一条长度为 5 的初级回路。

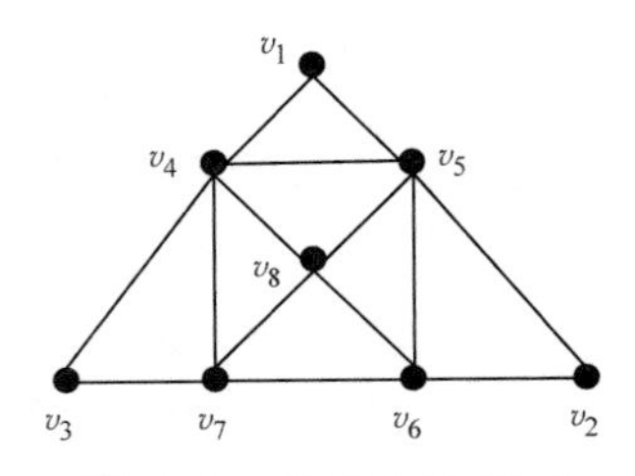

图 6-19 习题 6.13 图 G

解:所选通(回)路都不一定是唯一的。

(1) 长度为 7 的通路:$v_1\ v_4\ v_3\ v_7\ v_8\ v_6 v_5 v_2$。

(2) 长度为 4 的简单通路:$(v_1,v_4)(v_4,v_3)(v_3,v_7)(v_7,v_4)$(边不重复的通路)。

(3) 长度为 5 的初级通路:$v_1\ v_5\ v_2\ v_6\ v_8\ v_4$(顶点不重复的通路)。

(4) 长度为 8 的复杂通路:$(v_1,v_5)(v_5,v_8)(v_8,v_7)(v_7,v_6)(v_6,v_8)(v_8,v_5)(v_5,v_4)(v_4,v_3)$(边有重复的通路)。

(5) 长度为 7 的回路:$v_1\ v_4\ v_3\ v_7\ v_8\ v_6 v_5 v_1$。

(6) 长度为 4 的简单回路:$(v_1,v_4)(v_4,v_8)(v_8,v_5)(v_5,v_1)$(边不重复的通路)。

(7) 长度为 5 的初级回路:$v_1\ v_5\ v_6\ v_7\ v_4\ v_1$(除起点和终点外,顶点不重复的通路)。

6.14 证明:若有向图 G 所有顶点的入度都大于 0,则 G 中一定存在一条回路。

证明:任取 $v\in G$。因为 $\deg^+(v)>0$,所以存在 $u\in G$,使得 $\langle u,v\rangle\in E$。若 $v=u$,即顶点 u 有自回路,从而结论得证。否则,因为 u 的入度也大于 0,故存在 $w\in G$,使得 $\langle w,u\rangle\in E$。若 $w=u$,则顶点 v 有自回路,故结论得证。否则,若 $w=v$,则 $v\langle v,u\rangle u\langle u,v\rangle v$ 就是一条回路。再否则,就对 w 重复上述过程,或者找出一个前面已经找到的顶点,从而得到一条回路,证明结束;或者找到一个新顶点,从这个新顶点到 w 有边相联,然后继续对这个新顶点重复上述过程。由于 G 中的顶点个数有限,故这个过程一定在有限步内结束。综上所述,G 中存在一条回路。

6.15 设 G 为 n 阶完全图。问:

(1) 有多少条初级回路?

(2) 包含 G 中某边 e 的回路有多少条?

(3) 任意两点间有多少条通路?

解:(1) Kn 中共有 $\sum_{i=3}^{n} C_n^i (i-1)!/2$ 条初级回路。

(2) 包含 G 中某边 e 的回路有 $\sum_{i=1}^{n-2} C_{n-2}^i i!$ 条。

(3) 任意两点间有 $\sum_{i=1}^{n-2} C_{n-2}^i i!+1$ 条通路。

6.16 证明:若无向图 G 中恰有两个奇数度顶点,则这两个顶点是相互可达的。

证明:用反证法证明。设 G 中的两个奇数度顶点分别为 u 和 v,且 u 不可达 v。则 G 可以分成两个相互独立的子图 G_1 和 G_2,其中 $u\in G_1$,$v\in G_2$。于是 G_1 和 G_2 各有一个奇数度顶点。这与握手定理的推论矛盾(任一个图中奇数度顶点的个数是偶数)。故 u 和 v 一定相互可达。

6.17　给出如图 6-20 中的图，$V=\{a,b,c,d,e\}$。问：

(1) 哪些图是有向图？哪些图是无向图？

(2) 哪些是简单图？

(3) 哪些是强连通图？哪些是单侧连通图？哪些是弱连通图？

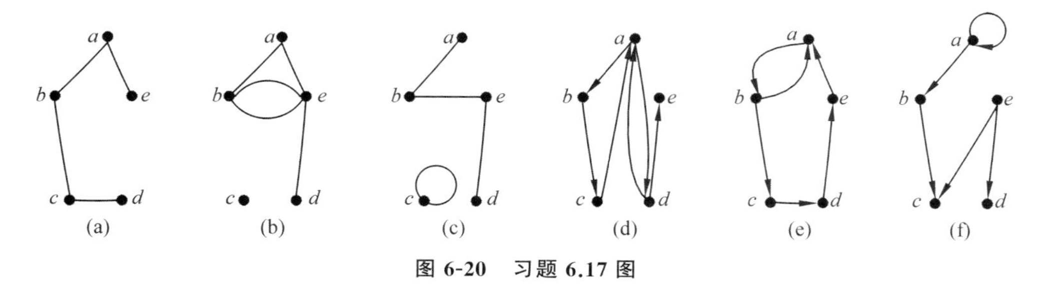

图 6-20　习题 6.17 图

解：(1) 图 6-20(a)、(b)、(c)是无向图，图 6-20(d)、(e)、(f)是有向图。

(2) 图 6-20(a)、(d)、(e)中既无平行边，也无自回路，是简单图。

(3) 图 6-20(e)是强连通图(必是单侧连通图和弱连通图)，图 6-20(d)是单侧连通图(也是弱连通图)，图 6-20(f)只是弱连通图。

6.18　n 个城市间有 m 条相互连接的直达公路。证明：当 $m>\dfrac{(n-1)(n-2)}{2}$时，人们便能通过这些公路在任何两个城市间旅行。

证明：用 n 个顶点表示 n 个城市，顶点之间的边表示直达公路，根据题意需证这 n 个城市的公路网络所构成的图 G 是连通的。反证法，假设 G 不连通，那么可设 G 由两个不相关的子图(没有任何边关联分别在两个子图中的顶点)G_1 和 G_2 组成，分别有 n_1 和 n_2 个顶点，从而 $n=n_1+n_2, n_1\geqslant 1, n_2\geqslant 1$。

由于各子图的边数不超过$\dfrac{n_i(n_i-1)}{2}$，因此 G 的边数 m 满足：

$$
\begin{aligned}
m &\leqslant \frac{1}{2}\sum_{i=1}^{k} n_i(n_i-1)=\frac{1}{2}(n_1(n_1-1)+n_2(n_2-1)) \\
&=\frac{1}{2}((n-1)(n_1-1)+(n-1)(n_2-1)) \\
&=\frac{1}{2}(n-1)(n_1+n_2-2) \\
&=\frac{1}{2}(n-1)(n-2)
\end{aligned}
$$

与已知 $m>\dfrac{(n-1)(n-2)}{2}$矛盾，故图 G 是连通的。

6.19　试画出同时满足下列条件的所有有向简单图：①共有 4 个顶点；②图是连通的；③共有 3 条边；④任意两图互不同构。

解：同时满足题意的所有有向简单图如图 6-21 所示。

6.20　已知无向图如图 6-22 所示，试列举出通路、回路、简单通路、简单回路、初级通路、初级回路、复杂通路或复杂回路。

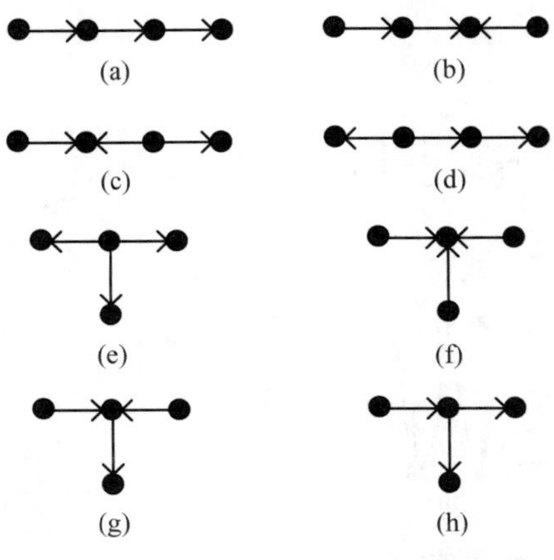

图 6-21 习题 6.19 所有有向简单图

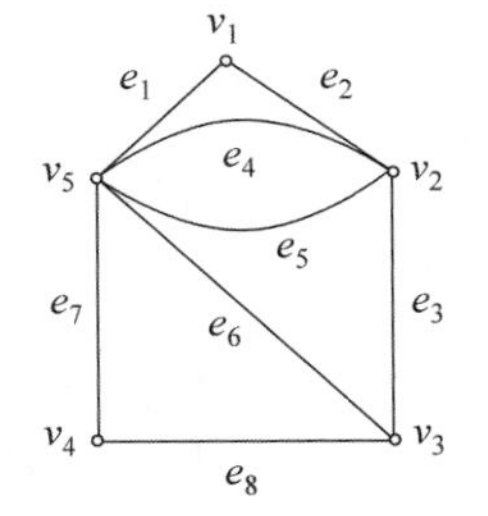

图 6-22 习题 6.20 无向图

解：通路：$v_1e_2v_2e_3v_3e_8v_4e_7v_5$。

回路：$v_1e_2v_2e_3v_3e_8v_4e_7v_5e_5v_2e_4v_5e_1v_1$。

简单通路：$v_2e_3v_3e_8v_4e_7v_5$。

简单回路：$v_2e_3v_3e_8v_4e_7v_5e_4v_2$。

初级通路：$v_2e_3v_3e_8v_4e_7v_5$。

初级回路：$v_2e_3v_3e_8v_4e_7v_5e_4v_2$。

复杂通路：$v_1e_2v_2e_3v_3e_8v_4e_7v_5v_3e_3v_2$。

复杂回路：$v_1e_2v_2e_3v_3e_8v_4e_7v_5e_5v_2e_4v_5e_1v_1$。

6.21 在晚会上有 n 个人,他们各自与自己相识的人握一次手。已知每人与别人握手的次数都是奇数,那么 n 是奇数还是偶数？为什么？

解：n 是偶数。依据握手定理的推论。

6.22 求如图 6-23 所示各图的点连通度和边连通度,并将它们按点连通程度及边连通程度排序。

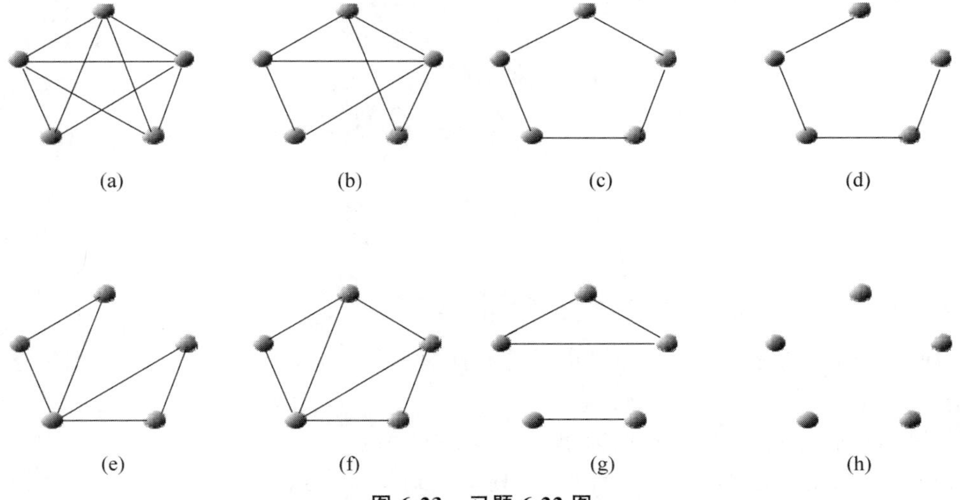

图 6-23 习题 6.22 图

解：

各图序号	点连通度	边连通度
图 6-23(a)	4	4
图 6-23(b)	3	3
图 6-23(c)	2	2
图 6-23(d)	1	1
图 6-23(e)	1	2
图 6-23(f)	2	2
图 6-23(g)	0	0
图 6-23(h)	0	0

按点连通程度排序(从大到小)：图 6-23 的(a)、(b)、(c)与(f)、(d)与(e)、(g)与(h)。

按边连通程度排序(从大到小)：图 6-23 的(a)、(b)、(c)与(e,f)、(d)、(g)与(h)。

6.23 证明：在简单无向图 G 中，从顶点 u 到顶点 v，如果既有奇数长度的通路，又有偶数长度的通路，那么 G 中必有一条奇数长度的回路。

证明：设 P_1 为一条顶点 u 到顶点 v 的长度为奇数的通路，设 P_2 为一条顶点 v 到顶点 u 的长度为偶数的通路，则从顶点 u 出发经过通路 P_1 到达顶点 v，再从顶点 v 出发经过通路 P_2 返回到顶点 u，则构成一条从顶点 u 到顶点 u 的回路，这条回路的长度是奇数加偶数，所以必为奇数。

6.24 有向图可用于表示关系，图 6-24 中表示的二元关系是传递的吗？说明如何由有向图判定关系的传递性。求图 6-24 中表示的二元关系的传递闭包，并说明构造有向图传递闭包的方法。

解：图 6-24 中表示的二元关系不是传递的。有向图表示的关系是传递的，当且仅当对图中任意两个节点 u 和 v，如果有从 u 到 v 的路径，则必有从 u 到 v 的边。图中表示的二元关系的传递闭包如图 6-25 所示。构造有向图传递闭包的方法是：对图中任意两个节点 u 和 v，如果有从 u 到 v 的路径，则添加从 u 到 v 的边。

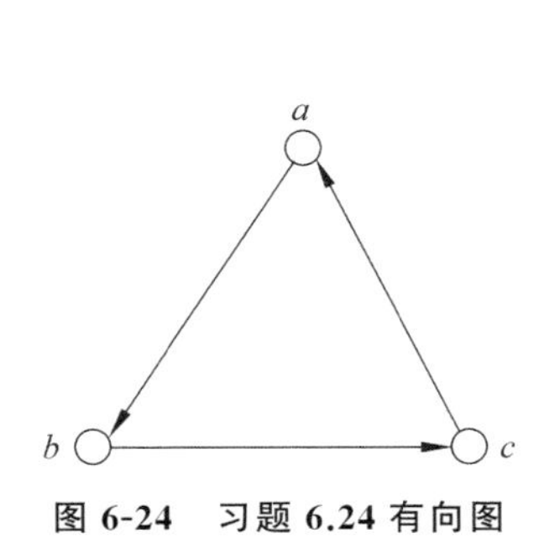

图 6-24 习题 6.24 有向图

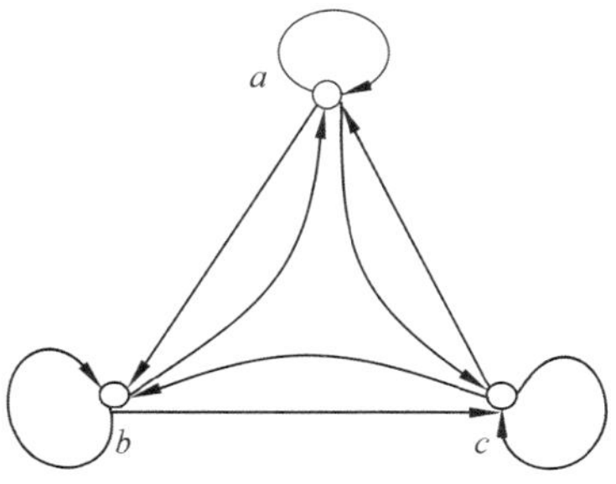

a
b
c

图 6-25 二元关系的传递闭包

6.25 无向图 G 有 6 条边，各有一个 3 度和 5 度顶点，其余均为 2 度，求 G 的阶数。

解：设其余均为 2 度的顶点有 x 个，根据握手定理有 $2m=2\times6=3+5+2x$，解得 $x=2$，所以无向图 G 的阶数为 4。

6.26 称 $d(u,v)$ 为图 $G=\langle V,E,\Psi\rangle$ 中顶点 u 与 v 间的距离：

$$d(u,v)=\begin{cases}0 & \text{当 } u=v\\ \infty & \text{当 } u \text{ 到 } v \text{ 不可达}\\ u,v\text{ 间最短路径长度} & \text{否则}\end{cases}$$

d 称为图 G 的直径,如果 $d=\max\{d(u,v)\mid u,v\in V\}$。试求图 6-26 中的直径,以及 $\kappa(G)$、$\lambda(G)$、$\delta(G)$。

解:$d=4$,$\kappa(G)=3$,$\lambda(G)=3$,$\delta(G)=3$。

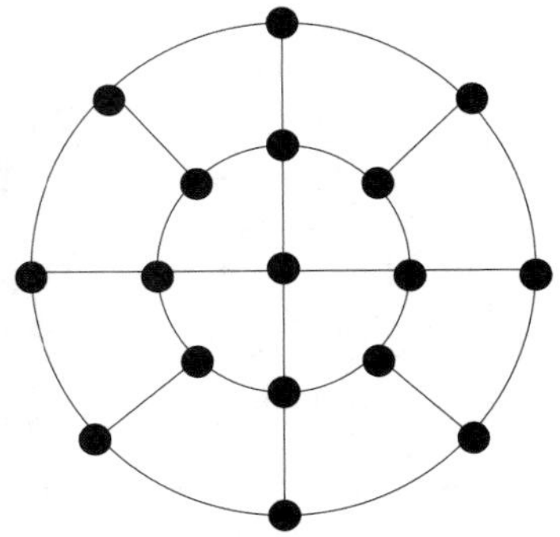

图 6-26　习题 6.26 图

6.27　顶点 v 是简单连通图 G 的割点,当且仅当 G 中存在两个顶点 v_1 和 v_2,使 v_1 到 v_2 的通路都经过顶点 v。试证明之。

证明:充分性是显然的。必要性:设顶点 v 是简单连通图 G 的割点,如果不存在两个顶点 v_1 和 v_2,使 v_1 到 v_2 的通路都经过顶点 v,那么对任意两个顶点 v_1 和 v_2,都有一条通路不经过顶点 v,因而删除顶点 v 不能使 G 不连通,与 v 是简单连通图 G 的割点矛盾。故 G 中必存在两个顶点 v_1 和 v_2,使 v_1 到 v_2 的通路都经过顶点 v。

6.28　边 e 是简单连通图 G 的割边,当且仅当 e 不在 G 的任一条回路上。试证明之。

证明:设 e 是简单连通图 G 的割边,其端点为 u 和 v。删除边 e 后,u 和 v 应在两个不同的连通分支中。若 e 在 G 的一条回路上,那么删除边 e 后,u 和 v 应仍在一条通路上,矛盾。故 e 不在 G 的任一回路上。反之,设 e 不在 G 的任一回路上,而 e 不是简单连通图 G 的割边。那么 $G-\{e\}$ 仍是连通的,故还有 u 到 v 的一条通路,从而这条通路连同边 e 构成 G 中的一条回路,矛盾。因此,边 e 是简单连通图 G 的割边。

6.29　设无向连通图 G 中无简单回路,证明 G 中每条边都是割边。

证明:用反证法证明。设 $e=(u,v)$ 是 G 的一条非割边,从而从 G 中删去 e 后,$G-e$ 仍然是连通的。从而在 $G-e$ 中,从 u 到 v 存在一条简单通路 P。从而 e 和 P 一起构成了 G 中的一条简单回路。这与已知矛盾。因此,G 中每条边都是割边。

6.30　设 G 是一个简单连通图,其每个顶点度数都是偶数。证明:对于 G 中任一顶点 v,图 $G-v$ 的连通分支不大于 v 的度数的一半。

证明:因为 v 的度数就是以 v 为端点的边数,G 中所有顶点的度数都是偶数且 G 是简单图,故 $G-v$ 中奇数顶点的个数恰好是 v 的度数,且这些顶点在 G 中与 v 相邻。因为 G 是连通的,故 $G-v$ 的每个连通分支中都有 v 在 G 中的邻接顶点,即至少有一个奇数度顶点。由握手定理的推论可得,$G-v$ 的每个连通分支中的奇数度顶点一定是偶数个。所以 $G-v$ 的每个连通分支中的奇数度顶点至少有两个。因此,与 v 相邻的顶点在 $G-v$ 的每个连通分支中都有两个以上,从而 $G-v$ 的每个连通分支数最多只是 v 的度数的一半。

6.31　写出图 6-27(a)中有向图 D 和图 6-27(b)无向图 G 的关联矩阵和邻接矩阵。

解:

$$\boldsymbol{M}(D)=\begin{bmatrix}-1 & 1 & -1 & 0 & 0 & 0 & 0\\ 0 & -1 & 0 & 1 & 0 & -1 & 1\\ 1 & 0 & 0 & -1 & -1 & 0 & 0\\ 0 & 0 & 1 & 0 & 1 & 1 & -1\end{bmatrix}\qquad \boldsymbol{A}(D)=\begin{bmatrix}0 & 1 & 0 & 0\\ 0 & 0 & 1 & 1\\ 1 & 0 & 0 & 0\\ 1 & 1 & 1 & 0\end{bmatrix}$$

(a) D

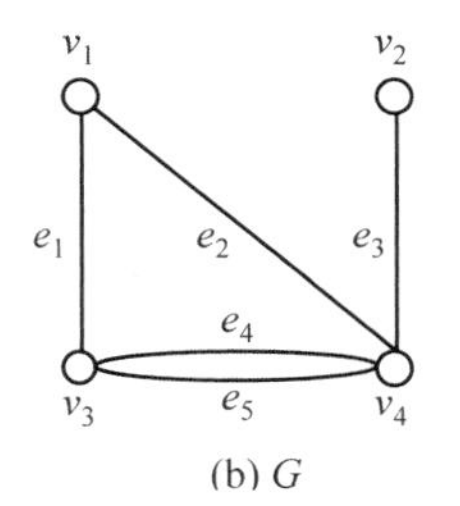

(b) G

图 6-27　习题 6.31 图

$$\boldsymbol{M}(G)=\begin{bmatrix}1&1&0&0&0\\0&0&1&0&0\\1&0&0&1&1\\0&1&1&1&1\end{bmatrix}\qquad \boldsymbol{A}(G)=\begin{bmatrix}0&0&1&1\\0&0&0&1\\1&0&0&1\\1&1&1&0\end{bmatrix}$$

6.32　已知有向图 D 的顶点集合 $V(D)=\{v_1,v_2,v_3,v_4\}$，其邻接矩阵如图 6-28 所示。求从 v_1 到 v_3 长度小于或等于 3 的通路个数。

解：

$$\boldsymbol{A}^2=\begin{bmatrix}0&1&0&1\\2&0&1&1\\1&0&1&0\\0&3&0&2\end{bmatrix}\begin{bmatrix}0&1&0&1\\2&0&1&1\\1&0&1&0\\0&3&0&2\end{bmatrix}=\begin{bmatrix}2&3&1&3\\1&5&1&4\\1&1&1&1\\6&6&3&7\end{bmatrix}$$

$$\boldsymbol{A}^3=\begin{bmatrix}2&3&1&3\\1&5&1&4\\1&1&1&1\\6&6&3&7\end{bmatrix}\begin{bmatrix}0&1&0&1\\2&0&1&1\\1&0&1&0\\0&3&0&2\end{bmatrix}=\begin{bmatrix}7&11&4&11\\11&13&6&14\\3&4&2&4\\15&27&9&26\end{bmatrix}$$

从 v_1 到 v_3 长度小于或等于 3 的通路个数为 $a_{13}^{(1)}+a_{13}^{(2)}+a_{13}^{(3)}=0+1+4=5$。

6.33　求图 6-29 中图 D 的邻接矩阵 $\boldsymbol{A}(D)$，计算 $\boldsymbol{A}^2(D)$、$\boldsymbol{A}^3(D)$、$\boldsymbol{A}^4(D)$，并找出 v_1 到 v_4 长度分别为 2、3、4 的所有通路。

$$\begin{bmatrix}0&1&0&1\\2&0&1&1\\1&0&1&0\\0&3&0&2\end{bmatrix}$$

图 6-28　习题 6.32 邻接矩阵

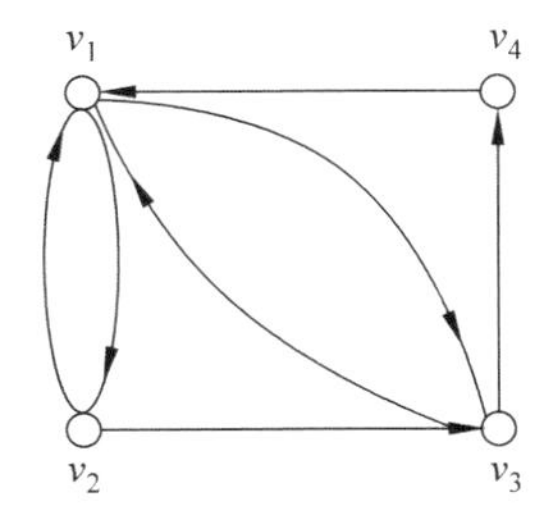

图 6-29　习题 6.33 图

解：

$$\boldsymbol{A}(D)=\begin{bmatrix}0&1&1&0\\1&0&1&0\\1&0&0&1\\1&0&0&0\end{bmatrix}\qquad \boldsymbol{A}^2(D)=\begin{bmatrix}2&0&1&1\\1&1&1&1\\1&1&1&0\\0&1&1&0\end{bmatrix}$$

$$A^3(D)=\begin{bmatrix}2&2&2&1\\3&1&2&1\\2&1&2&0\\2&0&1&1\end{bmatrix}\qquad A^4(D)=\begin{bmatrix}5&2&4&2\\4&3&4&2\\4&2&3&2\\2&2&2&1\end{bmatrix}$$

从 v_1 到 v_4 长度为2、3、4的通路分别有1条、1条、2条，分别为 $v_1\to v_3\to v_4$、$v_1\to v_2\to v_3\to v_4$、$v_1\to v_2\to v_1\to v_3\to v_4$、$v_1\to v_3\to v_1\to v_3\to v_4$。

6.34 计算图6-30的可达性矩阵 $\boldsymbol{P}$。

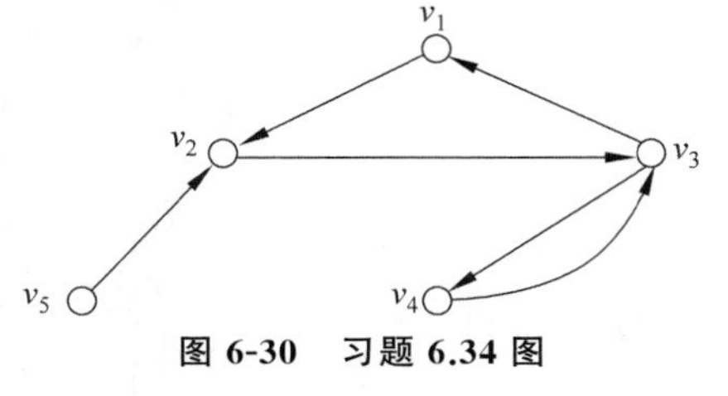

图6-30 习题6.34图

解：$P=\begin{bmatrix}1&1&1&1&0\\1&1&1&1&0\\1&1&1&1&0\\1&1&1&1&0\\1&1&1&1&1\end{bmatrix}$

6.35 设有向简单图 $V=\{v_1,v_2,v_3,v_4,v_5\}$，$E=\{<v_1,v_1>,<v_1,v_3>,<v_2,v_2>,<v_2,v_3>,<v_3,v_3>,<v_3,v_4>,<v_3,v_5>,<v_4,v_4>,<v_4,v_5>,<v_5,v_5>\}$。

(1) 求图 $G=(V,E)$ 的可达矩阵。

(2) 求 v_3 到 v_5 的长度为3的通路条数，并列出各通路。

解：(1) G 的可达矩阵为 $\begin{bmatrix}1&0&1&1&1\\0&1&1&1&1\\0&0&1&1&1\\0&0&0&1&1\\0&0&0&0&1\end{bmatrix}$。

(2) 从 v_3 到 v_5 的长度为3的通路有5条，分别为 $<v_3,v_3>,<v_3,v_3>,<v_3,v_5>$；$<v_3,v_3>,<v_3,v_4>,<v_4,v_5>$；$<v_3,v_3>,<v_3,v_5>,<v_5,v_5>$；$<v_3,v_4>,<v_4,v_4>,<v_4,v_5>$；$<v_3,v_5>,<v_5,v_5>,<v_5,v_5>$。

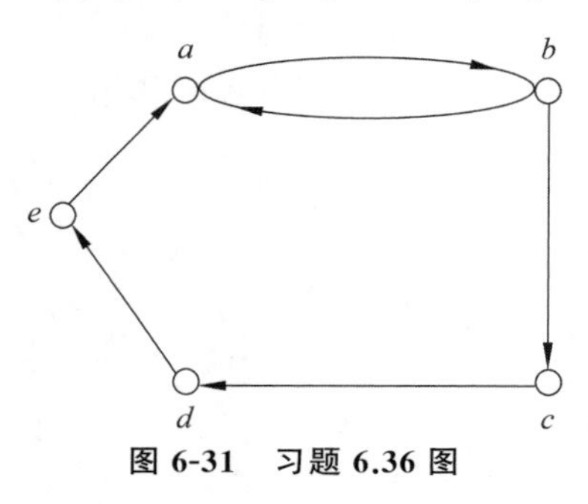

图6-31 习题6.36图

6.36 如图6-31所示，求：

(1) 图 G 的关联矩阵。

(2) 图 G 的邻接矩阵以及从 b 到 c 或 d 长度为3的通路数，从 b 到 b 长度为2的回路条数；以及长度为3的通路条数，长度不超过3的通路条数和回路条数。

(3) 图 G 的可达矩阵。

解：(1) 有向图 G，$V=\{a,b,c,d,e\}$，$E_5=\{<a,b>,<b,a>,<b,c>,<c,d>,<d,e>,<e,a>\}$，由关联矩阵的定义 $\boldsymbol{M}(G)=(m_{ij})_n$，其中当 v_i 为 e_j 的始点时，$m_{ij}=1$；当 v_i 为 e_j 的终点时，$m_{ij}=-1$；当 v_I 与 e_j 不关联时，$m_{ij}=0$。于是所求关联矩阵为

$$\boldsymbol{M}(G_5)=\begin{array}{c}\\a\\b\\c\\d\\e\end{array}\begin{array}{c}\begin{matrix}e_1&e_2&e_3&e_4&e_5&e_6\end{matrix}\\\begin{bmatrix}1&-1&0&0&0&-1\\-1&1&1&0&0&0\\0&0&-1&1&0&0\\0&0&0&-1&1&0\\0&0&0&0&-1&1\end{bmatrix}\end{array}$$

(2) 图 G 的邻接矩阵为

$$\boldsymbol{A}(G_5)=\begin{bmatrix}0&1&0&0&0\\1&0&1&0&0\\0&0&0&1&0\\0&0&0&0&1\\1&0&0&0&0\end{bmatrix}\quad \boldsymbol{A}^2(G_5)=\begin{bmatrix}1&0&1&0&0\\0&1&0&1&0\\0&0&0&0&1\\1&0&0&0&0\\0&1&0&0&0\end{bmatrix}\quad \boldsymbol{A}^3(G_5)=\begin{bmatrix}0&1&0&1&0\\1&0&1&0&1\\1&0&0&0&0\\0&1&0&0&0\\1&0&1&0&0\end{bmatrix}$$

从 $\boldsymbol{A}^3(G_5)$ 可知，从顶点 b 到顶点 c 或 d 各有1条、0条长度为3的通路。从 b 到 b 长度为2的回路有1条；长度为3的通路共有 $\sum\limits_{i=1}^{5}\sum\limits_{j=1}^{5}a_{ij}^{(3)}=9$ 条；长度不超过3的通路共有22条，其中回路有2条。

(3) $\boldsymbol{A}^4(G_5)=\begin{bmatrix}1&0&1&0&1\\1&1&0&1&0\\0&1&0&0&0\\1&0&1&0&0\\0&1&0&1&0\end{bmatrix}$。

$$\boldsymbol{B}_4=\boldsymbol{A}(G_5)+\boldsymbol{A}^2(G_5)+\boldsymbol{A}^3(G_5)+\boldsymbol{A}^4(G_5)=\begin{bmatrix}2&2&2&1&1\\3&2&2&2&1\\1&1&0&1&1\\2&1&1&0&1\\2&2&1&1&0\end{bmatrix}。$$

有向图 G 的可达矩阵，只需将 $\boldsymbol{B}_4$ 中当 $b_{ij}\neq 0$ 时改为1，当 $b_{ij}=0$ 时不变，b_{ii} 均改为1，将得到可达矩阵，于是图 G 的可达矩阵为

$$\boldsymbol{P}(G_5)=\begin{array}{c}\\a\\b\\c\\d\\e\end{array}\begin{array}{c}\begin{matrix}a&b&c&d&e\end{matrix}\\\begin{bmatrix}1&1&1&1&1\\1&1&1&1&1\\1&1&1&1&1\\1&1&1&1&1\\1&1&1&1&1\end{bmatrix}\end{array}$$

6.37 证明：恰有两个奇数度顶点 u 和 v 的无向图 G 是连通的，当且仅当在 G 上添加边 (u,v) 后所得的图 G^* 是连通的。

证明： 必要性是显然的。设 G^* 是恰有两个奇数度顶点 u 和 v 的无向图 G 添加边 (u,v) 后所得，且是连通的，那么图 G^* 是一个欧拉图，因此 G^* 中删除边 (u,v) 后所得的图 G 仍是连通的。

6.38 如何利用关联矩阵和邻接矩阵来识别它们对应的图是欧拉图？

解： 利用关联矩阵和邻接矩阵识别它们对应的无向图是否为欧拉图的方法是：检查矩阵中所有顶点所在列中各分量之和是否为偶数。利用邻接矩阵识别它们对应的有向图是否为欧拉图的方法是：检查矩阵中所有顶点所在列中各分量之和是否与该顶点所在行中各分量之和相等。

6.39 从图6-32中找出一条欧拉通路。

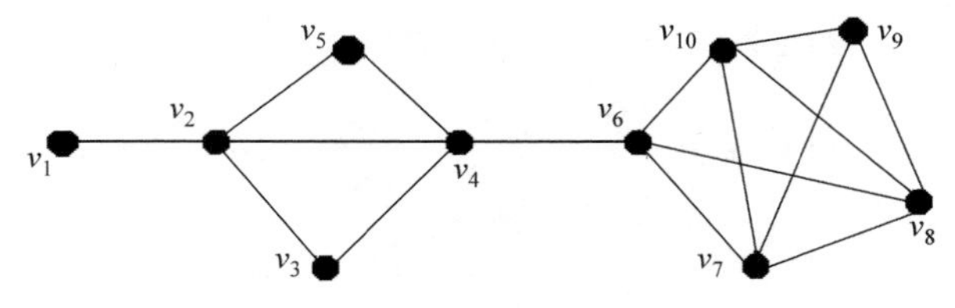

图6-32 习题6.39图

解：因为图6-32中仅有两个奇度数顶点，所以必存在一条欧拉通路，如$v_1v_2v_5v_4v_3v_2v_4v_6v_{10}v_9v_8v_6v_7v_{10}v_8v_7v_9$。

6.40 若无向图G是欧拉图，那么G中是否存在割边？为什么？

解：G中不存在割边。因为欧拉图中存在欧拉回路——经过图中所有边恰好一次的回路，设为$v_1e_1v_2e_2\cdots e_mv_1$去掉其中任何一条边$e_i$，仍然是连通的，故$G$中无割边。

6.41 图6-33中哪些是欧拉图？哪些是哈密顿图？

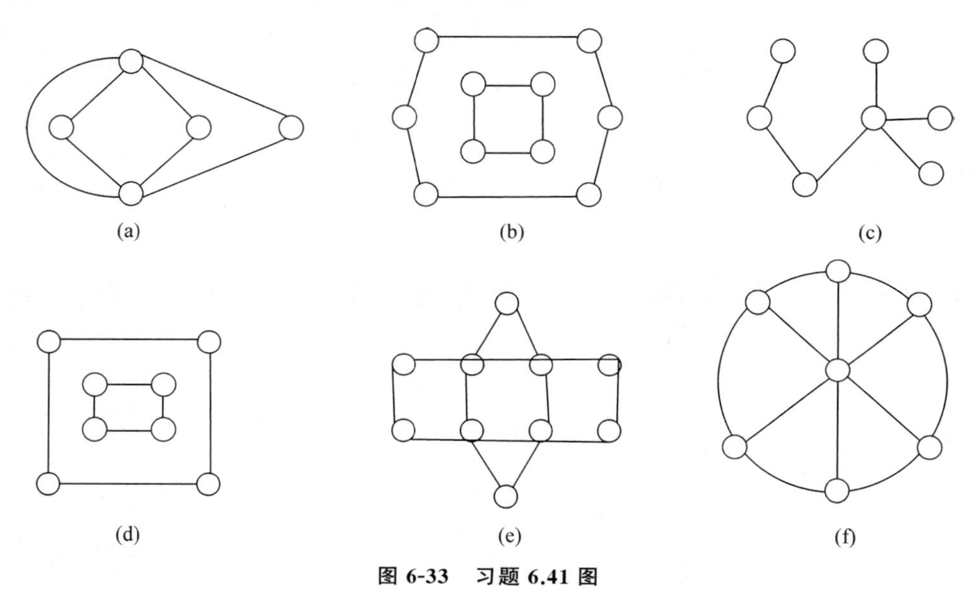

图6-33 习题6.41图

解：图6-33中(a)和(e)是欧拉图，(e)和(f)是哈密顿图。

6.42 一只昆虫能否从立方体的一个顶点出发，沿着棱爬行，爬行过每条棱一次且仅一次，并且最终回到原地？为什么？

解：不可能。可将立方体的一个顶点看作图的一个顶点，把立方体的棱看作图的边，那么该图的4个顶点都是3度的，因此不可能从一个顶点出发，遍历所有的边一次且仅一次并且最终回到原顶点。

6.43 指出图6-34中各图是否为哈密顿图。有无哈密顿通路或回路？

解：图6-34(a)存在哈密顿回路，故是哈密顿图。

图6-34(b)只有哈密顿通路，无哈密顿回路，故不是哈密顿图。

图6-34(c)无哈密顿通路，显然不是哈密顿图。

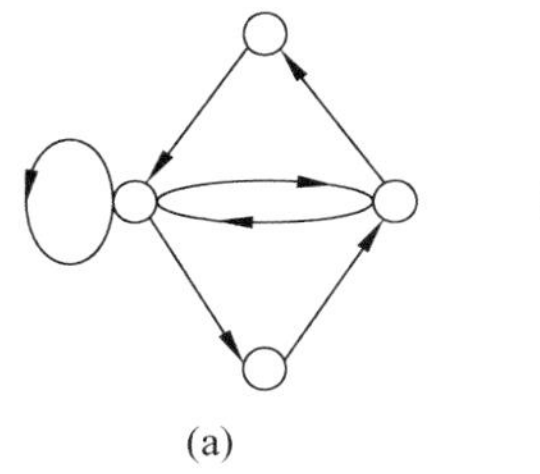

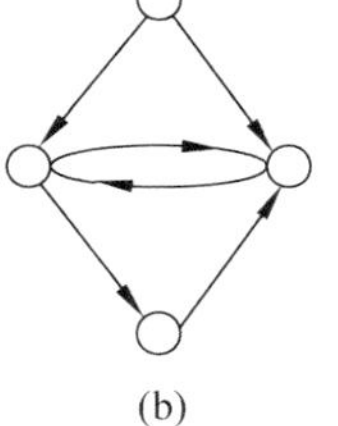

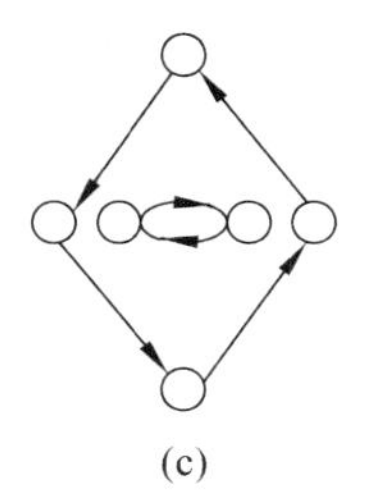

图 6-34　习题 6.43 图

6.44　判别图 6-35 中各图是否为哈密顿图。若不是,请说明理由,并求解它是否有哈密顿通路。

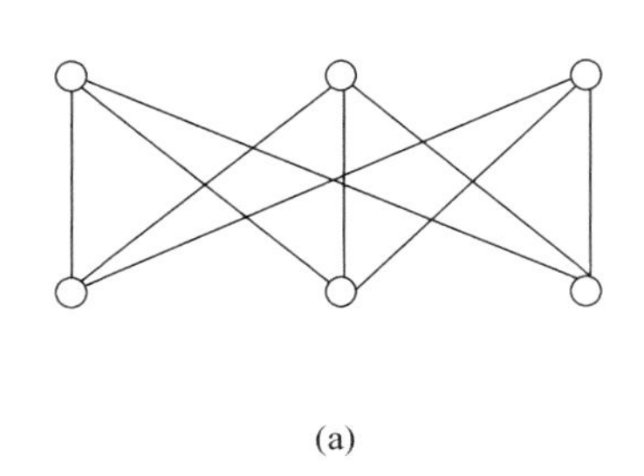

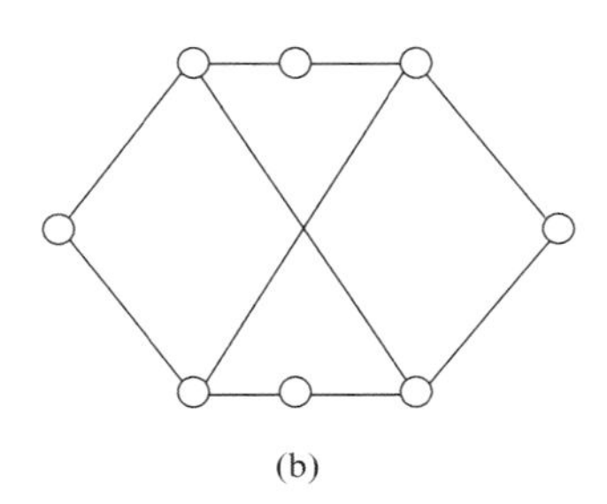

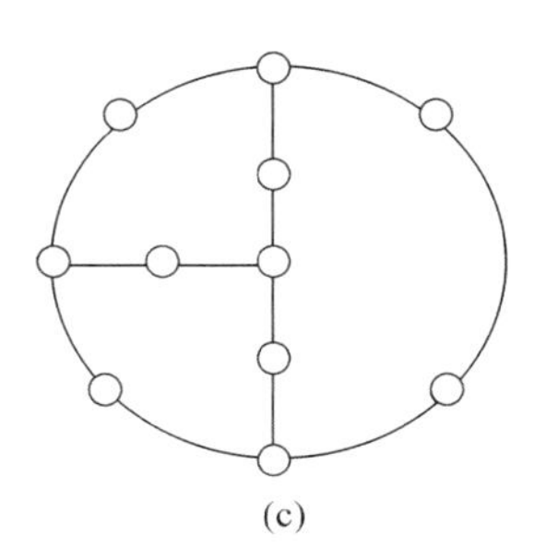

图 6-35　习题 6.44 图(一)

解:图 6-35(a)和(b)是哈密顿图。图 6-34(c)不是哈密顿图,也没有哈密顿通路。

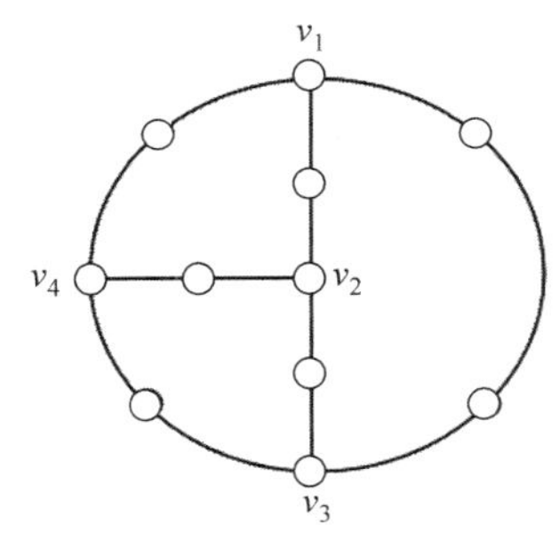

图 6-36　习题 6.44 图(二)

如图 6-36 所示,删除 v_1、v_2、v_3、v_4,得到 6 个不连通分支,由定理 6.13,该图不是哈密顿图,也不是半哈密顿图。

6.45　试给出 4 个图,使第一个图既是欧拉图,又是哈密顿图;第二个图是欧拉图,而非哈密顿图;第三个图是哈密顿图,而非欧拉图;第四个图既非欧拉图,也非哈密顿图。

解:依题意画出 4 个图,如图 6-37 所示。其中图 6-37(a)既是欧拉图,又是哈密顿图;图 6-37(b)是欧拉图,而非哈密顿图;图 6-37(c)是哈密顿图,而非欧拉图;图 6-37(d)既非欧拉图,也非哈密顿图。

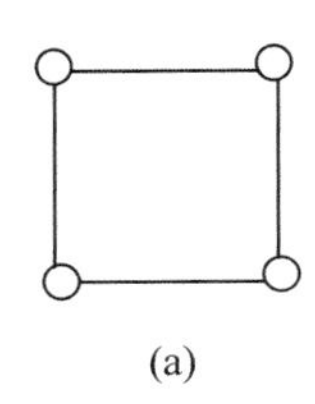

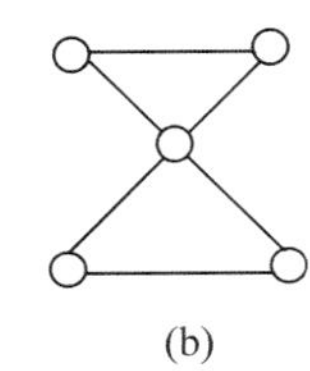

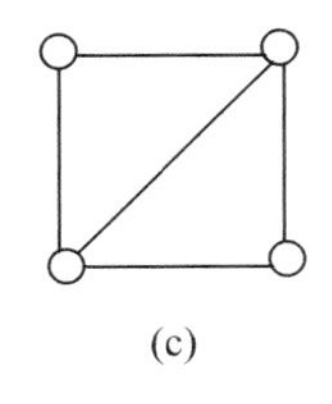

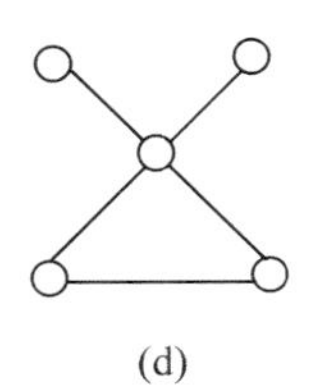

图 6-37　习题 6.45 图

6.46　n 为何种数值时,K_n 既是欧拉图又是哈密顿图? k 为何值时,k-正则图既是欧拉图又是哈密顿图?

解:n 为奇数时,K_n 既是欧拉图又是哈密顿图。k 为大于或等于 $n/2$ 的偶数时,k-正则图既是欧拉图又是哈密顿图。

6.47 计算 $K_n(n\geqslant 3)$ 中不同的哈密顿回路条数。

解:不同的哈密顿回路共有$\frac{(n-1)!}{2}$条。可以用依次选取每个顶点来生成哈密顿回路。因为组成回路的第一个顶点的选择可能是 n 种,组成回路的第二个顶点的选择可能是 $n-1$ 种,……,组成回路的第 $n-1$ 个顶点的选择可能是 2 种,组成回路的第 n 个顶点的选择可能是 1 种,而每一条哈密顿回路由此生成两次,从同构的角度,第一次顶点选择不影响结果,因此不同的哈密顿回路共有 $n!/n/2=\frac{(n-1)!}{2}$条。

6.48 设有 n 个围成一圈跳舞的孩子,每个孩子都至少与其中$\frac{n}{2}$个人是朋友。试证明,总可安排使得每个孩子的两边都是他的朋友。

证明:设 n 个孩子为 n 个顶点,用边表示顶点间的朋友关系构成一个图 G。由于每个孩子都至少与其中$\frac{n}{2}$个人是朋友,因此 G 的每一顶点的度数至少是$\frac{n}{2}$,从而 G 的任何两个顶点的度数之和至少是 n。根据定理 6.14 可知,G 为哈密顿图。即 G 有哈密顿回路,这表明,总可安排 n 个孩子围成一圈跳舞,使每个孩子的两边都是他的朋友。

6.49 一个 n 阶立方体是一个具有 2^n 个顶点的无向图,并且每个顶点以一个字长为 n 的二进制数作为标记。如果两个顶点的标记恰有一位数字不同,那么这两个顶点连一条边。证明:当 $n\geqslant 1$ 时,一个 n 阶立方体有哈密顿回路。

证明:(归纳法)当 $n=2$ 时,结论显然成立。

假设 $n=k-1$ 阶立方体有哈密顿回路,考虑 $n=k$ 阶的立方体,第一位是 0,考虑后 $k-1$ 位,由归纳假设,存在一条仅包含这些顶点的哈密顿回路,对第一位是 1 也是如此。如图 6-38(c)所示,将第 1 回路中的点 000…000 与第 2 回路中的点 100…000 相连,第 1 回路中的点 010…000与第 2 回路中的点 110…000 相连,可构成新的哈密顿回路。

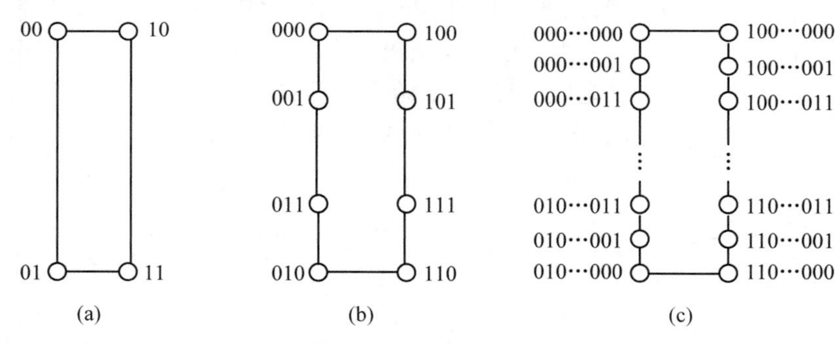

图 6-38 习题 6.49 图

6.50 考虑 7 天安排 7 门考试的问题,要使同一教师监考的任何两门考试不要安排在接连的两天内进行。假如每个教师最多监考 4 门考试,试证明安排这样的考试日程表总是可能的。

证明:如果将每门考试分别用一个顶点表示,若两个顶点对应的考试是由不同的教师监考,则这两个顶点之间用边相连,画出一个无向图 G。由于每个教师最多只监考 4 门考试，故 G 中每个顶点的度数都大于或等于 3。从而任意两个顶点的次数之和至少是 6($6=7-1$)，故图 G 有哈密顿通路。找出一条哈密顿通路，按它所经过的顶点的顺序安排考试的日程就可满足题目要求。

6.51　在一个八面体的每一个面上，放上一个四面体，四面体的底面与八面体的一个面完全重合，证明：对应于此多面体的图，既无哈密顿回路，也无哈密顿通路。

解：若删除对应于八面体的 6 个顶点(令这 6 个顶点构成图 G 的顶点集合的子集 V_1)，则得到具有 8 个连通分支的图，其中每个连通分支是各四面体对应的单个顶点，由于 $p(G-V_1)=8$，即 $p(G-V_1)\geqslant|V_1|$，且 $p(G-V_1)\geqslant|V_1|+1$，所以对应于此多面体的图，既无哈密顿回路，也无哈密顿通路。

6.52　画出完全二部图 $K_{1,3}$、$K_{2,4}$、$K_{2,2}$。

解：图 6-39(a)所示的图为 $K_{1,3}$，(b)所示的图为 $K_{2,4}$，(c)所示的图为 $K_{2,2}$。它们分别各有不同的同构形式。

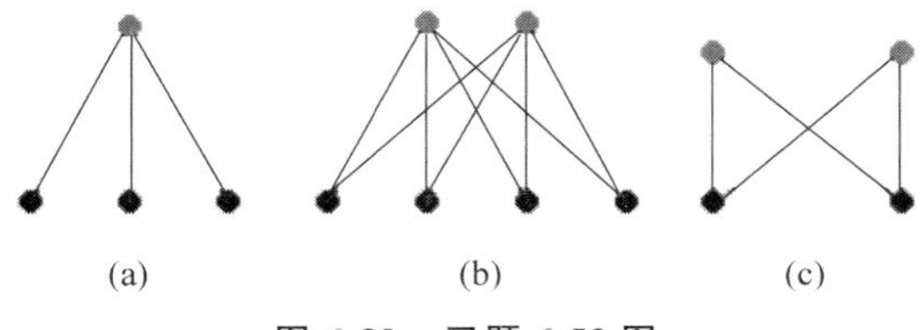

(a)　(b)　(c)

图 6-39　习题 6.52 图

6.53　判别图 6-40 中各图是否为二部图，是否为完全二部图。

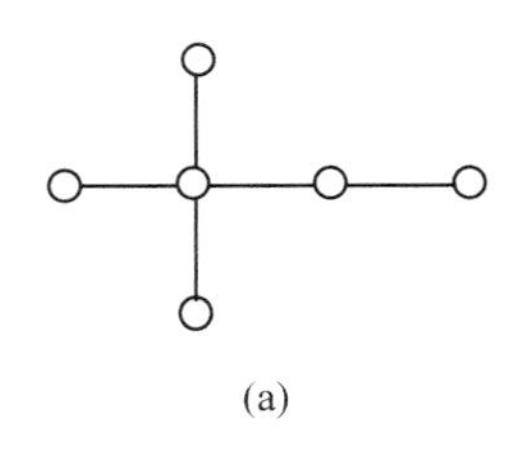

(a)

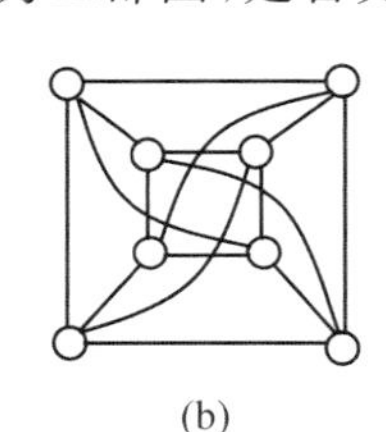

(b)

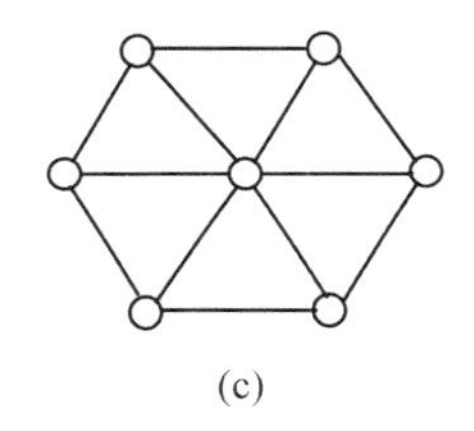

(c)

图 6-40　习题 6.53 图

解：图 6-40(a)是二部图，但不是完全二部图。图 6-40(b)是完全二部图。图 6-40(c)不是二部图。

6.54　设 G 为 $n(n\geqslant1)$ 阶二部图，至少用几种颜色给 G 的顶点染色才能使相邻的顶点颜色不同？

解：若 G 为零图，用一种颜色就够了。若 G 是非零图的二部图，用两种颜色就够了。

6.55　完全二部图 $K_{r,s}$ 中边数 m 为多少？

解：完全二部图 $K_{r,s}$ 中的边数 $m=rs$。

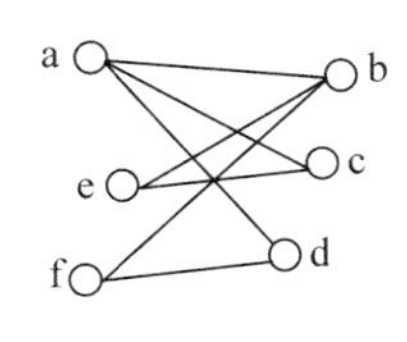

图 6-41　习题 6.56 图

6.56　6 名间谍 a、b、c、d、e、f 被我国捕获，他们分别懂得的语言是{汉语，法语，日语}、{德语，日语，俄语}、{英语，法语}、{汉语，西班牙语}、{英语，德语}、{俄语，西班牙语}，问至少用几个房间监禁他们，才能使同一房间的人不能互相直接对话。

解：如图 6-41 所示，顶点表示间谍，边表示间谍之间能够直接对话。由于此图是二部图,因此只需要两个房间,分别监禁{a,e,f}和{b,c,d},就可保证同一房间的人不能互相直接对话。

6.57 设(n,m)图 G 为二部图,证明:$m\leqslant\frac{n^2}{4}$。

证明:由于(n,m)图 G 是简单二部图,因此可将 G 中顶点分为 X、Y 两个集合,G 中任一边均关联 X、Y 的各一个顶点,且$|X|\geqslant1$,$|Y|\geqslant1$,$|X|+|Y|=n$。设$|X|=n_1$,则$|Y|=n-n_1$,那么边数 m 满足 $m\leqslant|X|\cdot|Y|=n_1(n-n_1)=\frac{n^2}{4}-\left(n_1-\frac{n}{2}\right)^2\leqslant\frac{n^2}{4}$,故 $m\leqslant\frac{n^2}{4}$。

6.58 某单位有 7 个岗位空缺,它们分别是 p_1、p_2、p_3、p_4、p_5、p_6、p_7。应聘的 10 人 m_1、m_2、m_3、m_4、m_5、m_6、m_7、m_8、m_9、m_{10}所适合的岗位分别是$\{p_1,p_5,p_6\}$、$\{p_2,p_6,p_7\}$、$\{p_3,p_4\}$、$\{p_1,p_5\}$、$\{p_6,p_7\}$、$\{p_3\}$、$\{p_2,p_3\}$、$\{p_1,p_3\}$、$\{p_1\}$、$\{p_5\}$。如何聘用使得落聘者最少?

解:求落聘者最少的聘用方案,即为求图 6-42 的最大匹配。

由于 $M=\{(p_1,m_9),(p_2,m_2),(p_3,m_6),(p_4,m_3),(p_5,m_4),(p_6,m_1),(p_7,m_5)\}$,为 P-完全匹配,因此 M 即为最大匹配,取 M 作聘用方案可使落聘者最少(4 人)。

6.59 某中学有三个课外小组:物理组、化学组、生物组。今有张、王、李、赵、陈 5 名学生,已知:

(1) 张、王为物理组成员,张、李、赵为化学组成员,李、赵、陈为生物组成员。

(2) 张为物理组成员,王、李、赵为化学组成员,王、李、赵、陈为生物组成员。

(3) 张为物理组和化学组成员,王、李、赵、陈为生物组成员。

在以上三种情况下能否各选出三名不兼职的组长?

解:此问题可通过二部图求解。

(1) 由图 6-43 可知,(1)可以选出三名不兼职的组长,如张为物理组组长、李为化学组组长、陈为生物组组长。

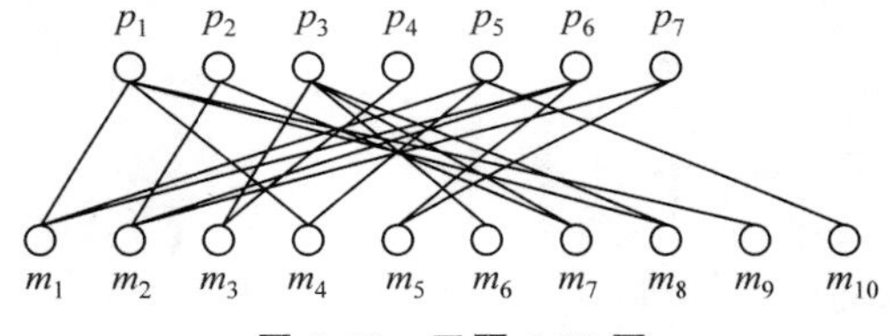

图 6-42 习题 6.58 图

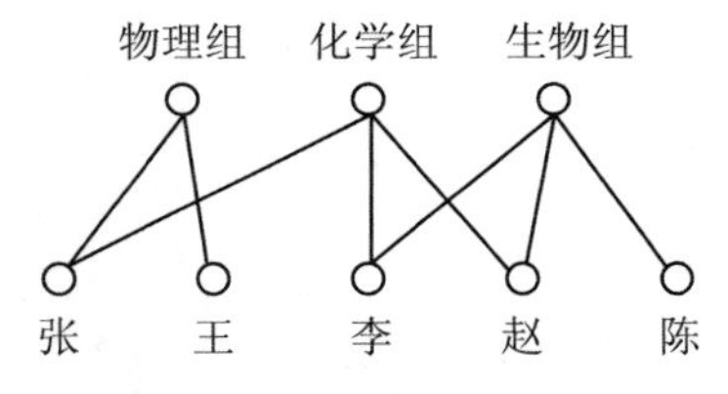

图 6-43 习题 6.59(1)图

(2) 由图 6-44 可知,(2)可以选出三名不兼职的组长,如张为物理组组长、王为化学组组长、陈为生物组组长。

(3) 由图 6-45 可知,(3)不能选出三名不兼职的组长。

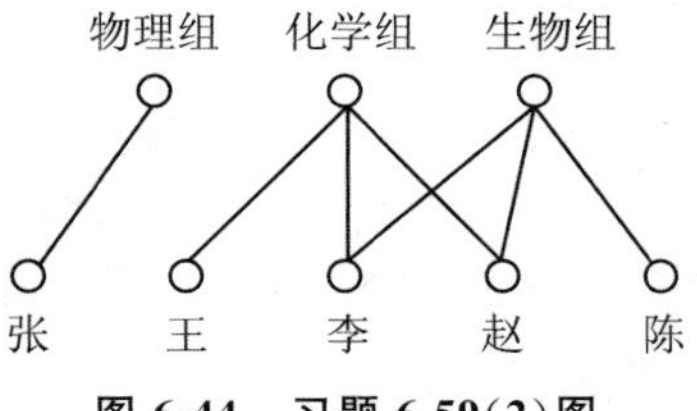

图 6-44 习题 6.59(2)图

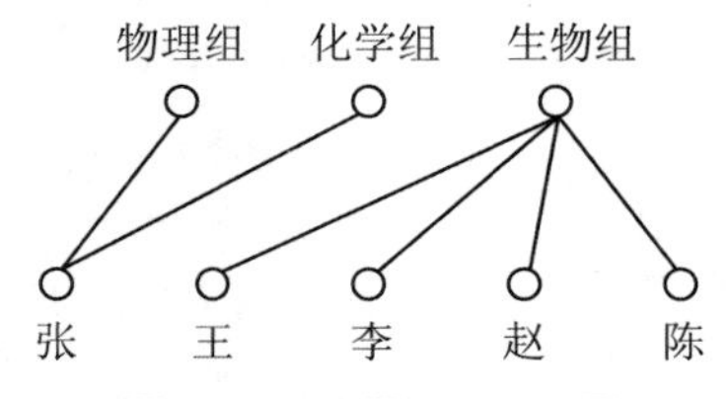

图 6-45 习题 6.59(3)图

6.60 每个顶点均为 k 的二部图称为 k-正则二部图，证明：k-正则二部图($k>0$)有完备匹配。

证明：设 $G=\langle V_1,V_2,E\rangle$ 为 k-正则二部图，因此 V_1 中每个顶点关联 k 条边，V_2 中每个顶点也关联 k 条边。根据定理 6.17，G 中存在从 V_1 到 V_2 的完备匹配，也存在从 V_2 到 V_1 的完备匹配，由于 $|V_1|=|V_2|$，故 G 有完备匹配。

6.61 设 $G=\langle X,Y,E\rangle$ 是二部图，且 $|X|\neq|Y|$。证明：G 一定不是哈密顿图。

证明：不妨设 $|X|<|Y|$，从 G 中将所有属于 X 的顶点删去，则只剩下 $|Y|$ 个孤立顶点。从而 $W(G-X)=|Y|>|X|$。由哈密顿图的必要条件可知，G 不是哈密顿图。

6.62 设 G 为简单连通平面二部图，其所有顶点的度数均大于或等于 2。证明：G 中至少有 4 个顶点的度数小于或等于 3。

证明：(反证法)设 G 有 n 个顶点和 m 条边。假设 G 中至多只有 3 个顶点的度数小于或等于 3。由已知条件可知，至少有 $n-3$ 个顶点的度数大于或等于 4。从而 $2m=\sum\limits_{v\in V}\deg(v)\geqslant 3\times 2+4\times(n-3)=4n-6$。即 $m\geqslant 2n-3$。由定理 6.24，有 $m\leqslant 2n-4$。这与 $m\geqslant 2n-3$ 矛盾。从而 G 中至少有 4 个顶点的度数小于或等于 3。

6.63 判断并说明图 6-46 是否为可平面图。

解：图 6-46 是可平面图。无子图与 $K_{3,3}$ 同构。原图可平面化为如图 6-47 所示平面图。

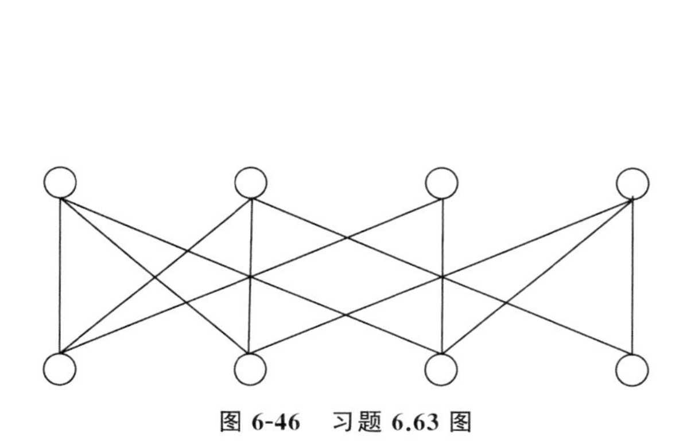

图 6-46　习题 6.63 图

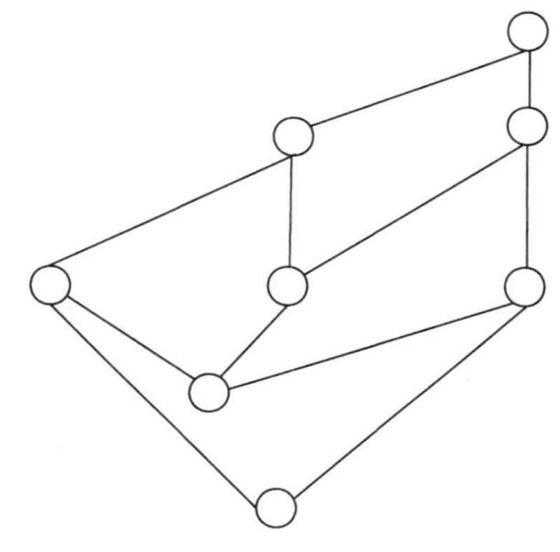

图 6-47　习题 6.63 平面图

6.64 设 G 是平面图，并且 G 的所有面的次数均为 3，证明：$e=3v-6$，其中 e 是 G 的边数，v 是 G 的顶点数。

证明：因为 G 的所有面的次数为 3，因此对 G 的任意面 f，有 $\deg(f)=3$，从而 $\sum\limits_{f\text{是}G\text{的面}}\deg(f)=3r$($r$ 表示 G 的面的个数)，G 的所有面的次数之和等于其边数的 2 倍，即 $\sum\limits_{f\text{是}G\text{的面}}\deg(f)=2e$，即 $3r=2e$，代入欧拉公式有 $v-e+r=2$，得 $v-e+\dfrac{2e}{3}=2$，所以 $e=3v-6$。

6.65 试画出所有拥有 6 个顶点且互不同构的非平面图。

解：拥有 6 个顶点且互不同构的所有非平面图如图 6-48 所示。

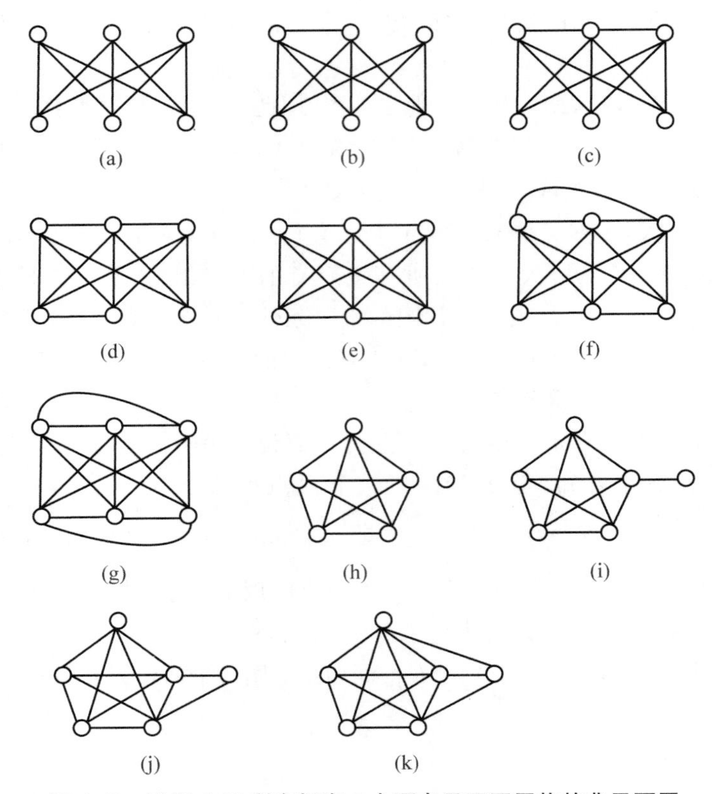

图 6-48　习题 6.65 所有拥有 6 个顶点且互不同构的非平面图

6.66　证明：少于 30 条边的平面连通简单图至少有一个顶点的度不大于 4。

证明：用反证法。假设任一顶点的度均大于或等于 5，则 $5n \leqslant 2m < 60$，即 $n < 12$。又根据定理 6.23 有 $5n \leqslant 2m \leqslant 6n - 12$，于是 $5n \leqslant 6n - 12$，即 $n \geqslant 12$，矛盾，因此，至少有一个顶点的度不大于 4。

6.67　证明：在有 6 个顶点和 12 条边的连通平面简单图中，每个面的度均为 3。

证明：根据欧拉公式 $n - m + r = 2$，有 $r = 2 - n + m = 8$，故每个面的平均度数为 $2m/r = 3$。又因为连通平面简单图($n \geqslant 3$)中每个面的度数均大于或等于 3，因此该图每个面的度数均为 3。

6.68　设 G 是有 11 个或更多顶点的图，证明 G 或 $\overline{G}$ 是非平面图。

证明：反证法。设 G 和 $\overline{G}$ 都是平面图，G 的顶点数为 v，边数为 e，显然 $\overline{G}$ 的顶点数也为 v，$\overline{G}$ 的边数也为 $e' = v(v-1)/2 - e$。根据定理 6.23，有 $e \leqslant 3v - 6$；$e' \leqslant 3v - 6$，两不等式相加得 $v(v-1)/2 \leqslant 6v - 12$，整理得 $v < 11$，矛盾。故 G 或 $\overline{G}$ 是非平面图。

6.69　某地有 36 个村庄(用英文大写字母 $A \sim Z$，以及小写字母 a、b、d、e、f、g、m、n、t、q 表示)，这 36 个村庄的位置以及村庄之间的道路如图 6-49 所示(每个点表示一个村庄)。某大学一个研究生利用暑假在这里做社会调查，他从 X 村出发，两个月后回到 a 村，恰好每个村庄都到过两次。回校后，他自述调查路线的顺序是：$a, f, n, V, K, e, D, T, U, Q, q, L, d, F, G, I, C, A, m, H, t, S, O, M, W, B, E, b, Z, P, g, N, R, Y, J, b, D, V, K, J, e, Y, R, N, g, P, Z, W, B, M, O, S, t, H, E, T, n, f, U, Q, m, C, A, I, G, F, d, L, q, X, a$。

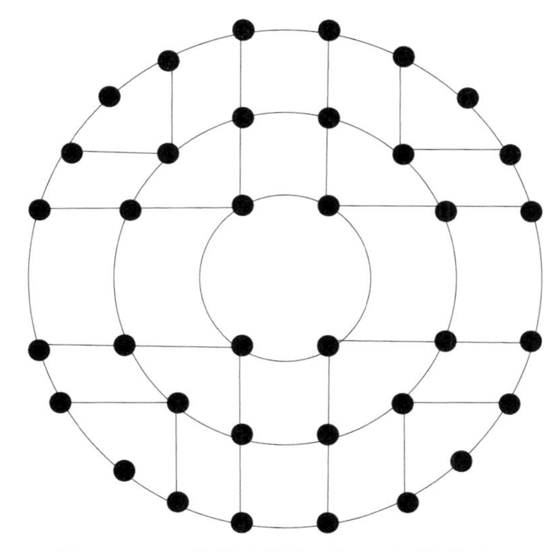

图 6-49 36 个村庄的位置及之间的道路图

事实上,他在三处把两个相邻村庄的顺序颠倒了,请找出顺序被颠倒的相邻村庄,并将 36 个村庄在图中标出。

解:如图 6-49 所示,度为 2 的点有 4 个,度为 3 的点有 16 个,度为 4 的点有 16 个,示意图中,任何一点回到自身的边数必为偶数,从而

① $J \to J$ 经过 b、D、V、K,共 5 条边,由此可知,J 与 e 互换。

② $B \to B$ 经过 E、b、Z、W(略去 Z 到 Z 的圈),共 5 条边,由此可知,W 与 B 互换。

③ $A \to A$ 经过 m、C(略去 m 到 m 的圈),共 3 条边,由此可知,C 与 A 互换。

36 个村庄在图 6-50 中标出。

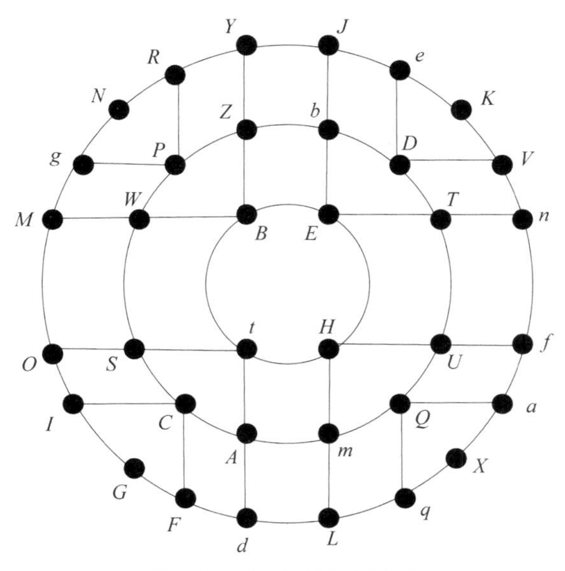

图 6-50 36 个村庄标注图

6.5 编程答案

6.1 给定无向图的各边所关联的顶点对,编写程序确定每个顶点的度并输出。

解答:将问题理解为通过输入的无向图各边所关联的顶点对,求得该无向图的邻接矩阵。

```
样例输入:
请输入无向图的顶点个数 n: 6
[[0. 0. 0. 0. 0. 0.]
 [0. 0. 0. 0. 0. 0.]
 [0. 0. 0. 0. 0. 0.]
 [0. 0. 0. 0. 0. 0.]
 [0. 0. 0. 0. 0. 0.]
 [0. 0. 0. 0. 0. 0.]]
请输入无向图的顶点对个数: 2
请输入各边所关联的顶点对,每行一个(两顶点编号之间用逗号隔开):
第 1 个顶点对: 3,4
第 2 个顶点对: 5,6
样例输出:
[[0. 0. 0. 0. 0. 0.]
 [0. 0. 0. 0. 0. 0.]
 [0. 0. 0. 1. 0. 0.]
 [0. 0. 1. 0. 0. 0.]
 [0. 0. 0. 0. 0. 1.]
 [0. 0. 0. 0. 1. 0.]]
第 1 个顶点的度为: 0
第 2 个顶点的度为: 0
第 3 个顶点的度为: 1
第 4 个顶点的度为: 1
第 5 个顶点的度为: 1
第 6 个顶点的度为: 1
```

编程题 6.1
代码样例

6.2 给定有向图的各边所关联的有序顶点对,编写程序确定每个顶点的入度和出度并输出。

解答:注意有向图顶点采用数字进行编号,编号从 1 开始。利用字典统计各顶点的出度和入度。

```
样例输入:
输入有向图顶点数: 4
输入有向图边数: 4
------------------
请输入第 1 条边的起点: 1
请输入第 1 条边的终点: 2
------------------
请输入第 2 条边的起点: 2
请输入第 2 条边的终点: 3
------------------
请输入第 3 条边的起点: 3
请输入第 3 条边的终点: 4
------------------
请输入第 4 条边的起点: 4
请输入第 4 条边的终点: 1
```

编程题 6.2
代码样例

```
样例输出：
*****有向图各顶点*****
出度：
顶点 1：  1
顶点 2：  1
顶点 3：  1
顶点 4：  1
入度：
顶点 2：  1
顶点 3：  1
顶点 4：  1
顶点 1：  1
```

6.3 给定简单图的边列表，编写程序确定这个图是否为二分图。

解答：利用染色法，即遍历所有顶点，将相邻顶点染色。若在运行过程中，出现与相邻顶点同色的情况，判断不是二部图；若能运行至最后，则是二部图。

输入时按照邻接表的方式，先对图的顶点进行编号，假如顶点 0 的邻接顶点为 1 和 3，顶点 1 的邻接顶点为 0 和 2，顶点 2 的邻接顶点为 1 和 3，顶点 3 的邻接顶点为 0 和 2，输入时按照编号顺序将相邻顶点的编号组成列表，如[[1,3],[0,2],[1,3],[0,2]]，然后进行判断。

编程题 6.3
代码样例

```
样例输入 1:
[[1,3],[0,2],[1,3],[0,2]]
样例输出 1:
True
样例输入 2:
[[1,3,2],[0,2],[1,3],[0,2]]
样例输出 2:
False
```

6.4 给定图的邻接矩阵和正整数 n，编写程序求两个顶点之间长度为 n 的通路数。

解答：解题思路详见定理 6.9。

编程题 6.4
代码样例

```
样例输入：
矩阵边长：5
输入第 1 行：01000
输入第 2 行：00101
输入第 3 行：00010
输入第 4 行：00000
输入第 5 行：00010
原矩阵：
[[0 1 0 0 0]
 [0 0 1 0 1]
 [0 0 0 1 0]
 [0 0 0 0 0]
 [0 0 0 1 0]]
输入长度：3
输入起始点：1
输入结束点：4
样例输出：
2
按回车键结束
```

6.5 给定加权连通简单图的边及其权的列表以及该图中的两个顶点,编写程序用迪杰斯特拉算法求这两点间最短通路的长度,并且求出这条通路并输出。

解答:思路是将顶点分为两个集合,一个集合 Q 只有源点,另一个集合 P 是除源点剩下的点。在 P 集合选取一个距离起点最近的一个点,然后通过这个点对 S 点和其他点更新两点间的最短路径,重复这个操作直到这个过程进行了 $n-1$ 次。

```
样例输入:
请输入点集数量: 4
请输入边集数量: 5
请输入起点: 1
请输入终点: 3
-----------------
请输入第 1 条边的起点: 1
请输入第 1 条边的终点: 2
请输入第 1 条边的权值: 6
-----------------
请输入第 2 条边的起点: 1
请输入第 2 条边的终点: 4
请输入第 2 条边的权值: 4
-----------------
请输入第 3 条边的起点: 2
请输入第 3 条边的终点: 3
请输入第 3 条边的权值: 2
-----------------
请输入第 4 条边的起点: 4
请输入第 4 条边的终点: 3
请输入第 4 条边的权值: 1
-----------------
请输入第 5 条边的起点: 2
请输入第 5 条边的终点: 4
请输入第 5 条边的权值: 10
样例输出:
1 到 3 的最短距离是 5
最短通路路径:
1
4
3
```

编程题 6.5
代码样例

6.6 给定多重图的各边所关联的顶点对,判断它是否有欧拉回路;若没有欧拉回路,则判断它是否有欧拉通路。若存在欧拉通路或欧拉回路,则构造这样的通路或回路。

解答:测试案例如下。

['A-B','A-C','A-D','A-E','B-C','B-D','B-E','C-D','C-E','D-E']是欧拉回路。

['A-B','B-C','C-D','D-A','A-C']是欧拉通路。

['A-B','B-C','C-D','D-A','A-C','B-D']既不是欧拉回路,也不是欧拉通路。

['A-B','B-C','C-D','D-E','E-A','A-D','B-D'] 是欧拉通路。

编程题 6.6
代码样例

第 7 章 树及其应用

7.1 内容提要

树 是没有简单回路的连通无向图，常用 T 表示。

根树 设 T 是 $n(n\geqslant 2)$ 阶有向图，若 T 中有一个顶点的入度为 0，其余的顶点的入度均为 1，则称 T 为**根树**。入度为 0 的顶点称为**树根**，入度为 1、出度为 0 的顶点称为**树叶**，入度为 1、出度不为 0 的顶点称为**内点**，内点和树根统称为**分支点**。从树根到 T 的任意顶点 v 的通路(路径)长度称为 v 的**层数**，层数最大的顶点的层数称为**树高**。

根树的家族成员 设 T 为一棵根树，$\forall v_i, v_j \in V(T)$，若 v_i 可达 v_j，则称 v_i 为 v_j 的**祖先**，v_j 为 v_i 的后代；若 v_i 邻接到 v_j(即 $<v_i, v_j> \in E(T)$)，则称 v_i 为 v_j 的**父亲**，而 v_j 为 v_i 的**儿子**。若 v_j 与 v_k 的父亲相同，则称 v_j 与 v_k 是**兄弟**。

完全 m 叉树与正则 m 叉树 若根树的每个内点都有不超过 m 个儿子，则称它为 **m 叉树**。若该树的每个分支节点都恰好有 m 个儿子，则称它为**完全 m 叉树**。若该树的每个树叶的层数均为树高，则称它为**正则 m 叉树**。

定理 7.1 一个无向图 $T=<V,E>$ 是 n 阶 m 条边的无向图，则下面 6 个命题等价。

(1) T 是树。

(2) 每一对顶点间有唯一的一条通路($n\geqslant 2$)。

(3) T 是连通的，且 $m=n-1$。

(4) T 无回路，且 $m=n-1$。

(5) T 无回路，但增加任一新边，得到且仅得到一个含新边的回路。

(6) T 是连通的，但删去任一边，图便不连通($n\geqslant 2$)。

定理 7.2 任一棵树 T(非平凡无向树)中，至少有两片树叶($n\geqslant 2$)。

生成树 设 T 是无向图 G 的子图并且为树，则称 T 为 G 的树。若 T 是 G 的树且为生成子图，则称 T 是 G 的**生成树**。设 T 是 G 的生成树，$\forall e\in E(G)$，若 $e\in E(T)$，则称 e 为 T 的树枝，否则称 e 为 T 的弦。并称导出子图 $G[E(G)-E(T)]$ 为 T 的余树。

定理 7.3 简单图是连通的当且仅当它具有生成树。

最小生成树 连通带权图 G 中边的权之和最小的生成树，称为 G 的**最小生成树**。

树的遍历 设 T 是带根 r 的有序根树。若 T 只包含 r，则 r 是 T 的前序遍历。否则，假定 $T_1, T_2, \cdots, T_n$ 是 T 里在 r 处从左向右的子树。前序遍历首先访问 r。它接着前序遍历 T_1，然后前序遍历 T_2，以此类推，直到前序遍历了 T_n 为止。

定理 7.4 若二叉树的层次从 1 开始，则在二叉树的第 i 层最多有 2^{i-1} 个顶点($i\geqslant 1$)。

定理 7.5 深度为 k 的二叉树最多有 2^k-1 个顶点($k\geqslant1$)。

定理 7.6 对任何一棵二叉树,如果其叶顶点个数为 n_0,出度为 2 的顶点个数为 n_2,则有 $n_0=n_2+1$。

完全二叉树 若二叉树中每一个顶点的出度恰好是 2 或 0,则这棵二叉树称为**完全二叉树**。

正则二叉树 若完全二叉树中所有树叶层次相同,则这棵二叉树称为**正则二叉树**。

定理 7.7 具有 n 个顶点的完全二叉树的深度为$\lfloor\log n\rfloor+1$。

定理 7.8 如果将一棵有 n 个顶点的完全二叉树的顶点按层序(自顶向下,同一层自左向右)连续编号 $1,2,\cdots,n$,然后按此顶点编号将树中各顶点顺序地存放于一个一维数组中,并简称编号为 i 的顶点为顶点 $i(1\leqslant i\leqslant n)$,则有以下关系。

(1) 若 $i=1$,则 i 是二叉树的根,无双亲。

(2) 若 $i>1$,则 i 的双亲为$\lfloor i/2\rfloor$。

(3) 若 $2\times i\leqslant n$,则 i 的左孩子为 $2\times i$,否则无左孩子。

(4) 若 $2\times i+1\leqslant n$,则 i 的右孩子为 $2\times i+1$,否则无右孩子。

(5) 若 i 为偶数,且 $i\neq n$,则其右兄弟为 $i+1$。

(6) 若 i 为奇数,且 $i\neq1$,则其左兄弟为 $i-1$。

(7) i 所在层次为 $\lfloor\log i\rfloor+1$。

二叉搜索树 这样的二叉树在其中以数字对顶点进行标记,使得一个顶点的标记大于这个顶点的左子树里所有顶点的标记,并且小于这个顶点的右子树里所有顶点的标记。

前缀码 给定一个符号串集合,若任意两个符号串都互不为前缀,称该符号串集合为**前缀码**。由 0 和 1 符号串构成的前缀码称为**二元前缀码**。

定理 7.9 任意一棵二叉树的树叶可对应一个二元前缀码。

定理 7.10 任意一个二元前缀码可对应一棵二叉树。

树的带权路径长度 顶点的带权路径长度为从该顶点到树根之间的路径长度与顶点上权的乘积。树的带权路径长度为树中所有叶子顶点的带权路径长度之和,通常记作 WPL。

哈夫曼(Huffman)树 又称最优树,是带权路径长度(WPL)最短的树。

决策树 每个顶点表示一次决策的可能结果,而树叶表示可能解的根树称为决策树。

定理 7.11 如果 $f(n)$是一个排序算法给 n 个项排序在最坏情形下所需要的比较次数,则 $f(n)=O(n\log n)$。

根树的同构 令 T_1 是根为 r_1 的有根树,T_2 是根为 r_2 的有根树,T_1 与 T_2 为有根同构树,如果存在由 T_1 顶点集到 T_2 顶点集的一一映射 F,且满足:

(1) 顶点 v_i 与 v_j 在 T_1 中是相邻的,当且仅当 $F(v_i)$与 $F(v_j)$在 T_2 中是相邻的。

(2) $F(r_1)=r_2$。

则称函数 F 为同构。

二叉树的同构 令 T_1 是根为 r_1 的二叉树,T_2 是根为 r_2 的二叉树,二叉树 T_1 与 T_2 是同构的,当且仅当存在由 T_1 顶点集到 T_2 顶点集的一一映射 f,且满足:

(1) 顶点 v_i 与 v_j 是 T_1 中相邻的,当且仅当 $f(v_i)$与 $f(v_j)$在 r_2 中是相邻的。

(2) $f(r_1)=r_2$。

(3) v 是 T_1 中 w 的左子顶点当且仅当 $f(v)$是 T_2 中 $f(w)$的左子顶点。

(4) v 是 T_1 中 w 的右子顶点当且仅当 $f(v)$是 T_2 中 $f(w)$的右子顶点。

此时称映射 f 为同构。

定理 7.12 有 n 个顶点的非同构二叉树的数量是 C_n，其中 $C_n=C(2n,n)/(n+1)$是第 n 个 Catalan 数。其中 $C(2n,n)$表示 $2n$ 个元素上的 n 组合数。

7.2 例题精选

例 7.1 下面给出的三组数都可充当无向简单图的度数列，其中哪个(些)可以成为无向树的度数列？画出至少三棵非同构的无向树。

(1) 1,1,2,2,3,3,4,4。

(2) 1,1,1,1,2,2,3,3。

(3) 1,1,1,2,2,2,2,3。

解：求解本题的依据是无向树的性质，主要是阶数 n 与边数 m 的关系，即 $m=n-1$。另外，还要用握手定理，所给三组数顶点数都是 8，因而所对应的无向图的阶数 $n=8$，如果数组能充当无向树的度数列，必有边数 $m=n-1=7$，设数组中元素为 $d_1,d_2,\cdots,d_8$，由握手定理必有 $2m=14=\sum_{i=1}^{8}d(i)$。

(1) $\sum_{i=1}^{8}d(i)=20\neq 14$，故数组 1,1,2,2,3,3,4,4 不能充当无向树度数列。

(2) $\sum_{i=1}^{8}d(i)=14$，以这组数为度数列能画出无向树。共有 5 棵非同构的无向树以它为度数列，画出的非同构的无向树如图 7-1 所示。

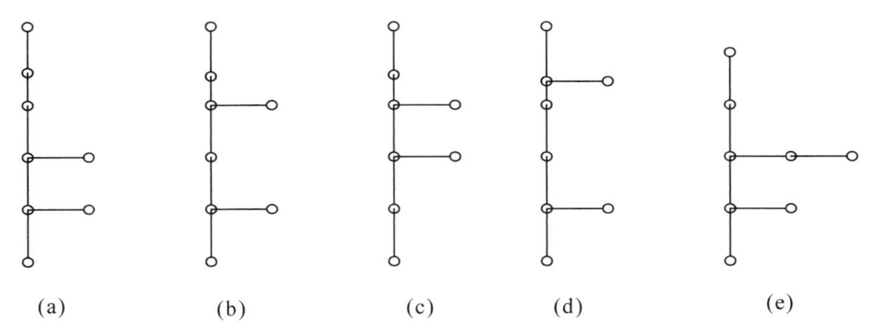

图 7-1 非同构的无向树

(3) $\sum_{i=1}^{8}d(i)=14$，共可画出 4 棵非同构的无向树，如图 7-2 所示。

例 7.2 设 T 是六阶无向简单图 G 的一棵生成树。

(1) 当 G 的边数 $m=9$ 时，T 的余树 $\overline{T}$ 还有可能是 G 的生成树吗？

(2) 当 G 的边数 $m=12$ 时，T 的余树 $\overline{T}$ 还有可能是 G 的生成树吗？

(3) 当 G 的边数 $m=10$ 时，T 的余树 $\overline{T}$ 可能有哪几种情况？

解：(1) 当 G 的边数 $m=9$ 时，$\overline{T}$ 不可能有六阶图的生成树，因为 T 的边数 $m_T=5$，因而 $\overline{T}$ 中的边数为 $9-5=4$，4 条边当然构不成六阶树。

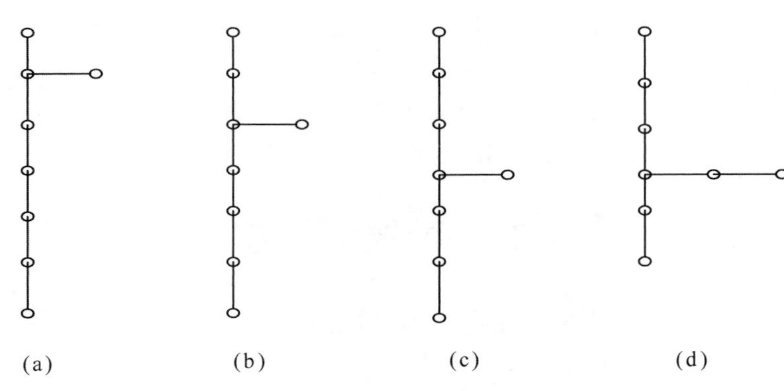

图 7-2　4 棵非同构的无向树

(2) 当 G 的边数 $m=12$ 时,$\overline{T}$ 也不可能成为 G 的生成树,由于 $m_T=5$,于是 $\overline{T}$ 的边数为 7 条,这就决定了 $\overline{T}$ 不可能是 G 的生成树。其实,可以证明六阶 7 条边的无向简单图必含圈,这同样说明 T 不可能是 G 的生成树。

(3) 当 G 的边数 $m=10$ 时,$\overline{T}$ 有以下三种情况。

① $\overline{T}$ 也是 G 的生成树,如图 7-3(a)所示。其中,实线边在 T 中,虚线边在 $\overline{T}$ 中,此时 T 和 $\overline{T}$ 都是 G 的生成树。

② $\overline{T}$ 中含圈,如图 7-3(b)所示。其中,实线边在 T 中,虚线边在 $\overline{T}$ 中,$\overline{T}$ 不是树,更不是生成树。

③ $\overline{T}$ 为 G 的非连通子图,如图 7-3(c)所示。其中,实线边在 T 中,虚线边在 $\overline{T}$ 中,此时 $\overline{T}$ 也不是 G 的生成树。

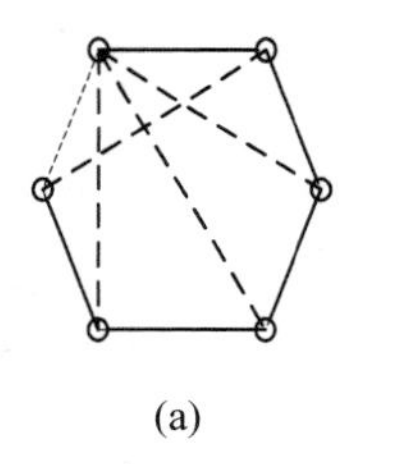

(a)　(b)

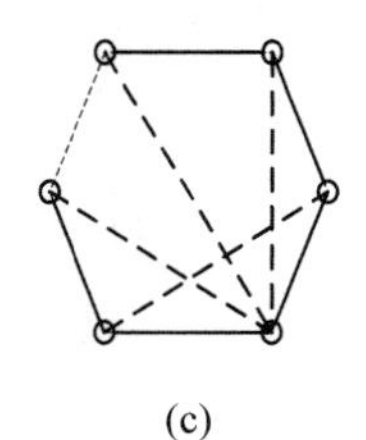

(c)

图 7-3　生成树

从本题的讨论可以看出,对于任意图 G 的生成树 T 的余树 $\overline{T}$ 而言,$\overline{T}$ 可能是 G 的生成树,也可能不是树,因为有可能含圈,还有可能不连通了。

例 7.3　如图 7-4 所示的赋权图表示某 7 个城市 v_1, v_2, $\cdots$, v_7 及预先算出它们之间的一些直接通信成路造价(单位:万元),试给出一个设计方案,使得各城市之间既能够通信又使总造价最小。

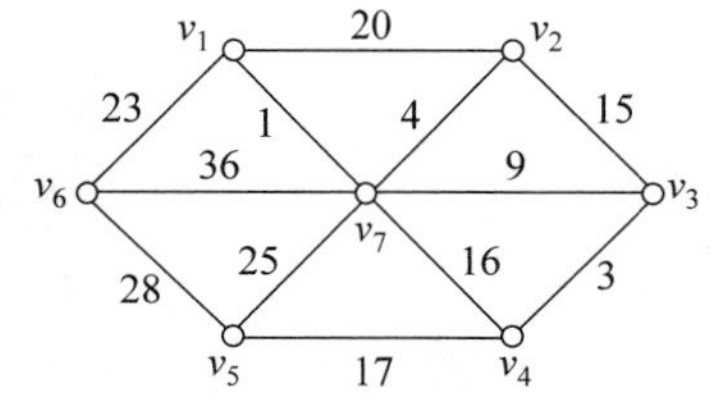

图 7-4　赋权图

解:本题各边上的权值是它们之间的直接通信成路造价,要给出一个设计方案,使得各城市之间既能够通信又使总造价最小,实质上是求该赋权图的最小生成树。可以用 Prim 算法或 Kruskal 算法求解,这里以 Kruskal 算法为例求解该赋权图产生的最小生成树。算法如下。

$w(v_1,v_7)=1$，选 $e_1=v_1v_7$。

$w(v_7,v_2)=4$，选 $e_2=v_7v_2$。

$w(v_7,v_3)=9$，选 $e_3=v_7v_3$。

$w(v_3,v_4)=3$，选 $e=v_3v_4$。

$w(v_4,v_5)=17$，选 $e=v_4v_5$。

$w(v_1,v_6)=23$，选 $e=v_1v_6$。

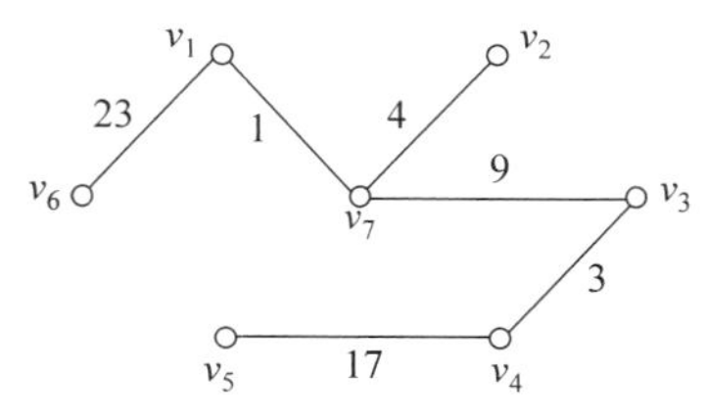

图 7-5　最小生成树

生成的最小生成树如图 7-5 所示。

该最小生成树各边权值之和为 $23+1+4+9+3+17=57$(万元)，即为所求的最小总造价。

例 7.4　已知在传输中 a、b、c、d、e、f、g、h 出现的频率分别为 30%、15%、15%、10%、10%、9%、6%、5%。编制一个传输它们的最佳前缀码。

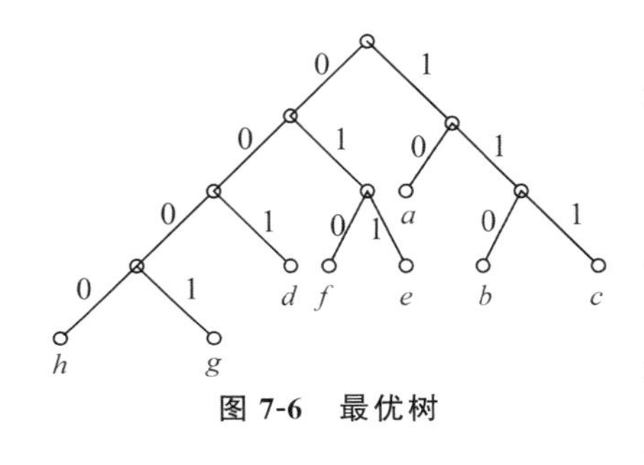

图 7-6　最优树

解：为编制一个传输它们的最佳前缀码，需要构造一棵最优二叉树(即哈夫曼树)。

(1) 准备工作。令 $w_i=100P_i$，P_i 为第 i 个字母出现的频率，$i=1,2,\cdots,8$。得权 w_i 按从小到大顺序排列为 $5<6<9<10\leqslant10<15\leqslant15<30$。

(2) 按(1)中得到的权，用 Huffman 算法求最优树 T，如图 7-6 所示(注意求解出的最优二叉树并不是唯一的)。

(3) 在 T 的每个分点的两个儿子处，左标 0，右标 1。在每个树叶处得二进制编码。

(4) 每个二进制编码赋给对应的字母：$a=10$，$b=110$，$c=111$，$d=001$，$e=011$，$f=010$，$g=0001$，$h=0000$。

例 7.5　若 $G=\langle V,E\rangle$ 连通且 $e\in E$。证明：e 属于每一棵生成树的充要条件是 e 为 G 的割边。

证明：充分性。设 e 属于 G 中的每一棵生成树 T，若 e 不是割边，则 $G-e$ 仍连通，由定理 7.3，$G-e$ 中必存在生成树 T，因为 $V(G-e)=V(G)$，所以 T 也是 G 中的生成树。但 T 中不包含 e，这与题设矛盾。

必要性。设 e 为 G 的割边，若有 G 的某棵生成树不包含 e，则 $T+e$ 必包含一个回路 C，且 $e\in C$。在 C 中删除 e 后仍是连通的，这与 e 是 G 的割边矛盾。

7.3　应用案例

7.3.1　Huffman 压缩算法的基本原理

问题陈述：以 2×2 的子点阵为例，对此方法进行实例分析，2×2 的子点阵共有 16 种状态，如图 7-7 所示，状态分别以 $P_0,P_1,P_2,\cdots,P_{15}$ 来表示。通过统计 24×24 点阵字库中的 6900 个汉字得到 16 种状态产生的概率为其值，如表 7-1 所示。请解释汉字字库压缩算法原理。

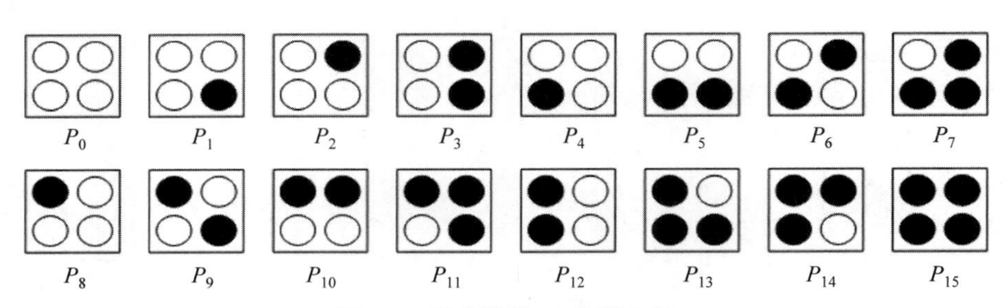

图 7-7 子点阵的 16 种状态图

表 7-1 16 种状态的概率值

状态	P_0	P_1	P_2	P_3	P_4	P_5	P_6	P_7
概率	0.45	0.03	0.022	0.067	0.03	0.06	0.007	0.025
状态	P_8	P_9	P_{10}	P_{11}	P_{12}	P_{13}	P_{14}	P_{15}
概率	0.04	0.004	0.06	0.02	0.05	0.025	0.03	0.08

解答：

(1) 首先根据表 7-1 构建 Huffman 树，如图 7-8 所示。

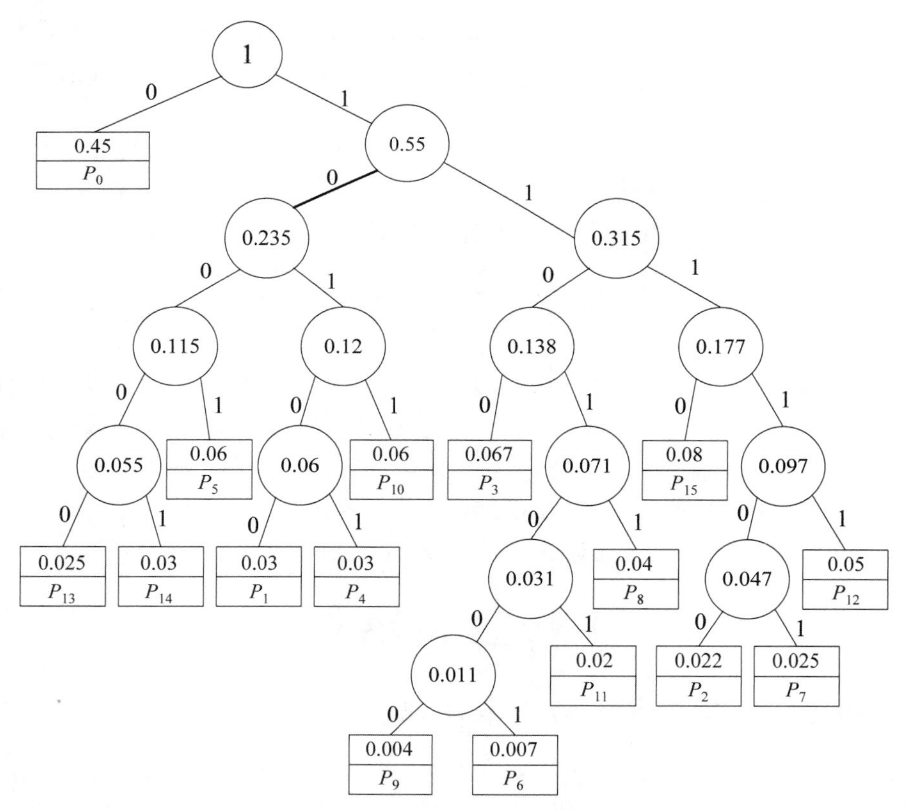

图 7-8 16 种状态的 Huffman 树

(2) 从 Huffman 树的根到叶节点，得到对应树叶的状态代码，如表 7-2 所示。

表 7-2 16种状态的状态代码

状　态	代　码	状　态	代　码
P_0	0	P_8	11011
P_1	10100	P_9	1101000
P_2	111100	P_{10}	1011
P_3	1100	P_{11}	110101
P_4	10101	P_{12}	11111
P_5	1001	P_{13}	10000
P_6	1101001	P_{14}	10001
P_7	111101	P_{15}	1110

从表 7-2 中可以发现，发生概率小的状态分得的代码长，发生概率大的状态分得的代码短，这样平均代码长度就缩短了，也就达到了压缩的目的。

(3) 计算平均代码长度。

$$\begin{aligned}\text{平均代码长度} &= \text{带权路径长度} \\ &= 0.45\times1+(0.06+0.06+0.067+0.08)\times4+(0.025+0.03+ \\ &\quad 0.03+0.03+0.04+0.05)\times5+(0.02+0.022+0.025)\times6+ \\ &\quad (0.004+0.007)\times7 \\ &= 3.022\end{aligned}$$

这表示通过 Huffman 编码压缩后，平均代码长度变为 3.022，这比原来 4 位码长要短，其压缩率为 24.45%。

总结：对某一点阵汉字而言，在某一给定子点阵下以各子点阵出现的状态条件概率作为叶子，依照 Huffman 算法，构成 Huffman 树，并取每一级的左路径代码为 0，右路径代码为 1，从树根开始就可得到不等长的编码，将一个汉字各子点阵状态的编码排列起来就成了此汉字点阵数据的压缩编码。由本例所用到的 Huffman 编码方法可知，对于点阵状态设定代码是按其状态出现概率高低来分配的，出现概率高的子点阵分配较短的代码，出现概率低的子点阵分配较长的代码。这样就可以达到压缩的目的。

7.3.2 决策树在风险决策中的应用案例

问题陈述：假如某科技公司准备 1 年后改革一种产品。现在有两种方案可以选择：一种方案是向国外引进专利，但谈判成功率为 80%；另一种方案是选择自主研制开发，研发成功率是 60%。购买专利的费用为 1200 万元，而自主研制的费用为 800 万元。但无论通过哪种途径，只要改革成功，则可以增加 2 倍或 4 倍产量；但如果改革失败，则只能维持原产量。根据市场调查可知，原产品在市场需求量较高时能获利 1500 万元，需求量一般时获利 100 万元，需求量低时则亏损 1000 万元。根据市场预测，今后很长一段时间市场对该产品需求高的可能性为 0.3，一般的可能性为 0.5，低的可能性为 0.2。该科技公司已计算出各种情况下的利润值：若是购买专利成功且增加 2 倍产量时，在市场的三种情况下（市场对该产品的需求量高、一般、较低）所获利润分别为 5000 万元、2500 万元和不获利，当增加 4 倍产量时该公司在市场三种情况下所获利润分别为 7000 万元、4000 万元、亏 2000 万元；若是自行研制成功且增加 2 倍产量时,在市场的三种情况下所获利润分别为 5000 万元、1000 万元和不获利,当增加 4 倍产量时,该公司在市场三种情况下的利润分别为 8000 万元、3000 万元、亏 2000 万元。现需要根据上述情况做出决策。

解答:这是一个多阶段决策问题。最后阶段的决策是在购买专利和自行研制两种方案中选择一种。但这两种方案的损益值依赖于生产方案的选择,即增加 2 倍产量还是增加 4 倍产量,所以首先应从选择生产方案着手。由于在这一类多阶段决策中,逐级运算过程的表述较为烦琐,各级决策的备选方案、自然状态概率、损益值等容易混淆,所以一般都用决策树图进行决策分析。采用决策树图可以把该案例的决策过程的结构简明扼要地表示出来。

(1) 先从生产方案的选择考虑(第一阶段决策),计算各组的期望利润值。选择期望利润值较大的方案,舍去期望利润值小的方案。

(2) 画出决策树并计算第二阶段的期望利润值,结果见图 7-9。

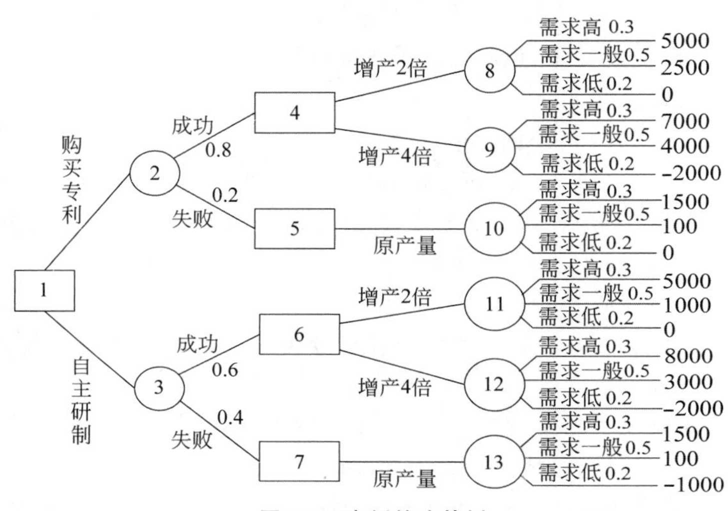

图 7-9 案例的决策树

(3) 决策阶段,选取期望利润最大的方案作为最优方案。

计算机会选择②和③的期望利润值,得

$$\begin{aligned}\text{购买专利的期望利润值} &= (7000\times0.3+4000\times0.5-2000\times0.2)\times0.8+\\&\quad(1500\times0.3+100\times0.5-1000\times0.2)\times0.2-1200\\&=3020-1200=1820(\text{万元})\end{aligned}$$

$$\begin{aligned}\text{自主研制的期望利润值} &= (8000\times0.3+3000\times0.5-2000\times0.2)\times0.6+\\&\quad(1500\times0.3+100\times0.5-1000\times0.2)\times0.4-800\\&=2220-800=1420(\text{万元})\end{aligned}$$

从中可以得出,该案例应选择购买专利为最优方案。

总结:当项目需要做出某种决策、选择某种解决方案或者确定是否存在某种风险时,决策树提供了一种形象化的、基于数据分析和论证的科学方法,这种方法通过严密的逻辑推导和逐级逼近的数据计算,从决策点开始,按照所分析问题的各种发展的可能性不断产生分枝,并确定每个分枝发生的可能性大小及发生后导致的损益值多少,计算出各分枝的损益期望值,然后根据期望值中最优者作为选择的依据,从而为确定项目、选择方案或分析风险做出理性而科学的决策。

7.3.3 一字棋博弈的极大、极小过程

问题描述：在二人博弈问题中，为了从众多可供选择的行动方案中选出一种对自己最为有利的行动方案，就需要对当前的情况及将要发生的情况进行分析，通过某搜索算法从中选出最优的走步。在博弈问题中，每一个格局可供选择的行动方案都很多，会生成十分庞大的博弈树，试图通过直到终局的与或树搜索而得到最好的一字棋是不可能的。请阐述基于博弈树的极大、极小过程，并以一字棋为例进行说明。

解答：极小、极大分析法的基本思想或算法如下。

(1) 设博弈的双方中一方为 MAX，另一方为 MIN。然后设计算法为其中的一方（如 MAX）寻找一种最优行动方案。

(2) 为了找到当前的最优行动方案，需要对各种可能的方案所产生的后果进行比较。具体地说，就是要考虑每一种方案实施后对方可能采取的所有行动，并计算可能的得分。

(3) 为了计算得分，需要根据问题的特性信息定义一个估价函数，用来估算当前博弈树端节点的得分。此时估算出来的得分称为静态估值。

(4) 当末端节点的估值计算出来后，再推算出父节点的得分，推算的方法是：对"或"节点，选其子节点中一种最大的得分作为父节点的得分，这是为了使自己在可供选择的方案中选一种对自己最有利的方案；对"与"节点，选其子节点中一个最小的得分作为父节点的得分，这是为了立足于最坏的情况。这样计算出的父节点的得分称为倒推值。

(5) 如果一种行动方案能获得较大的倒推值，则它就是当前最好的行动方案。

在博弈问题中，每一个格局可供选择的行动方案都有很多，因此会生成十分庞大的博弈树。试图利用完整的博弈树来进行极小、极大分析是困难的。可行的办法是只生成一定深度的博弈树，然后进行极小、极大分析，找出当前最好的行动方案。在此之后，再在已选定的分枝上扩展一定深度，再选最好的行动方案。如此进行下去，直到取得胜败的结果为止，至于每次生成博弈树的深度，当然是越大越好，但由于受到计算机存储空间的限制，只好根据实际情况而定。

图 7-10 所示是向前看两步，共 4 层的博弈树，用□表示 MAX，用○表示 MIN，端节点上的数字表示它对应的估价函数的值。在 MIN 处用圆弧连接，用 0 表示其子节点取估值最小的格局。

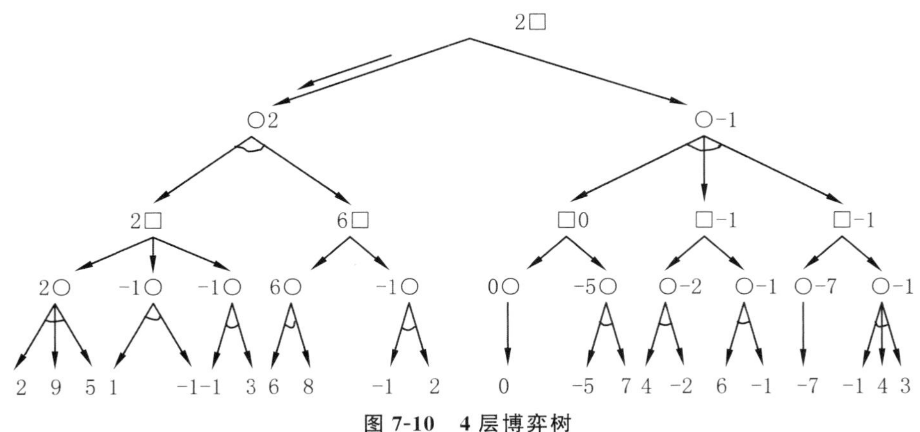

图 7-10　4 层博弈树

图 7-10 中节点处的数字,在端节点是估价函数的值,称它为静态值,在 MIN 处取最小值,在 MAX 处取最大值,最后 MAX 选择箭头方向的走步。

利用一字棋来具体说明极大、极小过程,不失一般性,设只进行两层,即每方只走一步(实际上多看一步将增加大量的计算和存储成本),如图 7-11 所示。

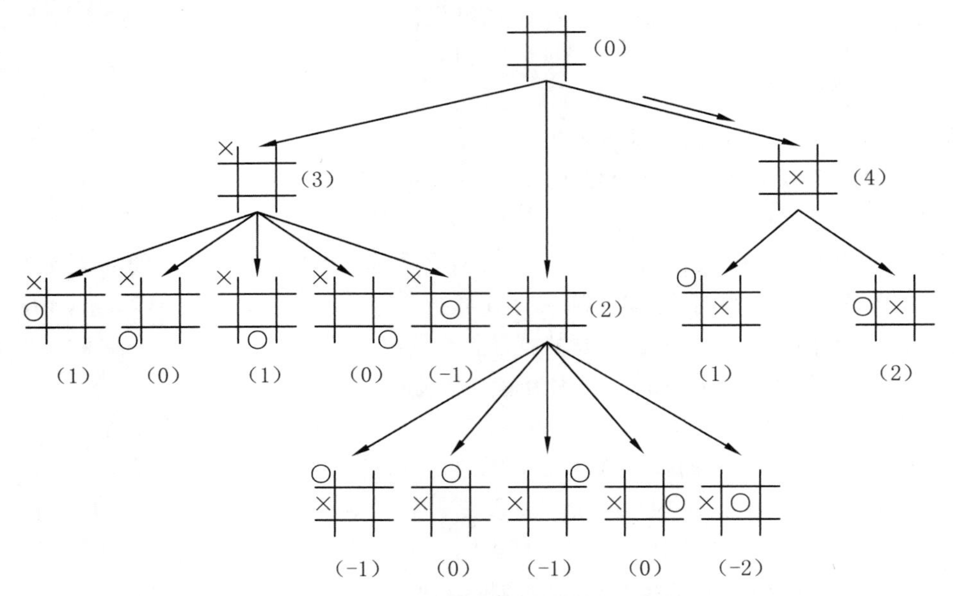

图 7-11　一字棋博弈的极大、极小过程

注:×表示 MAX,○表示 MIN

估价函数 $e(p)$ 规定如下。

(1) 若格局 p 对任何一方都不是获胜的,则

$e(p)$=(所有空格都放上 MAX 的棋子之后三子成一线的总数)-
(所有空格都放上 MIN 的棋子后三子成一线的总数)

(2) 若 p 是 MAX 获胜,则 $e(p)=+\infty$。

(3) 若 p 是 MIN 获胜,则 $e(p)=-\infty$。

因此,假设格局 p 如图 7-12 所示,就有 $e(p)=6-4=2$,其中×表示 MAX 方,○表示 MIN 方。

在生成后继节点时,可以利用棋盘的对称性,省略了从对称上看是相同的格局。

图 7-11 给出了 MAX 最初一步走法的搜索树,由于×放在中间位置有最大的倒推值,故 MAX 第一步就选择它。

MAX 走了箭头指向的一步,例如 MIN 将棋子走在×的下方,得到如图 7-13 所示的格局。

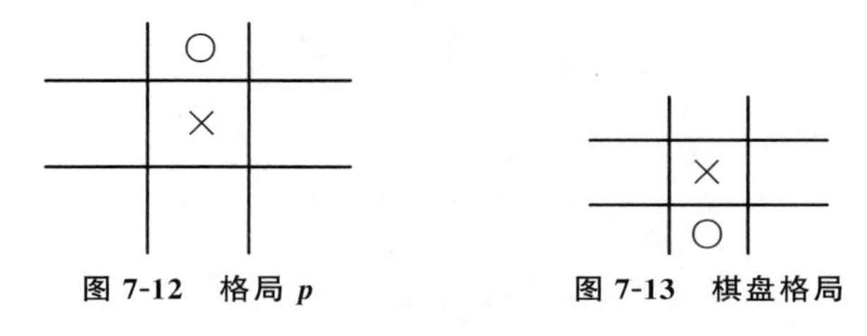

图 7-12　格局 p　　**图 7-13　棋盘格局**

下面 MAX 就从这个格局出发选择一步，做法与图 7-10 类似，直到某方取胜为止。

7.4 习题解答

7.1 根据图 7-14 所示的树，

(1) 找出 c 和 i 的父顶点。

(2) 找出 f 和 i 的祖先顶点。

(3) 找出 d 和 f 的子顶点。

(4) 找出 d 和 b 后代顶点。

(5) 找出 f 和 b 的兄弟顶点。

(6) 找出叶顶点。

(7) 画出以 d 为根顶点的子树。

解：(1) 找出 c 和 i 的父顶点分别是 a 和 d。

(2) f 的祖先顶点是 a 和 c，i 的祖先顶点是 a 和 d。

(3) d 的子顶点是 i，f 的子顶点是 j 和 k。

(4) d 的后代顶点是 i、l、m，b 的后代顶点是 e。

(5) f 的兄弟顶点是 g 和 h，b 的兄弟顶点是 c 和 d。

(6) 叶顶点是 e、j、k、g、h、l，m。

(7) 以 d 为根顶点的子树如图 7-15 所示。

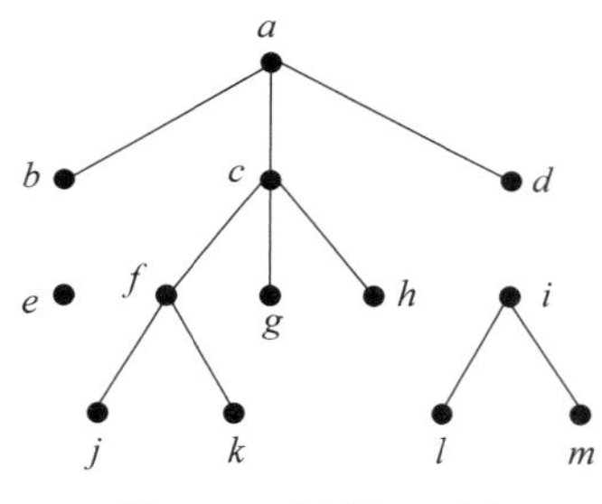

图 7-14 习题 7.1 树

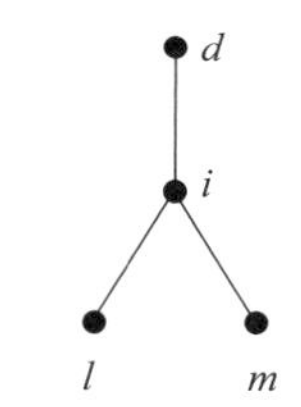

图 7-15 习题 7.1(7)子树

7.2 若一枚伪币比其他硬币轻，那么为了在 12 枚硬币中找出这枚伪币，需要多少次天平秤的称量(称重)？描述用这样次数的称重来找出这枚伪币的算法。

解答一：至少需要$\lceil \log_3 12 \rceil=3$ 次称量。事实上，3 次称量足够了。如图 7-16 所示，首先把硬币 1、2 和 3 放在天平的左边，而把硬币 4、5 和 6 放在天平的右边。若此时天平两边相等，则伪币在 7、8、9、10、11 和 12 中，将 7、8 与 9、10 分别放到天平的两边。若此时天平两边相等，则伪币在 11、12 中，将 11 与 12 进行比较，较轻的即为伪币。若 9、10 较轻，则将 9 与 10 进行比较。这样 6 枚硬币只需进行两次比较，所以 12 枚硬币只需 3 次称重。

解答二：第 1 次，将 12 枚硬币分 2 组，各 6 枚，用天平秤称出较轻的。

第 2 次，将 6 枚轻的硬币分 2 组，各 3 枚，称出较轻的。

第 3 次，从轻的硬币一组中任选 2 枚，如有一枚硬币较轻，则为伪币；如相等，则余下的为伪币。

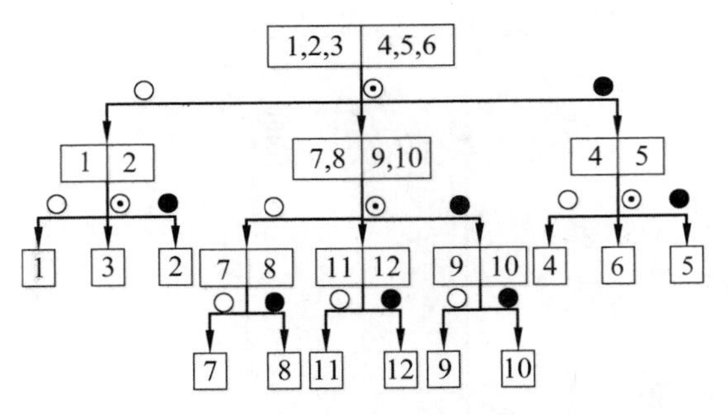

图 7-16　习题 7.2 用天平秤称量

注：○表示左轻，●表示右轻，⊙表示相等

7.3　下面哪些编码是前缀码？

(1) a：11，e：00，t：10，s：01。

(2) a：0，e：1，t：01，s：001。

(3) a：101，e：11，t：001，s：011，n：010。

(4) a：010，e：11，t：011，s：1011，n：1001，i：10101。

解：(1) 是。　(2) 否。　(3) 是。　(4) 是。

7.4　(1) 用字母顺序建立下面这些单词的二叉搜索树：banana(香蕉)，peach(桃)，apple(苹果)，pear(梨)，coconut(椰子)，mango(木瓜)，papaya(芒果)。

(2) 为了在搜索树中找出下面每个单词的位置或者添加它们，而且每次都重新开始，分别需要多少次比较？

①pear；②banana；③kumquat(金橘)；④orange。

解：(1) 用字母顺序建立的二叉搜索树如图 7-17 所示。

(2) ① 3；　② 1；　③ 4；　④ 5。

7.5　枚举前序遍历、中序遍历和后序遍历访问图 7-18 所给的有序根树的顶点序列。

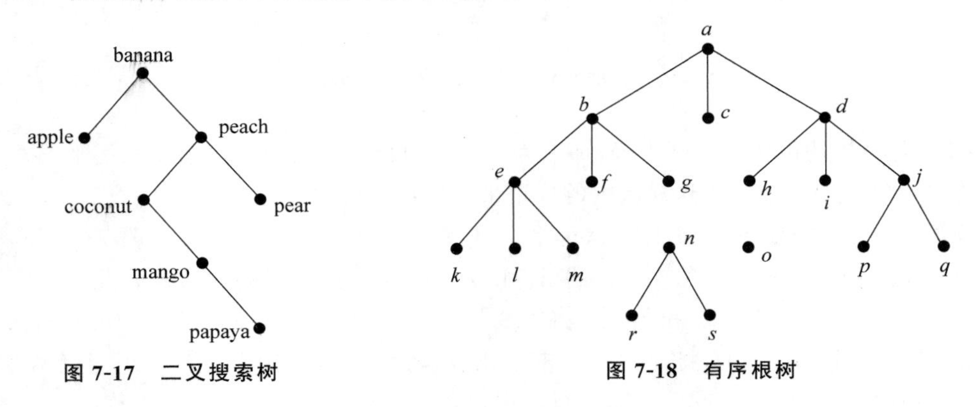

图 7-17　二叉搜索树　　**图 7-18　有序根树**

解：前序遍历序列为 $abeklmfgnrscdhoijpq$；中序遍历序列为 $kelmbfrnsgacohdipjq$；后序遍历序列为 $klmefrsngbcohipqjda$。

7.6　用二叉树来表示表达式$(x+xy)+(x/y)$和$x+((xy+x)/y)$，并把表达式写成前缀记法、后缀记法和中缀记法。

解：前缀记法：$++x*xy/xy$，$+x/+*xyxy$。

后缀记法：$xxy*+xy/+$，$xxy*x+y/+$。

中记法缀：$x+x*y+x/y$，$x+x*y+x/y$。

7.7 用深度优先搜索来构造图 7-19 所给的简单图的生成树。选择 a 作为这个生成树的根，并假定顶点都以字母顺序来排序。

解：用深度优先搜索构造的简单图的生成树如图 7-20 所示。

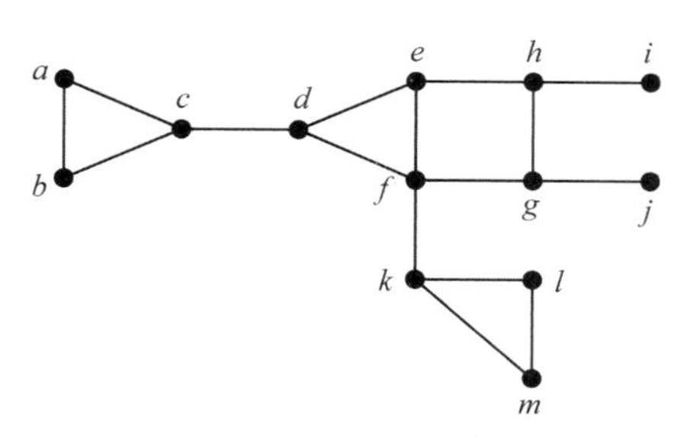

图 7-19 习题 7.7 简单图

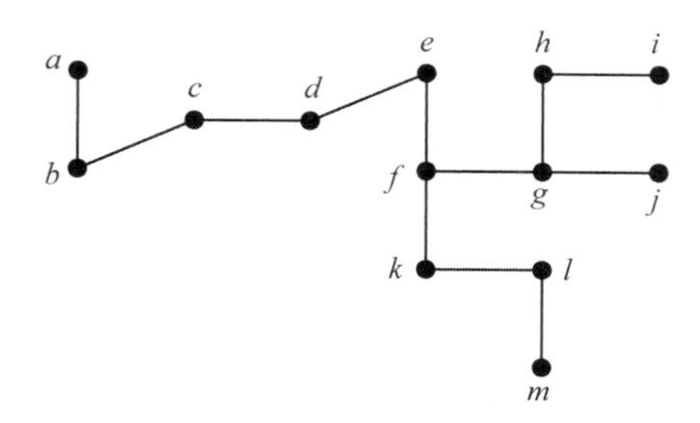

图 7-20 习题 7.7 生成树

7.8 (1) 用 Prim 或 Kruskal 算法求图 7-21 中每个图的最小生成树。

(2) 求图 7-21 中每个图的最小生成树，其中在生成树中每个顶点的度数都不超过 2。

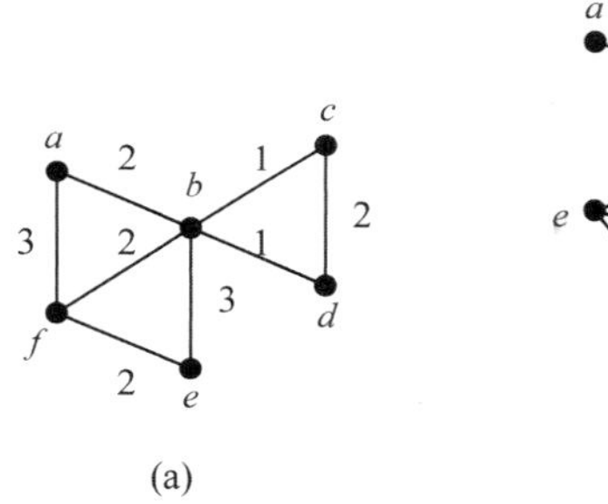

图 7-21 习题 7.8 图

解：(1) 图 7-21(a)Prim 算法的步骤为$\{b,c\}$，$\{b,d\}$，$\{a,b\}$，$\{b,f\}$，$\{f,e\}$。图 7-21(a) Kruskal 算法的步骤同 Prim 算法步骤或$\{b,c\}$，$\{b,d\}$，$\{b,f\}$，$\{f,e\}$，$\{a,b\}$。图 7-21(a)最小生成树如图 7-22 所示。

图 7-21(b)Prim 算法的步骤为$\{b,g\}$，$\{g,d\}$，$\{g,f\}$，$\{b,c\}$，$\{e,f\}$，$\{a,b\}$。图 7-21(b) Kruskal 算法的步骤同 Prim 算法步骤或$\{b,g\}$，$\{b,c\}$，$\{g,d\}$，$\{g,f\}$，$\{e,f\}$，$\{a,b\}$。图 7-21(b)最小生成树如图 7-23 所示。

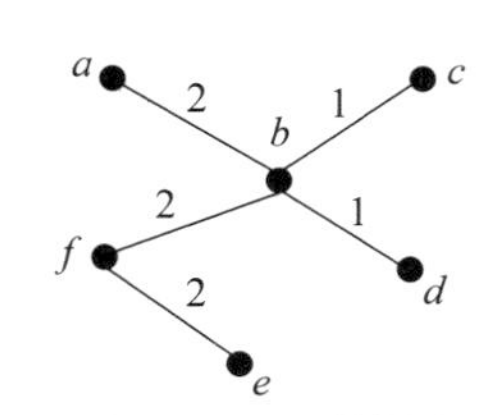

图 7-22 图 7-21(a)的最小生成树

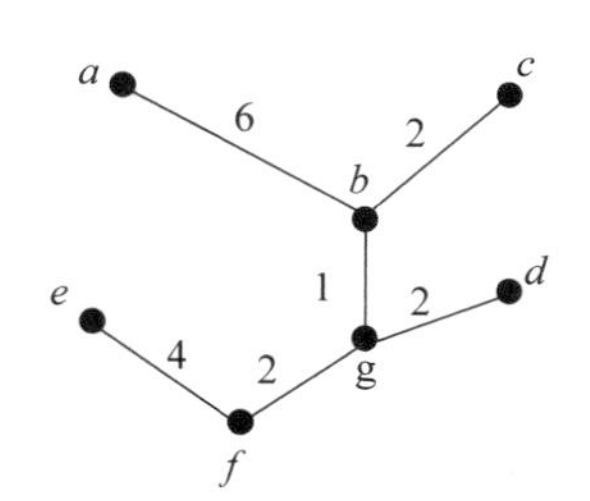

图 7-23 图 7-21(b)的最小生成树

(2) 满足题意要求的最小生成树如图 7-24 所示。

7.9 运用表 7-3 构造一个 Huffman 编码。

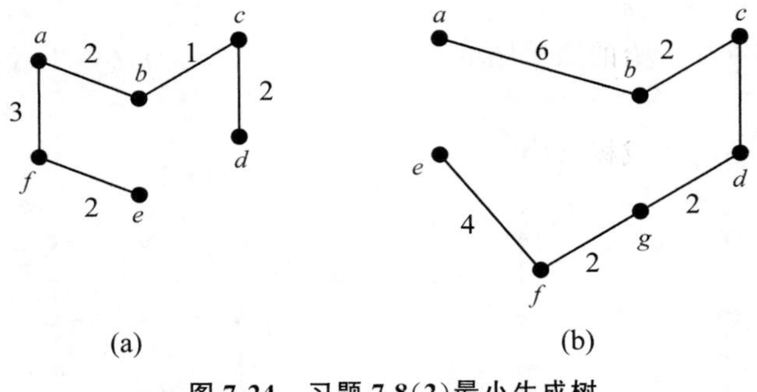

图 7-24 习题 7.8(2)最小生成树

表 7-3 习题 7.9 表

字符	频率
&	2
^	3
@	7
#	8
!	12

解答一:& (111) ,^(110),@(10),#(01),! (00)。Huffman 编码树如图 7-25 所示。

解答二:&(1100),^(1101),@(111),#(10),! (0)。Huffman 编码树如图 7-26 所示。

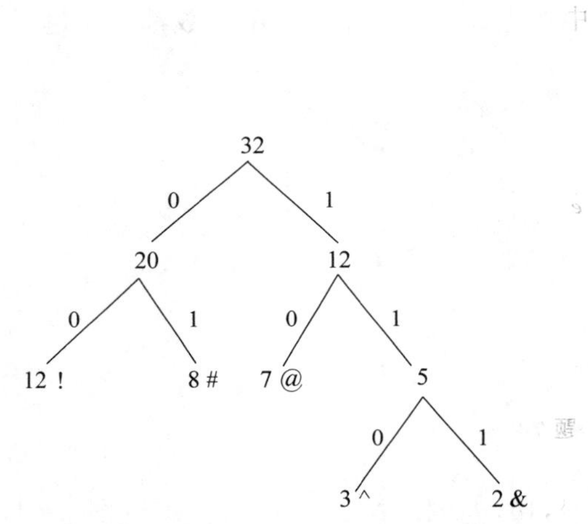

图 7-25 习题 7.9 Huffman 编码树(一)

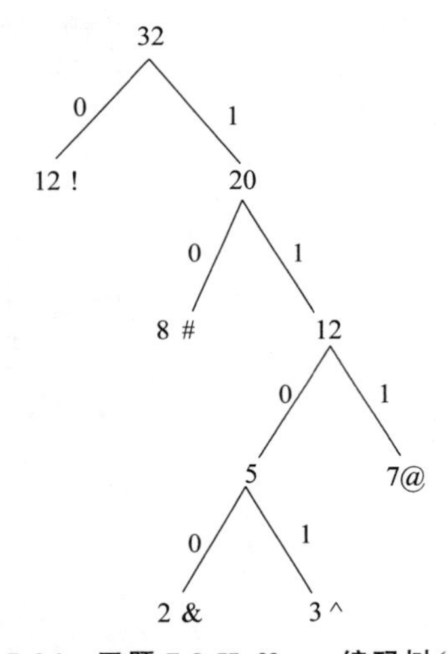

图 7-26 习题 7.9 Huffman 编码树(二)

7.10 假设英文字母 a、e、h、n、p、r、w、y 出现的频率分别为 12%、8%、15%、7%、6%、10%、5%、10%,求传输它们的最佳前缀码,并给出 happy new year 的编码信息。

解:根据权数构造的最优二叉树如图 7-27 所示。

传输它们的最佳前缀码如图 7-27 所示,happy new year 的编码信息为 10 011 0101 0101 001 110 111 0100 001 111 011 000。

7.11 若一棵正则二叉树有 15 个非叶顶点,则它有多少个叶顶点?

解:设 n_0、n_1、n_2 分别是出度为 0、1、2 的顶点数,因为该二叉树为正则二叉树,所以没有出度为 1 的顶点,$n_1=0$,所以非叶顶点都是度为 n_2 的顶点,$n_2=15$。对于任意一棵二叉树,根据定理 7.6 有 $n_0=n_2+1=16$。

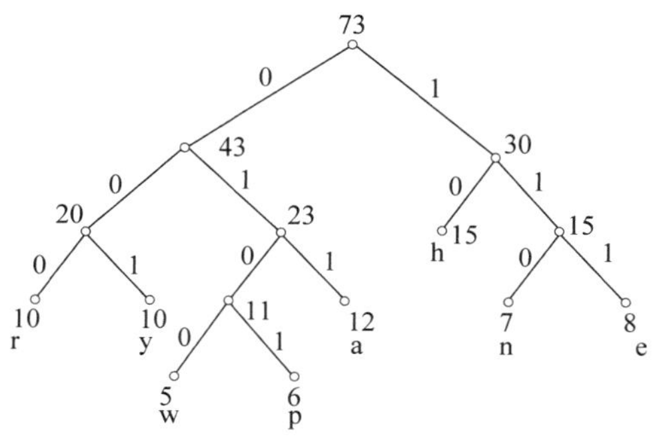

图 7-27　最优二叉树

7.12　(1) 画出 5 个顶点所有非同构的无向树。

(2) 画出 5 个顶点所有非同构的根树。

解：(1) 5 个顶点所有非同构的无向树如图 7-28 所示。

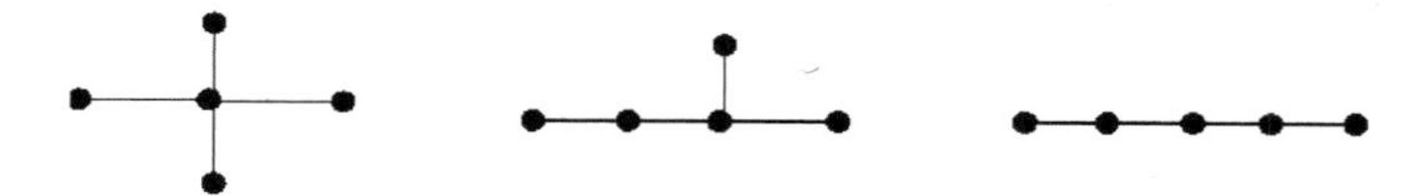

图 7-28　5 个顶点非同构的无向树

(2) 5 个顶点所有非同构的根树如图 7-29 所示。

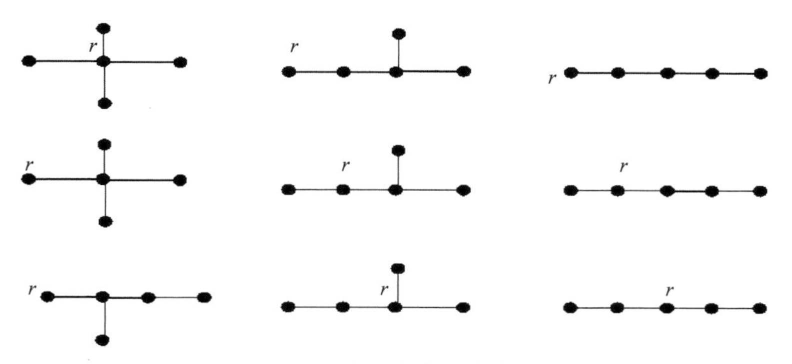

图 7-29　5 个顶点非同构的根树

7.13　设 G 是具有 N 个顶点的简单图，子图 G' 是 G 的一颗生成树，证明：G' 是无回路且具有 $N-1$ 条边的图。

证明：因为 G' 是树，所以它没有回路，又因为 G' 是生成树，所以它和 G 一样具有 N 个顶点，带有 N 个顶点的树必含有 $N-1$ 条边，所以 G' 是无回路且具有 $N-1$ 条边的图。

7.14　对任意二叉树，设它的叶子数是 m，深度是 n，试用数学归纳法证明：$m \leqslant 2^n$。

证明：设 m_n 表示深度为 n 时二叉树的叶子数。

(1) 当 $n=1$ 时，$1 \leqslant m_1 \leqslant 2=2^1$。

(2) 假设当 $n=k$ 时，有 $m_k \leqslant 2^k$ 成立。

(3) 那么当 $n=k+1$ 时，每个第 k 层的叶子顶点最多扩展 2 个叶子顶点，所以有 $m_{k+1} \leqslant$

$2\times m_k\leqslant 2\times 2^k=2^{k+1}$。

综上(1)、(2)、(3)可知，$m\leqslant 2^n$。

7.15 一棵树有两个度数为 2 的顶点、一个度数为 3 的顶点、三个度数为 4 的顶点，它有几个度数为 1 的顶点？

解：设度数为 1 的顶点有 x 个，边数 $e=2\times(2-1)+1\times(3-1)+3\times(4-1)+1=14$，整理得边数 $e=2+1+3+x-1$。故 $x=9$，所以度数为 1 的顶点有 9 个。

7.16 一棵树 2 度顶点为 n 个，$3\sim k$ 度顶点均为 1 个，其余顶点为 1 度，那么 1 度顶点有几个？

解：设 1 度顶点有 x 个，边数 $e=n\times(2-1)+1\times(3-1)+1\times(4-1)+\cdots+1\times(k-1)+1=(k-1)/k/2+n$。

此外，$2e=x\times 1+n\times 2+1\times 3+1\times 4+\cdots+1\times k$，化简得 $2e=x+2n-3+k(k+1)/2$。

于是，$k(k-1)+2n=x+2n-3+k(k+1)/2$。故 $x=\dfrac{k^2-3k+6}{2}$。

7.17 证明：在正则二叉树中，必有奇数个顶点、偶数条边。

证明：正则二叉树每个分支顶点都恰好有两个儿子，设出度为 0 的顶点数为 x，那么出度为 2 的顶点数为 $x-1$，出度为 1 的顶点数为 0。顶点数之和 $n=x+x-1=2x-1$，边数 $e=2x-2$。所以在正则二叉树中，必有奇数个顶点、偶数条边。

7.18 设 T 是深度为 k 的二叉树，证明：T 的最大顶点数为 $2^{k+1}-1$。

证明：当 T 为满二叉树时 T 有最大顶点数，此时顶点数为 $2^0+2^1+2^2+\cdots+2^k=2^{k+1}-1$，所以 T 的最大顶点数为 $2^{k+1}-1$(这里假设起始层为 0 层)。

7.19 判断图 7-30 所示的树是否同构。如果树是同构的，则给出一个同构映射；如果树是不同构的，则给出它们的不同之处。

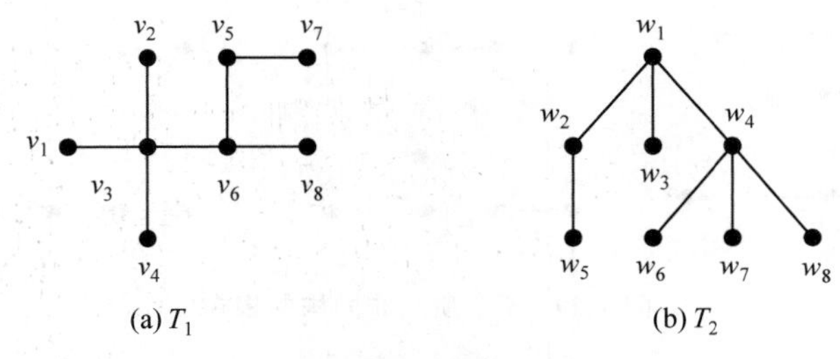

图 7-30 习题 7.19 树

解：T_1 和 T_2 同构。$f(v_1)=w_7$，$f(v_2)=w_6$，$f(v_3)=w_4$，$f(v_4)=w_8$，$f(v_5)=w_2$，$f(v_6)=w_1$，$f(v_7)=w_5$，$f(v_8)=w_3$。

7.20 设 $d_1,d_2,\cdots,d_n$ 是 n 个正整数($n\geqslant 2$)，且满足 $\sum_{i=1}^{n}d_i=2n-2$，证明：存在一个顶点度数列为 $d_1,d_2,\cdots,d_n$ 的树。

证明：下面用数学归纳法证明。

基础步：当 $n=2$ 时，由于 $d_1+d_2=4-2=2$，且 $d_1\geqslant 1$，因而 $d_1=d_2=1$，此时存在无向树 k_2，以 1,1 为度数列。

归纳步：假设 $n=k$ 时成立，即有一棵顶点度数为 $d_1,d_2,\cdots,d_k$ 的树，则 $\sum_{i=1}^{k} d_i = 2k-2$。

当 $n=k+1$ 时有一棵顶点度数为 $d_1,d_2,\cdots,d_{k+1}$ 的树，若新加入的第 $k+1$ 个顶点与第 x 个顶点相关联 $d(v_{k+1})=1$，则对于第 x 个顶点度数加 1，$d'_x=d_k+1$，（d'_x 表示 $n=k+1$ 时第 x 个顶点的度数，d_x 表示 $n=k$ 时第 x 个顶点的度数），$\sum_{i=1}^{k+1} d(v_i) = \sum_{i=1}^{k} d(v_i) + d(v_{k+1}) = (2k-2+1)+1 = 2(k+1)-2$。

7.21 利用决策树求出 5 个项排序时最坏情形下所需的比较次数，给出一个算法。

解：决策树分析表明排序 5 个项最坏情形下至少需要 $\lceil \log 5! \rceil = 7$ 次比较。算法略。

7.22 判断图 7-31 所示的根树是否同构。如果同构，给出同构映射；如果不同构，给出未被保持的不变形状。

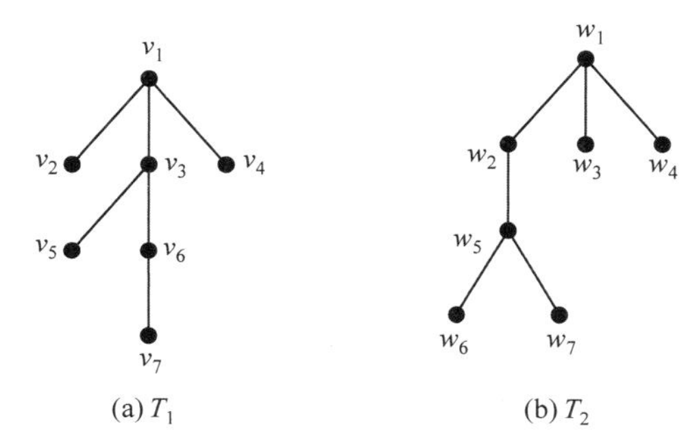

图 7-31　习题 7.22 根树

解：T_1 和 T_2 不同构。T_1 在第一层有 3 度顶点（v_3），但是 T_2 没有。

7.5 编程答案

7.1 给定后缀形式的算术表达式，编写程序求它的值。

解答：根据逆波兰表示法，求该后缀表达式的计算结果。有效的运算符包括＋、－、＊、/。每个运算对象可以是整数，也可以是另一个逆波兰表达式。

```
样例输入: tokens =[2,1,+,3, *]
样例输出: 9
解释: 该算式转换为常见的中缀算术表达式为: ((2+1) * 3)=9
```

7.2 给定无向简单图的邻接矩阵，编写程序判断这个图是不是树。

编程题 7.1 代码样例

解答：无向简单图为树即该图连通且没有回路，其有如下性质。

(1) 根据无向简单图为树没有独立点，则邻接矩阵每一行之和不为 0。

(2) 根据无向简单图为树没有回路，则邻接矩阵数字加在一起，应该是 $2\times(n-1)$。

构造邻接矩阵的函数 def GetLinJie()：

```
请输入相邻矩阵节点数目: 4
输入顶点 0~1 的关系,0 代表无联通,1 代表连通:1
输入顶点 0~2 的关系,0 代表无联通,1 代表连通:1
```

```
输入顶点 0~3 的关系,0 代表无联通,1 代表连通:1
输入顶点 1~2 的关系,0 代表无联通,1 代表连通:0
输入顶点 1~3 的关系,0 代表无联通,1 代表连通:0
输入顶点 2~3 的关系,0 代表无联通,1 代表连通:0
```

通过上述输入得到如图-32 和图 7-33 所示的图的邻接矩阵 list(后面题目中构造图邻接矩阵方法一样)

```
样例输入: list=[[0,1,1,1],
                [1,0,0,0],
                [1,0,0,0],
                [1,0,0,0]]
样例输出: 该无向简单图为树。
样例输入: list=[[0,1,1,1],
                [1,0,1,0],
                [1,1,0,0],
                [1,0,0,0]]
样例输出: 该无向简单图不为树。
```

编程题 7.2 代码样例

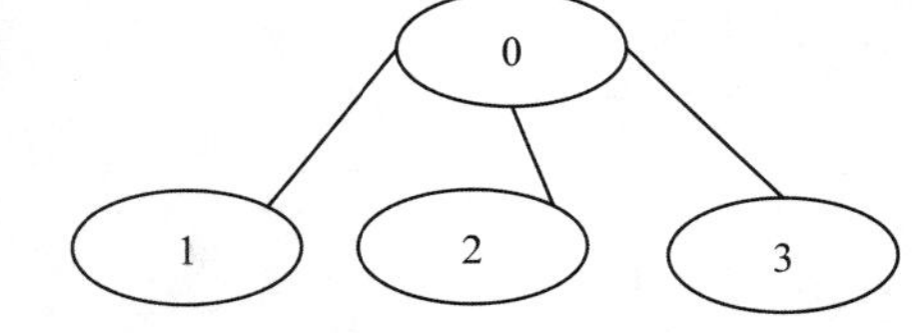

图 7-32　编程题 7.2 简单图(一)

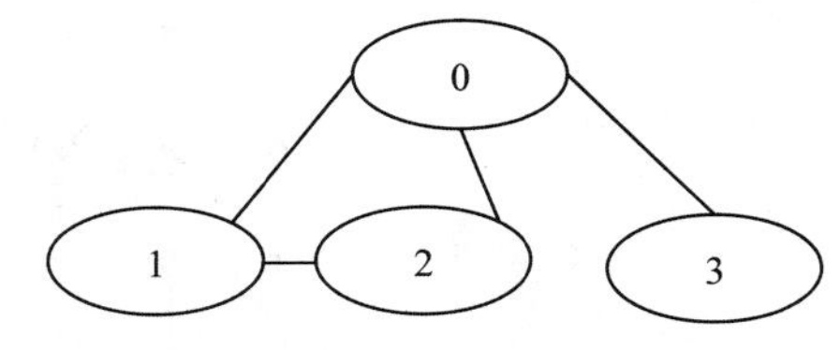

图 7-33　编程题 7.2 简单图(二)

7.3　给定有根树的相邻矩阵和这棵树的一个顶点,编写程序求出这个顶点的父母、孩子、祖先、后代和层数。

解答: 对于一个无向有根图(见图 7-34),共有 4 个节点 0、1、2、3。0 节点为根节点,其中 0 节点与 1、2 节点相连,1 节点与 3 节点相连,构建相邻矩阵 list,矩阵中每一行、每一列分别对应图中的 4 个节点。如果节点之间有连线,则对应相邻矩阵值为 1,否则为 0。

编程题 7.3 代码样例

给定这棵树的一个节点 3。

输出这个顶点的父母: 1。

孩子: 空。

祖先: 0 1。

后代: 空。

层数: 3。

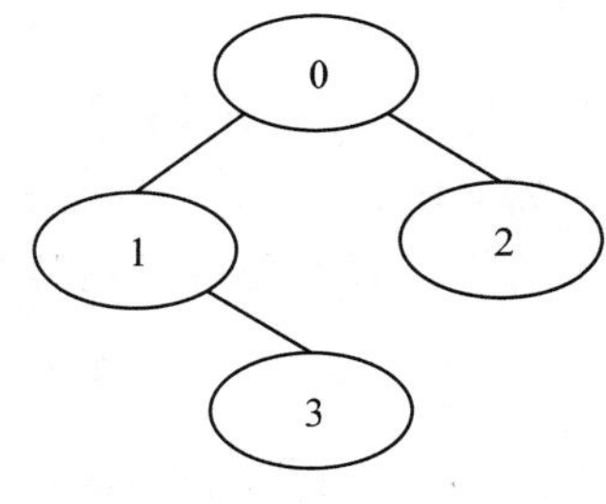

图 7-34　编程题 7.3 无向有根图

```
#根据有根树的输入得到邻接矩阵
样例输入输出:
输入: list =[[0, 1, 1, 0],
             [1, 0, 0, 1],
             [1, 0, 0, 0],
             [0, 1, 0, 0]]
#输入一个节点,求该节点的父母、孩子、祖先、后代和层数
node=3
输出:
该节点父节点为: 1
该节点子节点为:
```

```
该节点祖先节点为: 1,0
该节点后代节点为:
该节点层数为 3
```

7.4 给定二叉搜索树和一个元素,通过编写程序求出这个元素在这棵二叉搜索树里的位置或者添加这个元素。

解答:初始化一个长度为10的列表用于存储二叉搜索树。

编程题 7.4
代码样例

```
样例一输入输出:
输入: 二叉搜索树列表 tree=[2,1,3],元素为 3
输出: 该元素在二叉搜索树列表中的下标位置为 2
样例二输入输出:
输入: 二叉搜索树列表 tree=[2,1,3],元素为 4
输出: 插入新元素后的二叉搜索树列表为[2, 1, 3, None, None, None, 4, None, None, None,
None, None, None]
```

7.5 给定有序根树边的有序列表,编写程序以前序、中序和后序序列出它的顶点。

解答:

编程题 7.5
代码样例

```
样例输入: [[0,1],[0,2],[1,3],[1,4],[2,5],[2,6]]
样例输出: 前序序列 [0, 1, 3, 4, 2, 5, 6]
中序序列 [3, 1, 4, 0, 5, 2, 6]
后序序列 [3, 4, 1, 5, 6, 2, 0]
```

7.6 根据ASCII码字符在典型输入中出现的频率,编写程序构造它们的哈夫曼编码。

解答:

```
样例输入: 常用 ASCII 码字符 A、E、H、I、N、O、R、S、T,其出现频率分别为 25、20、17、15、12、9、6、5、3。
labels =['A','E','H','I','N','O','R','S','T']
data_set =[25,20,17,15,12,9,6,5,3]
样例输出: 哈夫曼编码
A :  01
E :  111
H :  110
I :  101
N :  001
O :  000
R :  1000
S :  10011
T :  10010
```

编程题 7.6
代码样例

7.7 给定无向简单图的邻接矩阵,若有可能,则通过编写程序并利用回溯,用三种颜色为这个图着色。

解答:根据输入的图邻接矩阵用三种颜色为这个图着色,遍历图所有节点,访问所有颜色判断该节点着色效果,如果图节点颜色着色有效则回溯,记录方案,最后输出所有着色方案。

```
输入样例: 无向简单图邻接矩阵 Graph =[[0 1]
                                  [1 0]]
输出样例: There are 6 solutions(即 1、2、3 分别代表三种颜色,将这三种颜色分别涂在图中的两
个节点上共有 6 种方案,例如方案[1. 2.]就是将图的两个节点分别涂上 1、2 颜色)
[1. 2.]
[1. 3.]
```

[2. 1.]
[2. 3.]
[3. 1.]
[3. 2.]

输入样例：无向简单图邻接矩阵 Graph =[0 1 1 1]
[1 0 0 0]
[1 0 0 0]
[1 0 0 0]]

输出样例：There are 24 solutions(即共有24种着色方案,如方案[1. 2. 2. 2.]就是将第一个节点涂上颜色1,后三个节点涂上颜色2)

[1. 2. 2. 2.]
[1. 2. 2. 3.]
[1. 2. 3. 2.]
[1. 2. 3. 3.]
[1. 3. 2. 2.]
[1. 3. 2. 3.]
[1. 3. 3. 2.]
[1. 3. 3. 3.]
[2. 1. 1. 1.]
[2. 1. 1. 3.]
[2. 1. 3. 1.]
[2. 1. 3. 3.]
[2. 3. 1. 1.]
[2. 3. 1. 3.]
[2. 3. 3. 1.]
[2. 3. 3. 3.]
[3. 1. 1. 1.]
[3. 1. 1. 2.]
[3. 1. 2. 1.]
[3. 1. 2. 2.]
[3. 2. 1. 1.]
[3. 2. 1. 2.]
[3. 2. 2. 1.]
[3. 2. 2. 2.]

编程题7.7
代码样例

7.8 对于不超过10的所有正整数 n,编写程序,计算在 $n \times n$ 棋盘上放置 n 个皇后,使得这些皇后不能互相攻击的不同方式数。

编程题7.8
代码样例

解答：输入 n 皇后数值,输出符合条件的方案数并给出解决方案。

输入样例：皇后数为 n=4

输出样例：4皇后方案数为2

□ ■ □ □
□ □ □ ■
■ □ □ □
□ □ ■ □

□ □ ■ □
■ □ □ □
□ □ □ ■
□ ■ □ □

7.9 编写程序求解将中国省会城市(含自治区)及直辖市机场航线图的最小生成树,其中每条边上的权是机场之间航线的距离。

编程题7.9
代码样例

解答:中国共有32个省会、自治区省会、直辖市,分别用1～32代表如下城市。

23个省会:石家庄,太原,沈阳,长春,哈尔滨,南京,杭州,合肥,福州,南昌,济南,郑州,武汉,长沙,广州,海口,成都,贵阳,昆明,西安,兰州,西宁,台北。

4个直辖市:北京,天津,上海,重庆。

5个自治区省会:呼和浩特,南宁,拉萨,银川,乌鲁木齐。

第 8 章 代数系统

8.1 内容提要

一元运算 设 S 为集合，函数 $f:S \to S$ 称为 S 上的一元运算，简称一元运算。

二元运算 设 S 为集合，函数 $f:S \times S \to S$ 称为 S 上的二元运算，简称二元运算。

运算律 设 $\circ$ 为 S 上的二元运算。

(1) 如果对于任意 $x,y \in S$，有 $x \circ y = y \circ x$，则称运算在 S 上满足**交换律**。

(2) 如果对于任意 $x,y,z \in S$，有 $(x \circ y) \circ z = x \circ (y \circ z)$，则称运算在 S 上满足**结合律**。

(3) 如果对于任意 $x \in S$ 有 $x \circ x = x$，则称运算在 S 上满足**幂等律**。

设 $\circ$ 和 $*$ 为 S 上两个不同的二元运算，

(1) 如果对于任意 $x,y,z \in S$ 有 $(x * y) \circ z = (x \circ z) * (y \circ z)$ 和 $z \circ (x * y) = (z \circ x) * (z \circ y)$，则称 $\circ$ 运算对 $*$ 运算满足**分配律**。

(2) 如果 $\circ$ 和 $*$ 都可交换，并且对于任意 $x,y \in S$ 有 $x \circ (x * y) = x$ 和 $x * (x \circ y) = x$，则称 $\circ$ 和 $*$ 运算满足**吸收律**。

运算的特异元素——单位元、零元、逆元 设 S 上的二元运算为 $\circ$。

(1) 如果存在 e_l(或 e_r)$\in S$，使得对任意 $x \in S$ 都有 $e_l \circ x = x$ (或 $x \circ e_r = x$)，则称 e_l(或 e_r)是 S 中关于 $\circ$ 运算的**左(或右)单位元**。若 $e \in S$ 关于 $\circ$ 运算既是左单位元又是右单位元，则称 e 为 S 上关于 $\circ$ 运算的**单位元**。单位元又称**幺元**。

(2) 如果存在 θ_l(或 θ_r)$\in S$，使得对任意 $x \in S$ 都有 $\theta_l \circ x = \theta_l$(或 $x \circ \theta_r = \theta_r$)，则称 θ_l(或 θ_r)是 S 中关于 $\circ$ 运算的**左(或右)零元**。若 $\theta \in S$ 关于 $\circ$ 运算既是左零元又是右零元，则称 θ 为 S 上关于运算 $\circ$ 的**零元**。

(3) 令 e 为 S 中关于运算 $\circ$ 的单位元。对于 $x \in S$，如果存在 y_l(或 y_r)$\in S$ 使得 $y_l \circ x = e$(或 $x \circ y_r = e$)，则称 y_l(或 y_r)是 x 的**左逆元(或右逆元)**。若 $y \in S$ 既是 x 的左逆元又是 x 的右逆元，则称 y 为 x 的**逆元**。如果 x 的逆元存在，就称 x 是**可逆的**。

定理 8.1 设 $\circ$ 为 S 上的二元运算，e_l 和 e_r 分别为 S 中关于运算的左单位元和右单位元，则 $e_l = e_r = e$ 为 S 上关于 $\circ$ 运算的唯一的单位元。

定理 8.2 设为 S 上可结合的二元运算，e 为该运算的单位元，对于 $x \in S$ 如果存在左逆元 y_l 和右逆元 y_r，则有 $y_l = y_r = y$，且 y 是 x 的唯一的逆元。

代数系统 非空集合 S 和 S 上 k 个一元或二元运算 $f_1, f_2, \cdots, f_k$ 组成的系统称为一个**代数系统**，简称**代数**，记作 $\langle S, f_1, f_2, \cdots, f_k \rangle$。

子代数系统 设$V=<S,f_1,f_2,\cdots,f_k>$是代数系统，B是S的非空子集，如果B对$f_1,f_2,\cdots,f_k$都是封闭的，且B和S含有相同的代数常数，则称$<B,f_1,f_2,\cdots,f_k>$是V的**子代数系统**，简称**子代数**。有时将子代数系统简记作B。

同态与同构 设$V_1=<A,\circ>$和$V_2=<B,*>$是同类型的代数系统，$\varphi:V_1\to V_2$，若$\forall a,b\in V_1$，都有$\varphi(a\circ b)=\varphi(a)*\varphi(b)$，则称$\varphi$是$V_1$到$V_2$的**同态映射**，简称**同态**。同态映射如果是单射，则称为单同态；如果是满射，则称为满同态，这时也称V_2是V_1的同态像。如果是双射的，则称为**同构**，记作$V_1\cong V_2$。如果$V_1=V_2$，则称φ是它到自身的**自同态**。

定理 8.3 设φ是G_1到G_2的同态映射，e_1和e_2分别为G_1和G_2的单位元，a^{-1}是a的逆元，则

(1) $\varphi(e_1)=e_2$。

(2) $\varphi(a^{-1})=\varphi(a)^{-1},\forall a\in G_1$。

半群 设$V=<S,\circ>$是代数系统，$\circ$为二元运算，如果$\circ$运算是可结合的，则称V为半群。

独异点 设$V=<S,\circ>$是半群，若$e\in S$是关于$\circ$运算的单位元，则称V是含幺半群，又称独异点。有时也将独异点V记作$V=<S,\circ,e>$。

群 设$<G,\circ>$是代数系统，$\circ$为二元运算。如果$\circ$运算是可结合的，存在单位元$e\in G$，并且对G中的任何元素x都有$x^{-1}\in G$，则称G为群。

群的阶 若群G是有穷集，则称G是有限群，否则称为无限群。群G的基数称为群G的阶，有限群G的阶记作$|G|$。只含单位元的群称为平凡群。

幂运算 设G是群，$a\in G,n\in Z$，则a的n次幂定义为：

$$a^n=\begin{cases}e & n=0\\ a^{n-1}a & n>0\\ (a^{-1})^m & n<0,n=-m\end{cases}$$

元素的阶 设G是群，$a\in G$，使得等式$a^k=e$成立的最小正整数k称为a的阶，记作$|a|=k$，这时也称a为$\boldsymbol{k}$**阶元**。若不存在这样的正整数k，则称a为**无限阶元**。

定理 8.4 设G为群，则G中的幂运算满足：

(1) $\forall a\in G,(a^{-1})^{-1}=a$。

(2) $\forall a,b\in G,(ab)^{-1}=b^{-1}a^{-1}$。

(3) $\forall a\in G,a^na^m=a^{n+m},n,m\in\mathbf{Z}$。

(4) $\forall a\in G,(a^n)^m=a^{nm},n,m\in\mathbf{Z}$。

(5) 若G为交换群，则$(ab)^n=a^nb^n$。

定理 8.5 设G为群，$\forall a,b\in G$，方程$ax=b$和$ya=b$在G中有解且仅有唯一解。

定理 8.6 设G为群，则G中适合消去律，即对任意$a,b,c\in G$，有

(1) 若$ab=ac$，则$b=c$。

(2) 若$ba=ca$，则$b=c$。

定理 8.7 设G为群，$a\in G$且$|a|=r$。设k是整数，则

(1) $a^k=e$当且仅当$r|k$。

(2) $|a|=|a^{-1}|$。

子群 设G是群，H是G的非空子集，如果H关于G中的运算构成群，则称H是G

的子群,记作 $H \leqslant G$。若 H 是 G 的子群,且 $H \subset G$,则称 H 是 G 的真子群,记作 $H < G$。

定理 8.8(子群判定定理) 设 $(G, *)$ 是群,有 $H \subseteq G$,$(H, *)$ 是子群的充要条件是以下三条同时成立。

(1) H 非空。

(2) 如果 $a \in H, b \in H$,则 $a * b \in H$。

(3) 若 $a \in H$,则 $a^{-1} \in H$。

定理 8.9 设 G 为群,$a \in G$,令 $H = \{a^k \mid k \in \mathbf{Z}\}$,即 a 的所有的幂构成的集合,则 H 是 G 的子群,称为由 a 生成的子群,记作 $<a>$。

定理 8.10 设 G 为群,令 C 是与 G 中所有的元素都可交换的元素构成的集合,即 $C = \{a \mid a \in G \wedge \forall x \in G(ax = xa)\}$,则 C 是 G 的子群,称为 G 的中心。

定理 8.11 设 G 是群,H、K 是 G 的子群,则

(1) $H \cap K$ 也是 G 的子群。

(2) $H \cup K$ 是 G 的子群当且仅当 $H \subseteq K$ 或 $K \subseteq H$。

阿贝尔群 若群 G 中的二元运算是可交换的,则称 G 为交换群或阿贝尔群。

循环群 设 G 是群,若存在 $a \in G$,使得 $G = \{a^k \mid k \in \mathbf{Z}\}$,则称 G 是循环群,记作 $G = <a>$,称 a 为 G 的**生成元**。

定理 8.12 设 $G = <a>$ 是循环群。

(1) 若 G 是无限循环群,则 G 只有两个生成元,即 a 和 a^{-1}。

(2) 若 G 是 n 阶循环群,则 G 含有 $\varphi(n)$ 个生成元。对于任何小于或等于 n 且与 n 互质的正整数 r,a^r 是 G 的生成元。

定理 8.13 设 $G = <a>$ 是循环群,则 G 的子群仍是循环群。

定理 8.14 若 $G = <a>$ 是 n 阶循环群,则对 n 的每个正因子 d,G 恰好含有一个 d 阶子群。

***n* 元置换** 设 $S = \{1, 2, \cdots, n\}$,S 上的任何双射函数 $\sigma: S \to S$ 称为 S 上的 ***n* 元置换**。一般将 n 元置换 σ 记作

$$\sigma = \begin{bmatrix} 1 & 2 & \cdots & n \\ \sigma(1) & \sigma(2) & \cdots & \sigma(n) \end{bmatrix}$$

置换的乘法 设 σ、τ 是 n 元置换,则 σ 和 τ 的复合 $\sigma \circ \tau$ 也是 n 元置换,称为 σ 与 τ 的**乘积**,记作 $\sigma\tau$。

置换群 设 S_n 表示集合 S 上的 n 元置换,运算 $\circ$ 表示函数的复合,称群 $(S_n, \circ)$ 为 S 上的 n 次**对称群**。$(S_n, \circ)$ 的任何子群称为 S 上的 n 次**置换群**。

轮换与对换 设 σ 是 $S = \{1, 2, \cdots, n\}$ 上的 n 元置换。若

$$\sigma(i_1) = i_2, \quad \sigma(i_2) = i_3, \cdots, \sigma(i_{k-1}) = i_k, \sigma(i_k) = i_1$$

且保持 S 中的其他元素不变,则称 σ 为 S 上的 ***k* 阶轮换**,记作 $(i_1 i_2 \cdots i_k)$。若 $k = 2$,这时也称 σ 为 S 上的**对换**。

陪集 设 H 是 G 的子群,$a \in G$。令 $Ha = \{ha \mid h \in H\}$,称 Ha 是子群 H 在 G 中的右陪集。称 a 为 Ha 的代表元素。

定理 8.15 设 H 是群 G 的子群,则

(1) $He = H$。

(2) $\forall a \in G$ 有 $a \in Ha$。

定理 8.16 设 H 是群 G 的子群,则 $\forall a,b \in G$ 有

$$a \in Hb \Leftrightarrow ab^{-1} \in H \Leftrightarrow Ha = Hb$$

定理 8.17 设 H 是群 G 的子群,在 G 上定义二元关系 R:$\forall a,b \in G$,$<a,b> \in R \Leftrightarrow ab^{-1} \in H$,则 R 是 G 上的等价关系,且 $[a]_R = Ha$。

定理 8.18 设$(H,*)$为有限群$(G,*)$的一个子群,$|G|=n$,$|H|=m$,则 $m|n$。

正规子群 设 H 是群 G 的子群。如果 $\forall a \in G$ 都有 $Ha = aH$,则称 H 是 G 的**正规子群**,记作 $H \triangleleft G$。

定理 8.19 设 N 是群 G 的子群,N 是群 G 的正规子群当且仅当 $\forall g \in G$,$\forall n \in N$ 有 $gng^{-1} \in N$。

定理 8.20 设 φ 是群 G_1 到 G_2 的同态,H 是 G_1 的子群,则

(1) $\varphi(H)$是 G_2 的子群。

(2) 若 H 是G_1 的正规子群,且 φ 是满同态,则 $\varphi(H)$是 G_2 的正规子群。

商群 设$<H,*>$是群$<G,*>$的一个正规子群,G/H 表示 G 的所有陪集的集合,则$<G/H,\odot>$是一个群,称为商群,其中$\odot$定义为:$\forall aH,bH \in G/H$,$aH \odot bH = (a*b)H$。

同态的核 设 φ 是群 G_1 到 G_2 的同态,令 $\ker\varphi = \{x \mid x \in G_1 \wedge \varphi(x) = e_2\}$,其中 e_2 为 G_2 的单位元。称 $\ker\varphi$ 为同态的核。

定理 8.21 设 φ 是群 G_1 到 G_2 的同态,则

(1) $\ker\varphi \triangleleft G_1$。

(2) φ 是单同态当且仅当 $\ker\varphi = \{e_1\}$,其中 e_1 为 G_1 的单位元。

环 设$<R,+,\cdot>$是代数系统,$+$和$\cdot$是二元运算。如果满足以下条件:

(1) $<R,+>$构成交换群。

(2) $<R,\cdot>$构成半群。

(3) $\cdot$运算关于$+$运算满足分配律。

则称$<R,+,\cdot>$是一个**环**。

定理 8.22 设$<R,+\cdot>$是环,则

(1) $\forall a \in R$,$a \cdot 0 = 0 \cdot a = 0$。

(2) $\forall a,b \in R$,$(-a) \cdot b = a \cdot (-b) = -(a \cdot b)$。

(3) $\forall a,b,c \in R$,$a \cdot (b-c) = a \cdot b - a \cdot c$,$(b-c) \cdot a = b \cdot a - c \cdot a$。

子环 设 R 是环,S 是 R 的非空子集。若 S 关于环 R 的加法和乘法也构成一个环,则称 S 为 R 的**子环**。若 S 是 R 的子环,且 $S \subset R$,则称 S 是 R 的**真子环**。

环同态 设 R_1 和 R_2 是环。φ:$R_1 \to R_2$,若对任意 $x,y \in R_1$,有

$$\varphi(x+y) = \varphi(x) + \varphi(y), \quad \varphi(xy) = \varphi(x)\varphi(y)$$

成立,则称 φ 是环 R_1 到 R_2 的**同态映射**,简称**环同态**。

特殊的环 设$<R,+,\cdot>$是环。

(1) 若环中乘法$\cdot$适合交换律,则称 R 是**交换环**。

(2) 若环中乘法$\cdot$存在单位元,则称 R 是**含幺环**。

(3) 若 $\forall a,b \in R$,$ab=0 \Rightarrow a=0 \vee b=0$,则称 R 是**无零因子环**。

(4) 若 R 既是交换环、含幺环,也是无零因子环,则称 R 是**整环**。

域 设$(S,+,\cdot)$是代数系数,如果满足:

(1) $(S,+)$是交换群。

(2) $(S-\{0\},\cdot)$是交换群。

(3) 运算$\cdot$对$+$是可分配的。

则称$(S,+,\cdot)$是域。

偏序格 设$<S,\leqslant>$是偏序集,如果$\forall x,y\in S$,$\{x,y\}$都有最小上界和最大下界,则称这个偏序集是格。

代数格 设$<S,*,\circ>$是代数系统,$*$和$\circ$是二元运算,如果$*$和$\circ$满足交换律、结合律和吸收律,则$<S,*,\circ>$构成一个格。

定理 8.23 设$<L,\leqslant>$是格,则

(1) $\forall a,b\in L$,有$a\vee b=b\vee a$,$a\wedge b=b\wedge a$。 (交换律)

(2) $\forall a,b,c\in L$,有$(a\vee b)\vee c=a\vee(b\vee c)$,$(a\wedge b)\wedge c=a\wedge(b\wedge c)$。 (结合律)

(3) $\forall a\in L$,有$a\vee a=a$,$a\wedge a=a$。 (幂等律)

(4) $\forall a,b\in L$,有$a\vee(a\wedge b)=a$,$a\wedge(a\vee b)=a$。 (吸收律)

(5) $\forall a,b\in L$,有$a\leqslant b\Leftrightarrow a\wedge b=a\Leftrightarrow a\vee b=b$。

(6) $\forall a,b,c,d\in L$,若$a\leqslant b$且$c\leqslant d$,则$a\wedge c\leqslant b\wedge d$,$a\vee c\leqslant b\vee d$。

(7) $\forall a,b,c\in L$,有$a\vee(b\wedge c)\leqslant(a\vee b)\wedge(a\vee c)$。

定理 8.24 设$<S,*,\circ>$是具有两个二元运算的代数系统,若对于$*$和$\circ$运算适合交换律、结合律、吸收律,则可以适当定义S中的偏序$\leqslant$,使得$<S,\leqslant>$构成一个格,且$\forall a,b\in S$有$a\wedge b=a*b$,$a\vee b=a\circ b$。

子格 设$<L,\wedge,\vee>$是格,S是L的非空子集,若S关于L中的运算$\wedge$和$\vee$仍构成格,则称S是L的子格。

定理 8.25 设f是格L_1到L_2的映射。

(1) 若f是格同态映射,则f是保序映射,即$\forall x,y\in L_1$,有$x\leqslant y\Rightarrow f(x)\leqslant f(y)$。

(2) 若f是双射的,则f是格同构映射当且仅当$\forall x,y\in L_1$,有$x\leqslant y\Leftrightarrow f(x)\leqslant f(y)$。

分配格 设$<L,\wedge,\vee>$是格,若$\forall a,b,c\in L$,有$a\wedge(b\vee c)=(a\wedge b)\vee(a\wedge c)$,$a\vee(b\wedge c)=(a\vee b)\wedge(a\vee c)$,则称$L$为分配格。

定理 8.26 设L是格,则L是分配格当且仅当L中不含有与钻石格或五角格同构的子格。

定理 8.27 格L是分配格当且仅当$\forall a,b,c\in L$,$a\wedge b=a\wedge c$且$a\vee b=a\vee c\Rightarrow b=c$。

格的全下界与全上界 设L是格,若存在$a\in L$,使得$\forall x\in L$,有$a\leqslant x$,则称a为L的全下界;若存在$b\in L$,使得$\forall x\in L$有$x\leqslant b$,则称b为L的全上界。

有界格 设L是格,若L存在全下界和全上界,则称L为有界格,并将L记作$<L,\wedge,\vee,0,1>$。

定理 8.28 设$<L,\wedge,\vee,0,1>$是有界格,则$\forall a\in L$,且有$a\wedge 0=0$,$a\vee 0=a$,$a\wedge 1=a$,$a\vee 1=1$。

补元 设$<L,\wedge,\vee,0,1>$是有界格,$a\in L$,若存在$b\in L$,使得$a\wedge b=0$和$a\vee b=1$成立,则称b是a的补元。

定理 8.29 设$<L,\wedge,\vee,0,1>$是有界分配格。若L中元素a存在补元,则存在唯一

的补元。

有补格 设$<L,\wedge,\vee,0,1>$是有界格,若L中所有元素都有补元存在,则称L为有补格。

布尔代数 如果一个格是有补分配格,则称它为布尔格或布尔代数。

定理8.30 设$<B,\wedge,\vee,',0,1>$是布尔代数,则

(1) $\forall a\in B,(a')'=a$。

(2) $\forall a,b\in B,(a\wedge b)'=a'\vee b',(a\vee b)'=a'\wedge b'$。

布尔代数的子代数 设$<B,\wedge,\vee,',0,1>$是布尔代数,S是B的非空子集,若$0,1\in S$,且S对$\wedge$,$\vee$和$'$运算都是封闭的,则称S是B的子布尔代数。

布尔代数的同态映射 设$<B_1,\wedge,\vee,',0,1>$和$<B_2,\cap,\cup,-,\theta,E>$是两个布尔代数。这里的$\cap$、$\cup$、$-$泛指布尔代数$B_2$中的求最大下界、最小上界和补元的运算。$\theta$和$E$分别是$B_2$的全下界和全上界。$f:B_1\to B_2$,如果对于任意的$a,b\in B_1$,有

$f(a\vee b)=f(a)\cup f(b)$。

$f(a\wedge b)=f(a)\cap f(b)$。

$f(a')=-f(a)$。

则称f是布尔代数B_1到B_2的同态映射,简称布尔代数的同态。

格中的原子 设L是格,$0\in L$,若$\forall b\in L$,有$0<b\leqslant a\Rightarrow b=a$,则称$a$是$L$中的原子。

定理8.31(有限布尔代数的表示定理) 设B是有限布尔代数,A是B的全体原子构成的集合,则B同构于A的幂集代数$P(A)$。

8.2 例题精选

例8.1 N_4是整数中模4同余产生的等价类集合,$N_4=\{[0],[1],[2],[3]\}$,N_4上运算$+_4$和$\times_4$分别定义为$[m]+_4[n]=[(m+n)\bmod 4]$和$[m]\times_4[n]=[(m\cdot n)\bmod 4]$,其中$m,n\in\{0,1,2,3\}$。问:

(1) 列举以上两个运算的运算表,它们是代数系统吗?

(2) 若是代数系统,是否存在单位元、零元和逆元?

解:(1) 两个运算的运算表分别如表8-1和表8-2所示。

表8-1 第一个运算$+_4$的运算表

$+_4$	[0]	[1]	[2]	[3]
[0]	[0]	[1]	[2]	[3]
[1]	[1]	[2]	[3]	[0]
[2]	[2]	[3]	[0]	[1]
[3]	[3]	[0]	[1]	[2]

表8-2 第二个运算$\times_4$的运算表

$\times_4$	[0]	[1]	[2]	[3]
[0]	[0]	[0]	[0]	[0]
[1]	[0]	[1]	[2]	[3]
[2]	[0]	[2]	[0]	[2]
[3]	[0]	[3]	[2]	[1]

由表8-1和表8-2可知,运算$+_4$和$\times_4$在N_4上封闭,所以它们是代数系统。

(2) $<N_4,+_4>$中单位元是[0],无零元。其中[0]的逆元是[0],[2]的逆元是[2],[1]与[3]互为逆元。$<N_4,\times_4>$中单位元是[1],零元是[0]。其中,[0]和[2]无逆元,[1]的逆元是[1],[3]的逆元是[3]。

例 8.2 设 $<A,*>$ 是代数系统，任意 $a,b\in A$，有 $(a*b)*a=a$ 和 $(a*b)*b=(b*a)*a$，证明：

(1) 对任意 $a,b\in A$，有 $a*(a*b)=a*b$。

(2) 对任意 $a,b\in A$，有 $a*a=(a*b)*(a*b)$。

(3) 对任意 $a\in A$，若 $a*a=e$，则必有 $e*a=a$，$a*e=e$。

证明：(1) 对任意 $a,b\in A$，因为有 $(a*b)*a=a$，所以 $a*(a*b)=((a*b)*a)*(a*b)=a*b$。

(2) 对任意 $a,b\in A$，因为有 $(a*b)*b=(b*a)*a$，$(a*b)*a=a$，$a*(a*b)=a*b$，所以 $a*a=((a*b)*a)*a=(a*(a*b))*(a*b)=(a*b)*(a*b)$。

(3) 对任意 $a\in A$，若 $a*a=e$，则 $e*a=(a*a)*a=a$（因为有 $(a*b)*a=a$），$a*e=a*(a*a)=a*a=e$（由(1)可知 $a*(a*b)=a*b$）。

例 8.3 设 Σ 是由字母组成的集合，称为字母表。由 Σ 中的字母组成的有序序列，称为 Σ 上的串。串中字母的个数称为该串的长度，长度为 0 的串称为空串，用 ε 表示。Σ^* 表示 Σ 上所有串的集合，在 Σ^* 上定义一个连接运算“$*$”，对任意 $x,y\in\Sigma^*$，$x*y=xy$。

(1) 证明 $<\Sigma^*,*>$ 是独异点。

(2) 令 $\Sigma^+=\Sigma^*-\{\varepsilon\}$，即 Σ^+ 是 Σ 上所有非空串的集合，证明 $<\Sigma^+,*>$ 是半群。

证明：(1) ① 任意 $x,y\in\Sigma^*$，$x*y=xy\in\Sigma^*$，所以运算 $*$ 在集合 Σ^* 上封闭。

② 任意 $x,y,z\in\Sigma^*$，$(x*y)*z=x*(y*z)=xyz\in\Sigma^*$，所以运算 $*$ 满足结合律。

③ 任意 $x\in\Sigma^*$，$x*\varepsilon=\varepsilon*x=x$，所以单位元 $e=\varepsilon$。

综合①、②、③可知，$<\Sigma^*,*>$ 是独异点。

(2) ① 任意 $x,y\in\Sigma^+$，$x*y=xy\in\Sigma^+$，所以运算 $*$ 在集合 Σ^+ 上封闭。

② 任意 $x,y,z\in\Sigma^+$，$(x*y)*z=x*(y*z)=xyz\in\Sigma^+$，所以运算 $*$ 满足结合律。

综合①和②可知，$<\Sigma^+,*>$ 是半群。

例 8.4 设 $G=\{1,-1,i,-i,j,-j,k,-k\}$ 共 8 个元素，G 上的运算定义如表 8-3 所示。

表 8-3 G 上的运算定义

*	1	−1	i	−i	j	−j	k	−k
1	1	-1	i	$-i$	j	$-j$	k	$-k$
−1	-1	1	$-i$	i	$-j$	j	$-k$	k
i	i	$-i$	-1	1	k	$-k$	$-j$	j
−i	$-i$	i	1	-1	$-k$	k	j	$-j$
j	j	$-j$	$-k$	k	-1	1	i	$-i$
−j	$-j$	j	k	$-k$	1	-1	$-i$	i
k	k	$-k$	j	$-j$	$-i$	i	-1	1
−k	$-k$	k	$-j$	j	i	$-i$	1	-1

(1) 证明 $<G,*>$ 可构成群。

(2) 证明 $<H,*>$ 是正规子群，这里 $H=\{1,-1,j,-j\}$。

(3) 写出 H 的陪集划分。

(4) 写出商群 $<G/H,\cdot>$。

证明：(1) ① 由表 8-3 可知运算 $*$ 在 G 上封闭。

② 任意 $x,y,z\in G$，$(x*y)*z=x*(y*z)$，所以运算 $*$ 满足结合律。

③ 存在单位元，$e=1\in G$。

④ 1 的逆元是 1，-1 的逆元是 -1，i 与 $-i$ 互逆，j 与 $-j$ 互逆，k 与 $-k$ 互逆。

综合①、②、③和④，$<G,*>$可构成群。

(2) ① 因为 $e=1\in H$；任意 $x,y\in H$，有 $xy\in H$；任意 $x\in H$，有 $x^{-1}\in H$。由子群判定定理可知，H 是 G 的子群。

② 当 $a=1,-1,j,-j$ 时，$aH=Ha=H$；当 $a=i,-i,k,-k$ 时，$aH=Ha=\{i,-i,k,-k\}$。即任意 $a\in G$，都有 $aH=Ha$。

综合①和②，H 是 G 的正规子群。

(3) 由(2)可知，关于 H 的所有陪集只有两个：H 和 $\{i,-i,k,-k\}$。所以 H 的陪集划分为$\{H,\{i,-i,k,-k\}\}$ 或记作$\{[1],[i]\}$。

(4) 商群$<G/H,\cdot>$运算表如表 8-4 所示。

表 8-4　商群(G/H，·)运算表

·	[1]	[i]
[1]	[1]	[i]
[i]	[i]	[1]

例 8.5　设 G 是群，a 是 G 中固定的元素。函数 $f:G\to G$，定义为 $f_a(x)=axa^{-1}$。证明：f_a 是同构。

证明：证明同构即证明 f_a 是同态且双射。

(1) 证明同态。任意 $x,y\in G$，$f_a(xy)=axya^{-1}=axeya^{-1}=axa^{-1}aya^{-1}=f_a(x)f_a(y)$，所以 f_a 是同态的。

(2) 证明双射。任意 $y\in G$，存在 $x=a^{-1}ya\in G$，使得 $f_a(x)=axa^{-1}=aa^{-1}yaa^{-1}=y$，所以 f_a 是满射的。设 $f_a(x_1)=f_a(x_2)$，则 $ax_1a^{-1}=ax_2a^{-1}$，根据消去律有 $a^{-1}ax_1a^{-1}=a^{-1}ax_2a^{-1}$，所以 $x_1=x_2$，所以 f_a 是单射的。

综合(1)和(2)得 f_a 是同构的。

例 8.6　设有代数系统$<\mathbf{Z},*>$，运算 $*$ 的定义为：$a,b\in\mathbf{Z}$，$a*b=a+b-2$，试证$<\mathbf{Z},*>$是循环群。

证明：要证明一个代数系统是循环群，首先要证明它是一个群，然后找出它的生成元。

(1) 易知运算 $*$ 在集合 $\mathbf{Z}$ 中是封闭的。

(2) 对任意 $a,b,c\in\mathbf{Z}$，有$(a*b)*c=a*(b*c)=a+b+c-4$，所以运算 $*$ 满足结合律。

(3) 对任意 $a\in\mathbf{Z}$，令单位元为 e，有 $e*a=e+a-2=a$，$a*e=a+e-2=a$，得 $e=2$。

(4) 对任意 $a\in\mathbf{Z}$，令其逆元为 a^{-1}，$a*a^{-1}=a+a^{-1}-2=e=2$，得 $a^{-1}=4-a$。

综合(1)、(2)、(3)、(4)可知，$<\mathbf{Z},*>$是群。

$\mathbf{Z}$ 是整数集，对于无限阶群的生成元只有两个，即 a 和 a^{-1}。

因为　$1^0=e=2$

$1^1=1$

$1^2=1*1=1+1-2=0$

$1^3=1*1*1=0+1-2=-1$

⋮

$1^n=2-n$，即 $n=2-1^n$

可知 1 是生成元，同理可以验证 $1^{-1}=3$ 也是生成元。

所以,$\langle \mathbf{Z}, * \rangle$是循环群。

例 8.7 考虑使正三角形重合的所有不同旋转与置换群$\langle S_3, \circ \rangle$的关系。

解:设 $S=\{1,2,3\}$,$S_3=\{p_1,p_2,p_3,p_4,p_5,p_6\}$是 S 上的所有三元置换组成的集合。$\circ$是 S 上的三元置换的复合运算。正三角形如图 8-1 所示。

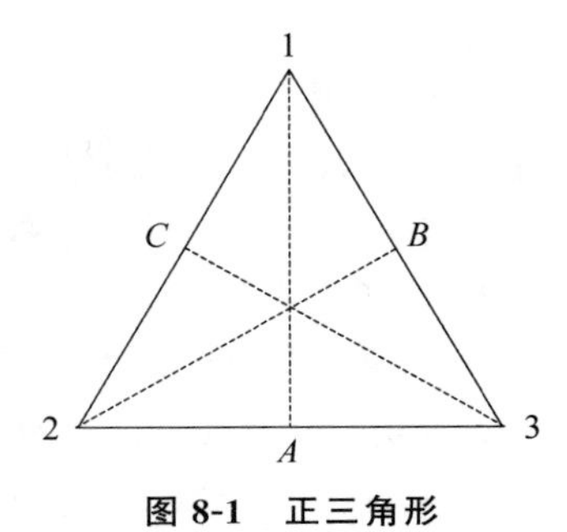

图 8-1 正三角形

$\boldsymbol{p}_1=\begin{bmatrix}1 & 2 & 3\\1 & 2 & 3\end{bmatrix}$,表示不动或逆时针旋转 360°。

$\boldsymbol{p}_2=\begin{bmatrix}1 & 2 & 3\\2 & 3 & 1\end{bmatrix}$,表示逆时针旋转 120°。

$\boldsymbol{p}_3=\begin{bmatrix}1 & 2 & 3\\3 & 1 & 2\end{bmatrix}$,表示逆时针旋转 240°。

$\boldsymbol{p}_4=\begin{bmatrix}1 & 2 & 3\\2 & 1 & 3\end{bmatrix}$,表示绕轴 $3C$ 旋转 180°。

$\boldsymbol{p}_5=\begin{bmatrix}1 & 2 & 3\\3 & 2 & 1\end{bmatrix}$,表示绕轴 $2B$ 旋转 180°。

$\boldsymbol{p}_6=\begin{bmatrix}1 & 2 & 3\\1 & 3 & 2\end{bmatrix}$,表示绕轴 $1A$ 旋转 180°。

置换群$\langle S_3, \circ \rangle$中的复合运算$\circ$表示旋转的合成运算,即两次旋转连续进行的结果。这里用置换和置换的复合运算符号来表示旋转和旋转的合成运算,是因为本质上它们完全一致。$\langle S_3, \circ \rangle$又称为正三角形的二面体群。

例 8.8 证明格$\langle L, \vee, \wedge \rangle$为分配格,当且仅当对 L 中任意元素 a、b、c,有

$$(a \wedge b) \vee (b \wedge c) \vee (c \wedge a)=(a \vee b) \wedge (b \vee c) \wedge (c \vee a)$$

证明:必要性。设格$\langle L, \vee, \wedge \rangle$为分配格,那么

$$\begin{aligned}(a \wedge b) \vee (b \wedge c) \vee (c \wedge a) &= ((a \vee b) \wedge (a \vee c) \wedge (b \vee (b \wedge c))) \vee (c \wedge a)\\ &= ((a \vee b) \wedge (a \vee c) \wedge b) \vee (c \wedge a)\\ &= ((a \vee c) \wedge b) \vee (c \wedge a)\\ &= (a \vee c) \wedge (b \vee (c \wedge a))\\ &= (a \vee b) \wedge (b \vee c) \wedge (c \vee a)\end{aligned}$$

充分性。为证充分性,可令 $a=(A \vee B) \wedge (A \vee C)$,$b=B \vee C$,$c=A$,从而对 A、B、C 证明$\vee$、$\wedge$能满足分配律。对 L 中任意元素 A、B、C,令 $a=(A \vee B) \wedge (A \vee C)$,$b=B \vee C$,$c=A$,计算:

$$\begin{aligned}&(a \wedge b) \vee (b \wedge c) \vee (c \wedge a)\\ &= ((A \vee B) \wedge (A \vee C) \wedge (B \vee C)) \vee ((B \vee C) \wedge A) \vee (A \wedge ((A \vee B) \wedge (A \vee C)))\\ &= ((A \vee B) \wedge (A \vee C) \wedge (B \vee C)) \vee ((B \vee C) \wedge A) \vee A\\ &= ((A \vee B) \wedge (A \vee C) \wedge (B \vee C)) \vee A\\ &= ((A \wedge B) \vee (A \wedge C) \vee (B \wedge C)) \vee A\\ &= A \vee (B \wedge C)\end{aligned}$$

$$\begin{aligned}&(a \vee b) \wedge (b \vee c) \wedge (c \vee a)\\ &= (((A \vee B) \wedge (A \vee C)) \vee (B \vee C)) \wedge ((B \vee C) \vee A) \wedge (A \vee ((A \vee B) \wedge (A \vee C)))\\ &= (((A \vee B) \wedge (A \vee C)) \vee (B \wedge C)) \wedge (B \vee C \vee A) \wedge ((A \vee B) \wedge (A \vee C))\end{aligned}$$

$=(((A \vee B) \wedge (A \vee C)) \vee (B \vee C)) \wedge ((A \vee B) \wedge (A \vee C))$

$=(A \vee B) \wedge (A \vee C)$

由题设$(a \wedge b) \vee (b \wedge c) \vee (c \wedge a)=(a \vee b) \wedge (b \vee c) \wedge (c \vee a)$，即$A \vee (B \wedge C)=(A \vee B) \wedge (A \vee C)$，所以格$<L, \vee, \wedge>$为分配格。

8.3 应用案例

8.3.1 物理世界中群的应用

问题描述：

(1) 设$A=\{1,2,3\}$，$f_1, f_2, \cdots, f_6$是A上的双射函数。其中：

$f_1=\{<1,1>,<2,2>,<3,3>\}$，$f_2=\{<1,2>,<2,1>,<3,3>\}$，

$f_3=\{<1,3>,<2,2>,<3,1>\}$，$f_4=\{<1,1>,<2,3>,<3,2>\}$，

$f_5=\{<1,2>,<2,3>,<3,1>\}$，$f_6=\{<1,3>,<2,1>,<3,2>\}$。

令$G=\{f_1, f_2, \cdots, f_6\}$，则$G$关于函数的复合运算构成群。请给出该群在物理世界中的解释。

(2) 正六面体的6个面分别用红、蓝两种颜色着色，有多少种不同方案？

(3) 用红、蓝两种颜色给正六面体的8个顶点着色，有多少种不同的方案？

解答：

(1) 设想一面墙上有三个洞A、B、C出现三种不同颜色(红、蓝、黄)，如图8-2所示(图中A、B、C为灰色、黑色和白色)。

图8-2所示颜色顺序变化有6种不同的方式，如表8-5所示。运算结果如表8-6所示。

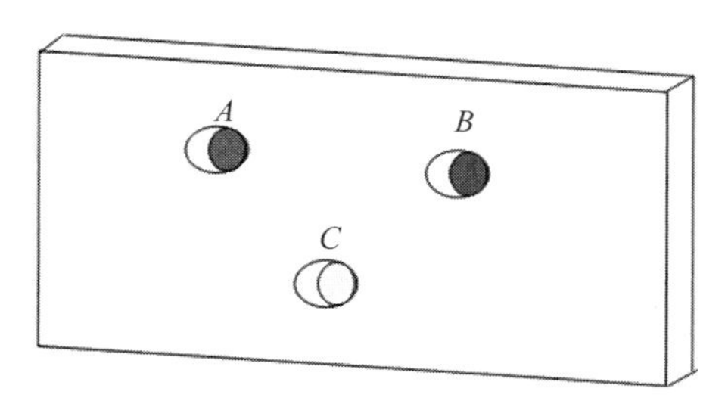

图8-2　墙上有三个洞出现三种不同颜色

表8-5　6种运算

函数	对应的变换(运算)
f_1	(1) 不变
f_2	(2) 对调A和B
f_3	(3) 对调A和C
f_4	(4) 对调B和C
f_5	(5) A换作B，B换作C，C换作A
f_6	(6) A换作C，C换作B，B换作A

表8-6　运算结果(先左后上)

	f_1	f_2	f_3	f_4	f_5	f_6
f_1	f_1	f_2	f_3	f_4	f_5	f_6
f_2	f_2	f_1	f_6	f_5	f_3	f_4
f_3	f_3	f_5	f_1	f_6	f_4	f_2
f_4	f_4	f_6	f_5	f_1	f_2	f_3
f_5	f_5	f_4	f_2	f_3	f_6	f_1
f_6	f_6	f_3	f_4	f_2	f_1	f_5

注：二元运算中第一元素取自最左列，第二元素取自最上面一行。

这些变换(运算)满足群的 4 条基本要求：

① 如果一个运算后跟着另一个运算，结果同单独施行某一个运算一样。

② 运算满足结合律，即 $x(yz)=(xy)z$。

③ 对于每一个运算存在一个逆运算(运算 5 和 6 互为逆运算，其他运算是自己的逆运算)。

④ 存在一个恒等运算使它保持原来顺序不变(运算 1)。

我们所观察到的这个现象有一个"最简单的"物理解释，如图 8-3 所示。假设墙后面藏着一块适当地染了色的三角形木块，保持与墙面方向一致，三角形的旋转或翻转一共只有 6 种不同的方式，正好对应于从墙洞中看到的 6 种场景。这个特别的群是一个有限的非交换群：有限是因为运算总数有限，非交换是因为运算施行的顺序会影响其结果(xy 不必等于 yx)。图 8-4 给了该群非交换性的一个证明，图 8-4(a)和图 8-4(b)分别给出了先运算 5、后运算 4 与先运算 4、后运算 5 的结果。

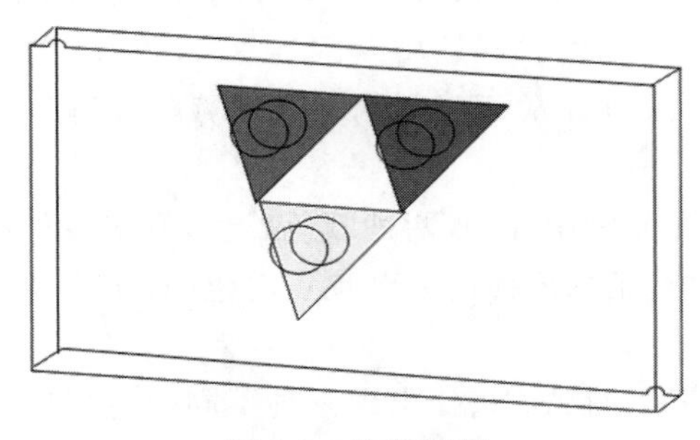

图 8-3　物理解释

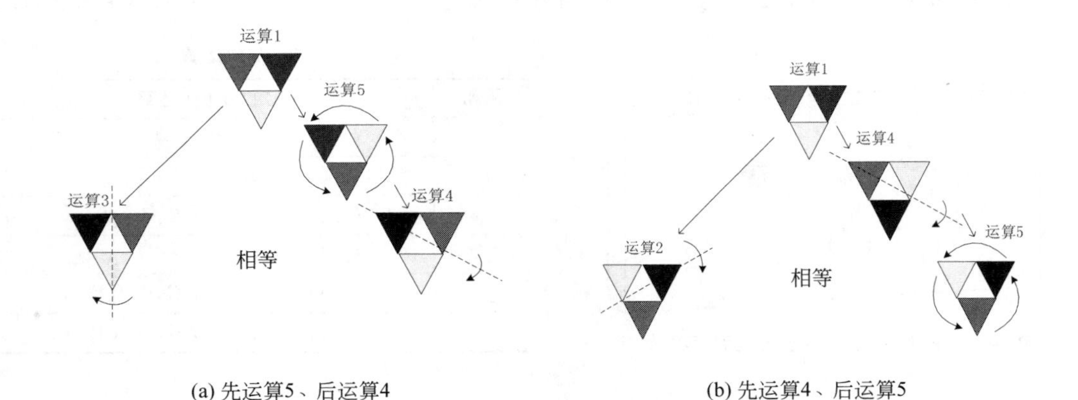

(a) 先运算5、后运算4　　(b) 先运算4、后运算5

图 8-4　非交换性证明

(2) 考虑正六面体的 6 个面分别用红、蓝两种颜色着色问题。使正六面体重合的刚体运动群，有如图 8-5(a)～8-5(c)所示的三种情况。

① 不动置换，即单位元素(1)(2)(3)(4)(5)(6)，格式为$(1)^6$。

② 绕过(1)面和(6)面中心的 AB 轴(见图 8-5(a))，旋转$\pm 90°$。对应有(1)(2 3 4 5)(6)和(1)(5 4 3 2)(6)。格式为$(1)^2(4)^1$。正六面体有三个对面，故同类的置换有 6 个。

③ 绕 AB 轴旋转 $180°$的有(1)(2 4)(3 5)(6)，格式为$(1)^2(2)^2$，同类的置换有 3 个。

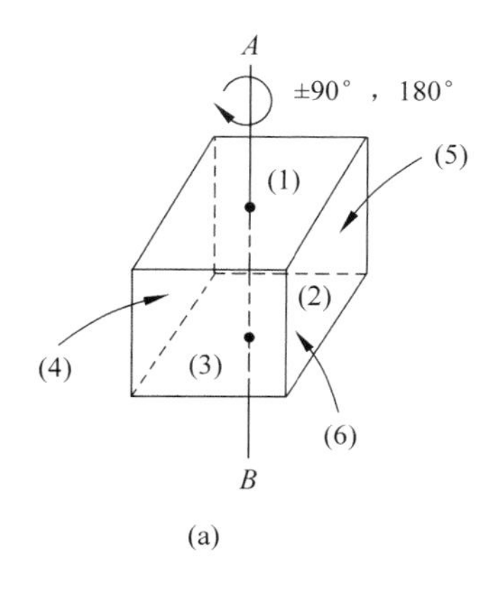

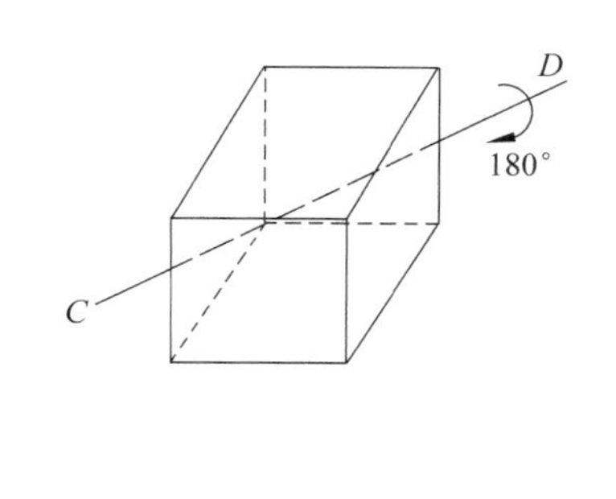

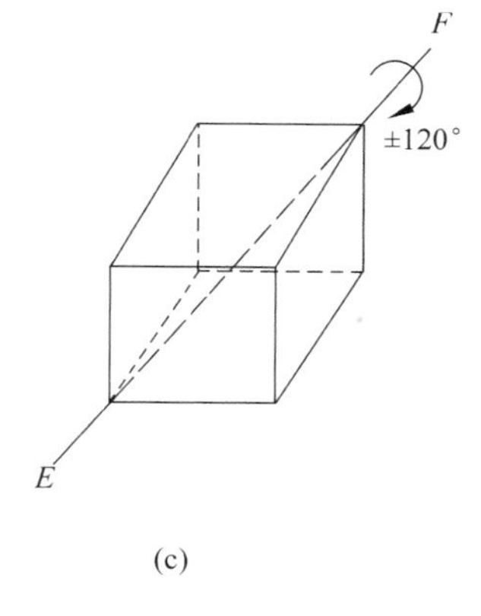

图 8-5 正六面体重合的刚体运动

④ 绕 CD 轴旋转 180°(见图 8-5(b))的置换分别为(1 6)(2 5)(3 4)，格式为$(2)^3$。正六面体中对角线位置的平行的棱有 6 对，故同类的置换有 6 个。

⑤ 绕正六面体的对角线 EF 旋转±120°(见图 8-5(c))，绕 EF 旋转 120°的置换分别为(3 4 6)(1 5 2)。绕 EF 旋转−120°的置换分别为(6 4 3)(2 5 1)，格式为$(3)^2$。正六面体的对角线有 4 条，故同类的置换有 8 个。

于是，正六面体的 6 个面分别用两种颜色着色，不同的染色方案数为

$$\begin{aligned}M&=(2^6+6\times2^3+3\times2^4+6\times2^3+8\times2^2)\div24\\&=(64+48+48+48+32)\div24\\&=10\end{aligned}$$

(3) 考虑用两种颜色给正六面体的 8 个顶点着色问题。如图 8-6 所示，使正六面体重合的关于顶点的运动群如下。

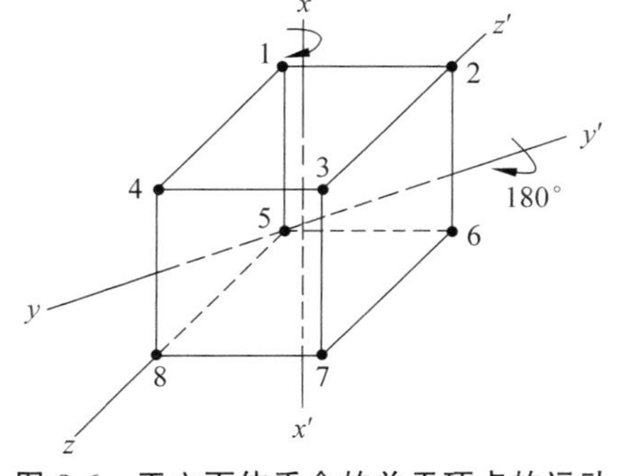

图 8-6 正六面体重合的关于顶点的运动

① 单位元素(1)(2)(3)(4)(5)(6)(7)(8)，格式$(1)^8$。

② 绕 xx'轴旋转±90°的置换分别为(1 2 3 4)(5 6 7 8)，(4 3 2 1)(8 7 6 5)，格式为$(4)^2$，同类的置换有 6 个。

③ 绕 xx'轴旋转 180°的置换分别为(1 3)(2 4)(5 7)(6 8)，格式为$(2)^4$，同类的置换有 3 个。

④ 绕 yy'轴旋转 180°的置换分别为(1 7)(2 6)(3 5)(4 8)，格式为$(2)^4$，同类的置换有 6 个。

⑤ 绕 zz'旋转±120°的置换分别为(1 3 6)(4 7 5)(8)(2)，(6 3 1)(5 7 4)(2) (8)，格式为$(3)^2(1)^2$。同类的置换有 8 个。

用两种颜色给正六面体的 8 个顶点着色，不同的方案数为

$$M=(2^8+6\times2^2+3\times2^4+6\times2^4+8\times2^4)\div24=552\div24=23$$

8.3.2 群码及纠错能力

问题描述：设 S_n 是长度为 n 的字集，即 $S_n=\{x_1x_2\cdots x_n\mid x_i=0\text{ 或 }1,i=1,2,\cdots,n\}$，$\forall X,Y\in S_n$，$X=x_1x_2\cdots x_n$，$Y=y_1y_2\cdots y_n$，在 S_n 上定义二元运算∘为

$$Z = X \circ Y = z_1 z_2 \cdots z_n$$

其中,$z_i = x_i +_2 y_i (i=1,2,\cdots,n)$,而运算符$+_2$为模 2 加运算(即 $0+_2 1=1+_2 0=1, 0+_2 0=1+_2 1=0$),称运算$\circ$为按位加。

$\langle S_n, \circ \rangle$构成群,其幺元为 00…0,每个元素的逆元是其自身。S_n 的任一非空子集 C,如果$\langle C, \circ \rangle$是群,即 C 是 S_n 的子群,则称码 C 是群码(group code)。

请阐述群码的纠错能力。

解答:在计算机及数据通信中,需要将二进制数字信号进行传递。在传递过程中,由于存在干扰,可能会使二进制信号产生失真现象,即在传递过程中二进制信号 0 可能会变成 1,1 可能会变成 0。

采用纠错码的方法可以提高抗干扰能力。这种纠错码的方法是从编码上下功夫,使得二进制数码在传递过程中一旦出错,在接收端的纠错码装置就能立刻发现错误,并将其纠正。

由 0 和 1 组成的串称为字,一些字的集合称为码。码中的字称为码字。不在码中的字称为废码。码中的每个二进制信号 0 或 1 称为码元。

下面通过例子说明纠错码为什么具有发现错误、纠正错误的能力,以及纠错码是按什么样的原理去编码的。

(1) 不具有抗干扰能力的编码。设有长度为 2 的字,它们一共可有 $2^2=4$ 个,它们所组成的字集为 $S_2=\{00,01,10,11\}$。当选取编码为 S_2 时,这种编码不具有抗干扰能力。因为当 S_2 中的一个字如 10,在传递过程中其第一个码元 1 变为 0,因而整个字成为 00 时,由于 00 也是 S_2 中的字,故我们不能发现传递中是否出错。

(2) 可发现错误而不能纠正错误的编码。当我们选取 S_2 的一个子集如 $C_2=\{01,10\}$ 作为编码时,就会发生另一种完全不同的情况。因为此时 00 和 11 均为废码,而当 01 在传递过程中第一个码元由 0 变为 1,或者 10 在传递过程中第二个码元由 0 变为 1,即整个字成为 11 时,由于 11 是废码,因而我们发现传递过程中出现了错误。对 10 或 01 中的 1 变为 0,情况类似。可见,这种编码有一个缺点,即它只能发现错误而不能纠正错误,因此我们还需要选择另一种能纠错的编码。

(3) 能发现并纠正单个错误的编码。考虑长度为 3 的字,它们一共可有 $2^3=8$ 个,它们所组成的字集为 $S_3=\{000,001,010,011,100,101,110,111\}$。

选取编码 $C_3=\{101,010\}$。利用此编码我们不仅能发现错误而且能纠正错误。因为码字 101 出现单个错误后将变为 001、111、100;而码字 010 出现错误后将变为 110、000、011。故如码字 101 在传递过程中任何一个码元出现了错误,则整个码字只会变为 111、100 或 001,但是都可知其原码为 101。对于码字 010 也有类似的情况。故对编码 C_3,不仅能发现错误,而且能纠正错误。

当然,上述编码还有一个缺点,就是它只能发现并纠正单个错误。当错误超过两个码元时,它就既不能发现错误,更无法纠正错误了。

下面介绍纠错码的纠错能力。在前面例子中我们发现,C_2 编码仅能发现错误,C_3 编码可发现并纠正单个错误。可见,不同的编码具有不同的纠错能力。下面介绍编码方式与纠错能力之间的联系。

设 $X=x_1x_2\cdots x_n$，$Y=y_1y_2\cdots y_n$ 是 S_n 中的两个元素，称 $H(X,Y)=\sum_{i=1}^{n}(x_i+_2 y_i)$ 为 X 与 Y 的汉明距离(Hamming distance)。

X 和 Y 的汉明距离是 X 和 Y 中对应位码元不同的个数。设 S_3 中两个码字为 000 和 011，这两个码字的汉明距离为 2。而 000 和 111 的汉明距离为 3。关于汉明距离，有以下结论：①$H(X,X)=0$；②$H(X,Y)=H(Y,X)$；③$H(X,Y)+H(Y,Z)\geqslant H(X,Z)$。

一个码 C 中所有不同码字的汉明距离的极小值称为码 C 的最小距离，记作 $d_{\min}(C)$。即 $d_{\min}(C)=\min\{H(X,Y)\mid X,Y\in C\wedge X\neq Y\}$。例如，$d_{\min}(S_2)=d_{\min}(S_3)=1$，$d_{\min}(C_2)=2$，$d_{\min}(C_3)=3$。

利用编码 C 的最小距离，可以刻画编码方式与纠错能力之间的关系，如下定理所述。

定理 1：一个码 C 能检查出不超过 k 个错误的充分必要条件为 $d_{\min}(C)\geqslant k+1$。

定理 2：一个码 C 能纠正 k 个错误的充分必要条件是 $d_{\min}(C)\geqslant 2k+1$。

对于 $C_2=\{01,10\}$，因为 $d_{\min}(C_2)=2=1+1$，所以 C_2 可以检查出单个错误；对于 $C_3=\{101,010\}$，$d_{\min}(C_3)=3$，故 C_3 能够发现并纠正单个错误；对于 S_2 和 S_3 分别包含了长度为 2、3 的所有码，因而 $d_{\min}(S_2)=d_{\min}(S_3)=1$，从而 S_2、S_3 既不能检查错误，也不能纠正错误。因此我们知道一个编码如果包含了某个长度的所有码字，则此编码一定无抗干扰能力。

奇偶校验码(parity code)的编码。编码 $S_2=\{00,01,10,11\}$ 没有抗干扰能力，但可以在 S_2 的每个码字后增加一位(称为奇偶校验位)，这一位是这样安排的，它使每个码字所含 1 的个数为偶数，按这种方法编码后 S_2 就变为 $S_2'=\{000,011,101,110\}$，而它的最小距离 $d_{\min}(S_2')=2$，由定理 1 可知，它可检查出单个错误。事实也是如此，当传递过程中发生单个错误时，码字就变为含有奇数个 1 的废码。

可以把上述结果推广到 S_n 中去，不管 n 多大，只要增加一奇偶校验位总可以查出一个错误。这是在计算机中使用很普遍的一种纠错码，其优点是所付出的代价较小(只增加一位附加的奇偶校验位)，而且这种码的生成与检查也很简单，其缺点是不能纠正错误。

纠错码的选择：前面分析发现 S_2 无纠错能力，但在 S_2 中选取 C_2 后，C_2 具有发现单个错误的能力。同样，S_3 无纠错误能力，但在 S_3 中选取 C_3 后，C_3 具有纠正单个错误的能力。下面介绍一种很重要的编码——汉明编码，这种编码能发现并纠正单个错误。

设有编码 S_4，S_4 中每个码字为 $a_1a_2a_3a_4$，若增加三位校验位 $a_5a_6a_7$，从而使它成为长度为 7 的码字 $a_1a_2a_3a_4a_5a_6a_7$。其中，校验位 $a_5a_6a_7$ 应满足下列方程：

$$a_1+_2 a_2+_2 a_3+_2 a_5=0 \tag{8-1}$$

$$a_1+_2 a_2+_2 a_4+_2 a_6=0 \tag{8-2}$$

$$a_1+_2 a_3+_2 a_4+_2 a_7=0 \tag{8-3}$$

也就是要满足：

$$a_5=a_1+_2 a_2+_2 a_3$$

$$a_6=a_1+_2 a_2+_2 a_4$$

$$a_7=a_1+_2 a_3+_2 a_4$$

因此，a_1、a_2、a_3、a_4 一旦确定，则校验位 a_5、a_6、a_7 可根据上述方程唯一确定。这样，由 S_4 就可以得到一个长度为 7 的编码 C，如表 8-7 所示。

表 8-7　长度为 7 的编码 C

a_1	a_2	a_3	a_4	a_5	a_6	a_7
0	0	0	0	0	0	0
0	0	0	1	0	1	1
0	0	1	0	1	0	1
0	0	1	1	1	1	1
0	1	0	0	1	1	0
0	1	0	1	1	0	1
0	1	1	0	0	1	1
0	1	1	1	0	0	0
1	0	0	0	1	1	1
1	0	0	1	1	0	0
1	0	1	0	0	1	0
1	0	1	1	0	0	1
1	1	0	0	0	0	1
1	1	0	1	0	1	0
1	1	1	0	1	0	0
1	1	1	1	1	1	1

上述的编码 C 能发现一个错误,并能纠正单个错误。因为如果 C 中码字发生单个错误,则上述三个方程必定至少有一个等式不成立;当 C 中码字发生单个错误后,不同的字位错误可使方程中不同的等式不成立,如当 a_2 发生错误时必有方程式(8-1)和方程式(8-2)不成立,而当 a_3 发生错误时必有方程式(8-1)和方程式(8-3)不成立,方程中三个等式的 8 种组合可对应 $a_1 \sim a_7$ 的 7 个码元的错误及一个正确无误的码字。

为讨论方便建立三个谓词:

$P_1(a_1,a_2,\cdots,a_7)$: $a_1 +_2 a_2 +_2 a_3 +_2 a_5 = 0$

$P_2(a_1,a_2,\cdots,a_7)$: $a_1 +_2 a_2 +_2 a_4 +_2 a_6 = 0$

$P_3(a_1,a_2,\cdots,a_7)$: $a_1 +_2 a_3 +_2 a_4 +_2 a_7 = 0$

这三个谓词的真假与对应等式是否成立相一致。

建立三个集合 S_1、S_2、S_3,分别对应 P_1、P_2、P_3。令

$S_1 = \{a_1,a_2,a_3,a_5\}$

$S_2 = \{a_1,a_2,a_4,a_6\}$

$S_3 = \{a_1,a_3,a_4,a_7\}$

显然,S_i 是使 P_i 为假的所有出错字的集合。可以构成下面 7 个非空集合:

$\{a_1\} = S_1 \cap S_2 \cap S_3$,$\{a_2\} = S_1 \cap S_2 \cap \overline{S}_3$,$\{a_3\} = S_1 \cap \overline{S}_2 \cap S_3$,$\{a_4\} = \overline{S}_1 \cap S_2 \cap S_3$,

$\{a_5\} = S_1 \cap \overline{S}_2 \cap \overline{S}_3$,$\{a_6\} = \overline{S}_1 \cap S_2 \cap \overline{S}_3$,$\{a_7\} = \overline{S}_1 \cap \overline{S}_2 \cap S_3$。

从这 7 个集合可以判定出错位。例如,$\{a_3\} = S_1 \cap \overline{S}_2 \cap S_3$,即 $a_3 \notin S_2$ 表示,$a_3 \in S_1$,$a_3 \in S_3$,所以 a_3 出错,则必有 P_2 为真,P_1、P_3 为假。反之亦然。以此类推,可得到表 8-8

所示的纠错对照表。从表 8-8 中可看出，这种编码 C 能纠正一个错误。

表 8-8　纠错对照表

P_1	P_2	P_3	出错码元	P_1	P_2	P_3	出错码元
0	0	0	a_1	1	0	0	a_5
0	0	1	a_2	1	0	1	a_6
0	1	0	a_3	1	1	0	a_7
0	1	1	a_4	1	1	1	无

8.4　习题解答

8.1　判断下列集合对所给的二元运算是否封闭。

(1) 非零整数集合 $\mathbf{Z}^*$ 和普通的除法运算。

(2) 全体 $n\times n$ 实矩阵集合 $\boldsymbol{M}_n(\mathbf{R})$ 和矩阵加法及乘法运算，其中 $n\geqslant 2$。

(3) 正实数集合 $\mathbf{R}^+$ 和∘运算，其中∘运算定义为：$\forall a,b\in\mathbf{R}^+, a\circ b=ab-a-b$。

(4) $A=\{a_1,a_2,\cdots,a_n\}, n\geqslant 2$。∘运算定义为：$\forall a_i,a_j\in A, a_i\circ a_j=a_i$。

(5) $S=\{0,1\}$，S 关于普通的加法和乘法运算。

(6) $S=\{x\mid x=2^n, n\in\mathbf{Z}^+\}$，$S$ 关于普通的加法和乘法运算。

解：(2)和(4)中的二元运算是封闭的；(5)中的乘法运算和(6)中的乘法运算是封闭的。

8.2　列出以下运算的运算表。

(1) $A=\left\{1,2,\frac{1}{2}\right\}$，$\forall x\in A$，$\circ x$ 是 x 的倒数，即 $\circ x=\frac{1}{x}$。

(2) $A=\{1,2,3,4\}$，$\forall x,y\in A$ 有 $x\circ y=\max(x,y)$，$\max(x,y)$ 是 x 和 y 之中较大的数。

解：(1) 运算的运算表如表 8-9 所示。

(2) 运算的运算表如表 8-10 所示。

表 8-9　习题 8.2(1)运算表

x_i	$\circ x_i$
1	1
2	1/2
1/2	2

表 8-10　习题 8.2(2)运算表

∘	1	2	3	4
1	1	2	3	4
2	2	2	3	4
3	3	3	3	4
4	4	4	4	4

8.3　对于习题 8.1 中封闭的二元运算，判断其是否适合交换律、结合律和分配律。

解：封闭的有(2)和(4)中的二元运算以及(5)和(6)中的乘法运算。其中，(2)满足结合律和分配律，(4)满足结合律，(5)中的乘法运算满足交换律、结合律，(6)中的乘法运算满足交换律、结合律。

8.4 $S=\mathbf{Q}\times\mathbf{Q}$,$\mathbf{Q}$为有理数集,$*$为$S$上的二元运算,$\forall\langle a,b\rangle,\langle x,y\rangle\in S$有$\langle a,b\rangle*\langle x,y\rangle=\langle ax,ay+b\rangle$。

(1) $*$运算在S上是否可交换,可结合?是否为幂等的?

(2) $*$运算是否有单位元,零元?如果有,请指出,并求S中所有可逆元素的逆元。

解:(1) 不可交换,可结合,不是幂等的。

(2) 单位元$\langle 1,0\rangle$,没有零元,逆元为$\left\langle \frac{1}{x},-\frac{y}{x}\right\rangle$。

8.5 $\mathbf{R}$为实数集,定义以下6个函数$f_1,f_2,\cdots,f_6$。$\forall x,y\in\mathbf{R}$有

$f_1(\langle x,y\rangle)=x+y$;$f_2(\langle x,y\rangle)=x-y$;$f_3(\langle x,y\rangle)=x\cdot y$;

$f_4(\langle x,y\rangle)=\max(x,y)$;$f_5(\langle x,y\rangle)=\min(x,y)$;$f_6(\langle x,y\rangle)=|x-y|$。

(1) 指出哪些函数是$\mathbf{R}$上的二元运算。

(2) 对所有$\mathbf{R}$上的二元运算说明是否为可交换、可结合、幂等的。

(3) 求出所有$\mathbf{R}$上二元运算的单位元、零元及每一个可逆元素的逆元。

解:(1) 所有函数都是$\mathbf{R}$上的二元运算。

(2) 可交换的有f_1、f_3、f_4、f_5、f_6;可结合的有f_1、f_3、f_4、f_5;幂等的有f_4、f_5。

(3) f_1的单位元为0,没有零元,x的逆元为$-x$;f_3的单位元为1,零元为0,x的逆元为x^{-1};f_2、f_4、f_5和f_6没有单位元、零元。

8.6 令$S=\{a,b\}$,其上有4个二元运算:$*$,$\circ$,$\cdot$和□,分别由表8-11～表8-14确定。

表8-11 $*$运算表

$*$	a	b
a	a	a
b	a	a

表8-12 $\circ$运算表

$\circ$	a	b
a	a	b
b	b	a

表8-13 $\cdot$运算表

$\cdot$	a	b
a	b	a
b	a	a

表8-14 □运算表

□	a	b
a	a	b
b	a	b

(1) 这4个运算中哪些运算满足交换律、结合律、幂等律?

(2) 求出每个运算的单位元、零元及所有可逆元素的逆元。

解:(1) $*$满足交换律、结合律。$\circ$满足交换律、结合律。$\cdot$满足交换律、结合律。□满足幂等律。

(2) $*$运算无单位元,零元是a。

$\circ$运算的单位元是a,无零元,a的逆元是a,b的逆元是b。

$\cdot$运算无单位元,无零元。

□运算无单位元,无零元。

8.7 设$\langle A,*\rangle$是一个代数系统,$*$可结合,且任意$x,y\in A$,若$x*y=y*x$,则$x=y$。证明:对任意$x\in A$,$x*x=x$。

证明:因为$*$可结合,所以$x*(x*x)=(x*x)*x$。根据题意,任意$x,y\in A$,若$x*y=y*x$,则$x=y$。所以$x*x=x$。

8.8 设$S=\{a,b,c,d,e\}$,S上运算$*$由表8-15给定。

表 8-15　$*$运算表

$*$	**a**	**b**	**c**	**d**	**e**
a	a	b	c	b	d
b	b	c	a	e	c
c	c	a	b	b	a
d	b	e	b	e	d
e	d	b	a	d	c

(1) 计算$(a*b)*c$和$a*(b*c)$,由计算结果是否可以断定$*$运算满足结合律?

(2) 计算$(b*d)*c$和$b*(d*c)$。

(3) 运算满足交换律吗?为什么?

解:(1) 由表 8-15 所示的运算表可知,$(a*b)*c=b*c=a$,$a*(b*c)=a*a=a$,仅由此计算结果不能判定$*$运算满足结合律,因为在此S集合中,a、b、c为三个特定元素。

(2) $(b*d)*c=e*c=a$,$b*(d*c)=b*b=c$,即$(b*d)*c\neq b*(d*c)$。

(3) 运算不满足交换律。因为$e*b=b$,$b*e=c$,即$e*b\neq b*e$。

8.9　已知S上运算$*$满足结合律与交换律。证明:对S中任意元素a、b、c、d,有$(a*b)*(c*d)=((d*c)*a)*b$。

证明:由于S上运算$*$满足交换律与结合律,因此,对S中任意元素a、b、c、d,有$(a*b)*(c*d)=(a*b)*(d*c)=(d*c)*(a*b)=((d*c)*a)*b$。

8.10　完成表 8-16 和表 8-17 的运算表,使之定义的运算$*_1$和$*_2$满足结合律。

表 8-16　待完成的$*_1$运算表

$*_1$	**a**	**b**	**c**	**d**
a	a	b	c	d
b	b	a	d	c
c	c	d	a	b
d				

表 8-17　待完成的$*_2$运算表

$*_2$	**a**	**b**	**c**	**d**
a	b	a	c	d
b	b	a	c	d
c				
d	d	c	c	d

解:完成后的$*_1$运算表如表 8-18 所示。完成后的$*_2$运算表如表 8-19 所示。

表 8-18　完成后的$*_1$运算表

$*_1$	**a**	**b**	**c**	**d**
a	a	b	c	d
b	b	a	d	c
c	c	d	a	b
d	d	c	b	a

表 8-19　完成后的$*_2$运算表

$*_2$	**a**	**b**	**c**	**d**
a	b	a	c	d
b	b	a	c	d
c	c	d	c	d
d	d	c	c	d

8.11　设集合S有n个元素,可定义多少个S上的二元运算?可定义多少个S上的满足交换律的二元运算?

解:S上的二元运算有n^{n*n}个,满足交换律的二元运算有$n^{1+2+3+4+\cdots+n}=n^{n(n+1)/2}$个。

8.12　S及其S上的运算$*$如下定义,各种定义下$*$运算是否满足结合律和交换律?$<S,*>$中是否有幺元和零元?S中哪些元素有逆元,哪些元素没有逆元?

(1) S 为 **I**(整数集),$x*y=x-y$。

(2) S 为 **Q**(有理数集),$x*y=\frac{x+y}{2}$。

(3) S 为 **N**(自然数集),$x*y=2^{xy}$。

(4) S 为 **N**(自然数集),$x*y=x$。

解:(1) 不满足交换律和结合律。无幺元,无零元。

(2) 满足交换律,不满足结合律。无幺元,无零元。

(3) 满足交换律,不满足结合律。无幺元,无零元。

(4) 不满足交换律,满足结合律。无幺元,无零元。

8.13 设代数系统($\mathbf{R}^*$,$\circ$),其中 $\mathbf{R}^*$ 是非 0 实数集,二元运算$\circ$为:$\forall a,b\in\mathbf{R}^*$,$a\circ b=ab$,运算$\circ$是否满足交换律和结合律?并求单位元及可逆元素的逆元。

解:满足交换律,满足结合律。单位元为 1。a 的逆元为 $a^{-1}=\frac{1}{a}$。

8.14 设 $S=\{1,2,\cdots,10\}$,下面定义的运算能否与 S 构成代数系统 $<S,*>$?如果能构成代数系统,则说明 $*$ 运算是否满足交换律和结合律,并求 $*$ 运算的单位元和零元。

(1) $x*y=\gcd(x,y)$,$\gcd(x,y)$是 x 与 y 的最大公约数。

(2) $x*y=\text{lcm}(x,y)$,$\text{lcm}(x,y)$是 x 与 y 的最小公倍数。

(3) $x*y=$大于或等于 x 和 y 的最小整数。

(4) $x*y=$素数 p 的个数,其中 $x\leqslant p\leqslant y$。

解:(1) 满足交换律和结合律。无幺元,零元为 1。

(2) 不构成代数系统。例如,$3,5\in S$,但 $3*5=\text{lcm}(3,5)=15\notin S$,运算不封闭。

(3) 满足交换律和结合律。幺元为 1,零元为 10。

(4) 不构成代数系统。例如,$5,3\in S$,但 $5*3=0\notin S$,运算不封闭。

8.15 下面各集合都是 **N** 的子集,它们能否构成代数系统 $V=<\mathbf{N},+>$的子代数?

(1) $\{x\mid x\in\mathbf{N}\wedge x$ 可以被 16 整除$\}$。

(2) $\{x\mid x\in\mathbf{N}\wedge x$ 与 8 互素$\}$。

(3) $\{x\mid x\in\mathbf{N}\wedge x$ 是 40 的因子$\}$。

(4) $\{x\mid x\in\mathbf{N}\wedge x$ 是 30 的倍数$\}$。

解:(1)和(4)可以构成代数系统 $V=<\mathbf{N},+>$的子代数。对于(2),因为 $15,1\in V$,但 $15+1=16\notin V$,所以不构成代数系统 $V=<\mathbf{N},+>$的子代数。对于(3),因为 $4,10\in V$,但 $4+10=14\notin V$,所以不构成代数系统 $V=<\mathbf{N},+>$的子代数。

8.16 设 $V_1=<\{1,2,3\},\circ,1>$,其中 $x\circ y$ 表示取 x 和 y 之中较大的数。$V_2=<\{5,6\},*,6>$,其中 $x*y$ 表示取 x 和 y 之中较小的数。求出 V_1 和 V_2 的所有子代数。指出哪些是平凡子代数,哪些是真子代数。

解:V_1 的所有子代数为:$<\{1\},\circ,1>$,$<\{1,2\},\circ,1>$,$<\{1,3\},\circ,1>$,$<\{1,2,3\},\circ,1>$,其中,$<\{1\},\circ,1>$和$<\{1,2,3\},\circ,1>$是平凡子代数,$<\{1,2\},\circ,1>$和$<\{1,3\},\circ,1>$是真子代数。V_2 的所有子代数$<\{6\},*,6>$和$<\{5,6\},*,6>$都是平凡子代数。

8.17 设 $V=<\mathbf{Z},+,\cdot>$,其中$+$和$\cdot$分别代表普通加法和普通乘法,对下面给定的每个集合确定它是否构成 V 的子代数,为什么?

(1) $S_1=\{2n|n\in\mathbf{Z}\}$。

(2) $S_2=\{2n+1|n\in\mathbf{Z}\}$。

(3) $S_3=\{-1,0,1\}$。

解：能构成 V 的子代数的有(1)。对于(2)，因为 $5,3\in S_2$，但 $5+3=8\notin S_2$，所以不构成代数系统 V 的子代数。对于(3)，因为 $1\in S_3$，但 $1+1=2\notin S_3$，所以不构成代数系统 V 的子代数。

8.18 证明：$f:\mathbf{R}^+\to\mathbf{R}$，$f(x)=\log x$ 为代数结构 $<\mathbf{R}^+,\cdot>$ 到 $<\mathbf{R},+>$ 的同态(这里 $\mathbf{R}^+$ 为正实数集，$\mathbf{R}$ 为实数集，$\cdot$，$+$ 为数乘运算和数加运算)。它是否为一同构映射？为什么？

证明：$f:\mathbf{R}^+\to\mathbf{R}$，$f(x)=\log x$，由于对任意 $x\in\mathbf{R}^+$，有唯一 $f(x)=\log x\in\mathbf{R}$，故 f 为 $\mathbf{R}^+$ 到 $\mathbf{R}$ 的函数。又由于对任意 $x_1,x_2\in\mathbf{R}^+$，$f(x_1\cdot x_2)=\log(x_1\cdot x_2)=\log x_1+\log x_2=f(x_1)+f(x_2)$，故 f 为 $<\mathbf{R}^+,\cdot>$ 到 $<\mathbf{R},+>$ 的同态。同时，由于对任意 $x_1,x_2\in\mathbf{R}^+$，$x_1\neq x_2$，$\log x_1\neq\log x_2$，即 $f(x_1)\neq f(x_2)$，故 f 为单射函数；由于对任意 $y\in\mathbf{R}$，取 $x=2^y\in\mathbf{R}^+$ 使 $f(x)=\log 2^y=y$，故 f 为满射函数。因此，f 为双射函数。因此，f 为一同构映射。

8.19 设 $A=\{a,b,c\}$，代数系统 $<\{\varnothing,A\},\cup,\cap>$ 和 $<\{\{a,b\},A\},\cup,\cap>$ 是否同构？

解：同构。

8.20 设 $A=\{0,1\}$，试给出半群 $<A^A,\circ>$ 的运算表，其中 $\circ$ 为函数的复合运算。

解：半群中的元素如表 8-20 所示。

表 8-20 半群中的元素表

A	f_1	f_2	f_3	f_4
0	0	0	1	1
1	0	1	0	1

群 $<A^A,\circ>$ 的运算表如表 8-21 所示。

表 8-21 群 $<A^A,\circ>$ 的运算表

$\circ$	f_1	f_2	f_3	f_4
f_1	f_1	f_1	f_1	f_1
f_2	f_1	f_2	f_3	f_4
f_3	f_4	f_3	f_2	f_1
f_4	f_4	f_4	f_4	f_4

8.21 f_1 和 f_2 都是从代数系统 $<A,\bigstar>$ 到代数系统 $<B,*>$ 的同态。设 g 是从 A 到 B 的一个映射，使得对任意 $a\in A$，都有 $g(a)=f_1(a)*f_2(a)$。证明：如果 $<B,*>$ 是一个可交换半群，那么 g 是一个由 $<A,\bigstar>$ 到 $<B,*>$ 的同态。

证明：因为对于任意的 $a,b\in A$，都有

$$\begin{aligned}g(a\bigstar b)&=f_1(a\bigstar b)*f_2(a\bigstar b)=f_1(a)*f_1(b)*f_2(a)*f_2(b)\\&=f_1(a)*f_2(a)*f_1(b)*f_2(b)\end{aligned}$$

$=(f_1(a)*f_2(a))*(f_1(b)*f_2(b))$

$=g(a)*g(b)$

所以,g 是由$<A,★>$到$<B,*>$的同态。

8.22 证明:含幺半群的可逆元素集合构成一个子半群,即$<\mathrm{inv}(S),*>$为半群$<S,*>$的子半群。

证明:对任意 $x,y\in \mathrm{inv}(S)$,存在 $x^{-1},y^{-1}\in S$ 使 $x*x^{-1}=x^{-1}*x=e,y*y^{-1}=y^{-1}*y=e$。又因为半群中 $*$ 运算满足结合律,因而$(x*y)*(x*y)^{-1}=(x*y)*(y^{-1}*x^{-1})=x*(y*y^{-1})*x^{-1}=x*e*x^{-1}=x*x^{-1}=e$。同理,$(x*y)^{-1}*(x*y)=(y^{-1}*x^{-1})*(x*y)=y^{-1}*(x^{-1}*x)*y=e$。于是,$(x*y)^{-1}\in S$,即 $\mathrm{inv}(S)$对 $*$ 封闭,从而$<\mathrm{inv}(S),*>$为$<S,*>$的子代数。故$<\mathrm{inv}(S),*>$为$<S,*>$的子半群。

8.23 设$<S,*>$为一个半群,$z\in S$ 为左(右)零元。证明:对任一 $x\in S$,$x*z(z*x)$也为左(右)零元。

证明:假设 z 为 S 的左零元,则对任意 $a\in S$,$z*a=z$。考虑任意 $x\in S$,由于$<S,*>$是半群,于是 $*$ 满足结合律,因而$(x*z)*a=x*(z*a)=x*z$,故 $x*z$ 为$<S,*>$的左零元。对 z 为 S 的右零元情况,对任意 $a\in S$,$a*z=z$,考虑任意 $x\in S$,$a*(z*x)=(a*z)*x=z*x$,$z*x$ 为$<S,*>$的右零元。

8.24 设$<S,*>$为一个半群,a、b、c 为 S 中给定元素,证明:若 a、b、c 满足 $a*c=c*a$,$b*c=c*b$,那么$(a*b)*c=c*(a*b)$。

证明:因为$<S,*>$为一个半群,于是 $*$ 运算满足结合律,又由 $a*c=c*a$,$b*c=c*b$,故$(a*b)*c=a*(b*c)=a*(c*b)=(a*c)*b=(c*a)*b=c*(a*b)$。

8.25 设$<\{a,b\},*>$为一个半群,且 $a*a=b$,证明:

(1) $a*b=b*a$。

(2) $b*b=b$。

证明:(1) 因为$<\{a,b\},*>$为一个半群,于是 $*$ 运算满足结合律,又 $a*a=b$,因而 $a*b=a*(a*a)=(a*a)*a=b*a$。

(2) 因为$<\{a,b\},*>$为半群,于是 $*$ 运算封闭。假设 $b*b\neq b$,则 $b*b=a$。于是

① 若令 $a*b=b*a=a$,则 $b*b=b*a*a=a*a=b$,矛盾。

② 若令 $a*b=b*a=b$,则 $b*b=a*a*b=a*b=b$,矛盾。

综合①和②,有 $b*b=b$。

8.26 证明:独异点的元素可逆当且仅当它是幺元的因子。

证明:必要性:设代数结构$<S,*>$为独异点,$x\in S$ 可逆,则 $x^{-1}\in S$,且 $x*x^{-1}=x^{-1}*x=e$,于是 x 是e 的因子。充分性:设 $x\in S$ 为幺元e 的因子,则存在 $a,b\in S$,使 $e=a*x$,$e=x*b$,这说明 a 为 x 的左逆元,b 为 x 的右逆元。又$<S,*>$为独异点,$*$ 满足结合律,故 $a=b$ 为 x 的逆元,即 x 可逆。

8.27 设$<S,*>$为一个半群,且 S 中有元素 a,使得对于任意 $x\in S$,均有 S 中元素 u 和 v 满足 $a*u=v*a=x$,证明:$<S,*>$为独异点(提示:考虑 $x=a$ 时的 u 和 v)。

证明:考虑 $x=a$ 时的 u 和 v。由题意知,对元素 $a\in S$,有 $u_a,v_a\in S$,满足 $a*u_a=v_a*a=a$。由题意,对于任意 $x\in S$,均有 $u_x,v_x\in S$,满足 $a*u_x=v_x*a=x$。由$<S,x>$为半群,运算 $*$ 满足结合律,从而有 $v_a*x=v_a*(a*u_x)=(v_a*a)*u_x=a*u_x=x$;$x*u_a$

$=(v_x*a)*u_a=v_x*(a*u_a)=v_x*a=x$。这说明 v_a 和 u_a 分别为 $<S,*>$ 的左右幺元，$<S,*>$ 有幺元 $e=v_a=u_a$，故半群 $<S,*>$ 为独异点。

8.28 证明：可交换的独异点 S 的所有幂等元的集合是 S 的子独异点。

证明：假设可交换的独异点 S 的所有幂等元的集合为 T。

(1) 因为对于单位元 e，有 $ee=e$，所以 $e\in T$。

(2) $\forall x,y\in T,(xy)(xy)=(xx)(yy)=xy$，所以 $xy\in T$。

由此可知，可交换的独异点 S 的所有幂等元的集合是 S 的子独异点。

8.29 令 $<S_1,*_1>$、$<S_2,*_2>$ 和 $<S_3,*_3>$ 是三个半群，$f:S_1\to S_2,g:S_2\to S_3$ 是同态。证明：$g\circ f$ 是由 S_1 到 S_3 的同态。

证明：因为 $f:S_1\to S_2$ 是同态，对 S_1 中所有的 a 和 b，满足 $f(a*_1b)=f(a)*_2f(b)$。$g:S_2\to S_3$ 是同态，对 S_2 中 $f(a)$ 和 $f(b)$，满足 $g(f(a)*_2f(b))=g(f(a))*_3g(f(b))$，则 $(g\circ f)(a*_1b)=(g\circ f)(a)*_3(g\circ f)(b)$。所以 $g\circ f$ 是由 S_1 到 S_3 的同态。

8.30 令 $<S_1,*_1>$、$<S_2,*_2>$ 和 $<S_3,*_3>$ 是三个半群，$f:S_1\to S_2,g:S_2\to S_3$ 是同构。证明：$g\circ f$ 是由 S_1 到 S_3 的同构。

证明：由习题 8.29 的结论可知，$g\circ f$ 是由 S_1 到 S_3 的同态。又因为 f 和 g 都是双射函数，所以 $g\circ f$ 也是双射函数。所以 $g\circ f$ 是由 S_1 到 S_3 的同构。

8.31 设 $V=<P(B),\oplus>$ 是代数系统，B 是集合，$\oplus$ 是对称差运算。证明：V 为群。

证明：$\forall X,Y\in P(B)$，则 $X\subseteq B$ 且 $Y\subseteq B,X\oplus Y\subseteq B$。那么 $X\oplus Y\in P(B)$，所以 $\oplus$ 运算满足封闭性。$\forall X,Y,Z\in P(B)$，因集合的对称差运算满足结合律，故 $(X\oplus Y)\oplus Z=X\oplus(Y\oplus Z)$。$\forall X\in P(B)$，均有 $X\oplus\varnothing=\varnothing\oplus X=X$。所以 $\varnothing$ 是 $\oplus$ 的幺元。$\forall X\in P(B)$，均有 $X\oplus X=\varnothing$。$X^{-1}=X$。所以每个元素均有逆元。

综上所述，可得 $V=<P(B),\oplus>$ 是群。

8.32 已知 $f(x)=ax+b(a\neq 0)$，给出直线变换的集合 $G=\{f\mid f(x)=ax+b\wedge a,b\in\mathbf{R}\wedge a\neq 0\}$。证明：$G$ 对函数复合运算 $\circ$ 构成一个群。

证明：封闭性：$f_i\circ f_j(x)=f_i(a_jx+b_j)=a_i(a_jx+b_j)+b_i=a_ia_jx+a_ib_j+b_i$，因为 $a_i\neq 0,a_j\neq 0$，所以 $f_i\circ f_j(x)\in G$。

结合律：函数复合运算是可结合的。

幺元：有 $f_0(x)=x$，使得 $f_0\circ f_i(x)=f_0(a_ix+b_i)=a_ix+b_i=f_i(x)$，且 $f_i\circ f_0(x)=f_i(x)$，即幺元为 f_0。

逆元：$\forall f_i\in G,f_i(x)=a_ix+b_i,\exists f_i^{-1}(x)=\frac{1}{a_i}x-\frac{b_i}{a_i}$ 且 $f_i^{-1}\circ f_i(x)=f_i^{-1}(a_ix+b_i)=x=f_0(x)=e$。

综上所述，可得 $<G,\circ,f_0>$ 是群。

8.33 设 G 是群，$a,b\in G$，且 $(ab)^2=a^2b^2$。证明：$ab=ba$。

证明：因为群满足消去律，所以 $(ab)^2=a^2b^2\Rightarrow abab=aabb\Rightarrow bab=abb\Rightarrow ba=ab$。

8.34 设 $<G,*>$ 为群。若在 G 上定义运算 $\circ$，使得对任何元素 $x,y\in G$，有 $x\circ y=y*x$。证明：$<G,\circ>$ 也是群。

证明：(1) 由于 $<G,*>$ 为群，故 $x\circ y=y*x\in G$。因此，$\circ$ 运算在 G 中封闭。又对任意 $x,y,z\in G$，由于 $*$ 运算可结合，从而 $(x\circ y)\circ z=(y*x)\circ z=z*(y*x)=(z*y)*x=$

$x\circ(z*y)=x\circ(y\circ z)$,即$\circ$运算可结合。因此$<G,\circ>$为一个半群。

(2) $<G,*>$为群,G对$*$运算有幺元e。从而对任意$x\in G$,有$x*e=e*x=x$,进而$x\circ e=e*x=x$,$e\circ x=x*e=x$,即e也为G对$\circ$运算的幺元。

(3) 对任意$x\in G$,由于$<G,*>$为群,x关于$*$运算有逆元x^{-1},于是$x*x^{-1}=x^{-1}*x=e$,从而$x\circ x^{-1}=x^{-1}*x=e$,$x^{-1}\circ x=x*x^{-1}=e$。即x关于$\circ$运算也有逆元x^{-1}。

综合(1)、(2)、(3),可得$<G,\circ>$为群。

8.35 试证明:对群$<G,*>$的任意元素a、b以及任何正整数m、n,$a^m*a^n=a^{m+n}$。

证明:用数学归纳法对n进行归纳证明。对任何正整数m,

(1) 当$n=1$时,有$a^m*a^n=a^m*a^1=a^m*a=a^{m+1}$,故结论成立。

(2) 假设当$n=k$时,$a^m*a^k=a^{m+k}$。

考虑$n=k+1$的情况,由$*$满足结合律、元素的幂的定义及归纳假设,有$a^m*a^{k+1}=a^m*(a^k*a)=(a^m*a^k)*a=a^{m+k}*a=a^{m+(k+1)}$,即结论对$n=k+1$也成立。

综合(1)和(2),对任何正整数m、n,$a^m*a^n=a^{m+n}$。

8.36 设$<G,*>$为群。证明:

(1) 若对任意$a\in G$有$a^2=e$,则G为阿贝尔群。

(2) 若对任意$a,b\in G$有$(a*b)^2=a^2*b^2$,则G为阿贝尔群。

证明:(1) 对任意$x,y\in G$,由已知得$x^2=e$,$y^2=e$。于是$x^{-1}=x$,$y^{-1}=y$。从而$(x*y)^2=e$,$(x*y)^{-1}=x*y$。又由$(x*y)^{-1}=y^{-1}*x^{-1}=y*x$,故$x*y=y*x$。因此,$*$运算满足交换律。$<G,*>$为阿贝尔群,得证。

(2) 对任意$a,b\in G$,$(a*b)^2=(a*b)*(a*b)=a*(b*a)*b$。由题设$(a*b)^2=a^2*b^2=(a*a)*(b*b)=a*(a*b)*b$,从而$a*(b*a)*b=a*(a*b)*b$。两边同时左乘$a^{-1}$、右乘$b^{-1}$,得$a*b=b*a$。$*$运算满足交换律,故$<G,*>$为阿贝尔群。

8.37 求出$<N_5,+_5>$,$<N_{12},+_{12}>$的所有子群。

解:$<N_5,+_5>$的所有子群为$<\{0\},+_5>$,$<N_5,+_5>$。$<N_{12},+_{12}>$的所有子群为$<\{0\},+_{12}>$,$<\{0,6\},+_{12}>$,$<\{0,4,8\},+_{12}>$,$<\{0,3,6,9\},+_{12}>$,$<\{0,2,4,6,8,10\},+_{12}>$,$<N_{12},+_{12}>$。

8.38 设$<G,*>$为群,定义集合$S=\{x\mid x\in G\land\forall y(y\in G\rightarrow x*y=y*x)\}$。证明:$<S,*>$为$<G,*>$的子群。

证明:(1) 对群$<G,*>$的幺元e,$\forall y(y\in G\rightarrow e*y=y*e)$为真,故$e\in S$。

(2) 对任意$u,v\in S$,$y\in G$,有$u*y=y*u$,$v*y=y*v$,从而$(u*v)*y=u*(v*y)=u*(y*v)=(u*y)*v=(y*u)*v=y*(u*v)$,故$u*v\in S$。

(3) 对任意$x\in S$,$y\in G$,有$x*y=y*x$。两端同时左乘x^{-1}、右乘x^{-1},得$y*x^{-1}=x^{-1}*y$,于是$x^{-1}\in S$。故$<S,*>$为$<G,*>$的子群。

8.39 设a是群中的无限阶元素。证明:当$m\neq n$时,$a^m\neq a^n$。

证明:假设存在$m\neq n$但$a^m=a^n$,不妨设$n>m$,于是$a^{n-m}=a^n*a^{-m}=a^m*a^{-m}=e$,从而元素$a$的阶不超过$n-m$,与$a$为无限阶元素矛盾。故当$m\neq n$时,$a^m\neq a^n$。

8.40 设$<H,*>$是群$<G,*>$的子群,$<K,*>$为$<H,*>$的子群。证明:

(1) $<K,*>$为$<G,*>$的子群。

(2) $KH=HK=H$（这里 $KH=\{k*h \mid k\in K\wedge h\in H\}$，$HK$ 类似）。

证明：(1) 因为 $<H,*>$ 为 $<G,*>$ 的子群，所以 $<G,*>$ 的幺元 $e\in H$，且为 $<H,*>$ 的幺元。又因为 $<K,*>$ 为 $<H,*>$ 的子群，所以 $<H,*>$ 的幺元 $e\in K$，且为 $<K,*>$ 的幺元。此外，对任意 $a,b\in K$，由于 $<K,*>$ 为 $<H,*>$ 的子群，故 $a*b\in K$，$a^{-1}\in K$。综上，$<K,*>$ 为 $<G,*>$ 的子群。

(2) 对任意 $k*h\in KH$，$k\in K$，$h\in H$，由于 $<K,*>$ 为 $<H,*>$ 的子群，$K\subseteq H$，故 $k\in H$。又 $<H,*>$ 为 $<G,*>$ 的子群，对 $k\in H$，$h\in H$，有 $k*h\in H$，故 $KH\subseteq H$。另一方面，对任意 $h\in H$，由于 $e\in K$，有 $e*h=h\in KH$，故 $H\subseteq KH$。因此 $KH=H$。同理可证 $HK=H$。综上，$KH=HK=H$。

8.41 含无限阶元素的群必为无限群，且必有无限多个子群，试证明之。

证明：设群 G 有无限阶元素 a。若群 G 为有限群，G 中每个元素的阶都有限，产生矛盾，因此群 G 必为无限阶群。由于无限阶群 G 必有无限多个元素，而对任意 $a,b\in G$，$\{e,a,a^{-1},a^2,a^{-2},\cdots\}$，$\{e,b,b^{-1},b^2,b^{-2},\cdots\}$ 都是 G 的子群。当 $b\neq a$，$b\neq a^{-1}$ 时，$\{e,b,b^{-1},b^2,b^{-2},\cdots\}\neq\{e,a,a^{-1},a^2,a^{-2},\cdots\}$。故群 G 必有无限多个子群。

8.42 设 p 为素数。证明：p^n 阶的群中必有 p 阶的元素，从而必有 p 阶的子群（n 为正整数）。

证明：设 $<G,\cdot>$ 为 p^n 阶群，元素 a 的阶整除 G 的阶 p^n，又 p 为素数，因此元素 a 的阶必为 p^i（i 为正整数），即 $a^{p^i}=e$（e 为群 G 中幺元）。若 $i=1$，则 a 的阶为 p，从而子群 $\{e,a,a^2,\cdots,a^{p-1}\}$ 即为 G 的一个 p 阶子群；若 $i>1$，则令 $b=a^{p^{i-1}}$，于是 $b^p=(a^{p^{i-1}})^p=a^{p^i}=e$。由于 $<G,\cdot>$ 为 p^n 阶群，从而元素 b 的阶必为 p。故子群 $\{e,b,b^2,\cdots,b^{p-1}\}$ 即为 G 的一个 p 阶子群。

8.43 证明：一个子群的左陪集元素的逆元组成这个子群的一个右陪集。

证明：设 $<H,*>$ 为 $<G,*>$ 的子群，$g\in G$，则 $gH=\{g*h \mid h\in H\}$ 为 H 的一个左陪集。对任意 $g*h\in gH$，由于 $(g*h)^{-1}=h^{-1}*g^{-1}$，$<H,*>$ 为 $<G,*>$ 的子群，故 $h^{-1}\in H$，进而 $(g*h)^{-1}=h^{-1}*g^{-1}\in Hg^{-1}$，因此 gH 中元素的逆元在右陪集 Hg^{-1} 中。反之，对任意 $h*g^{-1}\in Hg^{-1}$，$h*g^{-1}=(g*h^{-1})^{-1}$ 而 $g*h^{-1}\in gH$。因此，右陪集 Hg^{-1} 中的任意元素又为左陪集 gH 中的一个元素的逆元。综上所述，一个子群的左陪集元素的逆元组成这个子群的一个右陪集。

8.44 设 $<H_1,*>$，$<H_2,*>$ 都是群 $<G,*>$ 的子群。证明：子群 $<H_1\cap H_2,*>$ 的任一左陪集必为 H_1 的一个左陪集与 H_2 的一个左陪集的交。

证明：可知 $<H_1\cap H_2,*>$ 为群 $<G,*>$ 的子群。令 $g\in G$，由于

$$
\begin{aligned}
g(H_1\cap H_2)&=\{g*h \mid h\in H_1\cap H_2\}\\
&=\{g*h \mid h\in H_1\wedge h\in H_2\}\\
&=\{g*h \mid h\in H_1\}\cap\{g*h \mid h\in H_2\}
\end{aligned}
$$

即子群 $<H_1\cap H_2,*>$ 的任一左陪集必为 H_1 的一个左陪集与 H_2 的一个左陪集的交。

8.45 设 $G=<b>$ 是十八阶循环群，试求出 G 的全部生成元和全部子群，并证明任何子群均为正规子群。

证明：因为循环群都是阿贝尔群，G 是循环群，H 是 G 的子群。$\forall a\in G$，$\forall h\in H$，有

$aha^{-1}=aa^{-1}h=eh=h\in H$。

所以,H 是正规子群。G 的生成元分别为 $b,b^5,b^7,b^{11},b^{13},b^{17}$。$G$ 的子群分别为$<b^0>$,$<b>$,$<b^2>$,$<b^3>$,$<b^6>$,$<b^9>$。

8.46 设$<H,*>$为群$<G,*>$的子群。证明:H 为正规子群,当且仅当对任何元素$g\in G$有 $g^{-1}Hg\subseteq H$。

证明:必要性。设 H 为正规子群,则对任意 $g\in G,gH=Hg$,于是对任意 $h\in H$,有

$$h*g\in Hg \quad 蕴涵 \quad h*g\in gH$$

从而,有 $h_1\in H$,使 $h*g=g*h_1$,从而 $g^{-1}*h*g=h_1\in H$,故 $g^{-1}Hg\subseteq H$。

充分性。对任意 $g\in G,h\in H,h*g\in Hg$,由于 $g^{-1}*h*g\in g^{-1}Hg$,而 $g^{-1}Hg\subseteq H$,故 $g^{-1}*h*g\in H$。从而有 $h_2\in H$,使 $g^{-1}*h*g=h_2$,因此 $h*g=g*h_2\in gH$。$Hg\subseteq gH$ 得证。另一方面,对任意 $g\in G,h\in H,g*h\in gH$,由于$(g^{-1})^{-1}Hg^{-1}\subseteq H$,$(g^{-1})^{-1}*h*g^{-1}=g*h*g^{-1}\in(g^{-1})^{-1}Hg^{-1}$。故 $g*h*g^{-1}\in H$。于是有 $h_3\in H$,使 $g*h*g^{-1}=h_3$,从而$g*h=h_3*g\in Hg$。$gH\subseteq Hg$ 得证。综上,对任意 $g\in G,gH=Hg$,即 H 为正规子群。

8.47 设 $G=<Z_{24},\oplus>$为模 24 整数加群。

(1) 求出 G 的所有生成元。

(2) 求出 G 的所有非平凡的子群。

解:(1) G 的生成元:1,5,7,11,13,17,19,23。

(2) G 的所有非平凡的子群:$<2>$,$<3>$,$<4>$,$<6>$,$<8>$,$<12>$。

8.48 设 $G=\langle a\rangle$是十五阶循环群。

(1) 求出 G 的所有生成元。

(2) 求出 G 的所有非平凡的子群。

解:(1) G 的所有生成元:1,2,4,7,8,11,13,14。

(2) G 的所有非平凡的子群:$<3>$,$<5>$。

8.49 设群$<G,*>$除单位元外每个元素的阶均为 2。证明:$<G,*>$是交换群。

证明:对任意 $a\in G$,由已知条件可得 $a*a=e$,即 $a^{-1}=a$。对任意 $a,b\in G$,因为 $a*b=(a*b)^{-1}=b^{-1}*a^{-1}=b*a$,所以运算$*$满足交换律。从而$<G,*>$是交换群。

8.50 证明:在元素不少于两个的群中不存在零元。

证明:用反证法证明。设在元素不少于两个的群$<G,*>$中存在零元 θ。对 $\forall a\in G$,由零元的定义有 $a*\theta=\theta$。因为$<G,*>$是群,所以关于$*$消去律成立。所以 $a=e$。即 G 中只有一个元素,这与$|G|\geqslant 2$ 矛盾。故在元素不少于两个的群中不存在零元。

8.51 在一个群$<G,*>$中,设 A 和 B 都是G 的子群。若 $A\cup B=G$,证明:$A=G$ 或 $B=G$。

证明:反证法。若 $A\neq G$ 且 $B\neq G$,则有 a 和b 满足$a\in A,a\notin B$ 且$b\in B,b\notin A$。因为 A 和 B 都是 G 的子群,故 $a,b\in G$,从而 $a*b\in G$。因为 $a\in A$,所以 $a^{-1}\in A$。若 $a*b\in A$,则$b=a^{-1}*(a*b)\in A$,这与 $b\notin A$ 矛盾。从而 $a*b\notin A$。同理可证 $a*b\notin B$。综合可得 $a*b\notin A\cup B=G$,这与已知矛盾。从而假设错误,得证 $A=G$ 或$B=G$。

8.52 设$<H,*>$和$<K,*>$都是群$<G,*>$的正规子群。证明:$<H\cap K,*>$必定是群$<G,*>$的正规子群。

证明：由于 $<H,*>$ 和 $<K,*>$ 为群 $<G,*>$ 的正规子群，故对任意 $g\in G$，$gH=Hg$，$gK=Kg$。而

$$
\begin{aligned}
g(H\cap K)&=\{g*x\mid x\in H\cap K\}\\
&=\{g*x\mid x\in H\wedge x\in K\}\\
&=\{g*x\mid x\in H\}\cap\{g*x\mid x\in K\}\\
&=gH\cap gK\\
&=Hg\cap Kg\\
&=\{x*g\mid x\in H\}\cap\{x*g\mid x\in K\}\\
&=\{x*g\mid x\in H\wedge x\in K\}\\
&=\{x*g\mid x\in H\cap K\}\\
&=(H\cap K)g
\end{aligned}
$$

因此，$<H\cap K,*>$ 必定是 $<G,*>$ 的正规子群。

8.53 令 $G=\{\mathbf{Z},+\}$ 是整数加群。求商群 $\mathbf{Z}/4\mathbf{Z}$，$\mathbf{Z}/12\mathbf{Z}$ 和 $4\mathbf{Z}/12\mathbf{Z}$。

解：$\mathbf{Z}/4\mathbf{Z}=\{[0],[1],[2],[3]\}$。$\mathbf{Z}/12\mathbf{Z}=\{[0],[1],[2],[3],[4],[5],[6],[7],[8],[9],[10],[11]\}$。$4\mathbf{Z}/12\mathbf{Z}=\{[0],[4],[8]\}$。

8.54 设 G 是非零数乘法群，判断下列映射 f 是否是 G 到 G 的同态映射。

(1) $f(x)=|x|$。

(2) $f(x)=2x$。

(3) $f(x)=x^2$。

(4) $f(x)=1/x$。

(5) $f(x)=-x$。

(6) $f(x)=x+1$。

解：(3) 和(4) 是 G 到 G 的同态映射。

8.55 设 $<G,*>$ 为群，$f:G\to G$ 为一同态映射。证明：对任一元素 $a\in G$，$f(a)$的阶不大于 a 的阶。

证明：设 a 的阶为 $k(k\in\mathbf{N})$，于是 $a^k=e$（e 为群 $<G,*>$ 中幺元）。由于 f 为同态映射，从而 $(f(a))^k=f(a^k)=f(e)=e$，这说明 $f(a)$的阶至多为 k，即 $f(a)$的阶不大于 a 的阶。

8.56 证明：$<\mathbf{Z},\oplus,\otimes>$ 是环，其中 $\mathbf{Z}$ 是整数集，运算 $\oplus$ 和 $\otimes$ 定义为：$a\oplus b=a+b-1$，$a\otimes b=a+b-ab$。

证明：$\forall a,b,c\in\mathbf{Z}$，$(a\oplus b)\oplus c=a\oplus b+c-1=a+b+c-2=a+b\oplus c-1=a\oplus(b\oplus c)$，故是可结合的。$a\oplus b=a+b-1=b+a-1=b\oplus a$，故是可交换的。$a\oplus 1=a+1-1=a=1\oplus a$，即 1 是 $\oplus$ 的幺元。$a\oplus(2-a)=(2-a)\oplus a=a+2-a-1=1$，即 $(2-a)$ 是 a 的逆元。以上证明了 $<\mathbf{Z},\oplus>$ 是交换群。

$$(a\otimes b)\otimes c=a\otimes b+c-(a\otimes b)c=a+b+c-ab-ac-bc+abc$$
$$a\otimes(b\otimes c)=a+b\otimes c-a(b\otimes c)=a+b+c-ab-ac-bc+abc$$

可知 $\otimes$ 是可结合的。

$a\otimes 0=a+0-a0=a=0\otimes a$，即 0 是 $\otimes$ 的幺元。于是 $<\mathbf{Z},\otimes>$ 是含幺半群。

$a\otimes(b\oplus c)=a+b\oplus c-a(b\oplus c)=a+b+c-1-a(b+c-1)=2a+b+c-ab-ac-1$

$(a\otimes b)\oplus(a\otimes c)=a\otimes b+a\otimes c-1=2a+b+c-ab-ac-1$

即$\otimes$对$\oplus$是左可分配的,同理可证$\otimes$对$\oplus$是右可分配的。从而$\otimes$对$\oplus$是可分配的。

综上所述,得$<\mathbf{Z},\oplus,\otimes>$是环。

8.57 设$<\mathbf{R},+,*>$是实数环,令$S=\{a+b\sqrt{3}\mid a\in\mathbf{Q}\wedge b\in\mathbf{Q}\}$,证明:$<S,+,*>$是$<\mathbf{R},+,*>$的子环。

证明:显然S是$\mathbf{R}$的非空子集。

(1) 对任意$a+b\sqrt{3},c+d\sqrt{3}\in S$,且$a,b,c,d\in\mathbf{Q}$,此时$a-c\in\mathbf{Q},b-d\in\mathbf{Q}$,所以$(a+b\sqrt{3})-(c+d\sqrt{3})=(a-c)+(b-d)\sqrt{3}\in S$。

(2) 对任意$a+b\sqrt{3},c+d\sqrt{3}\in S$,且$a,b,c,d\in\mathbf{Q}$,因此$a*c+3*b*d\in\mathbf{Q},b*c+a*d\in\mathbf{Q}$,所以$(a+b\sqrt{3})*(c+d\sqrt{3})=(a*c+3*b*d)+(b*c+a*d)\sqrt{3}\in S$。

故$<S,+,*>$是$<\mathbf{R},+,*>$的子环。

8.58 判断下列集合和给定运算是否构成环、整环和域。如果不能构成,请说明理由。

(1) $A=\{x\mid x=2n+1\wedge n\in\mathbf{Z}\}$,运算为数的加法和乘法。

(2) $A=\{a+b\sqrt{2}\mid a,b\in\mathbf{Z}\}$,运算为数的加法和乘法。

(3) $A=\{a+bi\mid a,b\in\mathbf{Z}\}$,其中$i^2=-1$,运算为复数的加法和乘法。

(4) $A=M_2(\mathbf{Z})$,2阶整数矩阵的集合,运算为矩阵加法和乘法。

解:(1) 不是环。因为加法幺元0不属于集合A,所以A不是环。也不是整环和域。

(2) 是环。是整环,但不是域。因为关于乘法的逆元不属于A。

(3) 是环。是整环,但不是域。这个环称为高斯整环。

(4) 是环。但不是整环,也不是域。例如,$\begin{bmatrix}1&1\\1&1\end{bmatrix}\begin{bmatrix}1&-1\\-1&1\end{bmatrix}=\begin{bmatrix}0&0\\0&0\end{bmatrix}$,$\begin{bmatrix}1&1\\1&1\end{bmatrix}$和$\begin{bmatrix}1&-1\\-1&1\end{bmatrix}$是零因子。

8.59 $\mathbf{Q}(\sqrt{3})=\{a+b\sqrt{3}\mid a,b\in\mathbf{Q}\}$,其中$\mathbf{Q}$是有理数集。证明:$<\mathbf{Q}(\sqrt{3}),+,\times>$是域,+和×分别是数的加法和乘法。

证明:(1) $<\mathbf{Q}(\sqrt{3}),+>$是交换群。对任意$a_1+b_1\sqrt{3},a_2+b_2\sqrt{3}\in\mathbf{Q}(\sqrt{3})$,$(a_1+b_1\sqrt{3})+(a_1+b_1\sqrt{3})=(a_1+a_1)+(b_1+b_1)\sqrt{3}\in\mathbf{Q}(\sqrt{3})$且唯一,故运算+是$\mathbf{Q}(\sqrt{3})$上的二元运算,加法满足结合律、交换律。$\mathbf{Q}(\sqrt{3})$的0元是$0+0\sqrt{3}$。对任意$a+b\sqrt{3}\in\mathbf{Q}(\sqrt{3})$,有$(a+b\sqrt{3})+(-a-b\sqrt{3})=0+0\sqrt{3}$,即存在逆元。所以$<\mathbf{Q}(\sqrt{3}),+>$是交换群。

(2) $<\mathbf{Q}(\sqrt{3})-\{0\},\times>$是交换群。对任意$a_1+b_1\sqrt{3},a_2+b_2\sqrt{3}\in\mathbf{Q}(\sqrt{3})$,$(a_1+b_1\sqrt{3})\times(a_1+b_1\sqrt{3})=(a_1a_1+3b_1b_1)+(a_1b_2+a_2b_1)\sqrt{3}\in\mathbf{Q}(\sqrt{3})$且唯一,故×是$\mathbf{Q}(\sqrt{3})$上的二元运算。容易验证×在$\mathbf{Q}(\sqrt{3})$上满足交换律、结合律。$\mathbf{Q}(\sqrt{3})$的单位元是$1+0\sqrt{3}$。任给非0元$a+b\sqrt{3}\in\mathbf{Q}(\sqrt{3})$($a$、$b$至少一个不为0),$(a+b\sqrt{3})^{-1}=\dfrac{1}{a+b\sqrt{3}}=\dfrac{a}{a^2-3b^2}+\dfrac{-b}{a^2-3b^2}\sqrt{3}\in\mathbf{Q}(\sqrt{3})$运算×在$\mathbf{Q}(\sqrt{3})$上非0元存在逆元。

所以，$<\mathbf{Q}(\sqrt{3})-\{0\},\times>$是交换群。

(3) 可以验证，运算$\times$对$+$满足分配律。

所以$<\mathbf{Q}(\sqrt{3}),+,\times>$是域。

8.60 图 8-7 中给出 6 个偏序集的哈斯图。判断其中哪些是格。如果不是格，请说明理由。

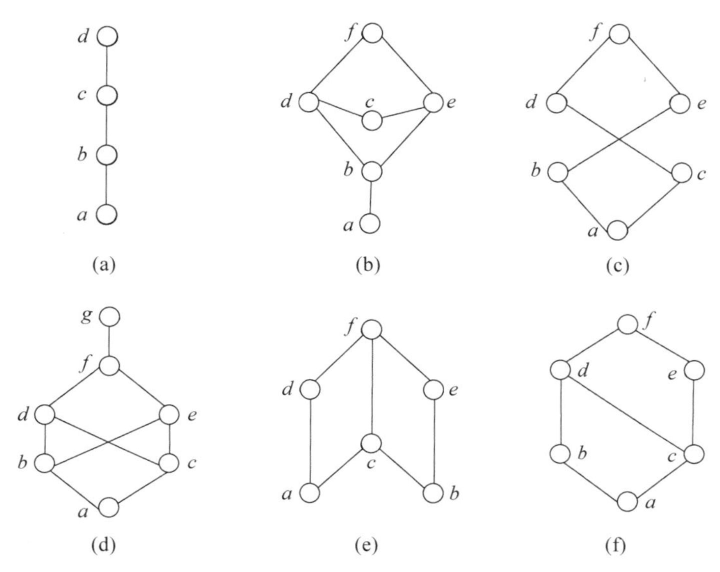

图 8-7　6 个偏序集的哈斯图

解：图 8-7(a)、(c)、(f)是格。图 8-7(b)不是格，de 没有下确界。图 8-7(d)不是格，de 没有下确界。图 8-7(e)不是格，ab 没有下确界。

8.61 下列各集合对于整除关系都构成偏序集，判断哪些偏序集是格。

(1) $L=\{1,2,3,4,5\}$。

(2) $L=\{1,2,3,6,12\}$。

(3) $L=\{1,2,3,4,6,9,12,18,36\}$。

(4) $L=\{1,2,2^2,\cdots,2^n\},n\in\mathbf{Z}^+$。

解：(2)、(3)、(4)是格。

8.62 令 $x<y$ 表示 $x\leqslant y$ 且 $x\neq y$。对格 L 中任意元素 a、b，证明：$a\wedge b<a$ 且 $a\wedge b<b$ 当且仅当 a 与 b 是不可比较的，即 $a\leqslant b$，$b\leqslant a$ 都不能成立。

证明：设 $a\wedge b<a$ 且 $a\wedge b<b$。若 a 与 b 是可比较的，即 $a\leqslant b$ 或 $b\leqslant a$，从而 $a\wedge b=a$ 或 $a\wedge b=b$。与题设矛盾。另一方面，设 a 与 b 是不可比较的。已知 $a\wedge b\leqslant a$ 且 $a\wedge b\leqslant b$，若$a\wedge b<a$ 不成立，或 $a\wedge b<b$ 不成立，那么或 $a\wedge b=a$ 或 $a\wedge b=b$，即 a、b 是可比较的，又与题设矛盾。

8.63 设 L 是格，$a,b,c\in L$，且 $a\leqslant b\leqslant c$。证明：$a\vee b=b\wedge c$。

证明：因为 $a\leqslant b$，所以 $a\vee b=b$。又因为且 $b\leqslant c$，所以 $b\wedge c=b$。故 $a\vee b=b\wedge c$。

8.64 针对图 8-8 中的格 L_1、L_2 和 L_3，求出它们的所有子格。

解：L_1 所有子格：$\{a\},\{b\},\{c\},\{d\},\{a,b\},\{a,c\},\{b,d\}\{c,d\},\{a,b,d\},\{a,c,d\}$，

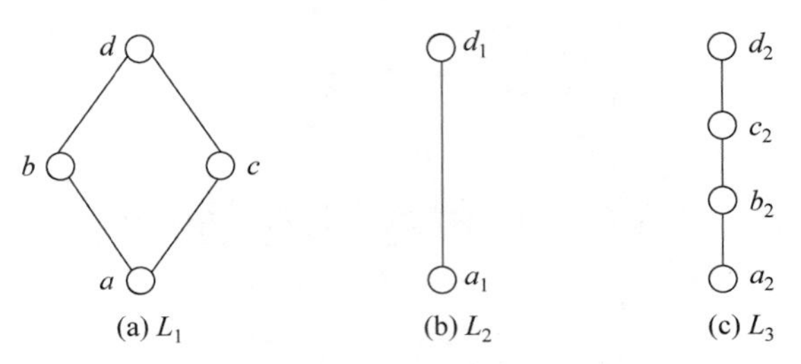

图 8-8 习题 8.64 中的格 L_1、L_2 和 L_3

$\{a,b,c,d\}$。

L_2 所有子格：$\{a_1\}$,$\{d_1\}$,$\{a_1,d_1\}$。

L_3 所有子格：$\{a_2\}$,$\{b_2\}$,$\{c_2\}$,$\{d_2\}$,$\{a_2,b_2\}$,$\{a_2,c_2\}$,$\{a_2,d_2\}$,$\{b_2,c_2\}$,$\{b_2,d_2\}$,$\{c_2,d_2\}$,$\{a_2,b_2,c_2\}$,$\{a_2,c_2,d_2\}$,$\{b_2,c_2,d_2\}$,$\{a_2,b_2,c_2,d_2\}$。

8.65 证明：格 L 的两个子格的交仍为 L 的子格。

证明：设格 L 的两个子格为 L_1 与 L_2，它们的交为 $L_1\cap L_2$。$L_1\cap L_2\subseteq L$ 是显然的。对任意 $a,b\in L_1\cap L_2$，那么 $a,b\in L_1$ 且 $a,b\in L_2$。由于 L_1 与 L_2 是子格，因此，$a\wedge b\in L_1$ 且 $a\wedge b\in L_2$，$a\vee b\in L_1$ 且 $a\vee b\in L_2$。故 $a\wedge b\in L_1\cap L_2$，$a\vee b\in L_1\cap L_2$。$L_1\cap L_2$ 为 L 的子格，得证。

8.66 设格 L_1 与 L_2 满同态。求证：若 L_1 有幺元(零元)，那么 L_2 也有幺元(零元)。

证明：设 h 为格 L_1 到 L_2 的满同态，e 是 L_1 的关于 $\wedge$ 运算的幺元，o 是 L_1 的关于 $\wedge$ 运算的零元，可证 $h(e)$ 和 $h(o)$ 是 L_2 的关于 $\wedge$ 运算的幺元和零元。对任意元素 $b\in L_2$，有 L_1 中元素 a，使得 $h(a)=b$，因此 $h(e)\wedge b=h(e)\wedge h(a)=h(e\wedge a)=h(a)=b$，$b\wedge h(e)=h(a)\wedge h(e)=h(a\wedge e)=h(a)=b$，$h(o)\wedge b=h(o)\wedge h(a)=h(o\wedge a)=h(o)$，$b\wedge h(o)=h(a)\wedge h(o)=h(a\wedge o)=h(o)$。关于 $\vee$ 运算同理可证。

8.67 设 a 和 b 为格 L 中的两个元素。证明：$S=\{x\mid x\in L$ 且 $a\leqslant x\leqslant b\}$ 可构成 L 的一个子格。

证明：设 x 和 y 为 $S=\{x\mid x\in L$ 且 $a\leqslant x\leqslant b\}$ 中的任意元素，考虑 $x\vee y$，$x\wedge y$。由于 $a\leqslant x\leqslant b$，$a\leqslant y\leqslant b$，因此 $a\leqslant x\vee y\leqslant b$，$a\leqslant x\wedge y\leqslant b$，故 $x\vee y$，$x\wedge y\in S$，S 为 L 的子格得证。

8.68 设 $<L,\vee,\wedge>$ 为分配格，a 为 L 中一确定元素。定义函数 $f:L\rightarrow L$，$g:L\rightarrow L$，使得对任一 $x\in L$，$f(x)=x\wedge a$，$g(x)=x\vee a$。证明：f 和 g 都是 L 上的自同态，从而它们的像都是 L 的子格。

证明：设 x 和 y 为 L 中任意元素，那么有 $f(x\wedge y)=x\wedge y\wedge a=(x\wedge a)\wedge(y\wedge a)=f(x)\wedge f(y)$，$f(x\vee y)=(x\vee y)\wedge a=(x\wedge a)\vee(y\wedge a)=f(x)\vee f(y)$。类似证明 g 是同态。

8.69 对分配格 L 中任意元素 a、b、c，证明：若 $a\wedge c=b\wedge c$，$a\vee c=b\vee c$，则 $a=b$。

证明：设 $a\wedge c=b\wedge c$，$a\vee c=b\vee c$，那么有 $a=a\wedge(a\vee c)=a\wedge(b\vee c)=(a\wedge b)\vee(a\wedge c)=(a\wedge b)\vee(b\wedge c)=b\wedge(a\vee c)=b\wedge(b\vee c)=b$。

8.70 证明：格 $<L,\vee,\wedge>$ 为分配格，当且仅当对 L 中任意元素 a、b、c 有 $(a\wedge b)\vee(b\wedge c)\vee(c\wedge a)=(a\vee b)\wedge(b\vee c)\wedge(c\vee a)$。

证明：见例 8.8。

8.71 图 8-9 中各哈斯图是否表示有补格？

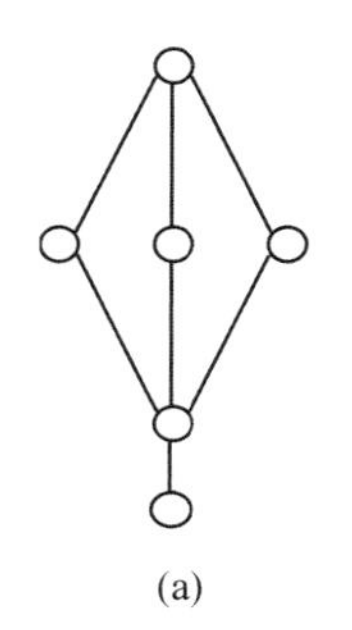
(a)

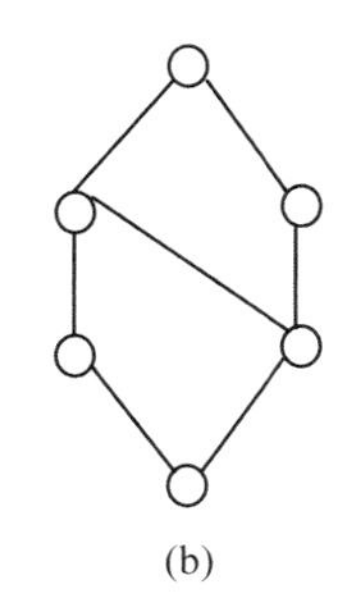
(b)

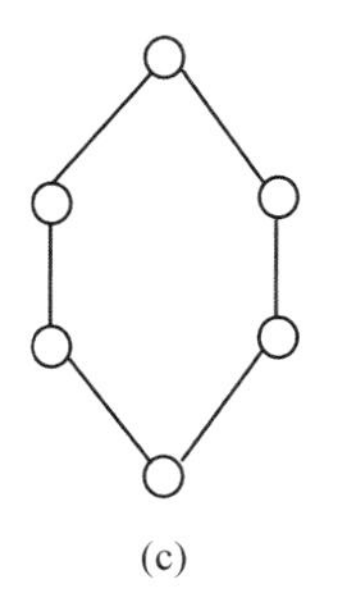
(c)

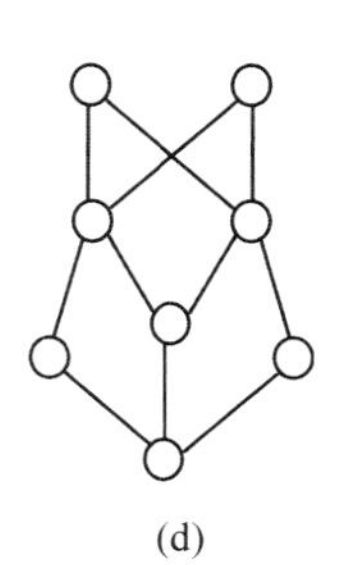
(d)

图 8-9 习题 8.71 哈斯图

解：图 8-9(a)、(c)、(d)没有补格，图 8-9(b)有补格。

8.72 证明：在有界分配格中，拥有补元的所有元素可以构成一个子格。

证明：设有补元的所有元素组成集合 S，只要证明 S 对 $\vee$ 和 $\wedge$ 运算封闭。设 $a,b\in S$，分别有补元 a'和 b'。考虑 $a\vee b$ 和 $a\wedge b$，由于 $(a\vee b)\vee(a'\wedge b')=(a\vee b\vee a')\wedge(a\vee b\vee b')=1$。$(a\vee b)\wedge(a'\wedge b')=(a\wedge b\wedge a')\vee(a\wedge b\wedge b')=0$。故 $(a\vee b)'=(a'\wedge b')$。同理可证 $(a\wedge b)'=(a'\vee b')$。因此，S 对 $\vee$ 和 $\wedge$ 运算封闭，可以构成一个子格。

8.73 设 $<L,\vee,\wedge>$ 为有补分配格，a 和 b 为 L 中任意元素。证明：$b'\leqslant a'$当且仅当 $a\wedge b'=0$ 当且仅当 $a'\vee b=1$。

证明：设 $b'\leqslant a'$，那么 $a\wedge b'=a\wedge(a'\wedge b')=(a\wedge a')\wedge b'=0\wedge b'=0$。设 $a\wedge b'=0$，那么有 $(a\wedge b')'=0'$，即 $a'\vee b=1$。设 $a'\vee b=1$，那么有 $b'\wedge a'=0\vee(b'\wedge a')=(b'\wedge b)\vee(b'\wedge a')=b'\wedge(b\vee a')=b'\wedge 1=b'$。因此，$b'\leqslant a'$。

8.74 对于以下各小题给定的集合和运算，判断它们是哪一类代数系统（半群、独异点、群、环、域、格、布尔代数），并说明理由。

(1) $S_1=\{0,1,-1\}$，运算为普通加法和乘法。

(2) $S_2=\{a_1,a_2,\cdots,a_n\}$，$\forall a_i,a_j\in S_2$，$a_i * a_j=a_i$。这里的 n 是给定的正整数，且 $n\geqslant 2$。

(3) $S_3=R$，$*$ 为普通加法。

(4) $S_4=\{1,2,5,7,10,14,35,70\}$，$\circ$ 和 $*$ 分别表示求最小公倍数和最大公约数运算。

(5) $S_5=\{0,1,2\}$，$*$ 为模 3 加法，$\circ$ 为模 3 乘法。

解：(1) $<S_1,+,*>$ 是环，不是域（0 无逆元），不是格（不满足吸收律），不是布尔代数。

(2) $<S_2,*>$ 是半群，不是独异点（无幺元），不是群。

(3) $<S_3,*>$ 是群。

(4) $<S_4,\circ,*>$ 是格，是布尔代数。

(5) $<S_5,*,\circ>$ 是环，不是域（0 无逆元），不是格（不满足吸收律），不是布尔代数。

8.75 设 P 是所有命题构成的集合，$\vee$、$\wedge$ 和 $\neg$ 分别是命题的析取、合取和否定联结词。证明：代数系统 $<P,\vee,\wedge,\neg>$ 是布尔代数。

证明：P 关于运算 $\vee$、$\wedge$ 构成格，因为运算 $\vee$ 和 $\wedge$ 满足交换律、结合律和吸收律。由于

运算 $\vee$ 和 $\wedge$ 相互可分配,因此 P 是分配格,且全上界是 T,全下界是 F。$\forall x \in P$,$\neg x$ 是 x 的补元,所以 P 是有补分配格,即是布尔代数。

8.76 设 a 和 b 为布尔代数 B 中任意元素。证明:$a=b$ 当且仅当 $(a \wedge b') \vee (a' \wedge b)=0$。

证明:必要性显然。

为证充分性,设 $(a \wedge b') \vee (a' \wedge b)=0$,那么有

$$a \vee ((a \wedge b') \vee (a' \wedge b))=a \vee 0$$

$$a \vee (a' \wedge b)=a$$

$$a \vee b=a$$

故 $b \leqslant a$。同理可证 $a \leqslant b$。所以 $a=b$ 得证。

8.77 化简下列布尔表达式。

(1) $(1 \wedge a) \vee (0 \wedge a')$。

(2) $(a \wedge b) \vee (a' \wedge b \wedge c) \vee (b \wedge c)$。

(3) $((a \wedge b') \vee c) \wedge (a \vee b') \wedge c$。

(4) $(a \wedge b)' \vee (a \vee b)'$。

解:(1) a。 (2) $(a \vee c) \wedge b$。 (3) $(a \vee b') \wedge c$。 (4) $a' \vee b'$。

8.78 设 a、b、c、d 为布尔代数 B 中任意元素。证明:当 $c \vee a=b$,$c \wedge a=0$,$d \vee a=b$,$d \wedge a=0$ 时,有 $b \wedge a=a$,$b \wedge c=c$,$c=d$。

证明:$b \wedge a=(c \vee a) \wedge a=a$,$b \wedge c=(c \vee a) \wedge c=c$,$c=b \wedge c=(d \vee a) \wedge c=d \wedge c$。故 $d \leqslant c$。另外,$d \vee a=b$,于是 $(d \vee a) \wedge c=b \wedge c=c$,即 $(d \wedge c) \vee (c \wedge a)=c$,$d \wedge c=c$,故 $c \leqslant d$。因此 $c=d$。

8.79 设 h 是布尔代数 B_1 和 B_2 的格同态,同时 $h(0)=0$,$h(1)=1$。证明:h 是 B_1 与 B_2 之间的布尔同态。

证明:$h(a) \vee h(a')=h(a \vee a')=h(1)=1$,同理 $h(a') \vee h(a)=1$。$h(a) \wedge h(a')=h(a \wedge a')=h(0)=0$,同理 $h(a') \wedge h(a)=0$。故 $h(a')=(h(a))'$。h 是 B_1 与 B_2 之间的布尔同态。

8.80 设 $\langle B, \vee, \wedge, ', 0, 1\rangle$ 为布尔代数,定义 B 上环和运算 $\oplus$:对任意 $a, b \in B$,$a \oplus b=(a \wedge b') \vee (a' \wedge b)$。

(1) 证明:$\langle B, \oplus\rangle$ 为一个阿贝尔群。

(2) 证明:$\langle B, \oplus, \wedge\rangle$ 为一个含幺交换环。

证明:(1) $\oplus$ 运算满足交换律是显然的。且容易验证 0 是 $\oplus$ 运算的幺元:

$$a \oplus 0=(a \wedge 0') \vee (a' \wedge 0)=a \wedge 1=a$$

$$0 \oplus a=(0 \wedge a') \vee (0' \wedge a)=1 \wedge a=a$$

最后可验证:任何元素 x 的逆元为 x,因为 $x \oplus x=(x \wedge x') \vee (x' \wedge x)=0 \vee 0=0$。

(2) 已知 $\langle B, \oplus\rangle$ 为一个阿贝尔群。需证 $\langle B, \wedge\rangle$ 为一个含幺半群。事实上 1 是 $\wedge$ 运算的幺元,$\wedge$ 运算满足结合律,$\langle B, \wedge\rangle$ 为一个含幺半群是不争的事实。

8.81 设 $\langle B, \vee, \wedge, ', 0, 1\rangle$ 为布尔代数,$a \in B$。如果 $a \neq 0$ 且对于任意 $x \in B$,有 $x \leqslant a$ 蕴涵 $x=a$ 或 $x=0$,则称 a 是极小的。证明:a 是极小的当且仅当 a 是原子。

证明:若 a 是原子,$0<x \leqslant a$ 蕴涵 $x=a$,因此 a 是极小的。设 a 是极小的,那么 $a \neq 0$。若 a 不是原子,那么有 b,$0<b<a$。根据 a 的极小性($x \leqslant a$ 蕴涵 $x=a$ 或 $x=0$),$b=a$,矛

盾。故 a 是原子。

8.82 设 $<B,\vee,\wedge,',0,1>$ 为布尔代数，$k\in B$，$h:B\to B$ 为如下定义的映射：对任何 $x\in B$，$h(x)=x\vee k$。

(1) h 是否为一布尔同态，为什么？

(2) 证明 $<h(B),\vee,\wedge,',k,1>$ 为一布尔代数。

解：(1) h 是格同态，不是一布尔同态，因为 $h(x)\vee h(y)=x\vee k\vee y\vee k=x\vee y\vee k=h(x\vee y)$，$h(x)\wedge h(y)=(x\vee k)\wedge(y\vee k)=(x\wedge y)\vee k=h(x\wedge y)$。但 $h(x')=x'\vee k$，$(h(x))'=(x\vee k)'=x'\wedge k'$，$h(x')\neq(h(x))'$。

(2) 显然 $<h(B),\vee,\wedge,',k,1>$ 为分配格对运算 $\vee$ 和 $\wedge$ 封闭，且 k 和 1 分别为下界和上界。由于

$$h(x)\vee h(x')=h(x\vee x')=h(1)=1\vee k=1$$

$$h(x)\wedge h(x')=h(x\wedge x')=h(0)=0\vee k=k$$

故 $(h(x))'=h(x')$，补运算$'$对 $h(B)$ 封闭，且

$$k'=(h(0))'=h(0')=h(1)=1$$

$$1'=(h(1))'=h(1')=h(0)=k$$

因此，$<h(B),\vee,\wedge,',k,1>$ 为有补分配格，即布尔代数。

8.83 设 a 和 b 为布尔代数 B 的两个常元，且 $a\wedge b=a$。证明：下列方程组

$$\begin{cases}x\vee a=b\\ x\wedge a=0\end{cases}$$

有唯一解 $x=a'\wedge b$。

证明：由方程组第 1 式 $x\vee a=b$ 得 $a'\wedge(x\vee a)=a'\wedge b$，即 $a'\wedge x=a'\wedge b$。由方程组第 2 式得 $(a'\wedge x)\vee(x\wedge a)=(a'\wedge b)\vee 0$，化简为 $x=a'\wedge b$。因此，$x=a'\wedge b$ 是方程组的唯一解。

8.5 编程答案

8.1 编写程序构造三元布尔函数的表。

解答：三元布尔函数是一个从 8 个元素的集合到 B 的函数，8 个元素是 $B=\{0,1\}$ 中元素构成的元素对，B 是有 2 个元素的集合，因此三元布尔函数就是对这 8 个三元组中的每个进行复制，故有 2 的 2 的 3 次方=256 个不同的布尔函数，本题要求编程实现 256 个不同布尔函数的输出。

编程题 8.1 代码样例

```
样例输入：3(三元布尔函数)
样例输出：见当前目录下的文件名为"三元布尔函数表.xlsx"的 excel 表(见图 8-10)
```

8.2 给定义有限二元运算表，编程判断该二元运算表是否满足结合律。

解答：设 $*$ 是集合 A 上的二元运算，$<A,*>$ 是代数系统，如果对任意的 $a,b,c\in A$，都有 $(a*b)*c=a*(b*c)$，则称 $*$ 在 A 上是可结合的或者称 $*$ 满足结合律。

```
样例一输入输出：
请输入集合元素个数(介于 1~26)：3
```

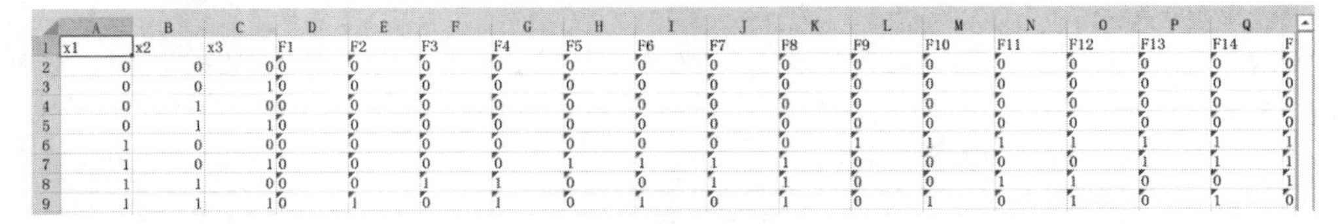

	A	B	C	D	E	F	G	H	I	J	K	L	M	N	O	P	Q	
1	x1	x2	x3	F1	F2	F3	F4	F5	F6	F7	F8	F9	F10	F11	F12	F13	F14	F
2	0	0	0	0	0	0	0	0	0	0	0	0	0	0	0	0	0	0
3	0	0	1	0	0	0	0	0	0	0	0	0	0	0	0	0	0	0
4	0	1	0	0	0	0	0	0	0	0	0	0	0	0	0	0	0	0
5	0	1	1	0	0	0	0	0	0	0	0	0	0	0	0	0	0	0
6	1	0	0	0	0	0	0	0	0	0	0	1	1	1	1	1	1	1
7	1	0	1	0	0	0	0	1	1	1	1	0	0	0	0	1	1	1
8	1	1	0	0	0	1	1	0	0	1	1	0	0	1	1	0	0	1
9	1	1	1	0	1	0	1	0	1	0	1	0	1	0	1	0	1	0

图 8-10　三元布尔函数表文件

```
集合元素:['a', 'b', 'c']
请输入操作表:
a * a=a
a * b=b
a * c=c
b * a=b
b * b=c
b * c=a
c * a=c
c * b=a
c * c=b
输出:满足结合律
样例二输入输出:
请输入集合元素个数(介于 1~26): 3
集合元素:['a', 'b', 'c']
请输入操作表:
a * a=a
a * b=b
a * c=c
b * a=b
b * b=c
b * c=a
c * a=a
c * b=a
c * c=a
输出:不满足结合律
```

编程题 8.2 代码样例

8.3　正六面体的 6 个面分别用红、蓝两种颜色着色,有多少种不同方案?编程求解实现,并输出具体的方案。

解答:方案数量可参考百度百科:正六面体转动群。

编程题 8.3 代码样例

根据 Polya 定理,2 着色问题时方案数为

(2**6+6 * (2**3)+3 * (2**2) * (2**2)+6 * (2**3)+8 * (2**2))/24=10

接着对 Polya 定理的生成函数进行变换,其中:

置换类型	置换的循环表示	不动图像个数
不动	(1) ^6	1
以面心一面心为轴旋转±90°	(1)^2(4)^1	2 * 3=6
以面心一面心为轴旋转 180°	(1)^2(2)^2	3
以棱中一棱中为轴旋转 180°	(2)^3	6
以对角线为轴旋转±120°	(3)^2	2 * 4=8

(1) 代入 R^1+B^1;(2) 要代入(R^2+B^2);(3) 则要代入(R^2+B^2);(4) 则要代入(R^4+B^4),其中 R(红色)、B(蓝色),整理可得

r^6+r^5×b+2×r^4×b^2+2×r^3×b^3+2×r^2×b^4+r×b^5+b^6

表明不等价的着色方法里面,6 个面都是红色的有一种,5 个面红色一个面、蓝色的着色法有一种,4 个面是红色、两个面是蓝色的着色方法有两种,一直到 6 个面都是蓝色的着色法有一种。

```
样例输出: 有不同的方案数为: 10
b**6+b**5 * r+2 * b**4 * r**2+2 * b**3 * r**3+2 * b**2 * r**4+b * r**5+r**6
```

8.4 编程计算 x^n 的个位数(其中 x 的取值范围为[5～20]的任意整数,n 的取值范围为[400～600]的任意整数)。提示: 使用同余关系求解。

编程题 8.4 代码样例

解答: 将乘积的个位数字的变化规律列出如表 8-22 所示的表格。

表 8-22 乘积的个位数字的变化规律

x^N	x	x^2	x^3	x^4	x^5	x^6	x^7	x^8	…
x^n 的个位数	0	0	0	0	0	0	0	0	…
	1	1	1	1	1	1	1	1	…
	2	4	8	6	2	4	8	6	…
	3	9	7	1	3	9	7	1	…
	4	6	4	6	4	6	4	6	…
	5	5	5	5	5	5	5	5	…
	6	6	6	6	6	6	6	6	…
	7	9	3	1	7	9	3	1	…
	8	4	2	6	8	4	2	6	…
	9	1	9	1	9	1	9	1	…

方法: x^n 的个位数字的变化规律可分为三类:

(1) 当 x 的个位数是 0、1、5、6 时,x^n 的个位数仍然是 0、1、5、6。

(2) 当 x 的个位数是 4、9 时,随着 n 的增大,x^n 的个位数按每两个数为一周期循环出现。

其中 x 的个位数是 4 时,按 4、6 的顺序循环出现;x 的个位数是 9 时,按 9、1 的顺序循环出现。

(3) 当 x 的个位数是 2、3、7、8 时,随着 n 的增大,x^n 的个位数按每 4 个数为一周期循环出现。

其中 x 的个位数是 2 时,按 2、4、8、6 的顺序循环出现;x 的个位数是 3 时,按 3、9、7、1 的顺序循环出现;x 的个位数是 7 时,按 7、9、3、1 的顺序循环出现;当 x 的个位数是 8 时,按 8、4、2、6 的顺序循环出现。

例如,17^291 的个位数字,因为 17 的个位数是 7,所以 17^n 的个位数随着 n 的增大按照 7、9、3、1 的顺序循环出现。

291/4=72…3,所以17^291的个位数字与7^3的个位数字相同,即个位数字是3。

```
样例输入输出:
请输入x(取值范围为[5~20]的整数): 17
请输入n(取值范围为[400~600]的整数): 291
输出: 17^291的个位数是3
```


8.5 编程实现判断所输入的一个图书的ISDN号是否正确。

图书的ISDN号由13个数字组成,一般由5部分组成,例如某书的ISDN号为978-7-04-021689-9,其中978表示前导数字,7表示中国,04表示××出版社,021689表示××出版社给该图书分配的编号,最后一位9表示校验码。判断图书的ISDN号是否正确主要是检验校验码是否正确。

解答:13位ISBN的校验码(同余)计算规则:前12位数依次乘以1和3,然后求它们的和除以10的余数,最后用10减去这个余数,就得到了校验码。如果余数为0,则校验码为0。

例如,《离散数学(第3版)》的ISBN号为978-7-302-57104-9。它的校验码计算方法为

9*1+7*3+8*1+7*3+3*1+0*3+2*1+5*3+7*1+1*3+0*1+4*3=101

101 mod (10)=1

10-1=9

所以,在13位ISBN中,这本书的校验码应该为9。

编程题8.5
代码样例

```
样例一输入输出:
请输入待校验的13位ISBN码: 978-7-302-57104-9
样例输出1: 是正确的ISBN码
样例二输入输出:
请输入待校验的13位ISBN码: 978-7-302-57140-9
样例输出2: 是错误的ISBN码
```

第9章 自动机、文法和语言

9.1 内容提要

串 字母表上的串是指该字母表符号的有穷序列。对于字母表 A,串记作 A^*。

连接 如果 x 和 y 都是串,那么 x 和 y 的连接是把 y 加到 x 后面形成的串。串 x 和 y 的连接记作 $x \cdot y$,或 xy。

语言 语言表示字母表上的一个串集,属于该语言的串称为该语言的句子或字。这个定义相当宽泛,实质上一个语言的定义应该包含三个方面:一是词汇的集合,即字母表 S,它是语言的最基本部件;二是 S^* 的一个子集,这是语言中的正确构造的句子的集合;三是正确构造的句子的意义。

文法 文法 G 定义为四元组(N,T,P,S)。其中,N 为**非终结符号**(或语法实体,或变量)集;T 为**终结符号集**;$[(N\cup T)^*-T^*]\times(N\cup T)^*$ 的一个有限子集 P,称为**产生式**(又称**规则**)的集合;S 为初始状态。

不同形式的产生式决定了不同形式的文法。

0 型文法 对产生式 $\alpha\to\beta$ 左端和右端不加任何限制,这种文法对应的语言是递归可枚举语言。在编译理论中,图灵机(或双向下推机)可以识别这种语言。

1 型文法 如果产生式形如:$\alpha A\beta\to\alpha B\beta,\alpha,\beta\in(N\cup T)^*,A\in N,B\in(N\cup T)^*$,则称为上下文相关文法(context sensitive grammar),对应的语言是上下文敏感语言。

2 型文法 如果产生式形如:$A\to\alpha,\alpha\in(N\cup T)^*,A\in N$,左端不含终结符且只有一个非终结符,这种文法称为上下文无关文法(context-free grammar)。

3 型文法 如果产生式形如:$A\to\alpha$ 或 $A\to\alpha B\mid B\alpha,\alpha\in T^*,A,B\in N$,左端不含终结符且只有一个非终结符。右端最多也只有一个非终结符且不在最左端就在最右端。这种文法称为正则文法(regular grammar),对应为正则语言。有限自动机可识别这种语言。

有限状态机 一个有限状态机定义为 $M=(I,O,S,f,g,\sigma)$,其中:

① 一个有限输入符号集合 I。

② 一个有限输出符号集合 O。

③ 一个有限状态集合 S。

④ 一个从 $S\times I$ 到 S 的下一状态函数 f。

⑤ 一个从 $S\times I$ 到 O 的输出函数 g。

⑥ 一个初始状态 $\sigma\in S$。

转移图 令$M=(I,O,S,f,g,\sigma)$是一个有限状态机。M的转移图是一个有向图G，它的顶点是S的成员，一个箭头指定初始状态σ。如果存在一个使$f(\sigma_1,i)=\sigma_2$的输入i，则G中存在一条有向边(σ_1,σ_2)。在这种情形下，如果$g(\sigma_1,i)=o$，则边(σ_1,σ_2)标记作i/o。能够将有限状态机$M=(I,O,S,f,g,\sigma)$看作一个简单的计算机。从状态σ开始，输入I上的一个串，生成一个输出串。

输入串与输出串 设$M=(I,O,S,f,g,\sigma)$是一个有限状态机。M的一个输入串是I上的一个串。如果存在$\sigma_0,\sigma_1,\cdots,\sigma_n\in s$使

$$\sigma_0=\sigma$$

$$\sigma_i=f(\sigma_{i-1},x_i)\text{，对于 }i=1,2,\cdots,n$$

$$y_i=g(\sigma_{i-1},x_i)\text{，对于 }i=1,2,\cdots,n$$

则串$y_1,y_2,\cdots,y_n$是M对应于输入串$\alpha=x_1,x_2,\cdots,x_n$的输出串。

接受状态 有限状态自动机$A=(I,O,S,f,g,\sigma)$，其输出符号集合是$\{0,1\}$，并且当前的状态决定最后的输出。最后输出为1的那些状态称为接受状态。

另一种形式的有限状态自动机定义为$A=(I,S,f,E,\sigma)$，其中：

(1) 一个有限输入符号集合I。

(2) 一个有限状态集合S。

(3) 一个从$S\times I$到S的下一状态函数f。

(4) S的接受状态的子集E。

(5) 一个初始状态$\sigma\in S$。

不确定有限状态自动机 一个不确定有限状态自动机定义为$A=(I,S,f,E,\sigma)$，其中：

(1) 一个有限输入符号集合I。

(2) 一个有限状态集合S。

(3) 一个从$S\times I$到2^S的下一状态函数f。

(4) S的接受状态的子集E。

(5) 一个初始状态$\sigma\in S$。

9.2 例题精选

例9.1 构造产生正整数集合$\mathbf{Z}^+$的形式文法。

解：构造形式文法的关键在于构造产生式集合P，而P的构造由该文法所产生的集合决定，为此首先要分析文法所产生的集合的特征。题目要求产生正整数集合$\mathbf{Z}^+$，每一个正整数是由0、1、2、3、4、5、6、7、8、9共10个数字组成，最高位不能为0，最高位只有9种选择，其他各位都有10种可能。由开始符σ开始，产生一位正整数应有产生式：$\sigma\to1,\sigma\to2,\cdots,\sigma\to9$。为了产生两位以上正整数必须有$\sigma\to1A,\sigma\to2A,\cdots,\sigma\to9A$这些产生式，然后再由$A$派生下去。由于用了产生式$\sigma\to iA(i=1,2,\cdots,9)$后，最高位是$i$，不是0，因此，对于$A$应有产生式$A\to jA$以及$A\to j(i=0,1,2,\cdots,9)$。

因此，产生正整数集合$\mathbf{Z}^+$的形式文法$G=(\{\sigma,A\},\{0,1,2,\cdots,9\},P,\sigma)$，其中产生式集合$P$为：$\sigma\to1,\sigma\to2,\sigma\to3,\sigma\to4,\sigma\to5,\sigma\to6,\sigma\to7,\sigma\to8,\sigma\to9,\sigma\to1A,\sigma\to2A,\sigma\to3A$，

$\sigma \to 4A$，$\sigma \to 5A$，$\sigma \to 6A$，$\sigma \to 7A$，$\sigma \to 8A$，$\sigma \to 9A$，$A \to 0A$，$A \to 1A$，$A \to 2A$，$A \to 3A$，$A \to 4A$，$A \to 5A$，$A \to 6A$，$A \to 7A$，$A \to 8A$，$A \to 9A$，$A \to 0$，$A \to 1$，$A \to 2$，$A \to 3$，$A \to 4$，$A \to 5$，$A \to 6$，$A \to 7$，$A \to 8$，$A \to 9$。

例 9.2 构造一台有限自动机 M，它有输入字母 a 和 b 且只接受包含 $aabb$ 作为子串的由 a 和 b 组成的串。

解：构造有限自动机的关键在于确定它有几个状态以及各状态之间如何转换，有了这些就可以画出状态图，于是一台有限自动机就完全确定了。本例中该有限自动机应有 5 个状态：σ_0——初始状态；σ_1——输入串中最新字母为 a；σ_2——输入串中最新两字母为 aa；σ_3——输入串中最新三字母为 aab；σ_4——输入串中最新四字母为 $aabb$。当机器处于状态 σ_4，则输入串被接受，σ_4 为终态。下面分析状态之间是如何转换的。

当 M 处于状态 σ_0，如果输入 a，输入串中含有子串 a，M 转向状态 σ_1。如果输入 b，输入串中只有 b，不含子串 a，M 仍处于状态 σ_0。

当 M 处于状态 σ_1，如果输入 a，输入串中最新两字母为 aa，M 转向状态 σ_2。如果输入 b，输入串中最新字母为 b，M 转向状态 σ_0。

当 M 处于状态 σ_2，如果输入 a，输入串中最新两字母仍为 aa，M 转向状态 σ_2。如果输入 b，输入串中最新三字母为 aab，M 转向状态 σ_3。

当 M 处于状态 σ_3，如果输入 a，输入串中最新四字母为 $aaba$，由于 M 只接受含有子串 $aabb$ 的串，因此这种输入串只能当作最新字母为 a 的串，M 又返回状态 σ_1。如果输入 b，输入串中最新四字母为 $aabb$，M 转向状态 σ_4。

当 M 处于状态 σ_4，表示输入串中已含有子串 $aabb$，所以以后无论输入任一字母，M 仍处于状态 σ_4。

故接受输入串中包含 $aabb$ 作为子串的有限自动机为 $M=(I,S,f,\sigma_0,\sigma_4)$，其中：

输入符号集合 $I=\{a,b\}$。

有限状态集合 $S=\{\sigma_0,\sigma_1,\sigma_2,\sigma_3,\sigma_4\}$。

初始状态：σ_0。

接受状态：σ_4。

状态转移函数 f 如表 9-1 所示。

有限自动机 M 的状态图如图 9-1 所示。

表 9.1 状态转移函数

f	a	b
σ_0	σ_1	σ_0
σ_1	σ_2	σ_0
σ_2	σ_2	σ_3
σ_3	σ_1	σ_4
σ_4	σ_4	σ_4

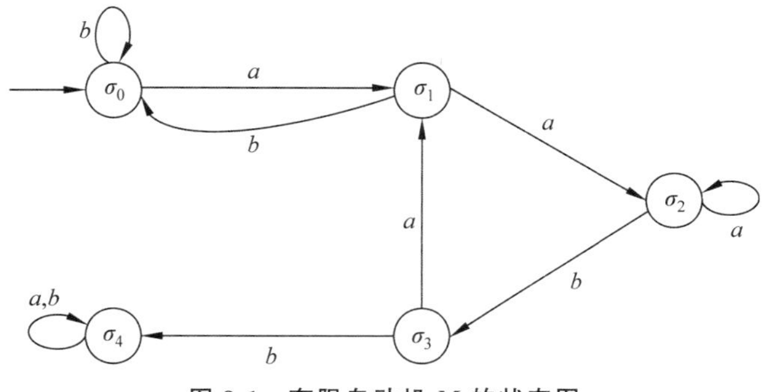

图 9-1 有限自动机 M 的状态图

9.3 应用案例

9.3.1 奇偶校验机

问题描述：在电子设备之间传输的数据通常表示为0和1的序列，需要某种检测传输错误的方法。在此描述一种简单的方法。在发送消息前，对消息中的1进行计数。如果1的个数是奇数，则在消息的末尾加一个1；如果1的个数是偶数，则在消息的末尾加一个0。所以，所有的传输都将含有偶数个1。

收到传输数据后，重新对1进行计数，以判断有偶数个还是奇数个1。这种方法称为奇偶校验(parity check)。如果有奇数个1，则在传输中必定有错误。在这种情况下，可以请求重传。当然，如果在传输中有两个或两个以上错误，则奇偶校验无法向接收者报告错误。但是，如果每一位的传输都比较可靠，而且消息不是太长，则有两个或两个以上错误的可能性远小于只有一个错误的可能性。如果收到的传输数据通过了奇偶校验，则收方丢弃传输数据的最后一位，以恢复原来的消息。请设计奇偶校验有限状态机。

解答：实际上，要判断传输数据中1的个数是奇还是偶，不必对1进行计数。图9-2描绘了一种可用来完成这项工作的设备。

这里，状态是e(偶)和o(奇)，输入是0和1。相应的状态表如表9-2所示。

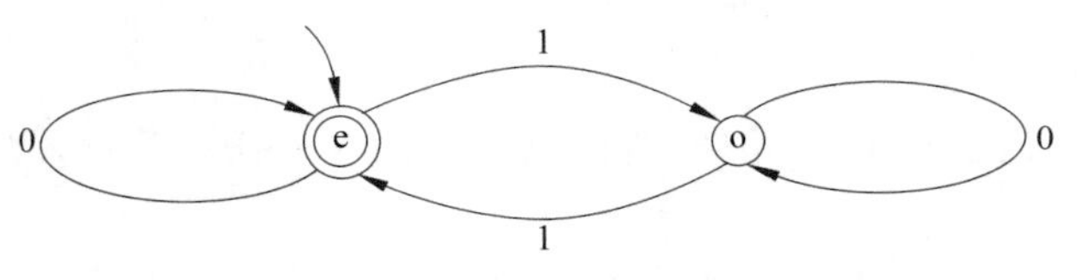

图9-2 奇偶校验有限状态机

表9-2 状态表

输入	状态	
	e	***o***
0	*e*	*o*
1	*o*	*e*

要判断一个0/1串中1的数目的奇偶性，可以使用这个设备，从状态e开始，把各个相继的数字当作新的输入。例如，如果把消息11010001用作输入(从左往右读)，那么机器从状态e开始并迁移到状态o，因为第一个输入是1。第二个输入也是1，它把机器的状态转回到e，并在第三个输入0之后，机器仍保持状态e。机器从一种状态迁移到另一种状态的进程汇总如下。

输入：开始 11010001

状态：e　　oeeoooœ

如果接收到11010001，那么就认为传输中没有错误发生，并且原始的消息是1101000。

图9-2中出现了两个新的记号：一个是指向状态e的箭头，它指出为了使设备正常地工作，必须从状态e开始；另一个是对应于状态e的双圆，它指出这个状态是想要的最终状态，否则在例子中就有错误发生。

于是，奇偶校验机是这样的有限状态机，其中，$S=\{e,o\}$，$I=\{0,1\}$，$s_0=e$，$S'=\{e\}$。相应于前面的状态表，函数 f 定义为

$f(0,e)=e, f(0,o)=o$

$f(1,e)=o, f(1,o)=e$

一个串是一个输入的有限序列，如上例中的11010001。假设给定串 $i_1 i_2 \cdots i_n$，以及初始状态 s_0，相继地计算 $f(i_1, s_0)=s_1$ 和 $f(i_2, s_1)=s_2$ 等，最后终止于状态 s_n。这等价于从初始状态开始，从左至右应用串中的输入，最后终止在状态 s_n 上。如果 s_n 在 S' 中，则称该串被接受，否则称该串被拒绝。在奇偶校验的例子中，被拒绝的传输数据含有错误，而被接收的传输数据则被认为是正确的。

图9-3所示是一个有限状态机，其输入集为 $I=\{0,1\}$，它接受且只接受以100结尾的串。这里，$S=\{A,B,C,D\}$，$s_0=A$，$S'=\{D\}$，函数 f 如图9-3中带标记的箭头所示。例如，如果输入串101010则状态迁移序列为 $ABCBCBC$。由于 C 不在 S' 中，所以该串被拒绝。另一方面，如果输入串001100，则状态迁移序列为 $AAABBCD$。因为 D 是一个接受状态，所以该串被接受。

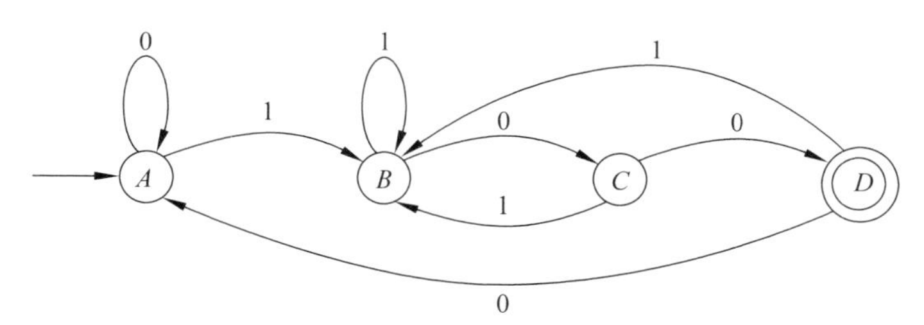

图9-3　输入为0、1的有限状态机

为了理解图9-3所示的机器能做我们所说的事情，应首先验证：无论处于什么状态，只要输入串100，就会到达状态 D。这说明所有以100结尾的串都会被接受。剩下还要说明可被接受的串必定以100结尾。由于我们是从状态 A 出发的，可被接受的串显然至少必须包含三个数字。由于不管当前状态是什么，当输入1时，都要迁移到状态 B，所以可被接受的串必须以0结尾。读者应同样地验证任何以10结尾的串都将使有限状态机终止在状态 C。于是，可接受的串必定以两个0结尾。最后，读者应验证任何以000结尾的串都将把有限状态机的状态置为 A。所以，任何可被接受的串必定以100结尾。

接受某些串并拒绝其他串的有限状态机的一个重要的应用是在计算机语言的编译器中。在运行程序前，程序中的每条语句都必须经过检查，以确定各语句是否都符合所用语言的语法。

9.3.2　识别地址的有限状态机

问题描述：地址的识别和分析是本地搜索必不可少的技术。判断一个地址的正确性同时非常准确地提炼出相应的地理信息（省、市、街道、门牌号等）有时很麻烦。例如，我收到的邮件和包裹上面有如下地址。

湖北省武汉市解放大道717号海军工程大学电子工程学院计算机系，430033

武汉市解放大道717号海军工程大学计算机系，430033

武汉市解放大道717号海军工程学院601教研室，430033（曾经的单位名称）

武汉市解放大道海军工程大学计算机系，430033

武汉市硚口区解放大道海军工程大学电子工程学院，430000（估计不知道准确的邮编）

这些地址写得都有点不清楚，但是邮件和包裹我都收到了，说明邮递员可以识别。请阐述识别地址的有限状态机。

解答：地址的描述虽然看上去简单，但是它依然是比较复杂的上下文有关的文法。考虑两个地址“上海市黄浦区北京东路××号”和“南京市玄武区北京东路××号”。当识别器扫描到“北京东路”时，它和后面的门牌号是否构成一个正确的地址需要看它的上下文，即城市名和区名。上下文有关文法的分析既复杂又耗时，它的分析器也不好写。如果没有好的模型，很多情况可能覆盖不了。

地址的文法是上下文有关文法中相对简单的一种，因此有许多识别和分析的方法，但最有效的是有限状态机。一个有限状态机是一个特殊的有向图，它包括一些状态(节点)和连接这些状态的有向弧。图9-4是一个识别中国省(直辖市)地址的有限状态机的简单例子。

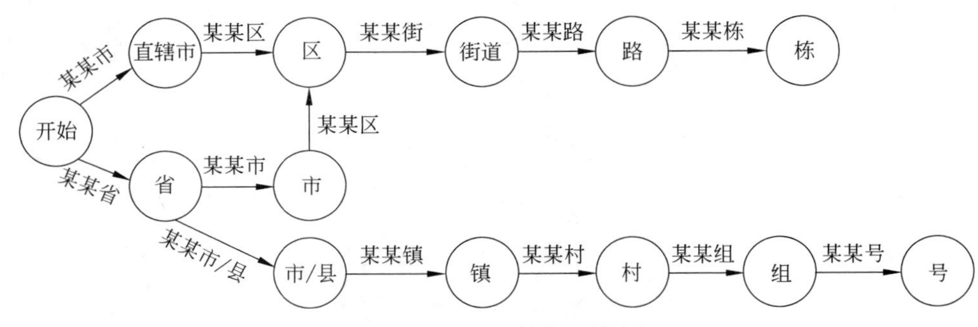

图9-4 识别地址的有限状态机

每一个有限状态机都有一个开始状态和一个终止状态，以及若干中间状态。每一条弧上带有从一个状态进入下一个状态的条件。例如，在图9-4中，当前的状态是“省”，如果遇到一个词组和(区)县名有关，就进入状态“区县”；如果遇到的下一个词组和城市有关，那么就进入“市”的状态……如果一条地址能从状态机的开始状态经过状态机的若干中间状态走到终止状态，那么这条地址就有效，否则无效。例如，“北京市海淀区双清路83号”对于上面的有限状态来讲有效，而“上海市江苏省海安县”则无效(因为无法从“市”走回到“省”)。

使用有限状态机识别地址，关键要解决两个问题，即通过一些有效的地址建立状态机，以及给定一个有限状态机后地址字串的匹配算法。有了关于地址的有限状态机后，就可以用它分析网页，找出网页中的地址部分，建立本地搜索的数据库。同样，也可以对用户输入的查询进行分析，挑出其中描述地址的部分，当然剩下的关键词就是用户要找的内容。例如，对于用户输入的“北京市海淀区双清路附近的酒家”，Google本地会自动识别出地址“北京市双清路”和要找的对象“酒家”。

上述基于有限状态机的地址识别方法在实用中会有一些问题：当用户输入的地址不太标准或者有错别字时，有限状态机会束手无策，因为它只能进行严格匹配。其实，有限状态机在计算机科学中早期的成功应用是在程序语言编译器的设计中。一个能运行的程序在语法上必须是没有错的，所以不需要模糊匹配。而自然语言则很随意，无法用简单的语法描述。

为了解决这个问题，人们希望可以进行模糊匹配，并给出一个字串为正确地址的可能性。为了实现这一目的，科学家们提出了基于概率的有限状态机。这种基于概率的有限状态机和离散的马尔可夫链基本等效。

在 20 世纪 80 年代以前，尽管有不少人使用基于概率的有限状态机，但都是为自己的应用设计专用的有限状态机的程序。20 世纪 90 年代以后，随着有限状态机在自然语言处理上的广泛应用，不少科学家致力于编写通用的有限状态机程序库。其中，最成功的是 AT&T 实验室的三位科学家 Mehryar Mohri、Fernando Pereira 和 Michael Riley，他们花了很多年的时间编写了一个通用的基于概率的有限状态机 C 语言工具库。

9.3.3 语音识别

问题描述：在语音识别领域使用一种特殊的有限状态机——赋权有限状态转换器(Weighted Finite State Transducer，WFST)。请阐述 WFST 及其构造和用法。

解答：有限状态转换器的特殊性在于，有限状态机中的每个状态由输入和输出符号定义，如图 9-5 所示。

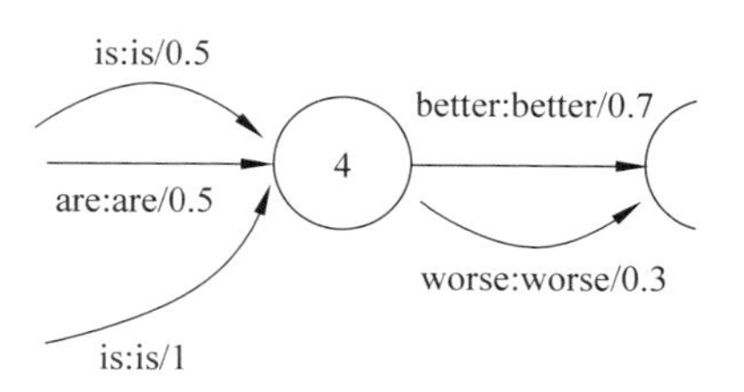

图 9-5 有限状态转换器

状态 4 的定义是"输入为 is 或 are，输出为 better 或 worse"的状态。不管整个符号序列前后如何，只要在某一时刻前后的符号为 is/are 和 better/worse 的组合，就能进入此状态。状态可以有不同的输入和输出，如果这些输入和输出的可能性不同，即赋予了不同的权重，那么相应的有限状态转换器就是加权的。WFST 是天然的自然语言处理的分析工具和解码工具。

在语音识别中，每个被识别的句子都可以用一个 WFST 来表示。例如，句子"使用数据好，使用直觉不好"的语音识别结果，如图 9-6 所示。WFST 中的每一条路径就是一个候选的句子，其中概率最大的那条路径就是这个句子的识别结果。

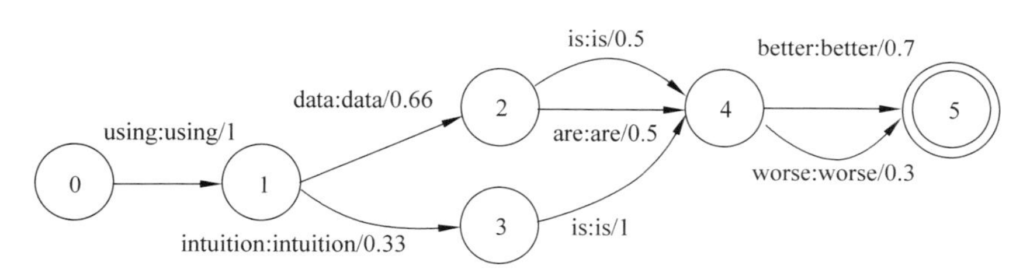

图 9-6 某句话的语音识别结果

9.4 习题解答

9.1 确定给定的文法是否是上下文有关的、上下文无关的、正则的或者不是其中的任何一种，给出适用的所有特征。

(1) $T=\{a,b\}$，$N=\{\sigma,A\}$，σ 为开始符号，产生式 $\sigma\to b\sigma$，$\sigma\to aA$，$A\to a\sigma$，$A\to bA$，$A\to a$，$\sigma\to b$。

(2) $T=\{a,b,c\}$，$N=\{\sigma,A,B\}$，σ 为开始符号，产生式 $\sigma\to BAB$，$\sigma\to ABA$，$A\to AB$，$B\to BA$，$A\to aA$，$A\to ab$，$B\to b$。

解：(1) 正则文法。　　(2) 上下文无关文法。

9.2 对于9.1(1)给出的文法G,证明:串$bbabbab$在$L(G)$中。

解: $\sigma \to b\sigma \to bb\sigma \to bbaA \to bbabA \to bbabbA \to bbabba\sigma \to bbabbab$。

9.3 对于9.1(2)给出的文法G,证明:串$abbbaabab$在$L(G)$中。

解: $\sigma \to ABA \to ABBAA \to abbbaAA \to abbbaabab$。

9.4 已知有限状态机$I=\{a,b\}$,$S=\{s_0,s_1,s_2\}$,$f_a(s_0)=s_0$,$f_a(s_1)=s_2$,$f_a(s_2)=s_1$,$f_b(s_0)=s_1$,$f_b(s_1)=s_0$,$f_b(s_2)=s_2$。

试画出状态转移图。

解: 状态转移图如图9-7所示。

9.5 根据表9-3机器的状态转换表,画出机器的有向图。

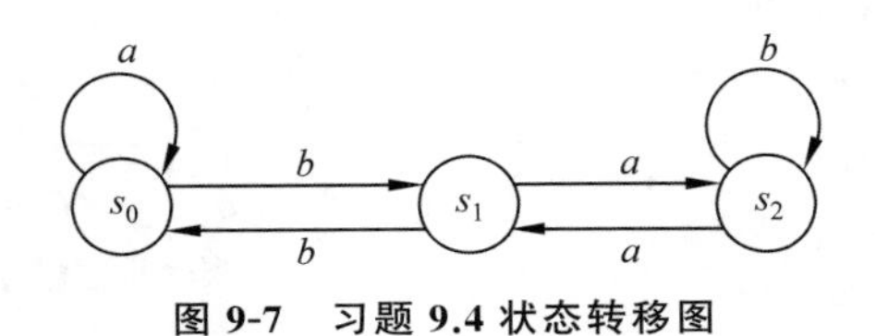

图 9-7 习题 9.4 状态转移图

表 9-3 机器的状态转换表

s	0	1
s_0	s_0	s_1
s_1	s_1	s_2
s_2	s_2	s_0

解: 机器的有向图如图9-8所示。

9.6 根据表9-4机器的状态转换表,画出机器的有向图。

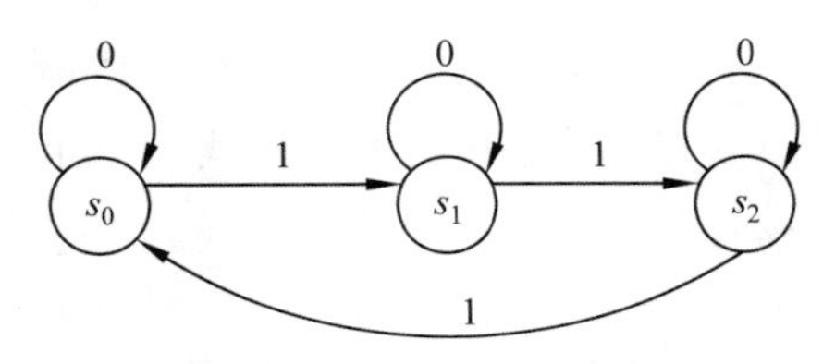

图 9-8 习题 9.5 机器的有向图

表 9-4 机器的状态转换表

s	a	b	c
s_0	s_0	s_1	s_2
s_1	s_2	s_1	s_1
s_2	s_1	s_1	s_2
s_3	s_2	s_0	s_1

解: 根据表9-4机器的状态转换表,画出机器的有向图如图9-9所示。

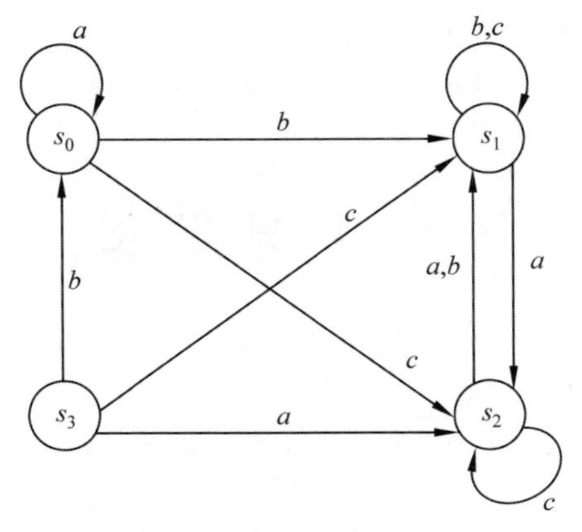

图 9-9 习题 9.6 机器的有向图

9.7 根据图 9-10 中机器的有向图，给出机器的状态转换表。

解：机器的状态转换表如表 9-5 所示。

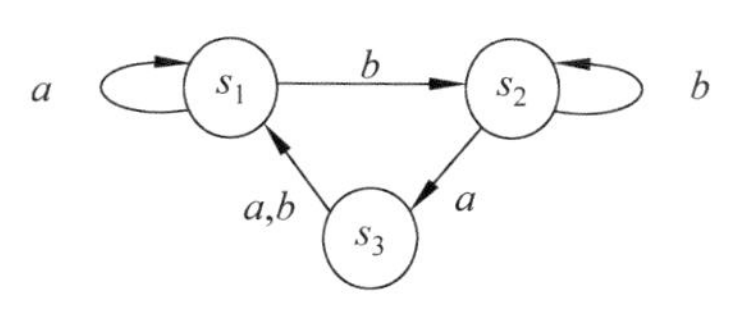

图 9-10　习题 9.7 机器的有向图

表 9-5　习题 9.7 机器的状态转换表

s	*a*	*b*
s_1	s_1	s_2
s_2	s_3	s_2
s_3	s_1	s_1

9.8 画出下列有限状态机(I,O,S,f,g,σ_0)（见表 9-6）的转移图。

(1) 设 $I=\{a,b\}$，$O=\{0,1\}$，$S=\{s_0,s_1,s_2\}$。

表 9-6　有限状态机(I,O,S,f,g,σ_0)

S	**I**			
	f		***g***	
	a	***b***	***a***	***b***
s_0	s_1	s_1	0	1
s_1	s_2	s_1	1	1
s_2	s_0	s_0	0	0

(2) 如表 9-7 所示，设 $I=\{a,b,c\}$，$O=\{0,1\}$，$S=\{s_0,s_1,s_2\}$。

表 9-7　有限状态机

S	**I**					
	f			***g***		
	a	***b***	***c***	***a***	***b***	***c***
s_0	s_0	s_1	s_2	0	1	0
s_1	s_1	s_1	s_0	1	1	1
s_2	s_2	s_1	s_0	1	0	0

解：(1) 有限状态机(I,O,S,f,g,σ_0)的转移图如图 9-11 所示。

(2) 有限状态机(I,O,S,f,g,σ_0)的转移图如图 9-12 所示。

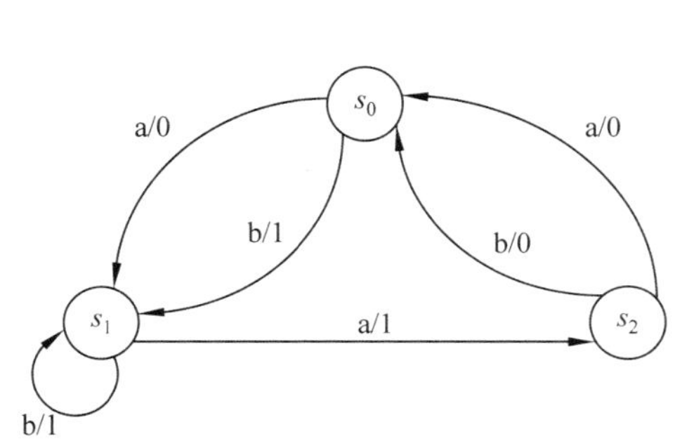

图 9-11　习题 9.8(1)有限状态机的转移图

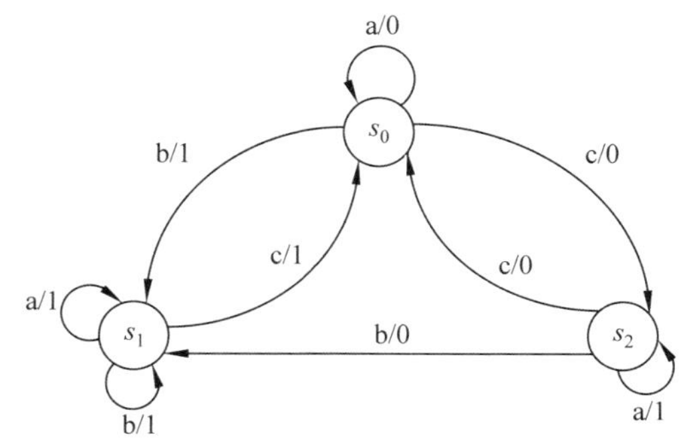

图 9-12　习题 9.8(2)有限状态机的转移图

9.9 根据图9-13机器的有向图，给出机器的状态转换表。

解：机器的状态转移表如表9-8所示。

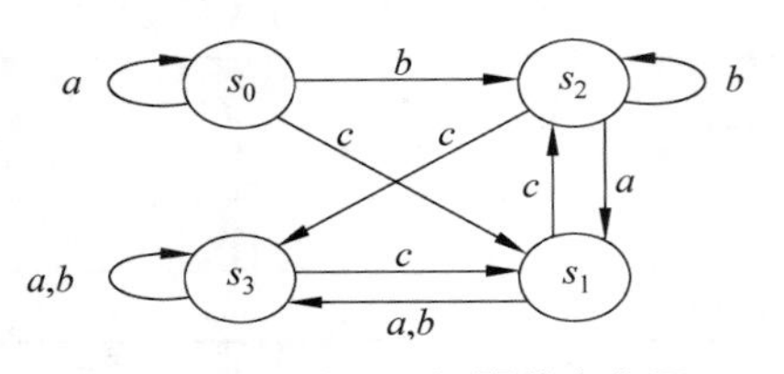

图9-13 习题9.9机器的有向图

表9-8 习题9.9机器的状态转换表

S	a	b	c
s_0	s_0	s_2	s_1
s_1	s_3	s_3	s_2
s_2	s_1	s_2	s_3
s_3	s_3	s_3	s_1

9.10 对如图9-14所示的有限状态机，求出集合 I、O 和 S，初始状态，以及定义下一个状态和输出函数的表。

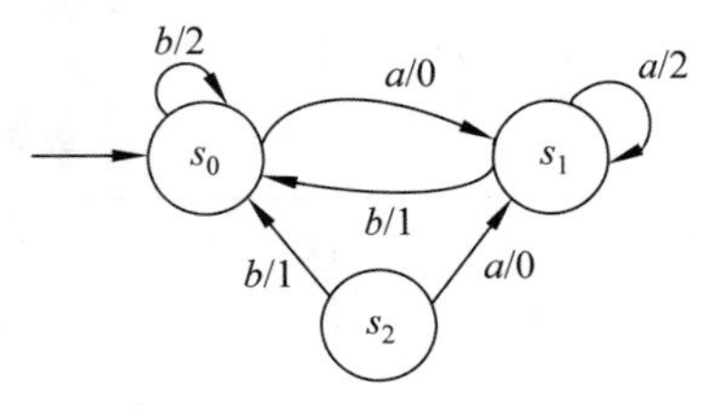

图9-14 习题9.10有限状态机

解：输入符号集合 $I=\{a,b\}$，输出符号集合 $O=\{0,1,2\}$，有限状态集合 $S=\{s_0,s_1,s_2\}$，初始状态 s_0，下一个状态函数表 f 和输出函数表 g，分别如表9-9和表9-10所示。

表9-9 习题9.10有限状态机的下一个状态函数表 f

f	a	b
s_0	s_1	s_0
s_1	s_1	s_0
s_2	s_1	s_0

表9-10 习题9.10有限状态机的输出函数表 g

g	a	b
s_0	0	2
s_1	2	1
s_2	0	1

9.11 对于9.10题中已给的有限状态机，对以下输入串求输出串。

(1) *baaba*。

(2) *aabbaaaba*。

解：(1) 20210。　　(2) 021202210。

9.12 设计一个有限状态机，使其具有给定的性质：无论何时见到101时就输出1；否则，输出0。

解：满足题意要求的有限状态机如图9-15所示。

9.13 重画如图9-16所示的有限状态自动机的转移图。

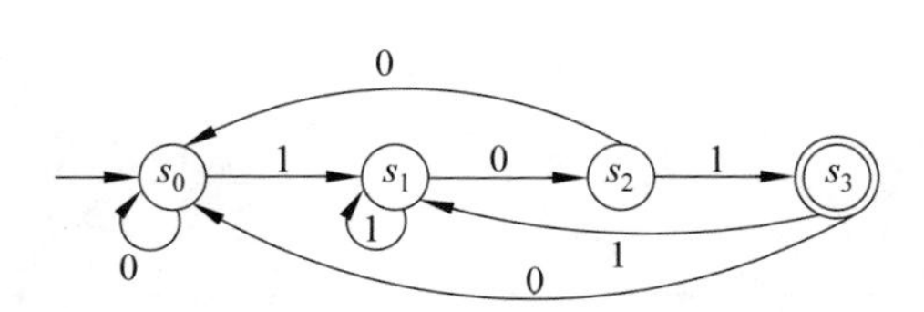

图9-15 习题9.12的有限状态机

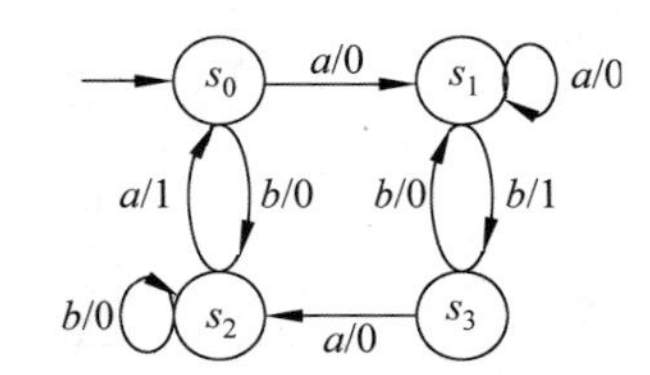

图9-16 习题9.13的有限状态自动机

解：重新画出的如图 9-16 所示的有限状态自动机的转移图如图 9-17 所示。

9.14 重画如图 9-18 所示的有限状态自动机的转移图为有限状态机的转移图。

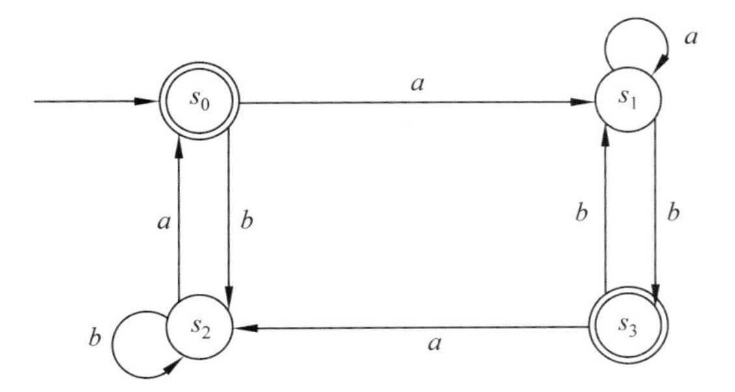

图 9-17 习题 9.13 有限自动机的转移图

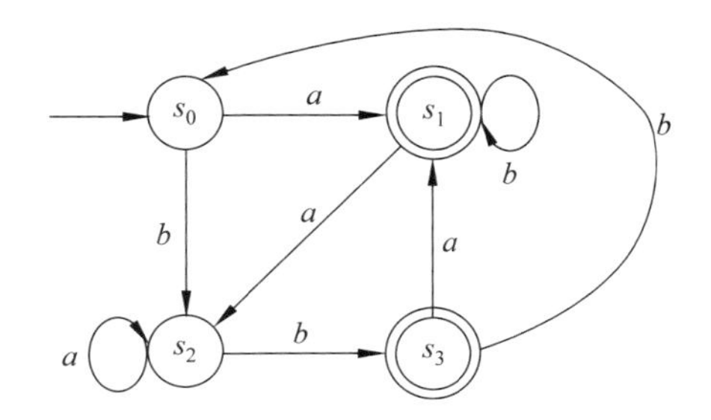

图 9-18 习题 9.14 有限状态自动机的转移图

解：重画的有限状态机的转移图如图 9-19 所示。

9.15 确定图 9-20 给定的有限状态自动机是否接受指定的串。

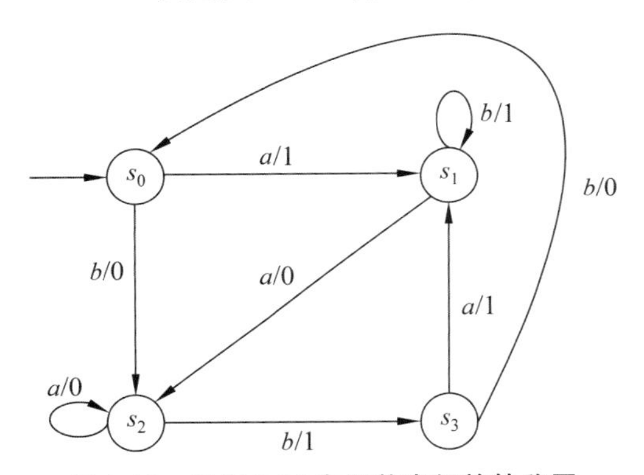

图 9-19 习题 9.14 有限状态机的转移图

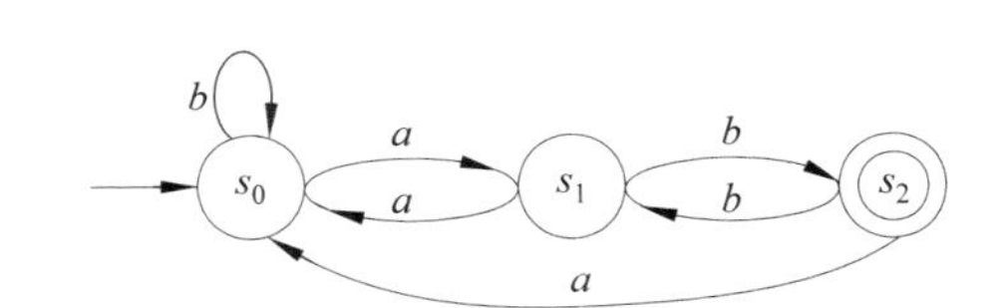

图 9-20 习题 9.15 有限状态自动机

（1）*aaabbbaab*。

（2）*aaabbaab*。

（3）*baababbb*。

解：（1）接受。（2）接受。（3）接受。

9.16 验证图 9-21 和图 9-22 两图的有限状态自动机是等价的。

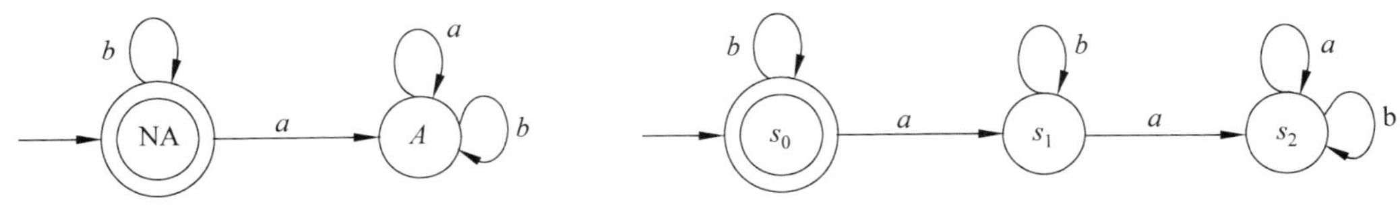

图 9-21 习题 9.16 有限自动机（一）

图 9-22 习题 9.16 有限自动机（二）

解：这两个有限状态自动机的功能都是能够准确接受$\{a,b\}$上不含 a 的串。

9.17 设计一个有限状态自动机，准确接受$\{a,b\}$上含有偶数个 a 的串。

解：设计有限自动机如图 9-23 所示。

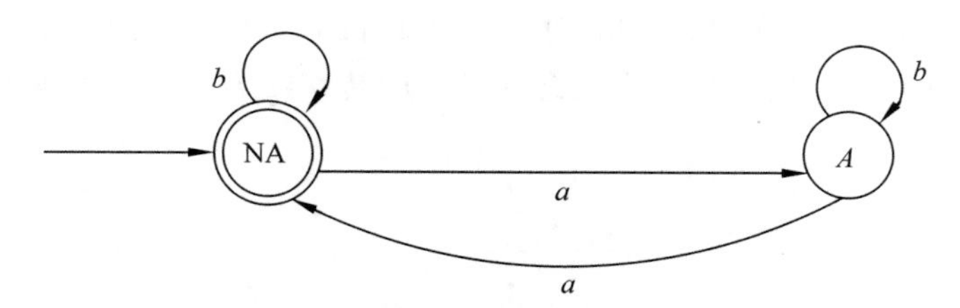

图 9-23　习题 9.17 有限自动机

9.18　画出不确定有限状态自动机(I,S,f,E,s_0)的转移图。

(1) $I=\{a,b\},S=\{s_0,s_1,s_2\},E=\{s_0\}$。不确定有限状态自动机$(I,S,f,E,s_0)$的状态转换表如表 9-11 所示。

(2) $I=\{a,b,c\},S=\{s_0,s_1,s_2\},E=\{s_0\}$。不确定有限状态自动机$(I,S,f,E,s_0)$的状态转换表如表 9-12 所示。

表 9-11　习题 9.18(1)状态转换表

f	a	b
s_0	$\varnothing$	$\{s_1,s_2\}$
s_1	$\{s_2\}$	$\{s_0,s_1\}$
s_2	$\{s_0\}$	$\varnothing$

表 9-12　习题 9.18(2)状态转换表

f	a	b	c
s_0	$\{s_1\}$	$\varnothing$	$\varnothing$
s_1	$\{s_0\}$	$\{s_2\}$	$\{s_0,s_2\}$
s_2	$\{s_0,s_1,s_2\}$	$\{s_0\}$	$\{s_0\}$

解：(1) 该不确定有限状态机的转移图如图 9-24 所示。

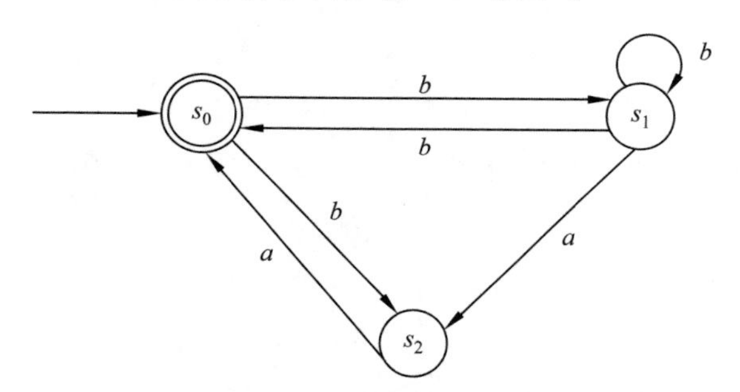

图 9-24　习题 9.18(1)不确定有限状态机的转移图

(2) 该不确定有限状态机的转移图如图 9-25 所示。

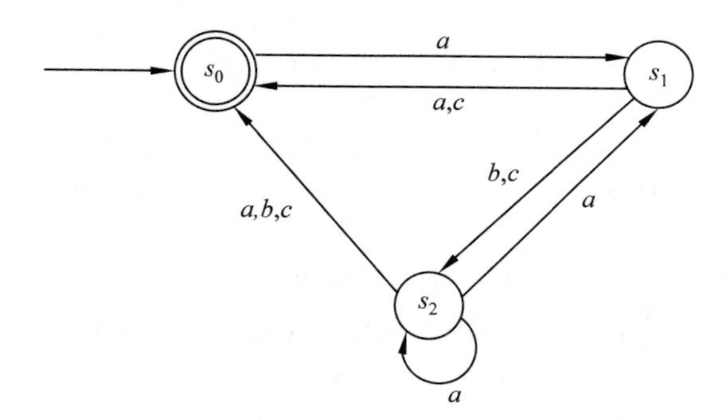

图 9-25　习题 9.18(2)不确定有限状态机的转移图

9.19 求出图 9-26 中不确定有限状态自动机集合 I、S 和 E，初始状态，并定义下一个状态函数的表。

解：不确定有限状态自动机输入符号集合 $I=\{a,b\}$，有限状态集合 $S=\{A,B,C\}$，接受状态子集 $E=\{A,C\}$，初始状态为$\{A\}$。定义下一个状态函数的表见表 9-13。

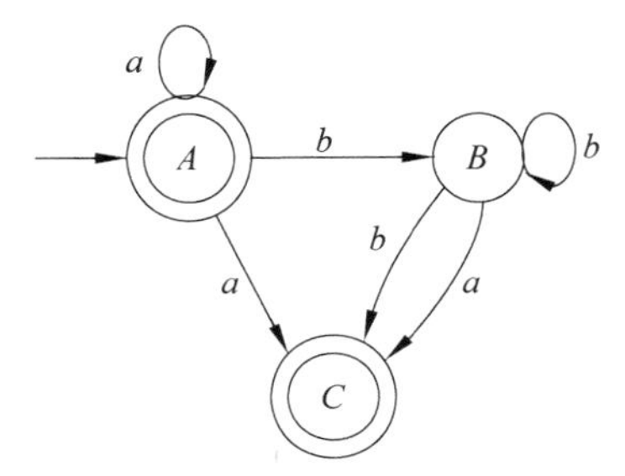

图 9-26 习题 9.19 不确定有限状态自动机

表 9-13 习题 9.19 定义下一个状态函数的表

f	a	b
A	$\{A,C\}$	$\{B\}$
B	$\{C\}$	$\{B,C\}$
C	$\varnothing$	$\varnothing$

9.20 以下串能被 9.19 题中的不确定有限状态自动机接受吗？

(1) *aaabba*。

(2) *aabbaaa*。

(3) *aabbbba*。

解：(1) 接受。　　(2) 不接受。　　(3) 接受。

9.5 编程答案

9.1 给定一个确定性的有限状态自动机的状态表和一个串，编程判断这个串能否由此自动机识别。

解答：题目来自 9.15 题，确定给定的有限状态自动机是否接受指定的串。

本题使用 transitions 库，transitions 库是一个由 Python 实现的轻量级、面向对象的有限状态机框架。

transitions 最基本的用法如下。

(1) 先自定义一个类 Matter。

(2) 定义一系列状态和状态转移。

(3) 初始化状态机。

(4) 获取当前的状态或者进行转化。

本题使用的确定性有限状态自动机的状态表如表 9-14 所示。

表 9-14 状态表

s	a	b
s0	s1	s0
s1	s0	s2
s2	s0	s1

判断如下三个串能否由此自动机识别。

(1) *aaabbbaab*。　　(2) *aaabbaab*。　　(3) *baababb*。

第一种输入方式：

```
样例一输入输出：
请输入一个自动机要判断的字符串：aaabbbaab
输出：s0-->s1-->s0-->s1-->s2-->s1-->s2-->s0-->s1-->s2
可以识别
```

样例二输入输出：
请输入一个自动机要判断的字符串：aaabbaab
输出：s0-->s1-->s0-->s1-->s2-->s1-->s0-->s1-->s2
可以识别
样例三输入输出：
请输入一个自动机要判断的字符串：baababb
输出：s0-->s0-->s1-->s0-->s0-->s1-->s2-->s1
不能识别

第二种输入方式：

请输入有限状态自动机有几种状态：3
请输入一个有限状态自动机状态：s0
请输入一个有限状态自动机状态：s1
请输入一个有限状态自动机状态：s2
其中开始状态为状态：s0
结束状态为：s2
请输入状态转移有几种：6
请输入转移状态，输入格式为(S->a->A，表示状态 S 在接收输入符 a 后转移到状态 A)：
s0->a->s1
s0->b->s0
s1->a->s0
s1->b->s2
s2->a->s0
s2->b->s1
请输入一个自动机要判断的字符串：aaabbbaab
样例输出：
s0-->s1-->s0-->s1-->s2-->s1-->s2-->s0-->s1-->s2
可以识别

编程题 9.1 代码样例

9.2 给定一个不确定性的有限状态自动机的状态表和一个串，编程判断这个串能否由此自动机识别。

解答：本题使用本章习题 9.19 的不确定性有限状态自动机，其状态表如表 9-15 所示。

表 9-15 状态表

f	*a*	*b*
A	{A,C}	{B}
B	{C}	{B,C}
C	NUL	NUL

判断如下三个串能否由此自动机识别。

(1) *aaabba*。 (2) *aabbaaa*。 (3) *aabbbba*。

第一种输入方式：

样例一输入输出：
请输入一个自动机要判断的字符串：aaabba
输出：A-->A-->A-->A-->B-->B-->C
可以识别
样例二输入输出：
请输入一个自动机要判断的字符串：aabbaaa

```
样例输出：A-->A-->A-->B-->B-->C-->NUL
不能识别
样例三输入输出：
请输入一个自动机要判断的字符串：aabbbba
样例输出 3：A-->A-->A-->B-->B-->B-->B-->C
可以识别
```

第二种输入方式：

```
请输入有限状态自动机有几种状态：4
请输入一个有限状态自动机状态：A
请输入一个有限状态自动机状态：B
请输入一个有限状态自动机状态：NUL
其中开始状态为状态：A
结束状态为：C
请输入状态转移有几种：8
请输入转移状态，输入格式为(S->a->A，表示状态 S 在接收输入符 a 后转移到状态 A)：
A->a->A
A->a->C
A->b->B
B->a->C
B->b->B
B->b->C
C->a->NUL
C->b->NUL
请输入一个自动机要判断的字符串：aaabba
样例输出：
A-->A-->A-->A-->B-->B-->C
可以识别
```

编程题 9.2 代码样例

9.3 给定一个正则表达式，编程构造一个非确定性的有限状态自动机，识别这个表达式表示的集合。

解答：解题思路是，先将 re（正则表达式）从中缀转换为后缀 postfix，然后通过 Thompson 构造法将后缀正则表达式转化为一个与之等价的非确定有限状态自动机（NFA）的算法。以获得相应的 NFA。正则表达式使用闭包运算符（*）、连接符（&）、或运算符（|）和括号，运算符的优先级依次递减。

其中 Thompson 构造法在计算机科学中是指一个能将正则表达式转化为一个与之等价的非确定有限状态自动机（NFA）的算法。

本题程序参考了 https://download.csdn.net/download/cherryjia99/10787396。

编程题 9.3 代码样例

```
样例输入：
请输入一个正则表达式：(a|b)*abb
样例输出：
对应的后缀表达式：['a', 'b', '|', '*', 'a', '&', 'b', '&', 'b', '&']
1-->2,值：a
3-->4,值：b
5-->1,值：ε
5-->3,值：ε
2-->6,值：ε
4-->6,值：ε
```

```
7-->5,值: ε
6-->5,值: ε
6-->8,值: ε
7-->8,值: ε
9-->10,值: a
11-->12,值: b
13-->14,值: b
14
转成 nfa: [{1: {'a': 2}}, {3: {'b': 4}}, {5: {'ε': 1}}, {5: {'ε': 3}},
{2: {'ε': 6}}, {4: {'ε': 6}}, {7: {'ε': 5}}, {6: {'ε': 5}},
{6: {'ε': 8}}, {7: {'ε': 8}}, {9: {'a': 10}}, {11: {'b': 12}},
{13: {'b': 14}}]
```

9.4 给定一个正则文法,编程构造一个有限状态自动机识别这个文法生成的语言。

解答:先将输入的正则文法(正规文法)转换为正则表达式,再通过编程题 9.3 的正则表达式构造一个非确定性的有限状态自动机。这里代码主要展示从输入的正则文法到正则表达式的转换。

编程题 9.4 代码样例

```
样例输入输出:
输入文法行数: 5
请输入正则文法(正规文法,中间用->表示):
S->aS
S->aA
A->bB
B->aB
B->a
输出:
正则表达式: a*(a(b(a*a)))
```

9.5 给定一个有限状态自动机,编程构造一个正则文法生成这个自动机所识别的语言。

解答:正则文法(即正规文法)G 与有限状态自动机 M 有着特殊的关系,采用下面的规则构造。

(1) G 的终结符与 M 的字母表相同。

(2) 为 G 中的每一个非终结符生成 M 的一个状态,G 的开始符 S 是开始状态。

(3) 增加一个新状态 Z,作为 NFA 的终态。

(4) 对 G 中的形如 A->tB 的规则(其中 T 为终结符,A 为非终结符的产生式),构造 M 的一个转换函数 f(A,t)=B。

(5) 对 G 中形如 A->t 的产生式,构造 M 的一个转换函数 f(A,t)=Z。

其中:

(1) 开始状态:A。

(2) 中间状态:1 个,为 B。

(3) 最终状态:2 个,分别为 C、D。

(4) 终结符:3 个,分别为 a、b、c。

(5) 转换关系为

A->a->B

A->b->D

B->b->C

C->a->A

C->c->D

D->c->B

D->c->D

```
样例输入输出:
请输入自动机共有多少种状态数目: 4
请输入开始状态名称:A
beginSta--ID: 0 ,name: A
请输入中间状态的数目: 1
请输入中间状态名称(一行一个):B
midSta--ID: 1 ,name: B
下面请输入 2 个最终状态
请输入最终状态名称(一行一个):C
finalSta--ID: 2 ,name: C
请输入最终状态名称(一行一个):D
finalSta--ID: 3 ,name: D
请输入状态机转换的数目: 7
请构造状态机,输入格式为(S->a->A,表示状态 S 在接收输入符 a 后转移到状态 A):
A->a->B
A->b->D
B->b->C
C->a->A
C->c->D
D->c->B
D->c->D
输出:
```

由此自动机转换成的对应的文法如下。

G=({A,B,C,D},{a,b,c},P),其中 P 为

A->aB

A->bD

B->bC

C->aA

C->cD

D->cB

D->cD

C->ε

D->ε

编程题 9.5 代码样例

第10章 数论与密码学

10.1 内容提要

整除 令 n 和 d 是整数，$d \neq 0$。如果存在一个整数 q 满足 $n = dq$，则称 d 整除 n。

定理 10.1 令 m、n 和 d 是正整数。

(1) 如果 $d \mid m$ 且 $d \mid n$，那么 $d \mid (m+n)$。

(2) 如果 $d \mid m$ 且 $d \mid n$，那么 $d \mid (m-n)$。

(3) 如果 $d \mid m$，那么 $d \mid mn$。

素数 对于一个大于1的整数，若它的因子只有1和其本身就称为素数。

合数 一个大于1的不是素数的整数称为合数。

定理 10.2 一个大于1的正整数 n 是合数当且仅当它有因子 d，满足 $2 \leqslant d \leqslant \sqrt{n}$。

定理 10.3(算术基本定理) 任何一个大于1的整数可以写成素数乘积的形式。

定理 10.4 素数的个数是无限的。

最大公约数(greatest common divisor) 两个整数 m 和 n（不全为0）的最大公约数是所有能够整除 m 和 n 的最大正整数。m 和 n 的最大公约数记作 $\gcd(m,n)$。

最小公倍数(least common multiple) 两个整数 m 和 n(不全为0）的最小公倍数是一个可以同时被 m 和 n 整除的最小的正整数。m 和 n 的最小公倍数记作 $\operatorname{lcm}(m,n)$。

定理 10.5 令 m 和 n 是整数，$m>1$，$n>1$，并且有素数因子 $m = p_1^{a_1} p_2^{a_2} \cdots p_n^{a_n}$ 和 $n = p_1^{b_1} p_2^{b_2} \cdots p_n^{b_n}$(如果素数 p_i 不是 m 的因子，令 $a_i = 0$)，那么

$$\gcd(m,n) = p_1^{\min(a_1,b_1)} p_2^{\min(a_2,b_2)} \cdots p_n^{\min(a_n,b_n)}$$

$$\operatorname{lcm}(m,n) = p_1^{\max(a_1,b_1)} p_2^{\max(a_2,b_2)} \cdots p_n^{\max(a_n,b_n)}$$

定理 10.6 对任意正整数 m 和 n，$\gcd(m,n) \cdot \operatorname{lcm}(m,n) = mn$。

定理 10.7 如果 a 是一个非负整数，b 是一个正整数，$r = a \bmod b$，那么

$$\gcd(a,b) = \gcd(b,r)$$

定理 10.8 如果 a 和 b 是非负整数，不同时为0，存在整数 s 和 t，使得 $\gcd(a,b) = sa + tb$。

同余 设 n 是大于1的整数，并且 a 和 b 是整数。如果 a 和 b 被 n 除，有相同的余数，则称 a 同余于 b 模 n 或者 a 和 b 是模 n 同余的，记作 $a \equiv b \bmod n$。

同余方程式 设 a 和 b 是整数，并且 n 是大于0的整数，称形式为 $ax \equiv b \bmod n$ 的方程式为同余方程式。

同余类 设 n 是大于 1 的整数，并且 a 是任意的整数，称所有与 a 模 n 同余的整数构成得到的集合 $[a]_n=\{b \mid b\equiv a \bmod n\}$ 为 a 模 n 的同余类。

同余的和与积 设 n 是大于 1 的整数，并且 a 和 b 是任意整数。a 模 n 的同余类与 b 模 n 的同余类和与积的定义分别为 $[a]_n+[b]_n=[a+b]_n$ 和 $[a]_n[b]_n=[ab]_n$。有时也用 $[a]_n\cdot[b]_n$ 或 $[a]_n\times[b]_n$ 表示同余类的积 $[a]_n[b]_n$。

定理 10.9 设 n 是大于 1 的整数，a、b 和 c 是任意整数，假设 $[a]_n=[c]_n$，则

(1) $[a]_n+[b]_n=[c]_n+[b]_n$。

(2) $[a]_n[b]_n=[c]_n[b]_n$。

定理 10.10 如 $a\equiv b\pmod n$，$c\equiv d\pmod n$，则 $a+c\equiv b+d\pmod n$，$a-c\equiv b-d\pmod n$，$ac\equiv bd\pmod n$，$a^k\equiv b^k\pmod n$，其中 k 是非负整数。

一次同余方程 如果一个方程的形式为 $ax\equiv b\pmod n$，其中 a、b 和 n 为整数，并且 $n\nmid a$，x 取整数值，则称这样的方程为模 n 的一次同余方程，简称同余方程。

定理 10.11 设 $d=\gcd(a,n)$，一次同余方程 $ax\equiv b\pmod n$ 有解当且仅当 $d\mid b$。如果 $d\mid b$，则方程有 d 个模 n 的同余解，并且所有这些解全都是模 n/d 同余的。

定理 10.12(中国剩余定理) 设 $m\geqslant 2$ 和 $n\geqslant 2$ 是互素的两个整数，则对于任意整数 a 和 b，一次同余方程组 $\begin{cases}x\equiv a\pmod m\\ x\equiv b\pmod n\end{cases}$ 有唯一的模 mn 的解。

定理 10.13(欧拉定理) 设 a 与 n 互素，则 $a^{\varphi(n)}\equiv 1\pmod n$。

定理 10.14(费马小定理) 设 p 是素数，a 与 p 互素，则 $a^{p-1}\equiv 1\pmod p$。定理的另一种形式是，设 p 是素数，则对任意整数 a，$a^p\equiv a\pmod p$。

10.2 例题精选

例 10.1 证明：若一个数的末两位数是 4(或 25) 的倍数，则此数是 4(或 25) 的倍数。

证明：设此数为 n 位数 $a_{n-1}a_{n-2}\cdots a_1a_0$，即 $a_{n-1}a_{n-2}\cdots a_1a_0=a_{n-1}a_{n-2}\cdots a_2\times 100+a_1a_0=a_{n-1}a_{n-2}\cdots a_2\times 4\times 25+a_1a_0$。故若这个数的末两位数 a_1a_0 是 4(或 25)的倍数，则此 n 位数 $a_{n-1}a_{n-2}\cdots a_1a_0$ 是 4(或 25)的倍数。

例 10.2 求 24871 与 3468 的最大公约数。

解：因为 $24871=3468\times 7+595$

$3468=595\times 5+493$

$595=493\times 1+102$

$493=102\times 4+85$

$102=85\times 1+17$

$85=17\times 5$

根据定理 10.7 有 $\gcd(24871,3468)=\gcd(3468,595)=\gcd(595,493)=\gcd(493,102)=\gcd(102,85)=\gcd(85,17)=\gcd(17,0)$，所以 24871 与 3468 的最大公约数是 17。

例 10.3 解一次同余方程 $2x\equiv 3 \bmod 5$。

解：由于 $d=\gcd(2,5)=1$，并且 $1\mid 3$，所以方程有 1 个模 5 的解。下面是找特解的过程。同余方程 $2x\equiv 3 \bmod 5$ 等价于不定方程 $2x+5y=3$。

令 $x=1,y=0$,有

$$2\times 1+5\times 0=2 \tag{1}$$

令 $x=0,y=1$,有

$$2\times 0+5\times 1=5 \tag{2}$$

式(2)减式(1)得 $2\times(-1)+5\times 1=3$。

说明 $x=-1,y=1$ 是不定方程的一个解,所以原同余方程的解为 $x\equiv -1 \bmod 5$,即 $x\equiv 4 \bmod 5$。

例 10.4 解同余方程组

$$\begin{cases} x\equiv 2(\bmod 7) \\ x\equiv 0(\bmod 9) \\ 2x\equiv 6(\bmod 8) \end{cases}$$

解:观察到第三个同余式不是直接可以使用的形式,所以首先解它。因为 $\gcd(2,8)=2$,所以它有两个解:$x\equiv 3\ (\bmod 8)$ 和 $x\equiv 7\ (\bmod 8)$。因此,有两个同余方程组需要去解,并且将它们视为完全不同的方程组处理,只是在最后将解组合起来。然而,注意到由于第三个同余方程的解实际上就是同余类$[3]_4$,所以没有必要将第三个同余方程分成两个模 8 的解,于是导出解同余方程组

$$\begin{cases} x\equiv 2(\bmod 7) \\ x\equiv 0(\bmod 9) \\ x\equiv 3(\bmod 4) \end{cases}$$

因为数 7、9 和 4 是两两互素的,所以能够应用中国剩余定理到方程组中的前两个方程上,即$(-5)\times 7+4\times 9=1$,然后分别用 0 和 2 乘式中的两项,于是得出 $0\times(-5)\times 7+2\times 4\times 9\equiv 72(\bmod 7\times 9)$ 是解,即 $x\equiv 72\ (\bmod 63)\equiv 9\ (\bmod 63)$。

再解同余方程组

$$\begin{cases} x\equiv 9(\bmod 63) \\ x\equiv 3(\bmod 4) \end{cases}$$

有$(-1)\times 63+16\times 4=1$。然后,分别用 3 和 9 乘式中的两项,于是得出 $3\times(-1)\times 63+9\times 16\times 4\equiv 387 \bmod (63\times 4)$ 是解,即 $\mathrm{x}\equiv 387\ (\bmod 252)\equiv 135\ (\bmod 252)$ 是解。

例 10.5 如何计算 y 年 m 月 d 日是星期几?

解:为方便起见,用 $0,1,\cdots,6$ 分别表示星期日,星期一,…,星期六,称为星期数。整百年的年份,即 100C 的年份称为世纪年,C 称为该世纪年的世纪数。例如,2000 年是世纪年,其世纪数为 20。

现在世界上通用的历法(阳历)是教皇格里高利十三世于 1582 年制定的,采用下述闰年规则:除世纪年外,每 4 年一个闰年,年数能被 4 整除的年为闰年。例如,1840 年、1996 年和 2004 年是闰年。世纪数不能被 4 整除的世纪年不是闰年,例如 1700 年、1800 年、1900 年和 2100 年不是闰年。而世纪数能被 4 整除的世纪年仍为闰年,例如 1600 年、2000 年和 2400 年是闰年。平年一年 365 天,2 月 28 天。闰年一年 366 天,2 月 29 天。

由于 2 月有 28 天或 29 天,为计算方便,从 3 月 1 日开始算起,或者说,把 3 月视为第 1 月,12 月视为第 10 月,下一年的 1 月视为第 11 月,2 月视为第 12 月。于是,y 年 m 月 d 日变成 Y 年 M 月 d 日,其中 $M=(m-3) \bmod 12+1$,$Y=y-\lfloor M/11 \rfloor$。

由于 $365 \equiv 1 \pmod 7$，3 月 1 日的星期数每过一个平年加 1，每过一个闰年还要多加一个 1(都是在模 7 下运算)。设 1600 年 3 月 1 日的星期数为 w_{1600}，y 年 3 月 1 日(Y 年 1 月 1 日)的星期数为 w_Y。设 $y=Y=100C+X$，从 1600 年到 Y 年要经过 $100C+X-1600$ 年，星期数应加

$$100C + X - 1600 = (2C + X + 3) \pmod 7$$

每 4 年一个闰年，有

$$\lfloor (100C + X - 1600)/4 \rfloor = 25C + \lfloor X/4 \rfloor - 400$$

个闰年。考虑到世纪年，应从这个数中减去 $C-16$，再加 $\lfloor (C-16)/4 \rfloor = \lfloor C/4 \rfloor - 4$。因此，

$$\begin{aligned} w_Y &\equiv w_{1600} + (2C + X + 3) + (25C + \lfloor X/4 \rfloor - 400) - (C - 16) + (\lfloor C/4 \rfloor - 4) \\ &\equiv w_{1600} - 2C + X + \lfloor X/4 \rfloor + \lfloor C/4 \rfloor \pmod 7 \end{aligned}$$

已知 2004 年 3 月 1 日是星期一，代入上式，

$$\begin{aligned} 1 &\equiv (w_{1600} - 2 \times 20 + 4 + \lfloor 4/4 \rfloor + \lfloor 20/4 \rfloor) \pmod 7 \\ &\equiv (w_{1600} + 5) \pmod 7 \end{aligned}$$

得 $w_{1600}=3$，即 1600 年 3 月 1 日是星期三。于是，得到

$$w_Y \equiv 3 - 2C + X + \lfloor X/4 \rfloor + \lfloor C/4 \rfloor \pmod 7 \tag{1}$$

接下来计算从当年 3 月 1 日到后面每个月 1 日的天数。除每个月加 30 天外，由于 3、5、7、8、10、12、1 月有 31 天，应另外加的天数 z 如表 10-1 所示。

表 10-1　M 月应另外加的天数 z

M	1	2	3	4	5	6	7	8	9	10	11	12
z	0	1	1	2	2	3	4	4	5	5	6	7

z 可表示成

$$z = \begin{cases} \lfloor M/2 \rfloor & 1 \leqslant M \leqslant 6 \\ \lfloor (M+1)/2 \rfloor & 7 \leqslant M \leqslant 11 \\ \lfloor (M+1)/2 \rfloor + 1 & M = 12 \end{cases}$$
$$= \lfloor (M + \lfloor M/7 \rfloor)/2 \rfloor + \lfloor M/12 \rfloor$$

因此，M 月 d 日的星期数应在 w_Y 上加

$$\begin{aligned} &30(M-1) + \lfloor (M + \lfloor M/7 \rfloor)/2 \rfloor + \lfloor M/12 \rfloor + d - 1 \\ &\equiv 2M + \lfloor (M + \lfloor M/7 \rfloor)/2 \rfloor + \lfloor M/12 \rfloor + d - 3 \pmod 7 \end{aligned} \tag{2}$$

最后，将式(1)和式(2)两式合并，得到 y 年 m 月 d 日星期数的计算公式：

$$w \equiv X + \lfloor X/4 \rfloor + \lfloor C/4 \rfloor - 2C + 2M + \lfloor (M + \lfloor M/7 \rfloor)/2 \rfloor + \lfloor M/12 \rfloor + d - 3 \pmod 7$$

其中，$M=(m-3) \bmod 12+1$，$Y=y-\lfloor M/11 \rfloor=100C+X$。

例如，中华人民共和国成立日 1949 年 10 月 1 日，$C=19$，$X=49$，$M=8$，$d=1$，$w \equiv 49 + \lfloor 49/4 \rfloor + \lfloor 19/4 \rfloor - 2 \times 19 + 2 \times 8 + \lfloor (8 + \lfloor 8/7 \rfloor)/2 \rfloor + \lfloor 8/12 \rfloor + 1 \equiv 6 \pmod 7$，是星期六。

10.3　应用案例

10.3.1　密码系统与公开密钥

问题描述：现代密码学可分为密码编码学和密码分析学，对应于密码方案的设计学科

和密码方案的破译学科,其中密码编码学所采用的加密方法通常是用一定的数学计算操作来改变原始信息。简单的加密、解密过程如图10-1所示。其中,待加密的消息称为明文,被加密以后的消息称为密文。发送方用加密密钥,通过加密设备或算法,将明文加密成密文后发送出去。接收方在收到密文后,用解密密钥使用解密算法将密文解密,恢复为明文。请简述加密、解密及公开密钥的基本原理。

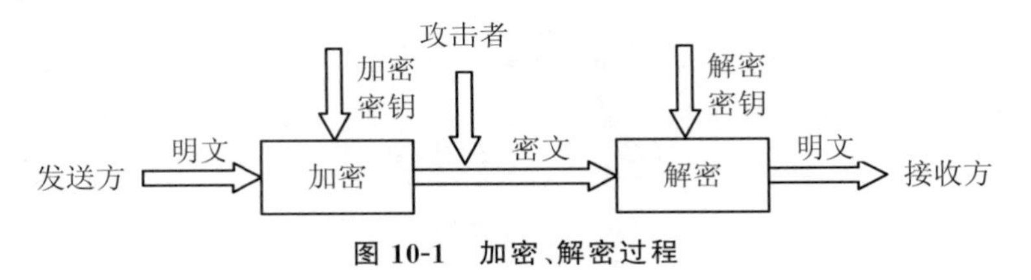

图10-1 加密、解密过程

解答:

1) 密码学的发展史及军事应用

密码学的历史大致可以追溯到两千年前,相传古罗马名将凯撒(Julius Caesar)为了防止敌方截获情报,用密码传送情报。凯撒的做法很简单,就是对26个字母建立一张明码密码对应表,如表10-2所示。

表10-2 凯撒大帝的明码密码对应表

明码	*A*	*B*	*C*	*D*	*E*	…	*R*	*S*	…
密码	*B*	*E*	*A*	*F*	*K*	…	*P*	*T*	…

这样,如果不知道密码本,即使截获一段信息也看不懂。例如,收到一个的消息是ABKTBP,那么在敌人看来是毫无意义的字,通过密码本破解出来就是CAESAR一词,即凯撒的名字。这种编码方法史称凯撒加密法。

当然,学过信息论的人都知道,只要多截获一些情报(即使是加密的),统计字母的频率就可以破解出这种密码。柯南·道尔在他的《福尔摩斯探案集》"跳舞的小人"的故事里已经介绍了这种小技巧。

从凯撒大帝到20世纪初很长的时间里,密码的设计者们在非常缓慢地改进技术,因为他们基本上靠经验,没有自觉地应用数学原理。人们渐渐意识到一个好的编码方法会使得解密者无法从密码中得出明码的统计信息。有经验的编码者会把常用的词对应成多个密码,使得破译者很难统计出任何规律。例如,如果将汉语中的"是"一词对应于唯一一个编码0543,那么破译者就会发现0543出现的特别多。但如果将它对应成0543、373、2947等10个密码,每次随机地选用一个,每个密码出现的次数就不会太多,而且破译者也无从知道这些密码其实对应一个字。这里面已经包含着朴素的概率论的原理。

好的密码必须做到不能根据已知的明文和密文的对应来推断出新的密文的内容。从数学的角度上讲,加密的过程可以看作一个函数的运算F,解密的过程是反函数的运算。明码是自变量,密码是函数值。好的(加密)函数不应该通过几个自变量和函数值就能推出函数。这方面在第二次世界大战前做得很不好。历史上有很多在这方面设计得不周到的密码的例子。例如,在第二次世界大战中,日本军方的密码设计就很有问题。美军破获了日本很多密码。在中途岛海战前,美军截获的日军密电经常出现AF这样一个地名,应该是太平洋的某个岛屿,但是美军无从知道是哪个。于是,美军就逐个发布自己控制的岛屿有关的假新闻。当美军发出"中途岛供水系统坏了"这条假新闻后,从截获的日军情报中又看到含有AF的电文(日军情报内容是AF供水出了问题),美军就断定中途岛就是AF。事实证明判断正确,美军在中途岛成功伏击了日本联合舰队。

已故的美国情报专家雅德利二战时曾经在重庆帮助中国政府破解日本的密码。他在重庆的两年里做得最成功的一件事就是破解了日军和重庆间谍的通信密码,并因此破译了几千份日军和间谍之间通信的电文,从而破获了国民党内奸"独臂海盗"为日军提供重庆气象信息的间谍案。雅德利(及一位中国女子徐贞)的工作,大大减轻了日军对重庆轰炸造成的伤害。雅德利回到美国后写了《中国黑室》介绍这段经历,但是该书直到1983年才被获准解密并出版。从书中了解到,当时日本在密码设计上有严重的缺陷。日军和重庆间谍约定的密码本就是美国著名作家赛珍珠获得1938年诺贝尔文学奖的《大地》一书。这本书很容易找到,解密时只要接密码电报的人拿着这本书就能解开密码。密码所在的页数就是一个非常简单的公式:发报日期的月数加上天数,再加上10。例如,3月11日发报,密码就在3+11+10=24页。这样的密码设计违背了前面介绍的"加密函数不应该通过几个自变量和函数值就能推出函数本身"的原则,这样的密码,破译一篇密文就可能破译以后全部的密文。

《中国黑室》还提到日军对保密的技术原理所知甚少。有一次日本的马尼拉使馆向外发报时,发到一半机器卡死,然后居然就照单重发一遍了事,这种同文密电在密码学上是大忌(和我们现在VPN登录用的安全密钥一样,密码机加密时,每次应该自动转一轮,以防同一密钥重复使用,因此即使是同一电文,两次发送的密文也应该是不一样的)。另外,日本外交部在更换新一代密码机时,有些距离远的国家的使馆因为新机器到位较晚,他们居然还使用老机器发送。这样就出现新老机器混用的情况,同样的内容美国会收到新老两套密文,由于日本旧的密码很多已被破解,这样会导致新的密码一出台就毫无机密可言。日本在第二次世界大战中情报经常被美国人破译,他们的海军名将山本五十六也因此丧命。人们常讲落后是要挨打的,其实不会使用数学也是要挨打的。

2) 现代密码系统

一个密码系统(体制)主要由以下5个部分组成。

(1) 明文空间 M:所有明文的集合。

(2) 密文空间 C:所有密文的集合。

(3) 密钥空间 K:加密密钥Ke和解密密钥Kd,即K=(Ke,Kd)。

(4) 加密算法 E:以Ke为参数的 M 到 C 的变换。

(5) 解密算法 D:以Kd为参数的 C 到 M 的变换。

其中,加密、解密算法是相对稳定的,视为常量;密钥则是参与密码变换的一个可变参数,视为变量,密钥安全性是系统安全的关键。为了密码系统的安全,定期更换密钥是必要的,密钥管理是现代密码学研究的一个重要内容。

根据加密、解密过程中使用的密钥是否相同,密码分为对称密码(又称私钥密码)和非对称密码(又称公钥密码)两种。其中,对称密码又具体分为分组密码、序列密码等,代表算法有DES、AES、RC4等;公钥密码则是基于大合数因子分解、离散对数和椭圆曲线离散对数等数学难题设计的,典型算法有RSA、Elgamal、ECC等。公钥密码在信息安全领域的密钥协商、数字签名、消息认证等应用中担负着重要角色。

3）信息论时代的密码学

在第二次世界大战中，很多顶尖的科学家包括提出信息论的香农都在为美军情报部门工作，而信息论实际上就是情报学的直接产物。香农提出信息论后，为密码学的发展带来了新气象。根据信息论，密码的最高境界是敌人在截获密码后对我方的所知没有任何增加，用信息论的专业术语讲就是信息量没有增加。一般来讲，当密码之间分布均匀并且统计独立时提供的信息最少。均匀分布使得敌人无从统计，而统计独立能保证敌人即使看到一段密码和明码后也不能破译另一段密码。

下面以给单词 Caesar 加密、解密来说明公开密钥的原理。先把它变成一组数，如它的 ASCII 码 $X=067097101115097114$（每三位代表一个字母）作为明码。现在来设计一个密码系统，对这个明码加密。

(1) 找两个很大的素数 P 和 Q，越大越好（如 100 位长），然后计算它们的乘积。

$$N=P\times Q \tag{10-1}$$

$$M=(P-1)\times(Q-1) \tag{10-2}$$

(2) 找一个和 M 互素的整数 E，也就是说 M 和 E 除了 1 以外没有公约数。

(3) 找一个整数 D，使得 $E\times D$ 除以 M 余 1，即 $E\times D \bmod M\equiv 1$。

这样先进的、常用的密码系统就设计好了。其中，E 是公钥，谁都可以用来加密，D 是私钥用于解密，一定要自己保存好。乘积 N 是公开的，即使敌人知道了也没关系。

用下面的公式对 X 加密，得到密码 Y。

$$X^E \bmod N\equiv Y \tag{10-3}$$

现在没有密钥 D，神仙也无法从 Y 中恢复 X。如果知道 D，根据费尔马小定理，则只要按下面的公式就可以轻而易举地从 Y 中得到 X。

$$Y^D \bmod N\equiv X \tag{10-4}$$

使用公开密钥的过程，如图 10-2 所示。

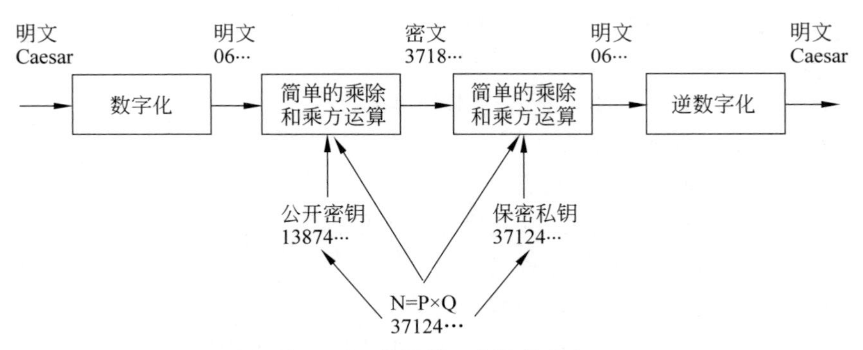

图 10-2 使用公开密钥的过程

公开密钥的好处是：

(1) 简单。就是一些乘除运算而已。

(2) 可靠。公开密钥方法保证产生的密文是统计独立且分布均匀的。也就是说，不论给出多少份明文和对应的密文，也无法根据已知的明文和密文的对应来破译下一份密文。更重要的是 N、E 可以公开给任何人加密用，但是只有掌握密钥 D 的人才可以解密，即使加密者自己也是无法解密的。这样,即使加密者被抓住叛变了,整套密码系统仍然是安全的。而前面介绍的凯撒大帝的加密方法,只要有一个知道密码本的人泄密,整个密码系统就公开了。

(3) 灵活。可以产生很多的公开密钥 E 和私钥 D 的组合给不同的加密者。

最后看看破解这种密码的难度。首先声明,世界上没有永远破解不了的密码,关键是它能有多长时间的有效期。要破解公开密钥的加密方式,至今的研究结果表明最好的办法还是对大数 N 进行因数分解,即通过 N 反过来找到 P 和 Q,这样密码就破解了。而找 P 和 Q 目前只有用计算机把所有的数字都试一遍这种笨办法,实际上是在拼计算机的速度,这也就是为什么 P 和 Q 都需要非常大。一种加密方法只要保证 50 年内计算机破解不了就满意了。前几年破解的 RSA-158 密码就是这样被因数分解的。

$$
\begin{aligned}
&395058745832651445264197678006144819960207764603049364 \\
&54139376051579355626529450683609727842468219535093 5 \\
&443058704902519956553357102097992264849779494429556 03 \\
&=3388495837466721394368393204672181522815830368604993 \\
&0480849258405552811 77 \times 1165882340667125990314837655 83 \\
&8327081813101225814639260043952099413134433416292453 6139
\end{aligned}
$$

现在采用的加密方法,背后的数学原理就是找几个大素数做一些乘除和乘方运算。

利用已经获得的信息情报来消除一个情报系统的不确定性就是解密。因此,密码学的最高境界就是无论敌方获取多少密文,也无法消除己方情报系统的不确定性。为了达到这个目的,就不仅要做到密文之间相互无关,同时密文还是看似完全随机的序列。在信息论诞生后,科学家们沿着这个思路设计出很好的密码系统,而公开密钥是目前最常用的加密方法。

10.3.2 单向陷门函数在公开密钥密码系统中的应用

问题描述:单向陷门函数是指“可逆”函数 F 对于属于它定义域的任意一个 x,可以很容易算出它的值域 $F(x)=y$,对于所属值域的任意一个 y,如果没有获得陷门,则不可能求出它的逆运算,若有一个额外数据 z(称为陷门),则可以很容易求出 F 的逆运算 $x=F^{-1}(y)$。基于这一特性,单向陷门函数在公开密钥系统的设计中有着广泛的应用。现给定两个素数:$p=47$,$q=59$,利用 RSA 加密算法对它们进行加密和解密的变换,并证明 RSA 算法的加密与解密变换的有效性。

解答:公开密钥系统是用了一对唯一对应的密钥:公开密钥(简称公钥)和私人密钥(简称私钥)。公钥对外公开,私钥由个人秘密保存;用公钥进行加密,就只能用私钥才能解密。以 A、B 作为通信双方为例,A 和 B 通信发送保密信息的通信过程如图 10-3 所示。

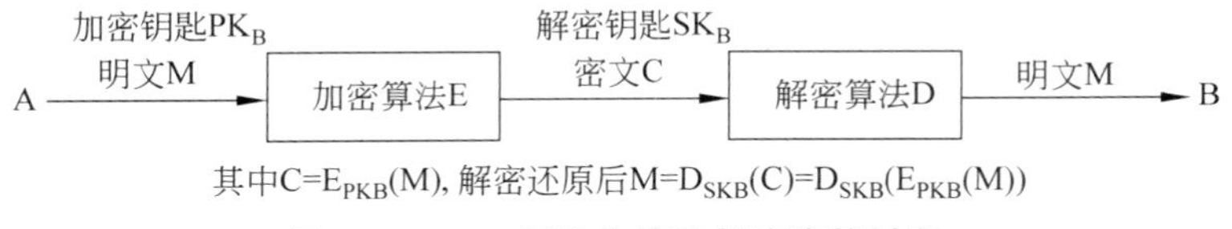

图 10-3 A、B 通信加密和解密变换过程

RSA 经典算法加密和解密步骤如下。

(1) 任取两个大素数 x,y(保密)。

(2) 计算 $x\times y=z$(公开)。

(3) 计算 $g(z)=(x-1)\times(y-1)$。

(4) 随机取整数 e(公开),满足 $e<g(z)$且与 $g(z)$互素。

(5) 求满足 $d\times e\equiv 1 \bmod(g(z))$的 d(保密)。

(6) 对信息 M 加密算法:密文 $c=E(M)\equiv M^d(\text{mod } z)$。

(7) 解密算法:$D(c)\equiv c^e(\text{mod } z)$。

本例中 $p=47,q=59$ 都为素数,RSA 加密步骤如下。

(1) $z=p*q=2773$。

(2) $g(z)=(p-1)*(q-1)=2668$。

(3) 取 $e=63$,满足 $e<g(z)$且 e 和 $g(z)$互素。

(4) 通过简单穷举可以获得满足 $d\times e\equiv 1(\text{mod } g(z))$的数 d:847。

(5) 令消息 $M=244,c\equiv M^d(\text{mod } z)=244^{847}\%2773=465$,即用 d 对 M 加密后获得信息 $c=465$。

(6) 用 e 对加密后的 c 进行解密还原 M:$M\equiv c^e(\text{mod } z)=465^{63}\%2773=244$。由步骤(5)知解密成功。

RSA 公开密钥密码系统所用的运算主要是 Z_n 中的指数运算,其解密的有效性可利用整数模 n 的有关知识进行证明。

证明:设 $n=pq$,设 p、q 为素数 $a\in\mathbf{Z}$ 且$(a,n)=1$((a,n)表示 a 与 n 的最大公因数),则 $a^{g(n)}\equiv 1(\text{mod } n)$,称为欧拉公式。其中,$g(n)$表示欧拉函数,即比 n 小且与 n 互素的正整数的个数。明文码、密文码与密钥均取自 Z_n。取 $a,b\in\mathbf{Z}^+$,满足 $ab\equiv 1(\text{mod } g(n))$,定义加密变换为 $e(x)=x^b(\text{mod } n)$。则解密变换为 $d(y)\equiv y^a(\text{mod } n)$,并且 $d(e(x))\equiv x(\text{mod } n)$,其中 $x,y\in Z_n$。

即是要证明 $d(e(x))\equiv x(\text{mod } n)$。显然 $d(e(x))\equiv(x^b)^a(\text{mod } n)\equiv x^{ab}(\text{mod } n)$。由 $ab\equiv 1(\text{mod } g(n))$,得 $ab=\text{t}g(n)+1$。其中,$t\in\mathbf{Z}$,从而有 $d(e(x))\equiv x^{\text{t}g(n+1)}(\text{mod } n)$。记 $\mathbf{Z}_n^+=\{a\mid a\in\mathbf{Z}_n$ 且$(a,n)=1\}$。

若 $x\in\mathbf{Z}_n^+$,由 $a^{g(n)}\equiv 1(\text{mod } n)$可知,$d(e(x))\equiv x(\text{mod } n)$。

若 $x\in\mathbf{Z}_n\setminus\mathbf{Z}_n^+$,则$(x,n)>1$。不失一般性,可设$(x,n)=p$。令 $x=sp,1\leqslant s<q$。由于 $g(n)=(p-1)\times(q-1)$,考虑 $x^{q-1}=(sp)^{q-1}\equiv 1(\text{mod } q)$。由欧拉公式可知,$x^{q-1}=(sp)^{q-1}\equiv 1(\text{mod } q)$,从而有 $x^{(p-1)(q-1)}=x^{\text{t}g(n)}\equiv 1(\text{mod } q)$。因而有 $x^{\text{t}g(n)}=rq+1(r\in\mathbf{Z})$。两边乘 sp,得 $x^{\text{t}g(n)+1}=rqsp+x$,即 $x^{\text{t}g(n)+1}\equiv x(\text{mod } n)$,所以 $d(e(x))\equiv x(\text{mod } n)$。

因此,RSA 公钥密码系统定义的加密与解密变换是有效的。

总结:为了保证在通信过程中信息内容只能有发送方和指定的接收方知道,公开密钥系统利用单向陷门函数进行加密,由于单向陷门函数的逆运算很难进行求解,所以能够起到保密作用,但是接收者可以根据陷门轻易求解单向陷门函数的逆运算,从而获得解密信息。注意,在本题中交换 e 和 d 的值进行计算也能正常解密,并不影响 RSA 加密算法的效果。

10.4 习题解答

10.1 证明：$N=137$ 为素数。

证明：因为小于或等于$\sqrt{137}<12$的所有素数是2、3、5、7、11，所以依次用2、3、5、7、11去试除。

$137=62\times2+1$，　$137=45\times3+2$，　$137=27\times5+2$，

$137=19\times7+4$，　$137=12\times11+5$

即$2\nmid137,3\nmid137,5\nmid137,7\nmid137,11\nmid137$，则$N=137$为素数。

10.2 10!的二进制数表示中从最低位数起有多少个连续的0?

解：10以内的素数有2、3、5、7。对不超过10的合数做素因子分解：$4=2^2$，$6=2\times3$，$8=2^3$，$9=3^2$，$10=2\times5$。得$10!=2^8\times3^4\times5^2\times7$。故10!的二进制数表示中从最低位数起有8个连续的0。

10.3 求30和105的最大公约数gcd(30,105)。

解：30的正因子是1、2、3、5、6、10、15、30。105的正因子是1、3、5、7、15、21、35、105。所以30和105的正公因子是1、3、5、15，即可得30和105的最大公约数gcd(30,105)=15。

10.4 求gcd(540,504)和lcm(540,504)。

解：因为$540=2^2\times3^3\times5^1$，$504=2^3\times3^2\times7^1$，所以有

$\gcd(540,504)=2^{\min(2,3)}3^{\min(3,2)}5^{\min(1,0)}7^{\min(0,1)}=2^2\times3^2\times5^0\times7^0=2^2\times3^2=36$

$\mathrm{lcm}(540,504)=2^{\max(2,3)}3^{\max(3,2)}5^{\max(1,0)}7^{\max(0,1)}=2^3\times3^3\times5^1\times7^1=7560$

10.5 证明：$10!+1\equiv0 \pmod{11}$。

证明：因为$2\times3\times4=24\equiv2 \pmod{11}$，以及$6!=(2\times3\times4)\times5\times6\equiv2\times5\times6 \pmod{11}\equiv60 \pmod{11}\equiv5 \pmod{11}$，$6!\times7\equiv5\times7 \pmod{11}\equiv35 \pmod{11}\equiv2 \pmod{11}$，$7!\times8\equiv2\times8 \pmod{11}\equiv16 \pmod{11}\equiv5 \pmod{11}$，$8!\times9\equiv5\times9 \pmod{11}\equiv45 \pmod{11}\equiv1 \pmod{11}$，$9!\times10\equiv1\times10 \pmod{11}\equiv10 \pmod{11}$。所以，$10!+1\equiv10+1\equiv0 \pmod{11}$。

10.6 写出利用欧几里得算法求gcd(252,198)的过程。

解：由于252 mod 198=54，故gcd(252,198)=gcd(198,54)。

由于198 mod 54=36，故gcd(198,54)=gcd(54,36)。

由于54 mod 36=18，故gcd(54,36)=gcd(36,18)。

由于36 mod 18=0，故gcd(36,18)=gcd(18,0)=18。

综上所述，gcd(252,198)=18。

10.7 解一次同余方程组

$$\begin{cases}x\equiv3 \pmod 7\\ x\equiv6 \pmod{25}\end{cases}$$

解：由于gcd(7,25)=1，1表示成7和25的线性组合的一种形式是$(-7)\times7+2\times25=1$，然后，分别用6和3乘上式的这两项，于是得出$6\times7\times(-7)+3\times25\times2=-144$。所以，$[-144]_{175}$是解($175=7\times25$)。通过将175的适当倍数加到$-144$上去，得到解的标准形式是$[31]_{175}$。

10.8 解同余方程组

$$\begin{cases}x\equiv 3(\bmod 8)\\x\equiv 11(\bmod 20)\\x\equiv 1(\bmod 15)\end{cases}$$

解：因为数8、20和15不是两两互素的，所以不能够直接应用中国剩余定理。容易看出，这个同余方程组的解和同余方程组

$$\begin{cases}x\equiv 3(\bmod 8)\\x\equiv 11(\bmod 2)\\x\equiv 11(\bmod 5)\\x\equiv 1(\bmod 5)\\x\equiv 1(\bmod 3)\end{cases}$$

的解相同。显见，满足第一个方程的x必满足第二个方程，而第三个和第四个方程是一样的。因此，原同余方程组和同余方程组

$$\begin{cases}x\equiv 3(\bmod 8)\\x\equiv 1(\bmod 5)\\x\equiv 1(\bmod 3)\end{cases}$$

的解相同，容易解出其解为$x\equiv -29(\bmod 120)$。

10.9 某人每工作8天后休息2天。一次他恰好是周六和周日休息。这次之后他至少要多少天后才能恰好赶上周日休息？

解：设至少x天后。10天一个周期，最后两天休息，可表示成$x+1\equiv 9(\bmod 10)$或$x+1\equiv 0(\bmod 10)$。恰好是周末可表示成$x+1\equiv 0(\bmod 7)$。于是，有

$$\begin{cases}x\equiv 8(\bmod 10)\\x\equiv -1(\bmod 7)\end{cases}$$

$$x\equiv 8\times 7\times 3-1\times 10\times 5\equiv 48(\bmod 70)$$

故至少要在48天后(即周日休息后的第49天)恰好能在周日休息。

10.10 利用费马小定理计算下列各题。

(1) $2^{325}(\bmod 5)$

(2) $3^{516}(\bmod 7)$

(3) $8^{1003}(\bmod 11)$

解：(1) $2^4\equiv 1(\bmod 5)$，$2^{325}\equiv 2^{4\times 81+1}\equiv 2(\bmod 5)$，得$2^{325}(\bmod 5)=2$。

(2) $3^6\equiv 1(\bmod 7)$，$3^{516}\equiv 3^{6\times 86}\equiv 1(\bmod 7)$，得$3^{516}(\bmod 7)=1$。

(3) $8^{10}\equiv 1(\bmod 11)$，$8^{1003}\equiv 8^{10\times 100+3}\equiv 8^3\equiv 6(\bmod 11)$，得$8^{1003}(\bmod 11)=6$。

10.5 编程答案

编程题10.1
代码样例

10.1 对不超过100的每个素数p，编写程序判断2^p-1是否为素数。

解答：将问题理解为对从小于或等于100的自然数进行一个试除判断，当判断的自然数p是素数，则再对2^p－1进行试除判断，是素数就输出“素数p的2^p－1也是素数”，如果不是素数则输出“素数p的2^p－1不是素数”。

```
样例部分输出：
素数 2 的 2^2-1 是素数
素数 3 的 2^3-1 是素数
素数 5 的 2^5-1 是素数
素数 7 的 2^7-1 是素数
```

编程提示：判断素数设定 range 范围时，注意素数是指在大于 1 的自然数中除了 1 和它本身以外不再有其他因数的自然数，所以要排除 0 和 1。

10.2 给定一个正整数，利用试除法编写程序，判断其是否为素数。

解答：试除法参见编程题 10.1。

编程题 10.2 代码样例

```
样例 1：
输入(正整数)：12345
输出：False
样例 2：
输入(正整数)：127
输出：True
```

10.3 编写程序，尽可能多地寻找形如 n^2+1 的素数，其中 n 是正整数。现在还不知道是否存在无限多个这样的素数。

编程题 10.3 代码样例

解答：题目请尽可能多地寻找形如 n^2+1 的素数。

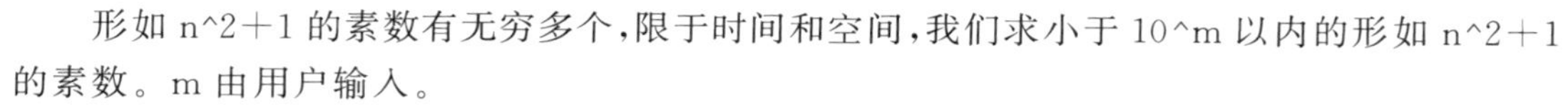

形如 n^2+1 的素数有无穷多个，限于时间和空间，我们求小于 10^m 以内的形如 n^2+1 的素数。m 由用户输入。

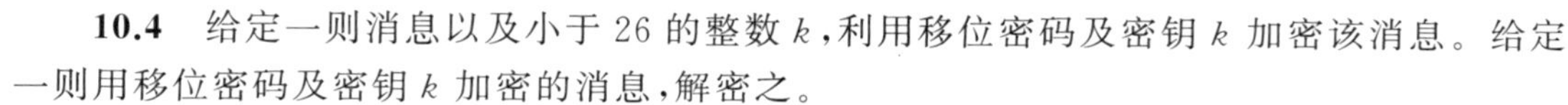

10.4 给定一则消息以及小于 26 的整数 k，利用移位密码及密钥 k 加密该消息。给定一则用移位密码及密钥 k 加密的消息，解密之。

解答：加解密采用移位方式。例如，移位密钥是 2，字母 a->c，b->d，…，y->a，z->b。解密过程相反。

编程题 10.4 代码样例

```
样例：
请输入加解密代号(加密请输入 0，解密请输入 1)：0
请输入加密移位参数(右移，参数为小于 26 的整数)：2
请输入需要加密的字符：abc zy 12
输出：cde  ba  12
```

10.5 通过编写程序寻找两个各有 200 位数字的素数 p 和 q，以及大于 1 且与 $(p-1)(q-1)$ 互素的整数 e 来构造一个有效的 RSA 加密密钥。

编程题 10.5 代码样例

解答：RSA 加密算法参见主教材 10.6.2 节内容。

10.6 给定一则消息和整数 $n=pq$，其中 p 和 q 是奇素数，以及大于 1 且与 $(p-1)(q-1)$ 互素的整数 e，利用 RSA 密码系统及密钥 (n,e) 加密该消息。

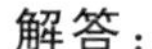

解答：

```
样例输入：p=61
         q=53
         e=65537
文本：abcde
样例输出：1632 2570 281 1773 1313
```

编程题 10.6 代码样例

附录 A 离散数学课程思政资料

附 A.1

A.1 数学与当代科学技术

作者：张恭庆院士

内容包括：数学与科学革命和技术革命，数学与自然科学，数学与社会科学，数学与数据科学，数学与技术科学。附录 A 各节中的详细内容请扫描对应的二维码阅读。余同。

附 A.2

A.2 数学与国防

作者：张恭庆院士

附 A.3

A.3 数学与国民经济

作者：张恭庆院士

附 A.4

A.4 数学与文化教育

作者：张恭庆院士

内容包括：数学是一种文化；数学教育的重要性。

附 A.5

A.5 数学推动现代科技（以华为为例）

作者：汤涛院士，文章来源于《数学文化》。

2019 年 4 月 13 日，汤涛院士在深圳南山区深圳人才公园做了题为《数学推动现代科技——从华为重视数学谈起》的公众演讲。5 月 15 日，美国前总统特朗普签署行政命令，将华为加入“出口禁运”实体清单（即美国企业需要获得特别许可才能向华为出口软硬件产品）。美国总统公开封杀华为，华为却更放异彩。华为掌舵人任正非 2012 年与实验室专家座谈时讲：“我认为用物理方法来解决问题已趋近饱和，要重视数学方法的突起”，重新被人们热议。他在另一个场合公开表示：“其实我们真正的突破是数学，手机、系统设备是以数学为中心的”，道出了华为成功的一个秘诀：重视数学的应用！

附 A.6

A.6 数学基础是至关重要的（王选院士）

节选自文章“王选院士——数学基础和跨领域研究是取得创新成果的重要因素”，刊登于 1993 年 4 月

21日《计算机世界》。王选院士一生勇于创新、淡泊名利、甘为人梯、无私奉献,为广大知识分子树立了光辉的榜样,赢得了祖国和人民的高度评价与广泛赞誉。他两次荣获国家科技进步一等奖,成果两次被评为中国十大科技成就。王选院士荣获联合国教科文组织科学奖、日内瓦国际发明展览会金牌、首届毕昇奖、首届中国专利发明创造金奖、陈嘉庚技术科学奖、美国中国工程师学会个人成就奖等,并多次被授予全国劳模、全国先进工作者、首都楷模、首都精神文明建设奖等光荣称号。2002年初,鉴于王选院士在科技领域做出的杰出贡献,国务院隆重授予他2001年度国家最高科学技术奖。

A.7 人工智能的10种"新数学"

附录 A.7

在智源研究院举办的"智源论坛2020"中,北京大学林伟教授针对"人工智能到底能不能够激发新数学的发展"这一问题,给出了"人工智能的10种新数学"的回答。

首先,有4部分内容是我们在人工智能领域里用得比较多的,也是最应该掌握、最核心的知识。①概率论、数理统计;②数值代数、数值分析、最优化;③经典分析、函数论,如深度学习里很重要的一块是知道逼近论的知识;④计算机科学基础,包括离散数学、理论计算机科学。

林伟教授总结的人工智能的10种"新数学"是泛函分析、群表示论与范畴论、微分几何、代数几何、随机矩阵、最优传输、动力系统与随机分析、统计物理与非线性科学、信息论、博弈论。

A.8 算法及其所解决的问题

附录 A.8

算法是指解题方案的准确而完整的描述,是一系列解决问题的清晰指令。算法代表着用系统的方法描述解决问题的策略机制。即能够对一定规范的输入,在有限时间内获得所要求的输出。如果一个算法有缺陷或不适合于某个问题,执行这个算法将不会解决这个问题。不同的算法可能用不同的时间、空间或效率来完成同样的任务。一个算法的优劣可以用空间复杂度与时间复杂度来衡量。算法中的指令描述的是一个计算,当其运行时能从一个初始状态和(可能为空的)初始输入开始,经过一系列有限而清晰定义的状态,最终产生输出并停止于一个终态。一个状态到另一个状态的转移不一定是确定的。一些算法包含了一些随机输入。

算法的实际应用无处不在,包括附A.8的例子。

算法问题共有的两个特征:①存在许多候选解,但绝大多数候选解都没有解决手头的问题。寻找一个真正的解或一个最好的解可能是一个很大的挑战;②存在实际应用,在上面所列的问题中,最短路径问题提供了最易懂的例子。一家运输公司对如何在公路或铁路网中找出最短路径有着经济方面的利益,因为采用的路径越短,其人力和燃料的开销就越低。互联网上的一个路由节点为了快速地发送一条消息可能需要寻找通过网络的最短路径。希望从武汉开车去南京的人可能想从一个合适的网站寻找开车线路,或者开车时他可能使用GPS。

算法解决的每个问题并不都有一个容易识别的候选解集。例如,假设给定一组表示信号样本的数值,想计算这些样本的离散傅里叶变换。离散傅里叶变换把时域转变为频域,产生一组数值系数,使得我们能够判定被采样信号中各种频率的强度。除了处于信号处理的中心外,离散傅里叶变换还应用于数据压缩和大多项式与整数相乘。

A.9 算法数学艺术

附录 A.9

如果视觉艺术品吸引数学家,并且图形本身编码了一种数学结构,那它就是算法数学艺术作品。例如,埃舍尔的镶嵌作品是数学艺术,但他的其他一些作品如《莫比乌斯带上的红蚁》《魔镜》《日与夜》《生与降》等都是阐述数学思想的艺术作品,而不是本文讨论的数学艺术。

如果一件视觉艺术作品是递归的、对称的,或者体现了一个数学公式(如曲线和曲面),那么它就是算法数学艺术。例如,埃舍尔的《蝴蝶》和《漩涡》,以及他的镶嵌作品都是算法数学艺术。算法艺术表现出递归或对称性(包括准对称性,如彭罗斯镶嵌)。然而,由计算机程序生成的艺术品不一定是算法艺术作品。例如,光线追踪的计算机生成的场景,或者经过数字修饰的分形艺术作品,都不能认为是算法艺术作品。

在20世纪90年代初,算法数学艺术只是数学研究中的可视化辅助工具。渐渐地,图像的复杂性和艺术性成为了人们追求的目标。

算法艺术作品未必由计算机程序生成的。埃舍尔的作品就不是由计算机程序生成的。计算机生成的算法艺术品也可能并不通过算法生成。此处,"算法生成"是指一个程序,它提取了艺术品中固有的算法本质。例如,今天的许多镶嵌图案艺术品都是由计算机程序生成的,但是这些程序是在特殊的、逐个案例的基础上编写的,包括调整以匹配所需输出的绘图命令。虽然是由程序生成的,但创作的本质是人工的。我们真正想要的是一种形式的程序,它体现、捕捉或提取艺术品的算法本质,通过递归或对称代码作为可执行的规范。算法艺术品的美在于其内在的算法模式或对称之美,其创作过程也应如此。当实现了这一点,并且抓住了它的算法本质,就可以通过改变参数或输入创造出大量的变化。这并不意味着结果会是相似的,从混沌理论中就可以知道。通过算法过程生成算法数学艺术可以比作通过递归指定一个序列,或者通过生成器和关系指定一个组,或者通过方程或细胞自动机模拟一个物理现象。这是一种对优雅的追求,抓住了本质,对关系就能有更精确的洞察。

附A.9给出算法数学艺术的11个分支,以及当前的进展。

附A.10

A.10 世界因数学而改变

1971年,尼加拉瓜发行了10张一套题为"改变世界面貌的10个数学公式"邮票,由一些著名数学家选出10个以世界发展极有影响的公式来表彰。不难发现,选出的"数学公式"很多都是物理学中的公式,当然正是因为有强大的数学,才能看到物理规律有如此简明优美的表达,那就让我们怀着一份对自然的赞美之情来欣赏这10个公式吧。

附A.11

A.11 名人论数学——数学的本质

12位数学家罗巴切夫斯基、切比雪夫、惠斯勒、汉克尔、康托尔、格莱舍、福塞思、怀特黑德、凯泽、波利亚、韦伊、加德纳论数学的本质,本文来自《算法与数学之美》。

附A.12

A.12 离散数学历史注记

"历史注记"实质在于帮助理解数学,其目的是给出内在的洞察。这些注记不仅给出砖石和逻辑的灰浆,而且给出宏大的庙宇;它们用广阔的视野去补足细节;它们一改日复一日与符号和过程打交道的模式,注入了崇高主题,给人以激情。由于"注记"不能代替系统的攻读和技术的掌握,它更像是一个万花筒,其色彩缤纷的闪光给人以启发、激情和灵感,而这正是一切教育的主要目的。

离散数学历史标注内容包括:①命题逻辑、谓词逻辑历史注记;②集合、关系和函数的历史注记;③组合计数的历史注记;④图论的历史注记;⑤树的历史注记;⑥代数系统的历史注记;⑦自动机、文法和语言的历史注记;⑧数论与算法的历史注记。

参考文献

[1] 贲可荣,袁景凌,谢茜. 离散数学[M]. 3 版. 北京:清华大学出版社,2021.

[2] 耿素云,屈婉玲,王捍贫. 离散数学教程[M]. 北京:北京大学出版社,2003.

[3] 屈婉玲,耿素云,张立昂. 离散数学[M]. 北京:清华大学出版社,2005.

[4] Richard Johnsonbaugh. 离散数学[M]. 石纯一,金洋,张新良,译. 6 版. 北京:电子工业出版社,2005.

[5] JOHN A D,ALBERT D O,LAWRENCE E S. 离散数学[M]. 章炯民,王新伟,曹立,译. 4 版. 北京:清华大学出版社,2005.

[6] 董晓蕾,曹珍富. 离散数学[M]. 北京:机械工业出版社,2009.

[7] JENKYNS T,STEPHENSON B. Fundamentals of Discrete Math for Computer Science: A Problem-Solving Primer[M]. Springer-Verlag London,2013.

[8] CLIFF L S,ROBERT D,KENNETH B. 离散数学及其在计算机科学中的应用[M]. 北京:机械工业出版社,2017.

[9] KENNETH H R. 离散数学及其应用[M]. 徐六通,杨娟,吴斌,译. 7 版. 北京:机械工业出版社,2018.

[10] LEHMAN E,LEIGHTON F T,ALBERT R M. 计算机科学中的数学:信息与智能时代的必修课[M]. 唐李洋,等译,北京:电子工业出版社,2018.

[11] 傅彦,顾小丰,王庆先. 离散数学及其应用[M]. 3 版. 北京:高等教育出版社,2019.

[12] TOM J,Ben,Stephens. 计算机离散数学基础[M]. 董笑菊,常曦,薛建新,译. 北京:机械工业出版社,2020.

[13] HERBERT B E. A Mathematical Introduction to Logic[M]. 2nd ed. 北京:人民邮电出版社,2006.

[14] RAYMOND M S. 这本书叫什么?——奇谲的逻辑谜题[M]. 康宏逵,译. 上海:上海辞书出版社,2011.

[15] 卢开澄,卢华明. 组合数学[M]. 3 版. 北京:清华大学出版社,2002.

[16] MORRIS K. 现代世界中的数学[M]. 齐民友,译. 上海教育出版社,2004.

[17] 陈恭亮. 信息安全数学基础[M]. 北京:清华大学出版社,2004.

[18] 潘承洞,潘承彪. 初等数论[M]. 2 版. 北京:北京大学出版社,2003.

[19] DAVID E,JON K. 网络、群体与市场——揭示高度互联世界的行为原理与效应机制[M]. 李晓明,王卫红,杨韫利,译. 北京:清华大学出版社,2011.

[20] 贲可荣,张彦铎. 人工智能[M]. 3 版. 北京:清华大学出版社,2018.

[21] 吴军. 数学之美[M]. 北京:人民邮电出版社,2012.

[22] 刘炯朗. 魔术中的数学[J]. 中国计算机学会通讯,2015,11(12):38-43.

[23] 席南华. 数学的意义[EB/OL]. [2023-05-10]. https://baijiahao.baidu.com/s?id=1670479275049311451&wfr=spider&for=pc.

[24] 邓燚,陈宇. 零知识证明:从数学,密码学到金融科技[J]. 中国计算机学会通讯,2018,14(10):20-22.

[25] 张志华,李梁,周舒畅. 数学工程:趋向核心算法发展的关键[J]. 中国计算机学会通讯,2020,16(11):47-49.

[26] 王争. 数据结构与算法之美[M]. 北京:人民邮电出版社,2021.

[27] THOMAS H C,CHARLES E L. 算法导论[M]. 3th ed. 殷建平,徐云,等译. 北京:机械工业出版社,2014.

[28] STEFANIA G. 工业关键系统的形式化方法：应用综述[M]. 靳添絮，译. 北京：机械工业出版社，2015.

[29] 张广泉. 形式化方法导论[M]. 北京：清华大学出版社，2015.

[30] 约翰·查尔顿·波金霍尔. 数学的意义[M]. 王文浩，译. 长沙. 湖南科学技术出版社，2018.

[31] 鄂维南. The Dawning of a New Era in Applied Mathematics[J]. Notice of the American Mathematical Society，2021(4).

[32] 张玲玲. Python 算法详解[M]. 北京：人民邮电出版社，2019.

[33] DUSTY P. Python 3 面向对象编程[M]. 孙雨生，译. 2 版. 北京：电子工业出版社，2018.

[34] STEVEN F L. Python 面向对象编程指南[M]. 张心韬，兰亮，译. 北京：人民邮电出版社，2016.

[35] 马国祥，牛惠芳. 关于形如 N^2+1 的素数问题[J]. 洛阳师范学院学报，2001(5)：3.